《21 世纪新能源丛书》编委会

“十二五”国家重点图书出版规划项目

21 世纪新能源丛书

中高温传热蓄热材料

丁　静　魏小兰
彭　强　杨建平　著

科学出版社
北京

内 容 简 介

研究高性能传热蓄热材料的设计制备方法及传输机理，不仅关系到蓄热系统运行的可靠性和稳定性，而且是保证工业余热回收与可再生能源利用系统实现高效低成本的重要环节。本书论述了中高温熔盐传热蓄热材料相图计算的热力学基础，建立了熔盐低共熔点和组成的理论预测方法，构建了熔盐传热蓄热材料体系，系统地介绍了熔盐传热蓄热材料的高温热物性、热稳定性和热腐蚀性理论以及实验研究方法，阐述了熔盐传热蓄热材料循环利用和环境效应，从宏观和微观两个层面，重点阐述了硝酸熔盐材料高温劣化的机理，概述了熔盐传热蓄热材料在太阳能规模化热利用、工业节能、能量传输与转换、材料加工等领域的应用。

本书可作为能源、动力、化工、冶金、石油、机械、材料等专业的研究生和相关科研工作者的参考用书。

图书在版编目(CIP)数据

中高温传热蓄热材料/丁静等著. —北京：科学出版社，2013
(21世纪新能源丛书)
ISBN 978-7-03-037827-9

Ⅰ.①中… Ⅱ.①丁… Ⅲ.①传热-复合材料 ② 蓄热-复合材料
Ⅳ.①TK124 ②TK11

中国版本图书馆 CIP 数据核字（2013）第 126971 号

责任编辑：钱 俊 周 涵 / 责任校对：陈玉凤
责任印制：徐晓晨/ 封面设计：耕者设计工作室

科学出版社出版
北京东黄城根北街16号
邮政编码：100717
http://www.sciencep.com

北京京华虎彩印刷有限公司 印刷

科学出版社发行 各地新华书店经销

*

2013年7月第 一 版 开本：B5（720×1000）
2016年1月第二次印刷 印张：18 3/4
字数：353 000

定价：118.00 元

（如有印装质量问题，我社负责调换）

《21世纪新能源丛书》序

物质、能量和信息是现代社会赖以存在的三大支柱。很难想象没有能源的世界是什么样子。每一次能源领域的重大变革都带来人类生产、生活方式的革命性变化，甚至影响着世界政治和意识形态的格局。当前，我们又处在能源生产和消费方式发生革命的时代。

从人类利用能源和动力发展的历史看，古代人类几乎完全依靠可再生能源，人工或简单机械已经能够适应农耕社会的需要。近代以来，蒸汽机的发明唤起了第一次工业革命，而能源则是以煤为主的化石能源。这之后，又出现了电和电网，从小规模的发电技术到大规模的电网，支撑了与大工业生产相适应的大规模能源使用。石油、天然气在内燃机、柴油机中的广泛使用，奠定了现代交通基础，也把另一个重要的化石能源引入了人类社会；燃气轮机的技术进步使飞机突破声障，进入了超声速航行的时代，进而开始了航空航天的新纪元。这些能源的利用和能源技术的发展，进一步适应了高度集中生产的需要。

但是化石能源的过度使用，将造成严重环境污染，而且化石能源资源终将枯竭。这就严重地威胁着人类的生存和发展，人类必然再一次使用以可再生能源为主的新能源。这预示着人类必将再次步入可再生能源时代——一个与过去完全不同的建立在当代高新技术基础上创新发展起来的崭新可再生能源时代。一方面，要满足大规模集中使用的需求；另一方面，由于可再生能源的特点，同时为了提高能源利用率，还必须大力发展分布式能源系统。这种能源系统使用的是多种新能源，采用高效、洁净的动力装置，用微电网和智能电网连接。这个时代，按照里夫金《第三次工业革命》的说法，是分布式利用可再生能源的时代，它把能源技术与信息技术紧密结合，甚至可以通过一条管道来同时输送一次能源、电能和各种信息网络。

为了反映我国新能源领域的最高科研水平及最新研究成果，为我国能源科学技术的发展和人才培养提供必要的资源支撑，中国工程热物理学会联合科学出版社共同策划出版了这套《21世纪新能源丛书》。丛书邀请了一批工作在新能源科研一线的专家及学者，为读者展现国内外相关科研方向的最高水平，并力求在太阳能热利用、光伏、风能、氢能、海洋能、地热、生物质能和核能等新能源领域，反映我国当前的科研成果、产业成就及国家相关政策，展望我国新能源领域未来发展的趋势。本丛书可以为我国在新能源领域从事科研、教学和学习的学者、教师、研究生提供实用系统的参考资料，也可为从事新能源相关行业的企业管理者和技术人员提供有益的帮助。

中国科学院院士

2013年6月

前 言

能源是社会经济发展的重要物质基础,是我国 21 世纪经济发展的战略重点。为了解决能源问题,必须大力开展节能、科学用能和化石燃料的清洁高效利用,同时加速可再生能源的低成本规模化利用。高效蓄热技术作为能源利用的重要环节,在《国家中长期科学和技术发展规划纲要(2006—2020)》和《可再生能源中长期发展规划》中是重点优先发展的战略性能源技术,发展高效蓄热材料与装置是节能减排技术与可再生能源低成本规模化利用技术提出的重大需求。

工业是我国最大的终端用能消费部门,占全国能源消费总量的比重一直维持在 70%左右,是当前节能潜力最大的领域。目前,我国在电力、钢铁、建材和化工等大规模工业的整个工艺过程中余热平均回收利用率远低于国际先进水平,直接导致工业能源利用效率低。例如钢铁工业,按照我国高炉-炼钢-轧钢的工业流程测算,生产过程能源利用率为 27%,其余 73%的热能表现为生产过程的余热,我国钢铁工业各种余热的平均回收利用率仅为 25.8%,而国外先进水平高达 50%以上,主要原因之一是间歇式高品质余热没有得到有效利用。工业流程过程间歇高温余能目前尚无成熟技术手段加以利用的原因是其间歇式排放的特点导致回收利用难度较大,因此亟需采用高温蓄热材料存储间歇高温余能并稳定使用,以有效提高能源使用效率。

太阳能热发电技术以其生命周期排碳低、电价低和对电网冲击小等优势,近十年发展迅猛。由于太阳能具有能流密度低、昼夜间歇性、白天随地球自转辐照强度不断变化的基本特性,不能满足工业化大规模连续供能的要求,因此必须开发低成本传热蓄热材料和发展高效蓄热技术,以有效地解决可再生能源的储存与输运问题。

高温蓄热系统的性能和成本,取决于蓄热材料与系统设计控制两方面。研究高性能传热蓄热材料的设计制备方法及传输机理,不仅关系到蓄热系统运行的可靠性和稳定性,而且是保证余热回收与可再生能源利用系统实现高效低成本的重要环节。在众多中高温蓄热材料中,熔融盐以其宽广的工作温度范围、高的导热性、低的蒸气压和高的热稳定性和化学稳定性,成为低成本规模化中高温传热蓄热材料发展的重点。

在实际应用中,蓄热过程为一个多相多场驱动的复杂热流体系的非稳态耦合传递与反应过程,其中紧密结合的传递现象包括相与相之间的扩散、弥散,质量、热量和动量传递,传递过程中的相界面迁移机制非常复杂。多元混合熔盐体系的相图特征、相界面形态与界面传递、传递过程凝结/解凝相变问题，由于涉及能源科学、计算化学、量子化学和材料科学等学科的相互渗透，理论研究难度很大。开展低成本熔盐传热蓄热材料体系构建与性能控制的关键科学问题包括：①低温段熔盐相图计算的热力学模型，预测熔盐低共熔点及组成，深入认识高效蓄热传热材料可控设计的科学内涵，构建熔盐传热蓄热材料体系；②最佳工作温度范围液态熔盐热物性理论与实验研究方法；③熔盐长期循环高热载荷和循环交变热应力工况下的热稳定性；④从微观和宏观两个层面，探悉熔盐劣化反应热力学与动力学特征，揭示熔盐高温热稳定性机理；⑤熔盐高温热腐蚀性测试方法和机理；⑥高温熔盐材料循环利用与环境效应，形成熔盐传热蓄热材料高温非稳态工况下的可靠性与耐久性评价，为低成本高性能熔盐传热蓄热材料制备技术及规模化应用提供科学基础。

围绕中高温传热蓄热介质——熔融盐材料研究中的关键科学问题，作者及其研究团队进行了八年的研究，取得了一些探索性的研究成果，构建了中高温熔融盐传热蓄热材料的设计方法和理论体系。本书是在归纳、整理、总结作者研究团队研究工作基础上完成的一本学术专著。同时为了尽可能全面地体现中高温熔融盐传热蓄热材料的研究进展，书中也介绍了其他熔融盐传热蓄热材料研究团队的研究成果。

本书共分为 12 章。第 1 章概述了中高温传热蓄热材料的分类、基本属性、热物性强化途径、相图计算的热力学模型；第 2 章阐述中高温熔盐传热蓄热材料的相图基础、相图的实验测定方法，建立了相加三元熔盐体系、交互三元熔盐体系和交互四元熔盐体系的热力学模型；第 3 章介绍了采用共形离子溶液理论(CIS)模型模拟计算硝酸熔盐体系的相图，分别计算了相加三元体系、交互三元体系和交互四元硝酸熔盐体系相图，并采用实验结果对计算模型进行了修正，建立了熔盐低共熔点和共熔物组成的理论预测方法；第 4 章阐述了熔盐高温热物性、热稳定性和腐蚀性研究方法，分析了熔盐在工作温度范围内密度、黏度、热膨胀系数、导热系数随温度的变化规律，建立了熔盐高温静态热稳定性和动态热稳定性的测试方法，介绍了熔盐高温热腐蚀性的测试方法；第 5 章介绍多元硝酸熔盐的设计和制备方法，分别从高温静态和动态工况、短期和长期、微量和大容器量，研究了熔盐的热稳定性，从金属接触高温硝酸盐后的质量变化、表面氧化膜的物相组成以及熔盐内部关键组分变化，探讨了硝酸熔盐对金属的高温腐蚀性；第 6 章介绍交互三元碳酸熔盐和相加三元碳酸熔盐的制备方法，阐述了熔盐 SYSU-C1 和 SYSU-C2 热物性的实验测定方法，获得了碳酸熔盐比热容、密度、黏度随温度的变化规律，从高温静态和动态工况下对碳酸熔盐的热稳定性进行研究，包括质量、组成和物相变化，从金属接触高温碳酸熔盐后的质量变化，探讨碳酸熔盐对金属的高温腐蚀性；第 7 章介绍氯化物熔盐的制备方法，阐述了熔盐 SYSU-C3 热物性的实验测定方法，获得了氯化物熔盐比热容、密度、黏度随温度的变化规律，分别从高温静态和动态工况，研究熔盐的热稳定性，从金属接触高温氯化物熔盐后的质量变化、腐蚀层微观形貌和组成，探讨氯化物熔盐对金属的高温腐蚀性；第 8 章介绍硝酸熔盐热物性的计算方法；第 9 章从化学反应热力学和动力学理论，提出了熔盐劣化反应发生的判据，获得了劣化反应速率和劣化反应最小能量路径，阐述了硝酸熔盐材料高温热稳定性的机理；第 10 章介绍硝酸熔盐的环境效应，阐述了高浓度硝酸熔盐溶液在土壤和水体中扩散系数的测量方法，提出了土壤和水体硝酸盐常规治理方法，分析了硝酸熔盐传热蓄热过程中 NO_x 排放，提出了硝酸熔盐高温工况下 NO_x 排放监测和控制方法；第 11 章介绍了硝酸熔盐的安全使用问题及循环再生利用方法；第 12 章介绍熔盐在太阳能规模化热利用、工业节能、能量转换与储存、材料加工等领域的应用。

作者及其研究团队在中高温蓄热技术方面的研究工作先后得到国家重点基础研究发展规划项目(973 课题)“高温传热蓄热过程多尺度结构中流动与传递规律”(2010CB227103)和“气相余热高效梯级储存与转换的理论与方法”(2010CB227306)、国家自然科学基金重点项目“太阳能聚集、高温热转换与蓄热的关键热科学问题研究”(50930007)、国家高技术研究发展计划(863 计划)“高可靠性吸热传热蓄热方式的研究和系统建立”(2006AA050103)和“太阳能热与常规燃料互补发电技术”(2012AA050604)等项目的资助。德国耐驰热仪器制造有限公司上海应用实验室无偿帮助测试了本书所发明的熔融盐传热蓄热材料的部分热物性。本书的出版得到清华大学教授张兴博士、北京科技大学教授张欣欣博士、哈尔滨工业大学教授谈和平博士的热情推荐。作者研究团队的陆建峰副教授、博士后尹辉斌、研究生廖敏、胡宝华、龙兵、周茗蕙、王艳、本科生黄晓斐等也参与了本书部分内容的研究工作，周茗蕙同时承担了本书图表的修改和文字的校对工作，作者在此一并对他们的大力支持和热诚帮忙表示衷心的感谢！感谢本书所引用的文献资料和图片的作者！

由于作者的水平有限，书中难免有不足之处，作者热切希望广大读者和同行专家予以斧正指导！

丁　静　魏小兰　彭　强　杨建平

2012 年 12 月于广州

主要符号表

符号	名称	单位
A	亥姆霍兹自由能	$kJ \cdot mol^{-1}$
A_m	混合亥姆霍兹自由能	$kJ \cdot mol^{-1}$
ΔA_m^E	过剩亥姆霍兹自由能	$kJ \cdot mol^{-1}$
ΔA_{ij}^E	ij 组分过剩混合亥姆霍兹自由能	$kJ \cdot mol^{-1}$
C_p	定压比热容	$kJ \cdot kg^{-1} \cdot K^{-1}$
C_V	定容比热容	$kJ \cdot kg^{-1} \cdot K^{-1}$
$\Delta C_{p(A)}$	组分 A 固液态的热容差	$kJ \cdot kg^{-1} \cdot K^{-1}$
d_{iX}	阴阳离子半径之和	nm
D	阴阳离子间距	nm
E	溶液中原子对的生成能	$kJ \cdot mol^{-1}$
ΔE	相对能量	$kJ \cdot mol^{-1}$
F	自由度数	
G	吉布斯自由能	$kJ \cdot mol^{-1}$
G_m	摩尔吉布斯自由能	$kJ \cdot mol^{-1}$
ΔG^E	过剩混合吉布斯自由能	$kJ \cdot mol^{-1}$
$G_{i,m}$	偏摩尔吉布斯自由能	$kJ \cdot mol^{-1}$
G_m^E	摩尔过剩自由能	$kJ \cdot mol^{-1}$
G_i^*	理想摩尔过剩自由能	$kJ \cdot mol^{-1}$
ΔG_{ij}^E	ij 组分过剩混合吉布斯自由能	$kJ \cdot mol^{-1}$
$\Delta G^\ominus$	标准反应吉布斯自由能	$kJ \cdot mol^{-1}$
$\Delta_f G_m^\ominus(T)$	标准摩尔生成吉布斯自由能	$kJ \cdot mol^{-1}$
$\Delta_r G_m^\ominus(T)$	标准摩尔反应吉布斯自由能	$kJ \cdot mol^{-1}$
g_i	无量纲的微扰参数	
H	焓	$kJ \cdot mol^{-1}$
ΔH_f	熔化热	$kJ \cdot kg^{-1}$
$\Delta_{mix} H$	混合焓	$kJ \cdot mol^{-1}$
$\Delta H_{f(A)}$	A 组分熔化焓	$kJ \cdot mol^{-1}$
m	质量	kg
N_A	阿伏伽德罗常量	
r	阴、阳离子中心间的距离，离子半径	nm

R	共价金属半径；金属元素共价半经；离子间的距离	nm
r_O	氧的共价单键半径	nm
S	熵	$kJ \cdot mol^{-1} \cdot K^{-1}$
S^E	过剩熵	$kJ \cdot mol^{-1} \cdot K^{-1}$
ΔS^E	过剩混合熵	$kJ \cdot mol^{-1} \cdot K^{-1}$
T	温度	K
T_f	熔点	K
T_{tr}	转变温度	K
$u(r)$	对势	$kJ \cdot mol^{-1}$
U	离子对势能	$kJ \cdot mol^{-1}$
U_i^l	准晶格库仑能	$kJ \cdot mol^{-1}$
U_m	混合物势能	$kJ \cdot mol^{-1}$
V	体积	m^{-3}
Z_-、Z_+	阴、阳离子电荷数	
Z	有效核电荷数，位形积分	
Z^*	中心原子有效电荷	
β	线膨胀系数	K^{-1}
γ	体膨胀系数	K^{-1}
r_-、r_+	阴、阳离子半径	nm
γ_i	各组分的活度系数	
κ	玻尔兹曼(Boltzmann)常量	
λ	导热系数	$W \cdot m^{-1} \cdot K^{-1}$
λ_{ij}	相互作用系数	
ρ	密度	$kg \cdot m^{-3}$
μ	黏度	$Pa \cdot s$
μ_{ca}、$\mu_{aa'}$、$\mu_{cc'}$	离子对势	$J \cdot mol^{-1} \cdot K^{-1}$
μ_i^E	i 组分过剩化学势	$J \cdot mol^{-1} \cdot K^{-1}$
v_l	液体材料的比容	$m^3 \cdot kg^{-1}$
ν	运动黏度	$m^2 \cdot s^{-1}$
ϕ	相数	
φ'	阳离子和氧之间的相互作用能	$kJ \cdot mol^{-1}$
α	热扩散系数	$m^2 \cdot s^{-1}$

目　录

第1章 绪　　论

1.1 传热蓄热材料分类

蓄热材料的种类繁多，其分类按蓄热材料的化学组成不同，可以分为无机蓄热材料、有机蓄热材料和复合蓄热材料；按蓄热方式不同，可以分为显热蓄热材料、潜热蓄热材料和热化学蓄热材料；按蓄热材料工作温度范围不同，可以分为高温蓄热材料、中温蓄热材料和低温蓄热材料。

1.1.1 按蓄热材料化学组成分类

蓄热材料的化学组成主要有无机蓄热材料、有机蓄热材料和复合蓄热材料[1]。

(1) 无机蓄热材料主要是指无机盐、无机盐水合物、液态金属等蓄热材料。这种蓄热材料价格便宜，体积蓄热密度大，而且工作温度范围比较大，可以在高温工况下蓄热，但无机盐水合物在使用过程中会出现过冷、相分离等不利因素，而且无机水合盐存在使用温度较低的缺点，严重影响了其广泛应用。无机盐蓄热材料其工作温度范围为120～1200℃，是良好的中高温传热蓄热材料。液态金属以其单位体积蓄热密度大、导热性好、热稳定性高、过冷小、相变时体积变化小的特点，适合于300℃以上的应用场合，但腐蚀性大，导致目前尚没有大规模利用。

(2) 有机蓄热材料主要是指利用有机物材料进行能量的储存，主要有高级脂肪烃、醇、羧酸、导热油、离子液体等。一般来说，有机蓄热材料的相变温度及相变潜热随着其碳链的增长而增加。但是有机相变材料导热性能较低，密度小，相变过程中体积变化大，并且有机物熔点较低，工作温度上限一般不超过400℃，易挥发易燃，成本普遍较高，其应用存在一定的局限性。

(3) 复合蓄热材料主要是指相变材料(芯材)和高熔点支撑材料(囊材)组成的混合蓄热材料。相变材料的作用是利用其相变潜热来进行蓄/放热，工作介质包括各种相变材料，如石蜡、硬脂酸、水合盐、无机盐等。支撑材料的作用是保持相变材料的不流动性和可加工性，主要有膨胀石墨、陶瓷、膨润土、微胶囊等。通常而言，支撑材料的熔化温度要求高于相变材料的相变温度，使工作介质的相变范围内保持其固体的形状和材料性能。与普通固液相变材料相比，它不需封装器具，减少了封装成本和封装难度，避免了材料泄漏的危险，增加了材料使用的安全性，减小了容器的传热热阻，有利于相变材料与传热流体间的热交换。与传统的蓄热材料相比，这类材料既增强了导热能力，又提高了蓄热密度，因而有着潜在的应用前景，如定形石蜡丸、表面交联型 HDPE、固-固相变等。

1.1.2 按蓄热方式分类

按蓄热方式[2]分为显热蓄热材料、潜热蓄热材料和热化学蓄热材料。

(1) 显热蓄热材料是利用物质本身温度的变化来实现能量储存与转换。显热蓄热材料按物态的不同，分为液态显热蓄热材料和固态显热蓄热材料。其中液态显热蓄热材料既可以储存能量又可以作为传热流体输运与转换能量，即为传热蓄热材料，简化了换热环节，实现传热蓄热一体化，广泛地应用于化工、冶金、热动等能量储存与转化领域。目前常见的中高温传热蓄热材料主要有水/水蒸气、导热油、离子液体、熔融盐、液态金属等。其中熔融盐以其宽广的工作温度范围、高导热性、低蒸气压和高热稳定性和化学稳定性，成为低成本规模中高温传热蓄热材料发展的重点。

(2) 潜热蓄热材料是利用相变材料(phase change material, PCM)的相变潜热进行热能储存，具有蓄热密度高、温度波动小(储、放热过程近似等温)、过程易控制、化学稳定性好等特点[3,4]，但相变时液固两相界面处的传热效果差。发生的相变过程有四种，常被利用的相变过程有固-液、固-固相变两种类型，而固-气和液-气相变虽然可以储存较多热量，但因相变过程体积变化过大，使设备复杂，所以一般不用于蓄热。固-液相变是通过相变材料的熔化过程进行蓄热，通过相变材料的凝固过程来放出热量；而固-固相变则是通过相变材料的晶体结构发生改变或者固体结构进行有序-无序的转变而可逆地进行储/放热。

(3) 热化学蓄热材料是利用可逆化学反应通过热化学反应来实现能量储存和利用。热化学反应蓄热密度可达 1000～3000MJ · m^{-3}，一般高于显热蓄热和潜热蓄热，而且如果反应过程能用催化剂或反应物控制，热量可长期蓄存并可远距离常温输运，不需要绝缘的储能罐，但由于其储放热过程涉及的技术复杂，目前仅在太阳能高温热利用领域开展示范研究。

表 1-1 所示的是三种蓄热方式的优缺点比较[5]。

表 1-1 三种蓄热方式的比较

特性	显热蓄热	潜热蓄热	热化学蓄热
蓄热容量	小	较小	大
复原特性	在可变温度下	固定温度下	在可变温度下
隔热措施	需要	需要	不需要
能量损失	长期储存时较大	长期储存时相当大	低
工作温度	高	低	高
运输情况	适合短距离	适合短距离	适合长距离

1.1.3　按蓄热温度范围分类

按蓄热材料工作温度范围不同，可以分为高温蓄热材料、中温蓄热材料和低温蓄热材料[6]。

(1) 低温蓄热材料是指工作温度在100℃以下的能量储存与转换材料。低温蓄热主要用于废热回收、太阳能低温热利用以及供暖和空调系统。

(2) 中温蓄热材料是指工作温度范围在100～250℃的能量储存与转换材料。

(3) 高温蓄热材料是指工作温度在250℃以上的能量储存与转换材料。常用于高温余热的回收利用、太阳能热电站、制氢、热化学反应储能以及太空太阳能热发电等。

1.2　中高温传热蓄热材料的基本属性

对于中高温传热蓄热材料，应从高温化学性质、高温热物理性和经济性三个方面进行综合评价并选择。中高温传热蓄热材料的高温热力学性质评价包括熔点、熔化热、熔化时的体积变化、比热容、密度、黏度、导热系数、热膨胀系数、凝固点、劣化温度和工作温度范围11个方面。

1.2.1　熔点

在一定压力下，纯物质的固态和液态呈平衡时的温度，也就是说，在该压力和熔点温度下，纯物质呈固态的化学势和呈液态的化学势相等，而对于分散度极大的纯物质固态体系(纳米体系)来说，表面部分不能忽视，其化学势则不仅是温度和压力的函数，而且还与固体颗粒的粒径有关。

特别注意的是，混合传热蓄热材料的熔点通常是指低共熔点。通常用符号 T 表示，常用单位为K或℃。

1.2.2　熔化热

单位质量的固态物质在熔点时变成同温度的液态物质所需吸收的热量。在数值上，也等于单位质量的同种物质，在相同压强下的熔点时由液态变成固态所放出的热量。通常而言，在一定温度、压力下，纯物质熔化(晶体转变为液态)过程中体系所吸收的热(即过程的热效应)等于过程前后体系焓的增量，故现又称为熔化焓。通常用符号 $\Delta_f H$ 表示，常用单位为 $kJ \cdot kg^{-1}$ 或 $kJ \cdot mol^{-1}$。

1.2.3　熔化时的体积变化

固态物质在熔点熔化成同温度的液态物质时所占空间大小的变化，一般呈现出增大的趋势。但是，有一些特殊材料(如冰和多数熔盐)在熔化时体积会出现缩小的情况。熔化时的体积变化是一个无量纲量，常用符号 ΔV 来表示，单位为%。

1.2.4　比热容

比热容又称比热容量，简称比热，是单位质量物质改变单位温度时吸收的热量或释放的内能。比热容通常分为定压比热容和定容比热容两种。定压比热容是指单位质量的物质在压力不变的条件下，温度升高或下降 1K 或 1℃所吸收或放出的能量，用符号 C_p 表示。定容比热容是指单位质量的物质在容积(体积)不变的条件下，温度升高或下降 1K 或 1℃吸收或放出的内能，用符号 C_V 表示。比热容的常用单位为 $J \cdot g^{-1} \cdot K^{-1}$、$J \cdot g^{-1} \cdot ℃^{-1}$ 或 $J \cdot mol^{-1} \cdot K^{-1}$、$J \cdot mol^{-1} \cdot ℃^{-1}$。

1.2.5　密度

在一定温度下，某种物质单位体积内所含物质的质量。密度是物质的一种特性，不随质量和体积的变化而变化，只随物态(温度、压强)变化而变化。通常用符号 ρ 表示，常用单位为 $kg \cdot m^{-3}$ 或 $g \cdot cm^{-3}$。

1.2.6　黏度

黏度又称动力黏度，是反映流体流动阻力(与流动方向相反)大小的一种流体性质。为了定量显示液体黏性的大小，令流体在距离为 h 的平行板间流动。下板固定不动，而令上板以不变速度 V 运动。由于贴近板的流体附着在板上，故流体在下板处的速度为零，在上板处则以速度 V 运动。而两板中间处的流体则按与下板的距离 y 成比例的速度($u=Vy/h$)运动。

为了维持上面平板按 V 的速度运动需要加一与板平行的力，该力与上板下接触液体面所受的阻力相等。当流体为牛顿型流体时，服从牛顿黏度定律，则每单位面积板的作用力 f 与 V 成正比，与 h 成反比，即由 $f=\mu V/h$ 来描述，这个比例系数 μ 称之为黏度。流体的黏度除与温度和压力有关外，还与物质的种类有关。黏度的常用单位为 Pa · s、cP 或 P(泊，Poise)。黏度还涉及运动黏度，又称运动黏性系数，是指液体的动力黏度与同温度下该流体密度的比值，即 $\nu=\mu/\rho$。运动黏度的单位是 $m^2 \cdot s^{-1}$。

1.2.7　导热系数

导热系数表征物体导热本领的大小，是指单位温度梯度作用下的物体内所产生的热流量，单位为 $W \cdot m^{-1} \cdot K^{-1}$ 或 $W \cdot m^{-1} \cdot ℃^{-1}$。导热系数 λ 与物质种类及热力状态有关[温度，压强(气体)]，与物质几何形状无关。

热扩散系数又称热扩散率，表示物体被加热或冷却时，物体内部温度趋于一致的能力，其表达式为 $\alpha=\lambda/(\rho \cdot C_p)$。式中 ρ 为物体的密度；C_p 为物体的定压比热容。热扩散系数常用单位为 $m^2 \cdot s^{-1}$。

1.2.8　热膨胀系数

物体由于温度改变而引起的胀缩现象。受热膨胀时，其变化能力以单位温度变化的膨胀率表示，即热膨胀系数。可分为线膨胀系数和体膨胀系数两种。线膨胀系数(β)是度量由于热变化而引起的每个单位长度在长度方面所发生的变化，其具体表示式为 $\beta=\Delta L/(L\Delta T)$，式中 ΔL 为所给温度变化 ΔT 下物体长度的改变，L 为初始长度。体膨胀系数(γ)是指在定压下加热物体，它的体积的相对改变量，其具体表示式为 $\gamma=\Delta V/(V \cdot \Delta T)$，式中 ΔV 为所给温度变化 ΔT 下物体体积的改变，V 为初始体积。热膨胀系数通常为 K^{-1} 或 $℃^{-1}$。

1.2.9　凝固点

凝固点是晶体物质凝固时的温度，不同晶体具有不同的凝固点。同一种晶体，凝固点与压强有关。凝固时体积膨胀的晶体，凝固点随压强的增大而降低；凝固时体积缩小的晶体，凝固点随压强的增大而升高。在凝固过程中，液体转变为固体，同时放出热量，所以物质的温度高于熔点时将处于液态；低于熔点时，就处于固态。非晶体物质则无凝固点。在一定压强下，任何晶体的凝固点，原则上与其熔点相同。然而，熔体实际降温时，由于出现过冷现象，导致温度已低于熔点而液体仍不凝固，因此有时凝固点较熔点低，所以在测定固体的熔点时，还需测定熔化后熔体的凝固点。凝固点通常用符号 T 表示，常用单位为 K 或℃。

1.2.10　劣化温度

劣化温度是指由于材料受热因素的影响而发生性质劣化的温度。对于熔盐材料，劣化温度是指熔盐发生分解或蒸发的温度。

1.2.11　工作温度范围

任何工质都存在工作温度范围，过高的温度会使工质的特性发生物理变化和化学变化而不能满足工质工作性能的要求。如熔盐的最佳工作温度范围由熔点和劣化温度决定，通常情况下，熔盐的工作温度下限取值高于熔点 50～100℃，工作温度上限取值低于劣化温度 50～100℃。

1.3　常见中高温传热蓄热材料

中高温传热蓄热材料主要包括空气、水/水蒸气、导热油、熔融盐和液态金属等，其适用温度和使用压力如表 1-2 所列。

表 1-2　常用传热蓄热材料的使用条件[7]

热载体	一般限定温度/℃	使用压力/MPa
水/水蒸气	0～238	0～3.0
导热油	0～400	0～1.0
液态金属	−38～800(或更高)	0～1.2
空气	0～872	0～0.1
高温熔盐	120～1000	0～0.1

1.3.1　导热油

导热油是一种有机热载体，常用作传热蓄热材料来进行能量转换与储存。导热油按生产原料可以分为矿物油型和合成油型两大类。多呈淡黄色或褐色油状液体，大部分是无毒无味的，少数具有一定程度的毒性和刺鼻臭味。导热油具有较高的沸点，可以在很低的饱和压力下被加热到较高的工作温度，达到液相 340℃或气相 400℃，并有较好的热稳定性，一般不腐蚀金属设备，黏度不大，已被广泛用于作为传递热量的热载体。使用中当油温超过 80℃时必须有隔离空气措施，否则导热油会被急剧氧化而变质，影响使用。导热油都是可燃的，使用中必须注意防火要求。导热油超温工作时会因裂解而析出碳，黏度增加，传热效果下降，发生结焦时会引发事故。导热油的使用寿命取决于它的种类和使用温度，同时也受加热炉的设计条件、运行条件及设备自身的规格等因素的影响。根据导热油的劣化程度来判断其能否继续使用。

表 1-3 给出了几种常见导热油的热物性数据。导热油作为传热蓄热材料，由于其使用工作温度上限为 400℃，成本较高，包括废油处理费用，虽然在槽式太阳热发电站中广泛应用，但是在更高参数的太阳能热发电技术中的应用尚有很大的局限性。

表 1-3　常用导热油的热物性数据[8]

热物理	联苯混合物			二甲基二苯甲烷			芳化油		联三苯混合物	
性质/℃	260	300	380	250	300	350	250	300	260	480
饱和蒸气压/atm	1.05	2.38	8.15		1.05	2.25	0.09	0.252	0.374	6.64
密度/$(kg \cdot m^{-3})$	863	825	739	796	752	696	815	781	910	770
比热容/$(kJ \cdot kg^{-1} \cdot K^{-1})$	2.63	2.76	2.97	2.22	2.34		2.38	2.55	2.17	2.51
导热系数/$(W \cdot m^{-1} \cdot K^{-1})$	0.102	0.0964	0.0848	0.0952	0.0894		0.0987	0.0929	0.00012	0.000105
运动黏度/$(10^4 m^2 \cdot s^{-1})$	32.6	27.6	21.8	17.5	13.1		71.9	50.7	50.65	22.04

1.3.2　液态金属

液态金属具有熔化热高、导热性好、热稳定性好、蒸气压低、过冷度小、相变时体积变化小等优点，适用于作为显热传热蓄热材料应用于高温传热蓄热系统[9]。但由于液态金属的比热容很小，易泄露，在热负荷高的情况下会导致过高的温度，影响容器的寿命，同时也加大了出口温度的波动范围。在高温条件下，液态金属还具有很强的腐蚀性，且价格昂贵。另外，碱金属与蒸气或空气中的氧气接触并不危险(没有燃烧的持续反应)，但是为了防止金属的氧化，它不应与空气接触，因为 Na 的氧化物不溶于液态 Na 和 Na-K 中，所以含有氧化物可能会使管道受到堵塞。在液态 Na 和 Na-K 中，有了 Na 的氧化物也会恶化传热介质的腐蚀程度。Na 和 Na-K 应该保存在惰性气体(He、Ar 或 N_2)介质中，且存在着液态 Na 的泄露以及凝固等问题。因此，液态金属作为传热蓄热介质的使用还需要进一步的研究。表 1-4 列出了工程上得到应用的几种液态金属热物理性质。

表 1-4　液态金属的热物理性质[10]

金属名称	T/℃	ρ /(kg·m^{-3})	λ /(W·m^{-1}·K^{-1})	C_p /(kJ·kg^{-1}·K^{-1})	ν /(10^{8}m^2·s^{-1})	α /(10^{6}m^2·s^{-1})
汞 熔点 −38.9℃ 沸点 357℃	20	13550	7.90	0.1390	11.4	4.36
	100	13350	8.95	0.1373	9.4	4.89
	150	13230	9.65	0.1373	8.6	5.30
	200	13120	10.3	0.1373	8.0	5.72
	300	12880	11.7	0.1373	7.1	6.64
锡 熔点 231.9℃ 沸点 2270℃	250	6980	34.1	0.255	27.0	19.2
	300	6940	33.7	0.255	24.0	19.0
	400	6865	33.1	0.255	20.0	18.9
	500	6790	32.6	0.255	17.3	18.8
铋 熔点 271℃ 沸点 1477℃	300	10030	13.0	0.151	17.1	8.61
	400	9910	14.4	0.151	14.2	9.72
	500	9785	15.8	0.151	12.2	10.8
	600	9660	17.2	0.151	10.8	11.9
锂 熔点 179℃ 沸点 1317℃	200	515	37.2	4.187	111.0	17.2
	300	505	39.0	4.187	92.7	18.3
	400	495	41.9	4.187	81.7	20.3
	500	434	45.3	4.187	73.4	22.3

续表

金属名称	T/℃	ρ /(kg · m^{-3})	λ /(W · m^{-1} · K^{-1})	C_p /(kJ · kg^{-1} · K^{-1})	ν /(10^{8}m^2 · s^{-1})	α /(10^{6}m^2 · s^{-1})
铋铅(56.5%Bi) 熔点 123.5℃ 沸点 1670℃	150	10550	9.8	0.146	28.9	6.39
	200	10490	10.3	0.146	24.3	6.67
	300	10360	11.4	0.146	18.7	7.50
	400	10240	12.6	0.146	15.7	8.33
	500	10120	14.0	0.146	13.6	9.44
钠钾(25%Na) 熔点 −11℃ 沸点 784℃	100	852	23.2	1.143	60.7	26.9
	200	828	24.5	1.072	45.2	27.6
	300	808	25.8	1.038	36.6	31.0
	400	778	27.1	1.005	30.8	34.7
	500	753	28.4	0.967	26.7	39.0
	600	729	29.6	0.934	23.7	43.6
	700	704	30.9	0.900	21.4	48.8
钠 熔点 97.8℃ 沸点 883℃	150	916	84.9	1.356	59.4	68.3
	200	903	81.4	1.327	50.6	67.8
	300	878	70.9	1.281	39.4	63.0
	400	854	63.9	1.273	33.0	58.9
	500	829	57.0	1.273	28.9	54.2
钾 熔点 64℃ 沸点 760℃	100	819	46.6	0.805	55	70.7
	250	783	44.8	0.783	38.5	73.1
	400	747	39.4	0.769	29.6	68.6
	750	678	28.4	0.775	20.2	54.2

1.3.3 熔融盐

熔融盐(简称为熔盐)是盐的熔融态液体,通常说的熔盐是指无机盐的熔融体,现已扩大到氧化物熔体和熔融有机物。熔融盐具有如下优点:①离子熔体,具有良好的导电性;②具有广泛的温度使用范围,使用温度范围在 120～1200℃,且具有相对的热稳定性;③低蒸气压;④热容量大;⑤低的黏度,良好的高温流动性,能大大降低流阻,减少能耗;⑥对物质有较高的溶解能力;⑦具有化学稳定性;⑧经济性好,便宜易得、成本低。熔盐作为传热蓄热材料已广泛应用于能源、动力、石化、冶金、材料等行业。较为常见的高温熔盐是由碱金属或碱土金属的氟化物、氯化物、碳酸盐、硝酸盐及硫酸盐等组成。那些理论上有价值而价格昂贵的物质,如锂盐和银盐，目前不可能用于工程实际。

1. 硝酸熔盐

表 1-5 中的硝酸熔盐主要由碱金属或碱土金属与硝酸盐组成，具有熔点低、比热容大、热稳定性好、腐蚀性低等优点。已广泛应用于工业余热回收和太阳能热发电等领域。目前国外太阳能热发电站使用的硝酸熔盐主要为二元体系(KNO_3-$NaNO_3$)和三元体系(KNO_3-$NaNO_3$-$NaNO_2$)两种，工作温度范围为 290～565℃，材料配方和制备工艺被美国 Coastal Chemical Hitec 垄断[11]。国内在熔盐炉中所使用的三元体系(53%KNO_3-7%$NaNO_3$-40%$NaNO_2$)，工作温度范围为 180～500℃。但当温度高于 500℃时，熔融盐中由于热分解、氧化引起的亚硝酸盐组分含量降低，使得熔盐的熔点上升，引起各种运行故障。常用的混合硝酸盐熔盐的物理化学特性如表 1-5 所示。

表 1-5 几种硝酸熔盐的物理化学性能[12,13]

性质及组成	$NaNO_3$	KNO_3	60%$NaNO_3$-40%KNO_3 (Solar Salt)	53%KNO_3-40%$NaNO_2$-7%$NaNO_3$ (Hitec)
熔点/℃	307	337	220	142
上限温度/℃	500	500	600	535
表面张力/($mN \cdot m^{-1}$)	114.5	106.7	109.2	112.02
密度/($kg \cdot m^{-3}$)	1820	1827	1837	1791
黏度/cP	1.91	2.11	1.776	1.87
电导率/($\Omega \cdot cm^{-1}$)	1.366	0.805		
导热系数/($W \cdot m^{-1} \cdot K^{-1}$)	0.581	0.48	0.519	0.387
热容/($J \cdot kg^{-1} \cdot K^{-1}$)	1819	1340	1495	1550
熔化热/($kJ \cdot kg^{-1}$)	181.93	99.64	161	80

注：表中物性为硝酸熔盐在 400℃时的物理化学性能。

2. 氯化物熔盐

氯化物种类繁多，价格一般都很便宜，蓄热能力大，可以在 600～1000℃范围内使用，按要求能制成不同熔点的混合盐。缺点是其工作温度上限较难确定，且大多数腐蚀性强，容易发生潮解，且含结晶水的氯化物稳定性不高。氯化物熔盐传热蓄热材料以其储量巨大和成本低廉的优势将在盐湖资源循环利用中发挥重要作用，是未来高温传热蓄热材料发展的重点。

3. 碳酸熔盐

大部分碳酸盐的熔点在 800℃左右，最高使用温度在 1000℃附近。碳酸盐及其混合物非常适合作为高温传热蓄热材料，这类熔盐价格不高，溶解热大，腐蚀性小，密度大（相对密度约为 2）。按不同混合比例可以得到熔点更低的共熔物。但是碳酸盐的熔点较高且液态碳酸盐的黏度较大，有些碳酸盐容易分解。碳酸钾和碳酸钠共熔物的特点使其适合于作为高温传热蓄热材料。

4. 氟化物熔盐

大部分氟化物熔盐的工作温度范围为 900～1200℃。氟化物熔盐主要由碱金属或碱土金属氟化物组成，具有很高的熔点及很大的熔化热，属高温型传热蓄热材料，可应用于工业高温余热回收和空间太阳能热发电等领域。几种重要氟化物的热物性如表 1-6 所示，多数碱金属和碱土金属氟化物都可用作传热蓄热材料的备选盐，但从易得性和成本来考虑，通常选择 LiF、NaF、KF 和 MgF_2、CaF_2 作混合熔盐的基础组分。几种混合氟化物熔盐的组成及热物性如表 1-7 所示。氟化物熔盐与金属容器材料的相容性较好，但其在由液相转变为固相时有较大的体积收缩，且热导率较低。由于氟离子有毒，氟化物必须在闭合系统中使用。

表 1-6　重要氟化物的热物理性质[12-14]

性质及组成	LiF	NaF	KF	MgF_2	CaF_2
熔点/℃	848	995	856	1263	1418
熔化热/($kJ \cdot mol^{-1}$)	26.88	33.56	29.47	57.68	29.64
25℃固体比热/($J \cdot mol^{-1} \cdot K^{-1}$)	41.92	46.85	48.98	61.54	68.59
液体比热/($J \cdot mol^{-1} \cdot K^{-1}$)	$86.19^{1727℃}$	$84.39^{1727℃}$	$72.52^{1727℃}$	$94.34^{1527℃}$	$99.94^{1518℃}$
熔化时体积变化/%	29.4	24.0	17.2	14.0	8.0
固体导热系数/($W \cdot m^{-1} \cdot K^{-1}$)	$5.98^{727℃}$	$4.68^{727℃}$			$0.911^{87℃}$
液体导热系数/($W \cdot m^{-1} \cdot K^{-1}$)	$1.726^{870℃}$	$1.613^{1027℃}$			
液体密度/($kg \cdot cm^{-3}$)	$1716^{1037℃}$	$1884^{1097℃}$	$1806^{1017℃}$	$2135^{1827℃}$	$2280^{2027℃}$
* 液体黏度/cP	$1.53^{1037℃}$	$1.15^{1917℃}$	$1.59^{973℃}$		

注：表中上标数字表示该数据所对应的温度。

表 1-7　重要混合氟化物熔盐及其主要热物性[12,13]

性质及组成	体系 1	体系 2	体系 3	体系 4	体系 5	体系 6
LiF 摩尔分数/%		46.5	67	—	—	
NaF 摩尔分数/%	40	11.5		—	—	58
KF 摩尔分数/%	60	42				
RbF 摩尔分数/%					—	
BeF_2摩尔分数/%			33	—		42
熔点/℃	710	454	460	315	435	340
熔化热/(kJ · kg^{-1})	402.5					
熔化时体积变化/%	17.9					
比热/(J · kg^{-1} · K^{-1})		1882.8	2414.2	2046.0	987.4	2175.7
导热系数/(W · m^{-1} · K^{-1})		0.92	1.0	0.97	0.62	0.87
密度/(kg · m^{-3})	1938	2020	1940	2000	2690	2010
黏度/cP		2.9	5.6	5.0	2.6	7.0
沸点/ ℃		1843				

注：— 表示含量未知。

5. 硫酸熔盐

大多数硫酸盐很稳定，加热时不分解，只有硫酸锂大约在 860℃开始轻微分解[13]。硫酸熔盐虽然流动性较碱金属氯化物差，但从易得性、安全性、热物性等角度考虑，最可能用作传热蓄热材料的基础组分盐应该是锂、钠、钾、镁、钙的硫酸盐，其热物性如表 1-8 所示。

表 1-8　重要硫酸盐的热物理性质[12,13]

性质及组成	Li_2SO_4	Na_2SO_4	K_2SO_4	$MgSO_4$	$CaSO_4$
熔点/℃	859	884	1069	1127	1640
熔化热/(kJ · mol^{-1})	7.48	23.53	36.4		
25℃固体比热/(J · mol^{-1} · K^{-1})	120.96	128.15	131.19	96.20	99.65
液体比热/(J · mol^{-1} · K^{-1})	$201.9^{906℃}$	$197.7^{1577℃}$	$199.8^{1127℃}$	$158.99^{1727℃}$	$182.0^{1727℃}$
熔化时体积变化 $\Delta V_f/V_s$/%	1.2	18.7	26.9		
液体密度/(kg · cm^{-3})	$1957^{977℃}$	$1973^{1077℃}$	$1839^{1137℃}$		
液体黏度/cP		$4.63^{1187℃}$			
热分解温度/℃	＞859℃分解	＞900℃分解	＞1270℃分解		

注：表中上标数字表示该数据所对应的温度。

如果作为传热蓄热材料，通常会制备成混合硫酸熔盐，其组成和热物性如表 1-9所示。

表 1-9 一些常见混合硫酸盐及其性质[12,14]

性质及组成	体系 1	体系 2	体系 3
Li_2SO_4摩尔分数/%	80	39.5	78
Na_2SO_4摩尔分数/%			8.5
K_2SO_4摩尔分数/%	20	60.5	13.5
熔点/℃	535	710～712	512
熔化时体积变化 $\Delta V_f/V_s$/%	−1.0	11.2	
液体密度/$(kg \cdot cm^{-3})$	$2040^{747℃}$	$1923^{987℃}$	
上限温度 /℃	860	860	

注：表中上标数字表示该数据所对应的温度。

6. 中高温传热蓄热材料热物性的强化

中高温传热蓄热材料的热物性直接影响系统能源利用效率与工作温度范围。提高导热系数的一种有效方式是在液态传热蓄热材料中添加金属、非金属或聚合物的固体粒子。目前许多学者已开展了纳米粒子强化低温流体热物性的研究，通过添加纳米粒子，提高材料的比热容，也是为了提高蓄热性能。

Jung 等[15]在硝酸熔盐 Solar Salt 中通过添加云母(mica)纳米粒子强化比热容，固态比热容受纳米粒子质量分数影响不大；液态比热容随纳米粒子质量分数的增加而增大。Shin 等[16]研究分别在碳酸熔盐(Li_2CO_3-K_2CO_3)和导热油中添加1% SiO_2纳米粒子时，纳米流体的比热容将会增强。Jo 与 Banerjee 等[16-18]实验测得 Li_2CO_3-K_2CO_3 熔盐中加入 CNT 纳米粒子时，纳米流体液态比热容增加了17%，在 250℃和 400℃时，纳米流体固态比热容的值分别会增加 5%和 4%。当在熔盐中加入石墨纳米粒子时，纳米流体液态比热容增加了 21%，而纳米流体固态比热容的值增加了 15%～17%。比较两种纳米流体的比热容，发现石墨-碳酸盐纳米流体比热容的增加量比 CNT-碳酸盐纳米流体大。

Shin 等[19]研究在氯化物混合盐($BaCl_2$-$CaCl_2$-LiCl-NaCl)中加入 1%SiO_2纳米粒子时，纳米流体比热容提高了 6%～7%。

1.3.4 离子液体

离子液体是一类由有机阳离子与无机或有机阴离子构成的在室温或近室温下呈现液态的熔盐体系。由于离子液体具有凝固点低、热稳定性高、非挥发性、液态温度范围宽、蒸气压低、黏度低、密度大、化学稳定性高、热容大及储能密度高等特点[20]，有望作为传热蓄热材料应用于太阳能热发电领域。

许多学者已开展了离子液体作为传热蓄热材料研究，其中 Wu 等[21-24]对离子液体作为太阳能热发电系统的传热蓄热材料的可能性进行了深入研究，制备了系列的离子液体，如[C_4 min]PF_6、[C_8 min]PF_6、[C_4 min]Tf_2N、[C_4 min]BF_4 以及[C_8 min]BF_4 等，并对离子液体的热物理性质，包括熔点、分解温度、黏度、密度、比热容和导热系数、化学及热稳定性、材料相容性、环境安全与健康问题进行了研究。其中，较有代表性的离子液体[C_8 min]PF_6 的储能密度为 378MJ · m^{-3}，比热容为 2.5kJ · kg^{-1} · K^{-1}，密度为 1400kg · m^{-3}，而[C_4 min]BF_4 的液体温度区间可达 −75～459℃。Reddy 等[25,26]研究了离子液体的热稳定性和对金属材料 316 不锈钢、1018 碳钢、铜、镍等高温腐蚀性。结果表明，离子液体的分解温度为 450℃，对金属材料的腐蚀速率为 0.013mm/年，说明离子液体适合于作为传热蓄热材料。但是，从环境友好流体特性的角度而言，[C_4 min]PF_6 离子液体含有 PF_6^-，存在分解产生 HF 而对设备具有腐蚀性的风险[27]。与熔融盐相比，离子液体价格较贵，分解温度较低，在能量转换和储存过程中的传递特性、再生处理等关键问题还需进一步探悉。

在众多中高温蓄热材料中，熔融盐以其宽广的工作温度范围、高的导热性、低的蒸气压和高的热稳定性和化学稳定性，成为低成本规模化中高温传热蓄热材料发展的重点。

1.4　相图计算模型

高温熔盐传热蓄热材料的研究主要侧重于制备方法和低温段热物性测试，但缺乏对蓄热介质阴阳离子间的相互作用与分子行为特征的基础认识，因此不能形成熔盐传热蓄热介质的基本设计理论和发展热物性变化机理。

对于三元熔盐体系相图的研究目前还只涉及极少的体系，在那些已研究的三元体系中，一般也只是测定了一些恒温截面，甚至还是局部成分范围的恒温截面。如果再考虑到多元熔盐体系，测定相图的工作量是非常巨大的，所以发展计算相图是很必要的。

目前，用于相图计算的热力学模型主要有理想溶液模型、正规溶液模型、亚正规溶液模型、似化学理论、扩展的似化学模型、共形离子溶液模型和化合物能模型等。在以上描述的模型中，理想溶液模型没有考虑周围原子的影响，正规溶液模型和似化学理论只考虑了最邻近原子的影响，两者都不准确；亚正规溶液模型虽然考虑了次邻近原子的影响，但是更远原子的影响仍没有考虑，故模型也不是很准确；扩展似化学理论虽然考虑了更详细的有序化问题，但是对于缺少实验数据的多元熔盐体系而言计算不方便；亚晶格模型和化合物能模型更多地应用在合金方面；共形离子溶液模型不仅考虑了溶液中离子间近程库仑力的作用,而且还考虑了远程库仑力的影响,这个模型考虑的因素不是很复杂,比较适合用于缺少实验数据的多元熔盐体系的理论计算。

参考文献

[1] 崔海亭,杨锋. 蓄热技术及其应用. 北京:化学工业出版社,2004:8-9,64-67,150-152

[2] 葛志伟,叶锋,杨军,等. 中高温储热材料的研究现状与展望. 储能科学与技术,2012,1(2):89-102

[3] Asashina T, Tajiri K, Kosaka M. Thermal properties of organic and inorganic thermal storage materials in direct contact with heat carriers. High Temperature and High Pressures, 1992, 24: 415-420

[4] Abhat A. Low temperature latent heat thermal energy storage: heat storage materials . Solar Energy, 1983, 30(4): 313-332

[5] 张立超. 高温化学蓄热器的技术研究. 哈尔滨工程大学硕士学位论文,2007

[6] 〔日〕一色 尚次. 余热回收利用系统实用手册(下). 北京:机械工业出版社,1989:319-321

[7] Taggart S. Hot stuff:CSP and the power tower. Renewable Energy Focus,2008, 9(3):51-54

[8] Yeyetknh A B. 高温有机载热体. 化学工程译丛,1968,4:45-47

[9] 佩图宁. 核装置热动力工程. 肖隆水,金钟声,译. 北京:高等教育出版社,1965:50-55

[10] 张靖周,常海萍. 传热学. 北京:科学出版社,2009:341

[11] E. I. du Pont de Nemours & Co. , Hitec Heat Transfer Salt. Inc. , Explosives Dept. , Bulletin, 2002

[12] Janz G J, Allen C B, Bansal N P, et al. Physical properties data compilations relevant to energy storage, II, Molten salts: data on single and multi-component salt systems. NSRDS-NBS-61-PT-2, Order No. PB-295406, 1979

[13] Janz G J, Tomkins R P T. Physical properties data compilations relevant to energy storage IV, Molten salts: data on additional single and multi-component salt systems. NSRDS-NBS-61-PT-4, Order No. PB81-244121, 1981

[14] Barin I. Thermochemical Data of Pure Substances. 3rd Edition. VCH Verlagsgesellschaft mbH[C], Weinheim (Germany), VCH Publishers, Inc. , New York: NY (USA), 1995

[15] Jung S, Banerjee D. Enhancement of heat capacity of nitrate salts using mica nanoparticles. Proceedings of the 35th International Conference & Exposition on Advanced Ceramics & Composites, Daytona Beach, Florida, January 23-28, 2011

[16] Shin D, Jo B,Kwak H,et al. Investigation of high temperature nanofluids for solar thermal power conversion and storage applications. 14th International Heat Transfer Conference,Washington D. C. ,2010

[17] Jo B,Banerjee D. Study of high temperature nanofluids using carbon nanotubes (CNT) for solar thermal storage applications. Paper ES2010-90299, ASME 4th International Conference on Energy Sustainability; May 17-22, 2010, Phoenix, Arizona,2010

[18] Jo B, Banerjee D. Enhanced specific heat capacity of nanocomposites using organic nanoparticles. Proceedings of the International Mechanical Engineering Congress and Exposition, Denver, Colorado,2011

[19] Shin D, Banerjee D. Enhancement of heat capacity of molten salt eutectics using inorganic nanoparticles for solar thermal energy applications//Proceedings of the 35th International Conference & Exposition on Advanced Ceramics & Composites,Daytona Beach, Florida,2011

[20] Inman D, Lovering D G. Ionic Liquid. New York: Plenum Press, 1981

[21] Wu B, Reddy R G, Rogers R D. Novel ionic liquid thermal storage for solar thermal electric power systems. Proceedings of the International Solar Energy Conference, Washington D. C. ,2001: 445-451

[22] Moens L, Blake M D, Rudnicki D L, et al. Advanced thermal storage fluids for solar parabolic trough systems. Journal of Solar Energy Engineering, 2003, 125: 112-116

[23] Valkenburg M E V, Vaughn R L, Williams M, et al. Thermochemistry of ionic liquid heat transfer liquids. Thermochimica Acta, 2005, 425: 181-188

[24] Crosthwaite J M, Muldoon M J, Dixon J K, et al. Phase transition and decomposition temperature, heat capacities and viscosities of pyridinium ionic liquid. Journal of Chemical Thermodynamics, 2005, 37: 559-568

[25] Reddy R G, Zhang Z, Arenas M F, et al. Thermal stability and corrosivity evaluations of ionic liquids as thermal energy storage media. High Temperature Materials and Processes, 2003, 22: 87-94

[26] Perissi I, Bardi U, Caporali S, et al. High temperature corrosion properties of ionic liquids. Corrosion Science, 2006, 48: 2349-2362

[27] Swatloski R P, Holbrey J D, Rogers R D. Ionic liquids are not always green: hydrolysis of 1-butyl-3-methylimidazolium hexafluorophosphate. Green Chemistry, 2003, 5: 361-263

第 2 章　相图计算的热力学模型

熔点是传热蓄热材料的重要参数之一，低熔点的盐传热蓄热材料在使用过程中具有防止管道堵塞和降低伴热能耗等优点。为获得低熔点盐需要研制多种混合盐，而在所有混合盐中处于低共熔点组成的混合熔盐的熔点最低。低共熔点混合熔盐的组成可从相图得到。相图可通过实验测定或理论计算获得。实验测定相图耗时费力、实验周期长、有些混合熔盐体系受条件限制可能无法获得，为此需开展相图方面的理论计算研究。为获得满足中高温传热蓄热工程要求的传热蓄热材料，本章进行了有针对性的相图理论计算方面的尝试，属于传热蓄热熔盐材料设计范畴。基于篇幅限制，本章仅从相图基础、相图的实验测定方法、相图计算的热力学理论模型等几个方面加以介绍，具体计算结果将在下一章进行介绍。

2.1　相 图 概 述

2.1.1　相图与相律

相图[1, 2]也叫相平衡图，又叫状态图。它是指处于平衡状态下体系中物质的组分、物相和外界条件相互作用的几何描述，是一个物质体系相平衡图示的总称。相图也可以认为是体系热力学函数在满足热力学平衡条件下轨迹的几何描述。同一物质在不同的外界条件下，所存在的相状态可能不同，在相图上相关系一目了然。相图在冶金、化工、材料、地质和陶瓷等领域应用极为广泛。

相律是以一个用非常简单的形式表达平衡系统中可以平衡共存的相数 Φ、独立组元数 C 及可以人为指定的自由度数 F(即独立变数)三者之间的关系定律。它的普遍关系式如下

$$F = C - \Phi + n \tag{2.1}$$

式中，n 表示影响系统相平衡的外界因素的总数，包括温度、压力、电场、磁场等。在一般情况下，外界因素仅为温度与压力，即 $n=2$，故相律公式一般表示为

$$F = C - \Phi + 2 \tag{2.2}$$

由相律知，体系的相数比组分数多 2 时，自由度 F 为零，是个无变量体系，在相图中对应一个固定的点；若体系的相数比组分数多 1，自由度 F 等于 1，是个单变体系，与相图中的一条线上的点对应；若体系的相数等于组分数，自由度 F 为 2，是个双变体系，对应于某个面上的点。

2.1.2　相图表示方法

为了方便说明,此处选取的是三组分体系[3]。由于三组分体系的立体相图比较复杂,在实际工作中,通常使用的是截面图或投影图,以此也可说明体系的相变过程以及各种转变的温度范围等。

1. 三组分体系相图的截面图

三维的立体相图包括三个独立变量,即一个温度变量和两个浓度变量。若将三维立体图变成二维平面图,必须减少一个变量。可将温度恒定,只剩下两个浓度变量,此时所得平面图形表示一定温度下体系的状态随浓度变化的规律;也可将一个浓度变量固定,只剩下另一个浓度变量和一个温度变量,所得到的平面图形表示相变温度随这个浓度变化的规律。不论选用哪种方法,得到的图形都是三维空间相图的一个截面,此图就是三组分相图的截面图,分为下述两种。

1) 水平截面图——等温截面图

三组分立体相图中的温度轴垂直于浓度三角形,所以固定温度的截面图必定与浓度三角形平行,这样的截面图称为水平截面图,亦即等温截面图。完整的水平截面图应该与浓度三角形一致,截面图中的各条曲线,相当于在该恒定温度所作的水平面与立体相图中各个相界面相截而得到的交线,这些曲线叫做等温线。图 2-1 就是完全互溶的三组分体系相图的水平截面图。

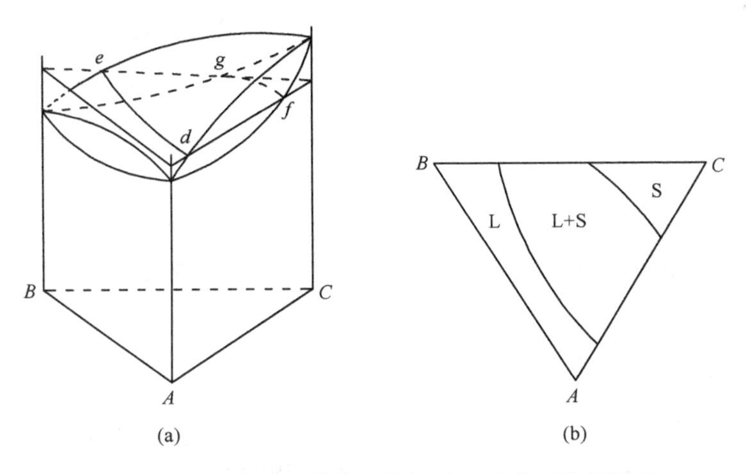

图 2-1　完全互溶三组分体系的相图(a)和水平截面图(b)

2) 垂直截面图——变温截面图

固定一个浓度变量并保留温度变量的截面图,必定与浓度三角形垂直,所以称作垂直截面图,或称作变温截面。经常使用的垂直截面图是使三个组分之一含量确定，这时垂直截面的成分轴平行于浓度三角形的一边，如图 2-2 中的垂直截面Ⅰ所示。有时也使用两个组分含量确定的垂直截面，其成分轴通过浓度三角形的一个顶点，如图 2-2 中的垂直截面Ⅱ所示。

2. 三组分体系相图的投影图

把三组分体系立体相图中所有的相区、交线及点都垂直投影到浓度三角形中，就得到了三组分体系相图的投影图，立体相图中的各个面、线、点与投影图之间都能找到对应的关系。利用投影图可以分析相变过程。为了方便起见，投影图上还标有等温线，这些等温线是取不同温度的水平截面中的相界线投影到浓度三角形中所得。这样的投影图常称等温线投影图，图 2-3 就是完全互溶的三组分体系的等温线投影图。

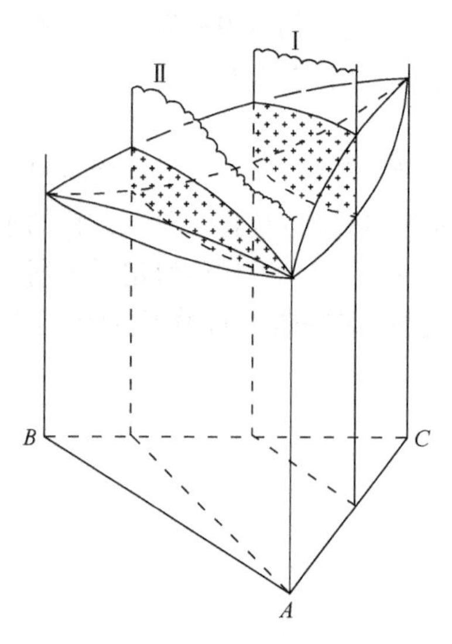

图 2-2　完全互溶三组分体系相图的垂直截面

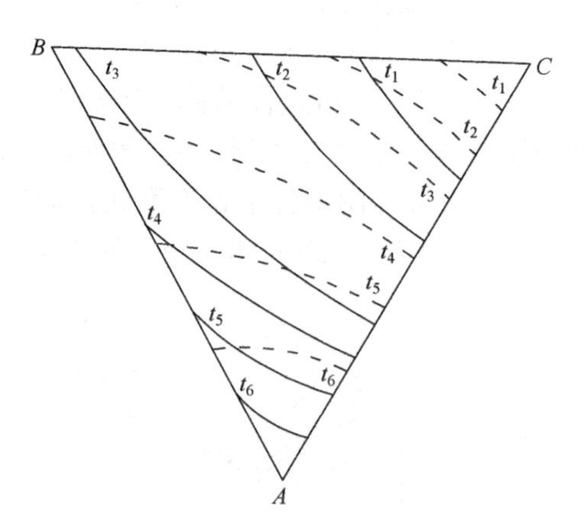

图 2-3　完全互溶三组分体系相图的等温线投影

2.1.3　相图的实验验证方法

用差热分析(DTA)方法[4, 5]绘制相图比用步冷曲线方法省时、省力、省样品，而且可以定量测定相变热。利用差热曲线测绘相图时，确定热效应峰的温度是很重要的，它直接影响到相图的准确性。通常一个熔融吸热峰(或者析晶放热峰)至少由四个点组成，它们对应的温度为：起始温度 T_i，外推起始温度 T_e，峰顶温度 T_m，终止温度 T_f，如图 2-4 所示。20 世纪 60 年代以前，用哪一个温度表示相变温度的都有，以 T_m 者最多。但由于实验仪器、实验条件、样品状况不同，所得结果差别较大。后来国际热分析学会(ICTA)标准化委员会确定了十种物质,其中八种无机物(固-固相变),两种纯金属(熔点)作为标准物,委托美国标准局(U. S. NBS)制成标准样品在 13 个国家 24 个地区研究室进行测定。结果表明外推起始温度 T_e 与热力学平衡温度基本一致,不受升温速率影响,因此确定用 T_e 作为熔点(或相变)温度。如果热效应峰很尖锐也可以直接用峰顶温度作为相变温度。

图 2-5 是一个假想的复杂二元系统相图和对应的七条 DTA 曲线。这里采用加热 DTA 曲线。利用七条 DTA 曲线再加上两个纯组分的熔点就能绘出二元系统相图。首先找出各 DTA 曲线上与相图上液相线对应的点。除曲线 4 和曲线 5 外每一条加热 DTA 曲线都有一个最高温度吸热峰,峰的尾部很陡,说明样品全部变为液相,峰尾部回到基线时的温度就是相图中液相线上对应点的温度。因此如果把所有加热 DTA 曲线的最高温度吸热峰的尾和基线的外推交点连接起来就是相图的液相线,如图 2-5(上)虚线所示。曲线 4 只有一个尖锐吸热峰,峰两边都很陡,说明样品组成是低共熔点组成,峰顶对应温度是低共熔点温度。曲线 5 也只有一个尖锐吸热峰,是具有稳定化合物的熔融热效应峰。峰顶对应温度为该稳定化

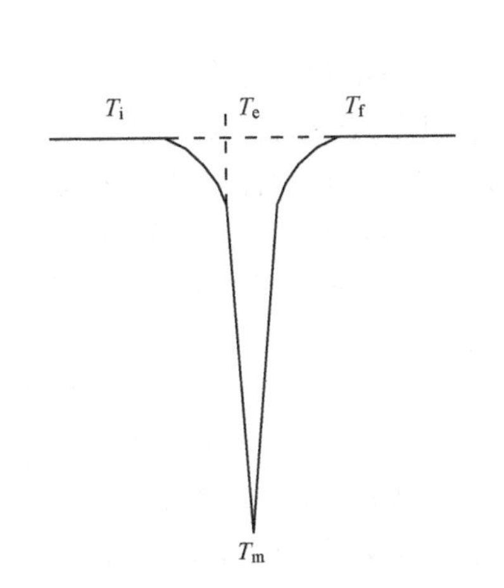

图 2-4　固体吸热熔融峰

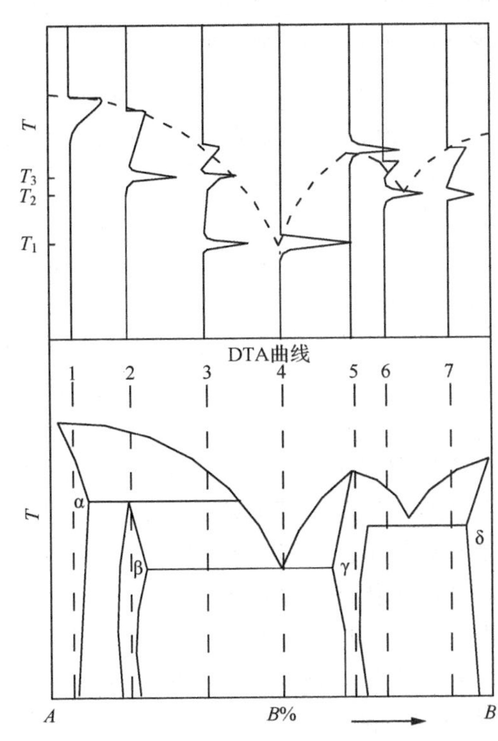

图 2-5　假定二元系相图及其 DTA 曲线

合物 γ 的熔点。同样在曲线 2 和 3 中可以找到有不稳定化合物 β 的转熔相变吸热峰及其相应的温度。在曲线 3 上还可以看到表征低共熔温度的吸热峰。其他曲线也可作类似的分析。由此可见，T_1 是 β 和 γ 两化合物的低共熔温度(又叫低共熔点)，T_2 是 γ 和 δ 两化合物的低共熔温度，而 T_3 为 β 化合物的转熔温度(又叫转熔点)。最后把 DTA 曲线上相同性质的点连结起来就可制得相图。实验不同组成的样品越多，所得相图越准确。由 DTA 转化的 DSC 方法确定样品的熔点，相关实验及仪器在以后章节介绍。

2.2 相图计算

相图是相平衡时热力学变量轨迹的几何表达，因此相图与热力学是密切相关的。一方面可以通过由实验测定的相图提取某些热力学数据；另一方面，由已有的热力学资料，通过计算也可以构造相图，其基本任务都是求出各个温度下的体系达到平衡后各相的平衡成分。人类测定相图的历史已有百余年，经测定并经审定所汇编的二元相图约有两千多个，还有一千多个相图尚未测定或审编。在已审定的二元系相图中，也有相当一部分未测定完全或不够精确，故需进一步校准。对于三元系的研究目前还只涉及极少的体系，在那些已研究的三元系中，一般也只是测定了一些恒温截面，甚至还是局部成分范围的恒温截面。如果再考虑到多元系，测定相图的工作量是非常巨大的，所以发展计算相图是很必要的。同时，实际物质体系的相变过程，很多情况下是依据其亚稳定状态存在或依据亚稳定状态转变的，实验测定的平衡相图无法预报亚稳定态，但可以通过计算确定亚稳定状态。因而，相图计算则为相图的发展与应用开辟了新的空间[6-8]。

目前进行相图计算的基本支撑软件主要有：加拿大蒙特利尔综合工业大学的 FACT 软件、德国 MAX PLANK 研究所研制开发的 LUKAS 软件、瑞典皇家工学院的 THERMO-CALC 软件、德国 GGT 公司的 CHEMSAGE 软件以及美国威斯康星大学的 PANDA 软件等，这些软件为计算提供了一些基本的优化和计算模块。鉴于数据资源和其他条件的限制，这些软件各有千秋，所用理论也不尽一致，其功能都有待于完善，很难简单地完成一个实际物质体系的热力学优化计算。在实际相图的优化计算过程中，需要科研工作者具有深厚的热力学理论知识和大量的实践经验，通过大量的计算工作和计算技巧才能逐步完成；而在采纳数据库外的热力学参数优化计算体系相图时，需要用户具有扎实的热力学基础、相图优化计算的经验和相图测定的知识，方可最终完成理想的计算工作，获得正确合理的结果[9-11]。

但是，相图的确定又不能完全依靠计算理论而抛弃实验数据获得，因为相图计算模型中有很多因素作了简化，计算结果与实际相图有较大差别。故在实际确定相图过程中，要尽量利用测得的实验数据，以热力学和计算化学为基础，根据相平衡原理，确定各相吉布斯自由能函数(以温度、压强及成分为变量)的关系，得到具体相图。所以，相图的计算离不开热力学数据，而精确的数据往往是通过实验得到的。只有对热力学数据进行正确的归纳、整理和分析，使之成为相图计算中有用的资料，才能求出与实际情况符合的相图[12]。图 2-6 是实验相图与计算相图之间关系的说明。

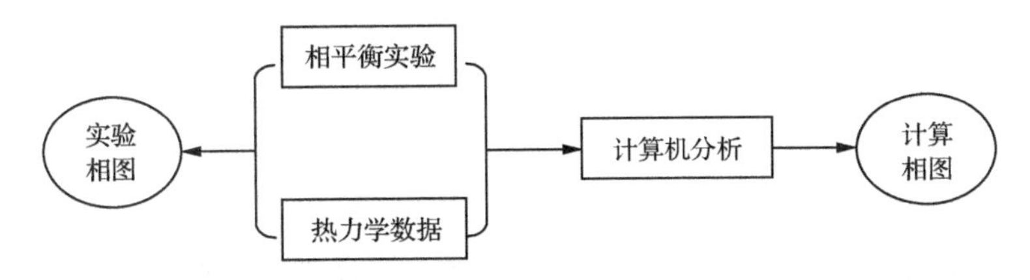

图 2-6　实验相图与计算相图的关系

2.2.1　相图计算的基本原理和方法

相图计算的基本原理通常采用的是能量最小化原则。即在给定的封闭环境中，当整个体系达到热力学平衡时，整体总能量应取极小值。此时，常采用的是吉布斯自由能最小法和等化学势法两种计算方法[13,14]。

1. 吉布斯自由能最小法

当整个体系达到热力学平衡后，封闭体系中总吉布斯自由能 G 应取极小值。

$$G = G_{\min} \tag{2.3}$$

吉布斯自由能最小法又称寻优法，即对于给定的体系，当温度和总成分一定时，通过对整个体系总吉布斯自由能求最小值，得到平衡态时整个体系中各分相的具体组成。计算过程首先采用拉格朗日(Lagrange)乘子法等方法得到能量最小化时的方程组，再采用单纯形法或牛顿-拉普松(Newton-Raphson)法等方法具体确定各组分的组成和温度。

2. 等化学势法

当整个体系处于热力学平衡状态时，任一组元 i 在各相中的化学势相等，从而得到一组方程

$$\mu_i^{(1)} = \mu_i^{(2)} = \mu_i^{(3)} = \cdots = \mu_i^{(P)}, \quad i = 1,2,\cdots,C \tag{2.4}$$

式中，P 为体系的总相数；i 表示其中某一组分；C 为体系的组元数。

也可以采用某一组分的偏摩尔吉布斯自由能表示为

$$G_{i,\mathrm{m}}^{(1)} = G_{i,\mathrm{m}}^{(2)} = G_{i,\mathrm{m}}^{(3)} = \cdots = G_{i,\mathrm{m}}^{(P)}, \quad i = 1,2,\cdots,C \tag{2.5}$$

再利用具体的数值计算方法，确定上述的多项非线性方程组的解，即可得到达到平衡态时整个体系中各个相的具体组成和温度。

3. 摩尔吉布斯自由能与偏摩尔吉布斯自由能

上述两者关系通常可以通过吉布斯-杜安(Gibbs-Duhem)方程推导出。在二元系中，两者关系可从吉布斯自由能-组成关系图上，通过斜率和截距数据获得。如 A-B 二元系

$$G_{\mathrm{A,m}} = G_{\mathrm{m}} + (1 - X_{\mathrm{A}}) \frac{\partial G_{\mathrm{m}}}{\partial X_{\mathrm{A}}} \tag{2.6}$$

$$G_{\mathrm{B,m}} = G_{\mathrm{m}} + (1 - X_{\mathrm{B}}) \frac{\partial G_{\mathrm{m}}}{\partial X_{\mathrm{B}}} \tag{2.7}$$

其中，X_{A}和 X_{B}是 A、B 组分的摩尔分数。对于多元体系，可推导出标准方法

$$G_{i,\mathrm{m}} = G_{\mathrm{m}} + \left(\frac{\partial G_{\mathrm{m}}}{\partial X_i}\right)_{X_K} - \sum_{j=1}^{C} X_j \left(\frac{\partial G_{\mathrm{m}}}{\partial X_j}\right)_{X_K} \tag{2.8}$$

式中，C 是多元体系的组元数，X_i和 X_j是组分 i 和 j 的摩尔分数。

2.2.2 熔盐体系的热力学模型

确定各种溶液热力学模型的关键是构造整个体系中各分相的吉布斯自由能关系式。当整个体系处于常压和温度 T 条件时，其吉布斯自由能 G 与体系热焓 H 和熵 S 的关系如下

$$G = H - TS \tag{2.9}$$

在无相变的状况下

$$H(T) = H_0 + \int_0^T C_p \mathrm{d}T \tag{2.10}$$

$$S(T) = S_0 + \int_0^T \frac{C_p}{T} \mathrm{d}T \tag{2.11}$$

$$G(T) = H_0 - TS_0 + \int_0^T C_p \mathrm{d}T - T\int_0^T \frac{C_p}{T} \mathrm{d}T \tag{2.12}$$

式中，H_0、S_0 分别是 0K 时的焓与熵，是积分常数项。C_p 为定压热容。当考虑 C_p 与温度的关系时常表示为

$$C_p = A + BT + CT^2 + DT^3 + ET^4 + \cdots \tag{2.13}$$

所以

$$\begin{aligned} G(T) &= H_0 - TS_0 + AT(1 - \ln T) - BT^2/2 - C/2T - DT^3/6 - ET^4/12 + \cdots \\ &= H_0 - (S_0 - A)T - AT\ln T - BT^2/2 - C/2T - DT^3/6 - ET^4/12 + \cdots \end{aligned} \tag{2.14}$$

根据热力学相平衡原理，在给定压力和温度 T 条件下，多组分体系中任一分

相的摩尔吉布斯自由能 G_m 与体系中各组分浓度关系的表达式如下

$$G_m = \sum_{i=1}^{C} X_i G_i^* + RT\sum_{i=1}^{C} X_i \ln X_i + G_m^E \tag{2.15}$$

式中，第一项 $\sum_{i=1}^{C} X_i G_i^*$ 表示机械混合物，第二项 $RT\sum_{i=1}^{C} X_i \ln X_i$ 是理想混合相，表示系统的熵对吉布斯自由能的贡献，第三项 G_m^E 是过剩摩尔吉布斯自由能相，主要受非理想溶液的影响。前两项都可直接由纯物质的吉布斯自由能数据确定，第三项由共形离子溶液(conformal ionic solution, CIS)模型理论计算获得。

2.2.3 过剩摩尔吉布斯自由能的计算方法

CIS 是以统计力学微扰理论为基础，将实际溶液看作为理想溶液的微扰体系，通过统计力学微扰理论来计算溶液体系的热力学函数。这个溶液理论不仅考虑了溶液中离子间近程库仑力的作用，还考虑了远程库仑力的影响。这个理论考虑的因素比较简单，故比较适合于阳离子(或阴离子)半径相差较大且热力学数据缺乏的多元熔盐体系。

1962 年首先由 Reiss H 等[15]用共形离子溶液模型用于处理二元熔盐溶液，1963 年 Blander M 和 Yosim S J[16]将其扩展到二阶项用于交互三元熔盐体系，1974 年 Saboungi M L 和 Cerisier P[17]将其扩展到二阶项用于相加三元体系，1975 年 Saboungi M L 和 Blander M[18]将其扩展到四阶项，用组成相加三元系的三个二元系的热力学数据计算相加三元系的过剩摩尔吉布斯自由能。

文献[15]～[26]的研究表明，对于简单的相加三元熔盐溶液，CIS 模型的计算精度优于 Toop 和 Kohle 等几何方法。目前在熔盐体系的热力学性质和相图的计算中，CIS 模型得到了广泛的应用，它不仅在用于研究交互三元、相加三元体系时取得了与实测数据和相图吻合较好的结果，而且近年来，Pelton A D 等[27]用于计算铝电解的冰晶石体系，并取得了与实验吻合很好的结果。但 CIS 模型仍是一种近似处理，它没有完全考虑离子间的相互作用。由于用相同方法处理边界二元体系，因而部分抵消了对三元体系计算的影响。此外，用 CIS 理论处理浓溶液的计算结果一般均优于处理稀溶液的计算结果。共形离子溶液模型不仅用于熔融盐溶液的热力学性质的计算，而且在熔融盐相图计算方面也得到应用。

根据微扰理论[15]，设熔融盐溶液的位形积分 Z 为

$$Z = \int\cdots\int_V e^{-\beta U_0}(d\tau)^{2n} \tag{2.16}$$

式中，$\beta=1/\kappa T$；U 是由 n 个阳离子，n 个阴离子组成的 $2n$ 个离子的势能；$(d\tau)^{2n}$ 是 $2n$ 个离子的体积元，故亥姆霍兹(Helmholtz)自由能 A_1，可写为

$$A_1 = -\kappa T\ln Z_1 = -\kappa T\ln Z(g_1) \tag{2.17}$$

式中，κ 是玻尔兹曼(Boltzmann)常量；T 为温度；g_1 为盐 1 的微扰常数；$g_1=\lambda/\lambda_1$，λ 定义为[28, 29]

$$\begin{cases}\mu(r)=\infty, & r\leqslant\lambda \\ \mu(r)=-q^2/kr & r>\lambda\end{cases} \tag{2.18}$$

$\mu(r)$为对势，r 为正负离子间的中心距离，λ 为正负离子半径之和，q 为离子电荷，k 为有效介电常数。用泰勒级数展开式(2.17)，有

$$A_1=-\kappa T\{\ln Z+(g_1-1)(\partial\ln Z/\partial g_1)_{g_1=1}+\frac{1}{2}(g_1-1)^2(\partial^2\ln Z/\partial g_1^2)_{g_1=1}+\cdots\} \tag{2.19}$$

而

$$(\partial\ln Z/\partial g_1)_{g_1=1}=[Z(1)]^{-1}(\partial Z/\partial g_1)_{g_1=1} \tag{2.20}$$

$$\left(\frac{\partial^2\ln Z}{\partial g_1^2}\right)_{g_1=1}=\frac{1}{Z(1)}\left(\frac{\partial^2 Z}{\partial g_1^2}\right)_{g_1=1}-\frac{1}{[Z(1)]^2}\left(\frac{\partial Z}{\partial g_1}\right)^2_{g_1=1} \tag{2.21}$$

故对参比盐

$$U=\sum_c^n\sum_a^n\mu_{ca}+\sum_{a<a'}^n\sum_{a'}^n\mu_{aa'}+\sum_{c<c'}^n\sum_{c'}^n\mu_{cc'} \tag{2.22}$$

式中，μ_{ca} 为阳离子和阴离子的对势，$\mu_{aa'}$ 为两个阳离子的对势，$\mu_{cc'}$ 为两个阴离子的对势。

2.3　相加三元熔盐体系的热力学模型

假设一个单组分的“实验盐”A_0X，$A_0{}^+$ 为阳离子，X^- 为阴离子。阴、阳离子对势能的排斥部分用参数 λ_0 表征，λ_0 的数值为组成该实验盐的阴、阳离子半径之和。改变实验盐的阳离子，以便产生三个含有不同阳离子的盐 AX、BX 和 CX，其值分别为 λ_1、λ_2 和 λ_3，并产生相加三元系 AX-BX-CX。假设 AX 为组分 1，BX 为组分 2，CX 为组分 3。定义无量纲的微扰参数 $g_i=\lambda_0/\lambda_i$，则 $g_1=\lambda_0/\lambda_1$，$g_2=\lambda_0/\lambda_2$ 和 $g_3=\lambda_0/\lambda_3$。

计算含有 n_A mol A^+、n_B mol B^+、n_C mol C^+ 和 n mol $(n=n_A+n_B+n_C)X^-$ 混合盐的热力学函数必须进行四次独立的统计力学“微扰”计算。对于纯组分，改变实验盐阳离子的大小，以至 λ_0 变成 λ_i，可以获得三个含有不同阳离子的纯组分盐 AX、BX 和 CX，分别具有无量纲的微扰参数 λ_1、λ_2 和 λ_3；对三元混合盐，若实验盐的阳离子包括 X_A 摩尔分数的阳离子 A^+、X_B 摩尔分数的 B^+ 和 X_C 摩尔分数的 C^+，则得到相加三元系 AX-BX-CX，并有下列关系

$$\begin{cases}X_A=n_A/(n_A+n_B+n_C)=n_{AX}/n \\ X_B=n_B/(n_A+n_B+n_C)=n_{BX}/n \\ X_C=n_C/(n_A+n_B+n_C)=n_{CX}/n\end{cases} \tag{2.23}$$

式中，X_A、X_B 和 X_C 分别为组元 A、B、C 的摩尔分数。

统计力学微扰过程对势能 U、位形积分 Z 和自由能 A 的影响可以归结如下

(i)　$\lambda_0 \to \lambda_1, U_0 \to U_1, Z_0 \to Z_1, A_0 \to A_1$

(ii)　$\lambda_0 \to \lambda_2, U_0 \to U_2, Z_0 \to Z_2, A_0 \to A_2$

(iii)　$\lambda_0 \to \lambda_3, U_0 \to U_3, Z_0 \to Z_3, A_0 \to A_3$

$X_A\lambda_0 \to \lambda_1$

(iv)　$X_B\lambda_0 \to \lambda_2,\ U_0 \to U_m, Z_0 \to Z_m, A_0 \to A_m$

$X_C\lambda_0 \to \lambda_3$

据 Reiss 等[15]的计算方法，考虑“实验盐”经典配分函数的位形部分，则位形积分 Z 具有下列关系

$$Z = \frac{1}{(n!)^2}\int \cdots \int_V e^{-\beta U}(d\tau)^{2n} \tag{2.24}$$

式中，n 为盐中含有的阳离子和阴离子的数目；$2n$ 为盐中含有的阴、阳离子总数；$\beta = -1/\kappa T$，κ 是玻尔兹曼(Boltzmann)常量；$d\tau$ 为真实空间的体积元；$\int_V$ 为在整个体系的体积内积分；U 为给定构形的“实验盐”的势能，其值为离子对势能的总和，即可表示为下列关系式

$$U = \sum_c^n \sum_a^n \mu_{ca} + \sum_{a<a'}^n \sum_{a'}^n \mu_{aa'} + \sum_{c<c'}^n \sum_{c'}^n \mu_{cc'} \tag{2.25}$$

式中，c 代表阳离子，a 代表阴离子，a' 和 c' 分别代表与 a 和 c 不同的阴、阳离子。$c<c'$ 和 $a<a'$ 表示每一离子对只计算一次。方程(2.25)表征的势能 U 包含三项，分别代表阴、阳离子对，阳离子对和阴离子对的贡献。由于存在强的局部电中性趋势，两个阳离子或两个阴离子相接触或距离很接近的构形概率是很小的，因此对势能 U 的贡献是很小的。此理论分析已为盐的 X 射线和中子衍射的数据所证实。

对于离子混合物，如相加三元熔盐体系 AX-BX-CX，其阴、阳离子对的势能包含两项，即

$$u_{ca} = f_{ca}(g_i r) + h_{ca}(r) \tag{2.26}$$

式中，$f_{ca}(g_i r)$ 与无量细微扰参数 g_i 及阴、阳离子中心间的距离 r 有关；$h_{ca}(r)$ 只与 r 有关，而同阴、阳离子的类型无关。它包括了库仑相互作用、某些情况下的离子-多极性以及多极性-多极性相互作用等的贡献[30]。

对于 AX-BX-CX 相加三元系的位形积分有下列关系式

$$Z_m = \frac{1}{n_A!n_B!n_C!n_X!}\int \cdots \int_V \exp(-\beta U_m)(d\tau)^{2n} \tag{2.27}$$

式中

$$U_m = \sum_c^{n_A} \sum_a^n f_{ca}(g_1 r) + \sum_c^{n_B} \sum_a^n f_{ca}(g_2 r) + \sum_c^{n_C} \sum_a^n f_{ca}(g_3 r) + \sum_c^n \sum_a^n h_{ca}(r)$$

$$+\sum_{a<a'}^{n}\sum_{a'}^{n}\mu_{aa'}+\sum_{c<c'}^{n}\sum_{c'}^{n}\mu_{cc'} \tag{2.28}$$

混合体系的亥姆霍兹自由能 A_m 和位形积分 Z_m 之间有下列关系

$$-A_m/\kappa T=\ln Z_m \tag{2.29}$$

将 $\ln Z_m$ 展开成级数

$$\begin{aligned}\ln Z_m=&-(n_A\ln X_A+n_B\ln X_B+n_C\ln X_C)+\ln Z+\sum_{i=1}^{3}\left(\frac{\partial\ln Z_m}{\partial g_i}\right)_{g=1}(g_i-1)\\&+\frac{1}{2}\sum_{i=1}^{3}\sum_{j=1}^{3}\left(\frac{\partial^2\ln Z_m}{\partial g_i\partial g_j}\right)_{g=1}(g_i-1)(g_j-1)\\&+\frac{1}{6}\sum_{i=1}^{3}\sum_{j=1}^{3}\sum_{k=1}^{3}\left(\frac{\partial^3\ln Z_m}{\partial g_i\partial g_j\partial g_k}\right)_{g=1}(g_i-1)(g_j-1)(g_k-1)+\cdots\end{aligned} \tag{2.30}$$

式中,脚注 $g=1$ 是当所有的 g_i接近 1 时的极限位。X_i是第 i 个离子的摩尔分数,将式(2.30)的第 1、2 两项合并,可得

$$\begin{aligned}\ln Z_m=-\frac{A_m}{\kappa T}=&\ln Z_0+\sum_{i=1}^{3}\left(\frac{\partial\ln Z_m}{\partial g_i}\right)_{g_i=1}(g_i-1)\\&+\frac{1}{2}\sum_{i=1}^{3}\sum_{j=1}^{3}\left(\frac{\partial^2\ln Z_m}{\partial g_i\partial g_j}\right)_{g_i=1}(g_i-1)(g_j-1)+\cdots\end{aligned} \tag{2.31}$$

式中,Z_0 是“实验盐”的位形积分。

对于纯组分 i,其关系式如下

$$\ln Z_i=-\frac{A_i}{\kappa T}=\ln Z_0+\left(\frac{\partial\ln Z_i}{\partial g_i}\right)_{g_i=1}(g_i-1)+\frac{1}{2}\left(\frac{\partial\ln Z_i}{\partial g_i^2}\right)_{g_i=1}(g_i-1)^2+\cdots \tag{2.32}$$

式(2.31)和式(2.32)与文献[31]结果一致。

对于 1mol 的包括物质的量为 X_A 的 AX、X_B 的 BX 和 X_C 的 CX 的三元溶液,过剩亥姆霍兹自由能可以由组分的二元溶液相加得到

$$\Delta A_m^E=\Delta A_{12}^E+\Delta A_{12}^E+\Delta A_{23}^E \tag{2.33}$$

式中

$$\begin{aligned}\Delta A_{13}^E&=\Gamma(T,V)(g_1-g_3)^2X_AX_C\\\Delta A_{12}^E&=\Gamma(T,V)(g_1-g_2)^2X_AX_B\\\Delta A_{23}^E&=\Gamma(T,V)(g_2-g_3)^2X_BX_C\end{aligned}$$

$\Gamma(T,V)$是仅受“实验盐”特性影响的组合积分,对含有相同阴离子 X^- 的二元共形离子溶液来说是个常数。

当恒压、恒容时亥姆霍兹自由能与吉布斯自由能相等,而对于恒压的凝聚体系($\Delta V\approx0$),$\Delta G_m^E=\Delta A_m^E$,故

$$\Delta G_m^E=\Delta G_{12}^E+\Delta G_{13}^E+\Delta G_{23}^E \tag{2.34}$$

2.4　交互三元熔盐体系的热力学模型

在 A^+、B^+ ‖ X^-、Y^- 体系中，假设 AX 为组分 1，BX 为组分 2，AY 为组分 3，BY 为组分 4。根据 Reiss 微扰理论[15]，用参数 λ_0 表征"实验盐"A_0X 中阴、阳离子对势能的排斥部分，四个组分 AX、BX、AY 和 BY 的值分别是 λ_1、λ_2、λ_3 和 λ_4。无量纲微扰参数 g_i 分别为 $g_1 = \lambda_0/\lambda_1$，$g_2 = \lambda_0/\lambda_2$，$g_3 = \lambda_0/\lambda_3$ 和 $g_4 = \lambda_0/\lambda_4$。

对于交互三元系 AX-BX-AY-BY，若实验盐中含有 $n_A$mol A^+、$n_B$mol B^+ 和 n_X molX^-，$n_Y$molY^-，则有下列关系

$$\begin{cases} n_A + n_B = n = n_X + n_Y \\ X_A = n_A/(n_A + n_B) = n_A/n = 1 - X_B \\ X_X = n_X/(n_X + n_Y) = n_X/n = 1 - X_Y \end{cases} \tag{2.35}$$

对于 AX-BX-AY-BY 离子混合物阴、阳离子对的势能包含两项，即

$$u_{ca} = f_{ca}(g_i r) + h_i(r) \tag{2.36}$$

$$h_{ca}(r) = h_1(r) = h_2(r) = h_3(r) = h_4(r) \tag{2.37}$$

其中 $1/g_1 + 1/g_4 = 1/g_2 + 1/g_3$。

对于 AX-BX-AY-BY 交互三元系的位形积分 Z_m 由式(2.24)计算可得

$$Z_m = \frac{1}{n_A!n_B!n_X!n_Y!}\int\cdots\int_V \exp(-\beta U_m)(d\tau)^{2n} \tag{2.38}$$

式中，U_m 由式(2.25)计算可得

$$U_m = \sum_c^{n_A}\sum_c^{n} f_{ca}(g_1 r) + \sum_c^{n_B}\sum_a^{n} f_{ca}(g_2 r) + \sum_c^{n_C}\sum_a^{n} f_{ca}(g_3 r) + \sum_c^{n}\sum_a^{n} h_{ca}(r) \tag{2.39}$$

将式(2.29)中 $\ln Z_m$ 展开成级数

$$\begin{aligned} -\frac{A_m}{\kappa T} = \ln Z_m = & -(n_A\ln X_A + n_B\ln X_B + n_X\ln X_X + n_Y\ln X_Y) + \ln Z \\ & + \sum_{i=1}^{4}\left(\frac{\partial \ln Z_m}{\partial g_i}\right)_{g_i=1}(g_i - 1) \\ & + \frac{1}{2}\sum_{i=1}^{4}\sum_{j=1}^{4}\left(\frac{\partial^2 \ln Z_m}{\partial g_i g_j}\right)_{g_i=1}(g_i - 1)(g_j - 1) + \cdots \end{aligned} \tag{2.40}$$

纯组分 i 的关系式由式(2.32)确定。

根据溶液电中性性质[32]，假设溶液中含有 X_X 摩尔分数的 BX、X_A 摩尔分数的 AY 和 $(X_Y - X_A)$ 摩尔分数的 BY，则溶液摩尔混合亥姆霍兹自由能为

$$\Delta A_{\mathrm{m}} = A_{\mathrm{m}} - \sum_{i=1}^{3} X_i A_i = A_{\mathrm{m}} - X_{\mathrm{X}} A_2 - X_{\mathrm{A}} A_3 - (X_{\mathrm{X}} - X_{\mathrm{A}}) A_4 \quad (2.41)$$

故过剩亥姆霍兹自由能为

$$\Delta A_{\mathrm{m}}^{\mathrm{E}} = \Delta A_{\mathrm{m}} - RT \sum_{i=1}^{4} X_i \ln X_i = A_{\mathrm{m}} - X_{\mathrm{X}} A_2 - X_{\mathrm{A}} A_3 - (X_{\mathrm{X}} - X_{\mathrm{A}}) A_4 - RT(X_{\mathrm{A}} \ln X_{\mathrm{A}} + X_{\mathrm{B}} \ln X_{\mathrm{B}} + X_{\mathrm{X}} \ln X_{\mathrm{X}} + X_{\mathrm{Y}} \ln X_{\mathrm{Y}}) \quad (2.42)$$

根据文献[16]得出的结论,溶液混合亥姆霍兹自由能为

$$A_{\mathrm{m}} = RT \sum_{i=1}^{4} X_i \ln X_i + \sum_{i=1}^{3} X_i A_i + X_{\mathrm{A}} \Delta A_{13}^{\mathrm{E}} + X_{\mathrm{B}} \Delta A_{24}^{\mathrm{E}} + X_{\mathrm{X}} \Delta A_{12}^{\mathrm{E}} + X_{\mathrm{Y}} \Delta A_{34}^{\mathrm{E}} + X_{\mathrm{A}} X_{\mathrm{B}} X_{\mathrm{X}} X_{\mathrm{Y}} \Lambda \quad (2.43)$$

式中

$$\Delta A_{13}^{\mathrm{E}} = \Gamma(T,V)(g_1 - g_3)^2 X_{\mathrm{X}} X_{\mathrm{Y}},\ \Delta A_{12}^{\mathrm{E}} = \Gamma(T,V)(g_1 - g_2)^2 X_{\mathrm{A}} X_{\mathrm{B}}$$

$$\Delta A_{24}^{\mathrm{E}} = \Gamma(T,V)(g_2 - g_4)^2 X_{\mathrm{X}} X_{\mathrm{Y}},\ \Delta A_{34}^{\mathrm{E}} = \Gamma(T,V)(g_3 - g_4)^2 X_{\mathrm{A}} X_{\mathrm{B}}$$

故过剩亥姆霍兹自由能为

$$\Delta A_{\mathrm{m}}^{\mathrm{E}} = X_{\mathrm{A}} X_{\mathrm{D}} \Delta A^{\ominus} + X_{\mathrm{A}} \Delta A_{13}^{\mathrm{E}} + X_{\mathrm{B}} \Delta A_{24}^{\mathrm{E}} + X_{\mathrm{X}} \Delta A_{12}^{\mathrm{E}} + X_{\mathrm{Y}} \Delta A_{34}^{\mathrm{E}} + X_{\mathrm{A}} X_{\mathrm{B}} X_{\mathrm{X}} X_{\mathrm{Y}} \Lambda \quad (2.44)$$

当恒压、恒容时亥姆霍兹自由能与吉布斯自由能相等,而对于恒压的凝聚体系$\Delta V \approx 0$,$\Delta G_{\mathrm{m}}^{\mathrm{E}} = \Delta A_{\mathrm{m}}^{\mathrm{E}}$。故

$$\Delta G_{\mathrm{m}}^{\mathrm{E}} = X_{\mathrm{A}} X_{\mathrm{D}} \Delta G^{\ominus} + X_{\mathrm{A}} \Delta G_{13}^{\mathrm{E}} + X_{\mathrm{B}} \Delta G_{24}^{\mathrm{E}} + X_{\mathrm{X}} \Delta G_{12}^{\mathrm{E}} + X_{\mathrm{Y}} \Delta G_{34}^{\mathrm{E}} + X_{\mathrm{A}} X_{\mathrm{B}} X_{\mathrm{X}} X_{\mathrm{Y}} \Lambda \quad (2.45)$$

式中,$\Delta G^{\ominus}$为下面反应式标准摩尔反应吉布斯自由能

$$\mathrm{AY(l)} + \mathrm{BX(l)} \longleftrightarrow \mathrm{AX(l)} + \mathrm{BY(l)}$$

即

$$\Delta G^{\ominus} = \Delta_{\mathrm{f}} G^{\ominus}(\mathrm{BY}) + \Delta_{\mathrm{f}} G^{\ominus}(\mathrm{AX}) - \Delta_{\mathrm{f}} G^{\ominus}(\mathrm{AY}) - \Delta_{\mathrm{f}} G^{\ominus}(\mathrm{BX}),\ \Lambda = -\frac{(\Delta G^{\ominus})^2}{2ZRT} \quad (2.46)$$

2.5 交互四元熔盐体系的热力学模型

在A^+、B^+、C^+ ‖ X^-、Y^-体系中,假设AX为组分1,BX为组分2,CX为组分3,AY为组分4,BY为组分5,CY为组分6。用参数λ_0表征"实验盐"A_0X中阴、阳离子对势能的排斥部分,六个组分AX、BX、CX、AY、BY和CY的值分别是λ_1、λ_2、λ_3、λ_4、λ_5和λ_6。无量纲微扰参数g_i分别为$g_1=\lambda_0/\lambda_1$,$g_2=\lambda_0/\lambda_2$,$g_3=\lambda_0/\lambda_3$,$g_4=\lambda_0/\lambda_4$,$g_5=\lambda_0/\lambda_5$和$g_6=\lambda_0/\lambda_6$。

如前所述，据 Reiss 等[15]的计算方法，位形积分 Z 由式(2.24)计算。

假设离子间相互作用能是可加的，则“实验盐”中离子对势能的总和 U 由式(2.25)计算。

对于交互四元熔盐体系 AX-BX-CX-AY-BY-CY 离子混合物，其阴、阳离子对的势能包含两项，即

$$u_{\alpha\alpha}=f_{\alpha\alpha}(g_i r)+h_i(r) \tag{2.47}$$

式中，r 表示阴、阳离子间的距离。

对于 AX-BX-CX-AY-BY-CY 交互四元系的位形积分有下列关系式

$$Z_{\mathrm{m}}=\frac{1}{\prod\limits_a n_a!\prod\limits_c n_c!}\int\cdots\int\exp(-\beta U_{\mathrm{m}})(\mathrm{d}\tau)^{n_a}(\mathrm{d}\tau)^{n_c} \tag{2.48}$$

式中，n_a为阴离子摩尔数(a=X, Y)，n_c为阳离子摩尔数(c=A, B, C)，U_{m}为盐溶液的势能。

将式(2.29)中 $\ln Z_{\mathrm{m}}$ 展开成级数

$$\begin{aligned}-\frac{A_{\mathrm{m}}}{\kappa T}=\ln Z_{\mathrm{m}}=&\ln Z-(\sum_a n_a\ln X_a+\sum_c n_c\ln X_c)+\sum_{i=1}^{6}\left(\frac{\partial\ln Z_{\mathrm{m}}}{\partial g_i}\right)_{g_i=1}(g_i-1)\\&+\frac{1}{2}\sum_{i=1}^{6}\sum_{j=1}^{6}\left(\frac{\partial^2\ln Z_{\mathrm{m}}}{\partial g_i\partial g_j}\right)_{g_i=1}(g_i-1)(g_j-1)+\cdots\end{aligned} \tag{2.49}$$

式中，脚注 $g=1$ 是当所有的 g_i 接近 1 时的极限位；X_a、X_c 表示阴、阳离子摩尔分数。

阳离子 A^+ 和阴离子 X^- 摩尔分数可表示如下

$$X_{\mathrm{A}}=\frac{n_{\mathrm{A}}}{\sum\limits_c n_c}=\frac{n_{\mathrm{A}}}{n},\ X_{\mathrm{X}}=\frac{n_{\mathrm{X}}}{\sum\limits_a n_a}=\frac{n_{\mathrm{X}}}{n} \tag{2.50}$$

纯组分 i 的关系式由式(2.32)确定。

根据溶液电中性性质[32]，假设溶液中含有 X_{Y}摩尔分数的 AY、X_{B}摩尔分数的 BX、X_{C}摩尔分数的 CX 和($X_{\mathrm{A}}-X_{\mathrm{Y}}$)摩尔分数的 AX，则溶液摩尔混合亥姆霍兹自由能为

$$\Delta A_{\mathrm{m}}=A_{\mathrm{m}}-\sum_{i=1}^{4}X_iA_i=A_{\mathrm{m}}-(X_{\mathrm{A}}-X_{\mathrm{Y}})A_1-X_{\mathrm{B}}A_2-X_{\mathrm{C}}A_3-X_{\mathrm{Y}}A_4 \tag{2.51}$$

故过剩亥姆霍兹自由能为

$$\Delta A_{\mathrm{m}}^{\mathrm{E}}=\Delta A_{\mathrm{m}}-RT(\sum_a X_a\ln X_a+\sum_c X_c\ln X_c) \tag{2.52}$$

根据文献[16]和[33]得出的结论，溶液混合亥姆霍兹自由能为

$$A_{\mathrm{m}}=RT(\sum_a X_a\ln X_a+\sum_c X_c\ln X_c)+\sum_a\sum_c X_aX_cA_{ca}^{\ominus}+X_{\mathrm{A}}\Delta A_{\mathrm{m}}^{\mathrm{E}}(1\text{-}4)$$

$$+X_B\Delta A_m^E(2\text{-}5)+X_C\Delta A_m^E(3\text{-}6)+X_X\Delta A_m^E(1\text{-}2\text{-}3)+X_Y\Delta A_m^E(4\text{-}5\text{-}6)$$
$$+X_AX_BX_XX_Y\Lambda_{\mathrm{I}}+X_AX_BX_XX_Y\Lambda_{\mathrm{II}}+X_AX_BX_XX_Y\Lambda_{\mathrm{III}} \tag{2.53}$$

式中

$$\Delta A_m^E(1\text{-}4)=\Gamma(T,V)(g_1-g_4)^2X_XX_Y,\ \Delta A_m^E(2\text{-}5)=\Gamma(T,V)(g_2-g_5)^2X_XX_Y,$$
$$\Delta A_m^E(3\text{-}6)=\Gamma(T,V)(g_3-g_6)^2X_XX_Y,$$
$$\Delta A_m^E(1\text{-}2\text{-}3)=\Delta A_m^E(1\text{-}2)+\Delta A_m^E(1\text{-}3)+\Delta A_m^E(2\text{-}3),$$
$$\Delta A_m^E(4\text{-}5\text{-}6)=\Delta A_m^E(4\text{-}5)+\Delta A_m^E(4\text{-}6)+\Delta A_m^E(5\text{-}6)$$

其中

$$\Delta A_m^E(2\text{-}3)=\Gamma(T,V)(g_2-g_3)^2X_BX_C,\ \Delta A_m^E(1\text{-}3)=\Gamma(T,V)(g_1-g_3)^2X_AX_C$$
$$\Delta A_m^E(4\text{-}5)=\Gamma(T,V)(g_4-g_5)^2X_AX_B,\ \Delta A_m^E(4\text{-}6)=\Gamma(T,V)(g_4-g_6)^2X_AX_C$$
$$\Delta A_m^E(5\text{-}6)=\Gamma(T,V)(g_5-g_6)^2X_BX_C,\ \Delta A_m^E(1\text{-}2)=\Gamma(T,V)(g_1-g_2)^2X_AX_B$$

故过剩亥姆霍兹自由能为

$$\Delta A_m^E=X_BX_Y\Delta A_{\mathrm{I}}^{\ominus}+X_CX_Y\Delta A_{\mathrm{II}}^{\ominus}+X_A\Delta A_m^E(1\text{-}4)+X_B\Delta A_m^E(2\text{-}5)$$
$$+X_C\Delta A_m^E(3\text{-}6)+X_X\Delta A_m^E(1\text{-}2\text{-}3)+X_Y\Delta A_m^E(4\text{-}5\text{-}6)$$
$$+X_AX_BX_XX_Y\Lambda_{\mathrm{I}}+X_AX_BX_XX_Y\Lambda_{\mathrm{II}}+X_AX_BX_XX_Y\Lambda_{\mathrm{III}} \tag{2.54}$$

当恒压、恒容时亥姆霍兹自由能与吉布斯自由能相等，而对于恒压的凝聚体系($\Delta V\approx 0$)，$\Delta G_m^E=\Delta A_m^E$。故

$$\Delta G_m^E=X_BX_Y\Delta G_{\mathrm{I}}^{\ominus}+X_CX_Y\Delta G_{\mathrm{II}}^{\ominus}+X_A\Delta G_m^E(1\text{-}4)+X_B\Delta G_m^E(2\text{-}5)$$
$$+X_C\Delta G_m^E(3\text{-}6)+X_X\Delta G_m^E(1\text{-}2\text{-}3)+X_Y\Delta G_m^E(4\text{-}5\text{-}6)$$
$$+X_AX_BX_XX_Y\Lambda_{\mathrm{I}}+X_AX_BX_XX_Y\Lambda_{\mathrm{II}}+X_AX_BX_XX_Y\Lambda_{\mathrm{III}} \tag{2.55}$$

式中，$\Lambda_{\mathrm{I}}=-\dfrac{(\Delta G_{\mathrm{I}}^{\ominus})^2}{2ZRT}$，$\Lambda_{\mathrm{II}}=-\dfrac{(\Delta G_{\mathrm{II}}^{\ominus})^2}{2ZRT}$；$\Delta G_{\mathrm{I}}^{\ominus}$，$\Delta G_{\mathrm{II}}^{\ominus}$为下面反应式标准摩尔反应吉布斯自由能

$$AY(l)+BX(l)\longleftrightarrow AX(l)+BY(l)$$
$$AY(l)+CX(l)\longleftrightarrow AX(l)+CY(l)$$

则

$$\Delta G_{\mathrm{I}}^{\ominus}=\Delta_f G^{\ominus}(BY)+\Delta_f G^{\ominus}(AX)-\Delta_f G^{\ominus}(AY)-\Delta_f G^{\ominus}(BX) \tag{2.56}$$
$$\Delta G_{\mathrm{II}}^{\ominus}=\Delta_f G^{\ominus}(CY)+\Delta_f G^{\ominus}(AX)-\Delta_f G^{\ominus}(AY)-\Delta_f G^{\ominus}(CX) \tag{2.57}$$

参考文献

[1] 张垂昌，张少伟．相图计算及其在耐火材料中的应用．北京：冶金工业出版社，1993：1-7
[2] 顾菡珍，叶于浦．相平衡和相图基础．北京：北京大学出版社，1991：79-84
[3] 刘长俊．相律及相图热力学．北京：高等教育出版社，1995：132-135
[4] 陈国发．相图原理与冶金相图．北京：冶金工业出版社，2002：11-14
[5] 黄勇，崔国文．相图与相变．北京：清华大学出版社，1987：9-10
[6] 樊新民，孔见，孙斐．材料科学与工程中的计算机技术．徐州：中国矿业大学出版社，2000，12：

125-131

[7] 张圣弼，李道子．相图——原理、计算及其在冶金中的应用．北京：冶金工业出版社，1986：356-458

[8] 郭祝昆，林祖镶，严东升．高温相平衡与相图．上海：上海科学技术出版社，1987：157-205

[9] 张静．稀土卤化物相图的热力学优化与计算．安徽师范大学硕士学位论文，2004

[10] 叶信宇．稀土卤化物与碱金属卤化物相图的热力学优化与计算．安徽师范大学硕士学位论文，2005

[11] 马艺森．稀土卤化物与碱金属及碱土金属卤化物相图的热力学优化与计算．安徽师范大学硕士学位论文，2006

[12] 戴占海. 二元稳定平衡相图计算的研究．华南理工大学硕士学位论文，2006

[13] 梁敬魁．相图与相结构(相图的理论、实验和应用)．北京：科学出版社，1993：91-108,20-58

[14] 李文超．冶金与材料物理化学．北京：化学工业出版社，2001：98-111

[15] Reiss H, Katz J L, Kleppa O J. Theory of the heats of mixing of certain fused salts. Journal of Chemical Physics, 1962, 36(1): 144-148

[16] Blander M, Yosim S J. Conformal ionic mixtures. Journal of Chemical Physics, 1963, 39(10): 2610-2616

[17] Saboungi M L, Cerisier P. Additive ternary molten salt systems-calculation of phase diagrams from thermodynamic data of lower order systems. Journal of the Electrochemical Society, 1974, 121(10): 1258-1263

[18] Saboungi M L, Blander M. Conformal ionic solution theory for additive ternary molten-ionic systems. Journal of Chemical Physics, 1975, 63(1): 212-220

[19] Lin P L, Bale C W, Pelton A D. Computation of phase diagrams of ternary additive and reciprocal ionic systems. Proceedings of a Symposium Held at the Fall Meeting of the Metallurgical Society of AIME: Calculation of Phase Diagrams and Thermochemistry of Alloy Phases, Milwaukee, Wisconsin, 1979: 26-45

[20] Lin P L, Pelton A D, Saboungi M L. Computer analysis of phase diagrams and thermodynamic properties of cryolite based systems: part II. The aluminum fluoride-calcium fluoride-lithium fluoride, aluminum fluoride-calcium fluoride-sodium fluoride, and calcium fluoride-lithium fluoride-sodium fluoride systems. Metallurgical Transactions B: Process Metallurgy, 1982, 13B(1): 61-69

[21] Gabriel A, Pelton A D. Phase diagram measurements and thermodynamics analysis of the lead chloride ($PbCl_2$)-sodium chloride, lead chloride ($PbCl_2$)-potassium chloride, and lead chloride ($PbCl_2$)-potassium chloride-sodium chloride systems. Canadian Journal of Chemistry, 1985, 63(11): 3276-3282

[22] Pelton A D. Computer modeling for phase diagram calculations of molten salts and slags. Rare Metals, 1987, 6(1): 54-61

[23] Pelton A D, Lin P L. Calculation of phase diagrams of the reciprocal quaternary systems lithium, sodium, potassium/carbonate, sulfate; lithium sodium/carbonate, sulfate, hydroxide; lithium potassium/carbonate, sulfate, hydroxide and sodium, potassium /carbonate, sulfate, hydroxide. CALPHAD: Computer Coupling of Phase Diagrams and Thermochemistry, 1983, 7(4): 295-303

[24] Pelton A D, Bale C W, Lin P L. Calculation of phase diagrams and thermodynamic properties of 14 additive and reciprocal ternary systems containing lithium carbonate, sodium carbonate, potassium carbonate, lithium sulfate, sodium sulfate, potassium sulfate, lithium hydroxide, sodium hydroxide and potassium hydroxide. Canadian Journal of Chemistry, 1984, 62(3): 457-474

[25] Foosnaes T, Oestvold T, Oeye H A. Calculation of charge asymmetric additive ternary phase diagrams

with and without compound formation. Acta Chemica Scandinavica, Series A: Physical and Inorganic Chemistry, 1978, A32(10): 973-987

[26] Hatem G, Gaune-Escard M, Pelton A D. Calorimetric measurements and coupled thermodynamic phase-diagram analysis in the sodium, potassium/fluoride, sulfate system. Journal of Physical Chemistry, 1982, 86(15): 3039-3046

[27] Saboungi M L, Lin P L, Cerisier P, et al. Computer analysis of phase diagrams and thermodynamic properties of cryolite based systems. I. The aluminum fluoride-lithium fluoride-sodium fluoride system. Metallurgical Transactions B: Process Metallurgy, 1980, 11B(3): 493-501

[28] Reiss H, Mayer S W, Katz J. Law of corresponding states for fused salts. Journal of Chemical Physics, 1961, 35: 820-826

[29] Reiss H, Mayer S W. Theory of surface tension of molten salts. Journal of Chemical Physics, 1961, 34: 2001-2003

[30] Blander M. Excess free energies and heats of mixing in certain molten salt mixtures. Journal of Chemical Physics, 1962, 37: 172-173

[31] Blander M. Dimensional methods in the statistical mechanics of ionic systems. Advances in Chemical Physics, 1967, 11: 83-115

[32] Blander M. Thermodynamics properties of molten salt solutions. In: Physical chemistry of molten salts, New York: Interscience Publishers, 1961: 127-237

[33] Saboungi M L. Calculation of thermodynamic properties of multicomponent ionic reciprocal systems. Journal of Chemical Physics, 1980, 73(11): 5800-5806

第 3 章　硝酸熔盐的计算相图

本章介绍采用共形离子溶液（CIS）理论模型计算硝酸熔盐体系的相图，分别计算二元体系、三元体系、交互三元硝酸熔盐体系和交互四元硝酸熔盐体系的相图，并用实验数据对计算结果进行验证，构筑了最低共熔点熔盐体系，为低成本、高性能熔盐传热蓄热材料的设计与生产提供指导。

3.1　二元硝酸熔盐体系的计算相图

3.1.1　计算方法

二元体系相图计算主要利用“硬球”离子相互作用模型[1-4]，忽略二元物质混合过程中阳离子的非随机分布、体积变化和离子极化等因素的影响，AX-BX 二元体系的混合能 ΔE_m 如下

$$\Delta E_m = -X(1-X)\frac{1}{2}(U_A^l + U_B^l)\left(\frac{d_{AX}-d_{BX}}{d_{AX}+d_{BX}}\right)^2 \quad (3.1)$$

式中，$d_{iX}(i=A, B)$ 为阴阳离子半径之和；$U_i^l(i=A, B)$ 为准晶格库仑能，可以通过下式近似计算

$$U^l = 0.95(U - \Delta H_f^\ominus) \quad (3.2)$$

式中，$\Delta H_f^\ominus$ 为固体标准熔化焓，U 为固态标准晶格能，可根据 Kapustinskii 公式得到[5]

$$U = \frac{1.214 \times 10^5 \nu Z_+ Z_-}{r_+ r_-}\left(1 - \frac{34.5}{r_+ + r_-}\right) \quad (3.3)$$

式中，ν 为一分子物质含有的离子数；r_-、r_+ 为阴、阳离子半径；Z_-、Z_+ 为阴阳离子电荷数。

因忽略二元物质混合时体积的变化，过剩混合焓 ΔH^E 与体系混合能 ΔE_m 相等，即

$$\Delta H^E = \Delta E_m = -X(1-X)\frac{1}{2}(U_A^l + U_B^l)\left(\frac{d_{AX}-d_{BX}}{d_{AX}+d_{BX}}\right)^2 \quad (3.4)$$

同时，因二元混合物中阳离子是随机性分布的[6]，过剩混合熵 $\Delta S^E=0$；考虑二元物质按照正规溶液模型混合，所以过剩混合吉布斯自由能 ΔG^E 为

$$\Delta G^E = \Delta H^E = X(1-X)\lambda_{AB} \quad (3.5)$$

故相互作用系数 λ_{AB} 为

$$\lambda_{AB} = -\frac{1}{2}(U_A^l + U_B^l)\left(\frac{d_{AX} - d_{BX}}{d_{AX} + d_{BX}}\right)^2 \tag{3.6}$$

而且纯物质的过剩化学势 $\mu_i^E(i=A,\ B)$可以通过对过剩混合吉布斯自由能 ΔG^E求偏导数得到，即

$$\mu_i^E = RT\ln r_i = \frac{\partial}{\partial n_i}(n_e \Delta G^E) \tag{3.7}$$

式中，$\gamma_i(i=A,\ B)$为各组分的活度系数；n_e 为总摩尔数，$n_e = n_A + n_B$，故

$$RT\ln r_A = (1 - X_A)^2 \lambda_{AB} \tag{3.8}$$

$$RT\ln r_B = (X_B)^2 \lambda_{AB} \tag{3.9}$$

固态组分 A 与 A、B 二组分液态混合物在温度 T_A条件下达到平衡时，其液态混合物中 A 组分的活度 α_A可以通过下面的公式计算

$$\ln \alpha_A = \ln X_A r_A = \int \frac{\Delta H_{f(A)}}{RT_A^2} dT_A \tag{3.10}$$

式中，$\Delta H_{f(A)}$为组分 A 的熔化焓，可以通过以下公式计算

$$\Delta H_A = \Delta H_{f(A)} + \int_{T_{f(A)}}^{T_A} \Delta C_{p(A)} dT_A \tag{3.11}$$

式中，$\Delta H_{f(A)}$为组分 A 在熔点 $T_{f(A)}$时的熔化焓；$\Delta C_{p(A)}$为组分 A 固液态的比热容差，通常用熔点时固液比热容差值代替。

将式(3.8)和式(3.11)代入式(3.10)积分得到组分 A 平衡时 T_A-X_A的关系式如下

$$\begin{aligned} &RT_A \ln X_A + (1 - X_A)^2 \lambda + \Delta H_{f(A)}[1 - (T_A/T_{f(A)})] \\ &\quad - \Delta C_{p(A)}[T_{f(A)} - T_A + T_A \ln(T_A/T_{f(A)})] = 0 \end{aligned} \tag{3.12}$$

同理，可以得到组分 B 平衡时 $T_B - X_B$的关系式

$$\begin{aligned} &RT_B \ln(1 - X_A) + (X_A)^2 \lambda + \Delta H_{f(B)}[1 - (T_B/T_{f(B)})] \\ &\quad - \Delta C_{p(B)}[T_{f(B)} - T_B + T_B \ln(T_B/T_{f(B)})] = 0 \end{aligned} \tag{3.13}$$

对于发生固-固转变的物质，如 KNO_3、$NaNO_3$，若计算的平衡温度 $T_i(i=A,\ B)$低于固-固转变温度 T_{tr}，需要在式(3.12)和式(3.13)左边加上如下一项[7]：

$$\Delta H_{tr}[1 - (T_i/T_{tr})] \quad (i = A, B) \tag{3.14}$$

3.1.2 基础数据

根据熔盐手册和文献[5]以及文献[8]～[13]得到的各种熔盐的阴阳离子半径和熔点、相变焓、比热容等热物性参数分别列于表 3-1 和表 3-2 中。因 KNO_2易受温度、湿度和气氛等因素的影响，其热物性数据缺少。Verkhoturov[14]等研究得到 KNO_2的熔点和相变焓分别为 711K 和 16.72kJ · mol^{-1}。参照硝酸盐和亚硝酸盐，KNO_2在熔点时固液热容差估算为 4.5J · mol^{-1} · K^{-1}。因各种熔盐的液体温度 T_L高于固-固转变温度 T_{tr}，故在计算时可以忽略固-固相变。同时，由式(3.2)和

式(3.3)计算得到的准晶格库仑能 U^{l}、固态标准晶格能 U 和阴阳离子间距 d 如表 3-3所示。

表 3-1　熔盐离子半径

离子	K^+	Na^+	Cl^-	NO_3^-	NO_2^-
半径/pm	138	102	180	189	155

表 3-2　熔盐物性参数

熔盐	T_{tr}/K	ΔH_{tr}/J · mol^{-1}	T_f/K	ΔH_f/J · mol^{-1}	ΔC_p/J · mol^{-1} · K^{-1}
$NaNO_3$	540.1	3680	582	14588.2	0.879
KNO_3	405.6	5700	610	11704	2.887
$NaNO_2$			557	14937	1.505
KNO_2			711	16720	4.5
NaCl			1073	27964.2	2.158
KCl			1043	26501.2	6.658

表 3-3　熔盐物性参数

熔盐	U/kJ · mol^{-1}	U^{l}/kJ · mol^{-1}	d/nm
$NaNO_3$	735.445	684.8138	0.291
KNO_3	664.17	619.8424	0.327
$NaNO_2$	817.9231	762.8368	0.257
KNO_2	731.095	678.6565	0.293
NaCl	755.6587	691.3097	
KCl	680.6871	621.4766	

3.1.3　结果分析

1. 相图

由式(3.2)和式(3.6)计算二元熔盐相互作用参数 λ_{ij}，再由式(3.12)和式(3.13)采用迭代方法计算二元熔盐相图。图 3-1～图 3-9 所示的是二元熔盐相图的计算结果，共熔点时的实验值和计算值列于表 3-6。NaCl-$NaNO_2$ 体系的相图如表 3-4 和图 3-4 所示。从中可以发现，热力学计算得到的结果与 DSC 测量值接近，差值在 20K 以内。TG-DSC 测试结果发现，NaCl-$NaNO_2$ 体系在 773K 时会发生分解，故 NaCl 侧熔盐相图曲线在 773K 以上不能准确测量。由表 3-6 可知，计算得到的共熔点温度为 544.504K，组成为 $X_{NaNO_2}=0.93$；DSC 测量的共熔点温度为 543.48K，组成为 $X_{NaNO_2}=0.9306$。$NaNO_3$-$NaNO_2$ 体系的相图如表 3-5 和图 3-8

所示。由表 3-5 可知，DSC 测量值与文献[15]给定的值接近，差值在 10K 以内，而图 3-8 显示热力学计算得到的结果与文献[15]实验值在接近共熔点时相差较大。

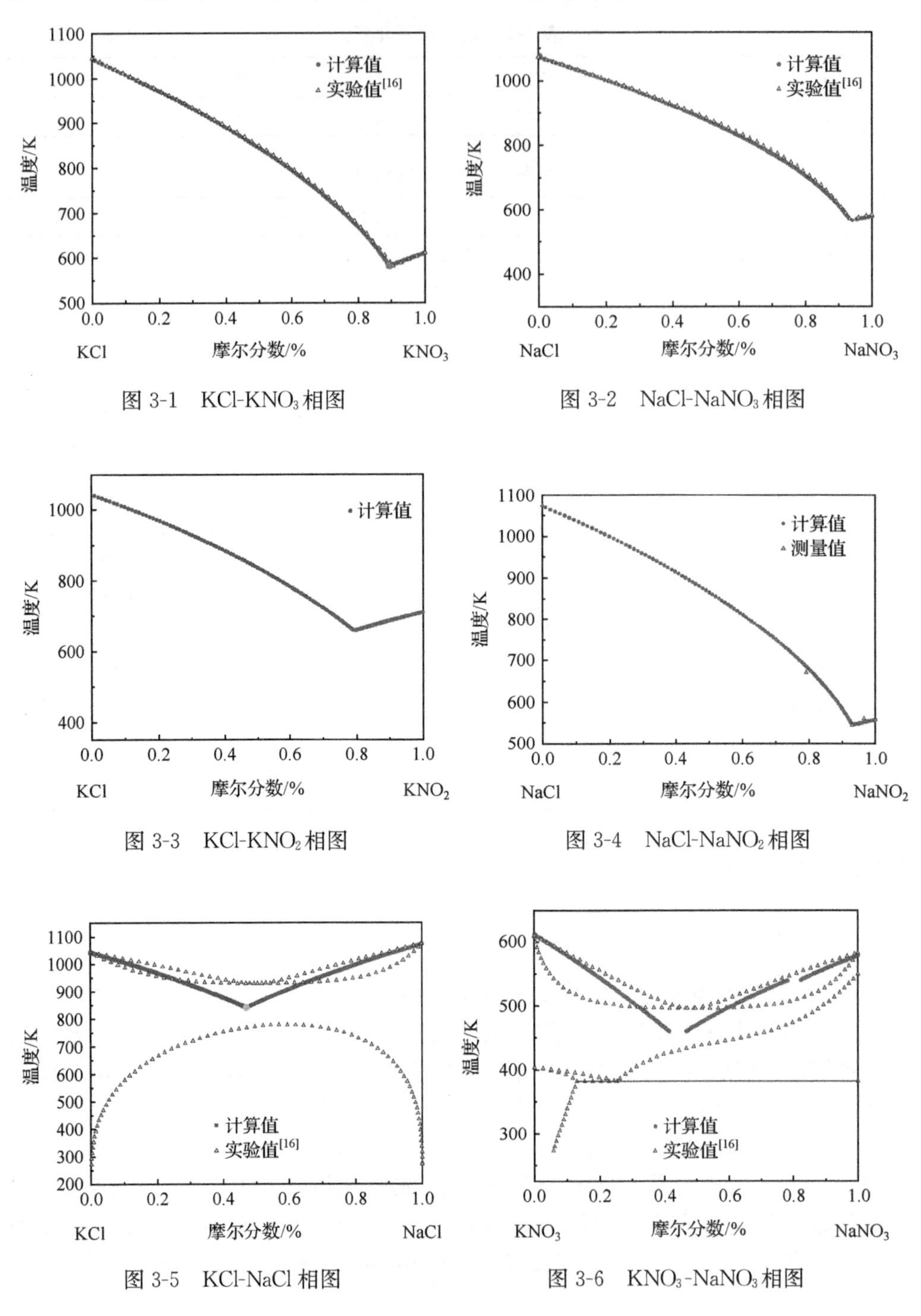

图 3-1　KCl-KNO_3 相图

图 3-2　NaCl-$NaNO_3$ 相图

图 3-3　KCl-KNO_2 相图

图 3-4　NaCl-$NaNO_2$ 相图

图 3-5　KCl-NaCl 相图

图 3-6　KNO_3-$NaNO_3$ 相图

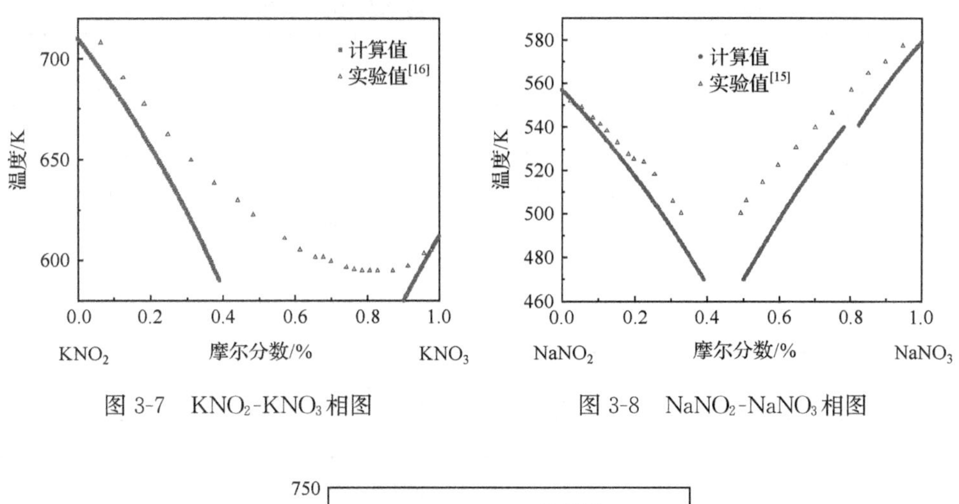

图 3-7　KNO_2-KNO_3 相图

图 3-8　$NaNO_2$-$NaNO_3$ 相图

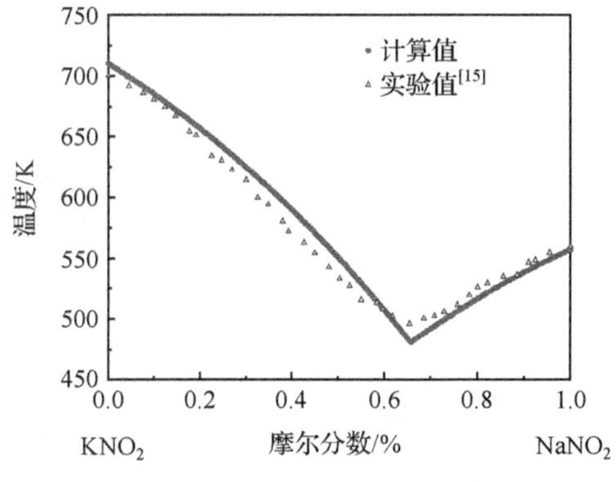

图 3-9　KNO_2-$NaNO_2$ 相图

KCl-KNO_3、NaCl-$NaNO_3$ 和 KNO_2-$NaNO_2$ 体系热力学计算得到的相图结果与文献给出的实验值接近，计算得到的共熔点温度与实验值相差在 10K 以内。KCl-NaCl、KNO_3-$NaNO_3$ 和 KNO_3-KNO_2 体系热力学计算得到的相图结果与文献实验值在接近共熔点时相差很大。KCl-KNO_2 体系目前还没有实验数据，计算得到的相图数据为以后实验研究提供理论依据。

表 3-4　NaCl-$NaNO_2$ 体系相图计算值与 DSC 实验值比较

摩尔分数/%		温度/K	
$NaNO_2$	NaCl	计算值	实验值
0.966	0.0341	551	559.84
0.93	0.0697	544.504	543.48
0.792	0.208	685	670.61
0.0	1.0	1073	1074.25
1.0	0.0	557	559.03

表 3-5　$NaNO_3$-$NaNO_2$ 体系相图计算值与 DSC 实验值比较

摩尔分数/%		温度/K	
$NaNO_3$	$NaNO_2$	计算值	实验值
0.182	0.818	527.695	524
0.328	0.672	500.423	506.36
0.4	0.6	500.423	499
0.493	0.507	500.423	508.15
0.701	0.299	539.817	532
0.0	1.0	557	559.03
1.0	0.0	582	582.53

表 3-6　熔盐共熔点计算值与实验值比较

组成	共熔点			
	计算值		实验值	
	T_f/K	X_2/%	T_f/K	X_2/%
KCl-KNO_2	657.2	0.791		
NaCl-$NaNO_2$	544.504	0.93	543.48	0.9306
KNO_2-$NaNO_2$	496.09	0.655	481.13[15]	0.657[15]
KCl-KNO_3	581.42	0.893	581[16]	0.905[16]
NaCl-$NaNO_3$	566.80	0.941	571[16]	0.934[16]
KNO_3-$NaNO_3$	435	0.469	496[16]	0.49[16]
KCl-NaCl	841.5621	0.4698	931[16]	0.5[16]

通过以上相图计算结果可以看出，采用正规溶液模型，KNO_2-KNO_3 和 $NaNO_2$-$NaNO_3$ 两个相图计算值与实验值相差较大，故考虑此二元物质为亚正规溶液模型。此模型既考虑了最近邻配位原子之间的相互作用，又考虑了次近邻配位原子的影响，把离子对相互作用系数 λ_{AB} 看成与组成有关，与温度无关。设相互作用系数 λ_{AB} 为

$$\lambda_{AB} = I_0 + (X_A - X_B)I_1 + (X_A^2 - 4X_AX_B + X_B^2)I_2 \tag{3.15}$$

或者

$$\lambda_{AB} = I_0 + (X_A - X_B)I_1 \tag{3.16}$$

过剩混合吉布斯自由能 ΔG^E 为

$$\Delta G^E = X_AX_B[I_0 + (X_A - X_B)I_1 + (X_A^2 - 4X_AX_B + X_B^2)I^2] \tag{3.17}$$

或者

$$\Delta G^E = X_AX_B[I_0 + (X_A - X_B)I_1] \tag{3.18}$$

根据式(3.7)，纯物质的过剩化学势 $\mu_i^E(i=A, B)$ 为

$$RT_A\ln r_A = (1 - X_A)^2[I_0 + (4X_A - 1)I_1 + (18X_A^2 - 12X_A + 1)I_2] \tag{3.19}$$

$$RT_B\ln r_B = (1 - X_B)^2[I_0 + (1 - 4X_B)I_1 + (18X_B^2 - 12X_B + 1)I_2] \tag{3.20}$$

或者

$$RT_{\mathrm{A}}\ln r_{\mathrm{A}} = (1-X_{\mathrm{A}})^2[I_0 + (4X_{\mathrm{A}}-1)I_1] \tag{3.21}$$

$$RT_{\mathrm{B}}\ln r_{\mathrm{B}} = (1-X_{\mathrm{B}})^2[I_0 + (1-4X_{\mathrm{B}})I_1] \tag{3.22}$$

将式(3.11)和式(3.19)、式(3.21)代入式(3.10)积分得到组分 A 平衡时 T_{A}-X_{A}的关系式如下

$$RT_{\mathrm{A}}\ln X_{\mathrm{A}} + (1-X_{\mathrm{A}})^2[I_0 + (4X_{\mathrm{A}}-1)I_1 + (18X_{\mathrm{A}}^2 - 12X_{\mathrm{A}} + 1)I_2] + \Delta H_{\mathrm{f(A)}}[1-(T_{\mathrm{A}}/T_{\mathrm{f(A)}})] - \Delta C_{p(\mathrm{A})}[T_{\mathrm{f(A)}} - T_{\mathrm{A}} + T_{\mathrm{A}}\ln(T_{\mathrm{A}}/T_{\mathrm{f(A)}})] = 0 \tag{3.23}$$

或者

$$RT_{\mathrm{A}}\ln X_{\mathrm{A}} + (1-X_{\mathrm{A}})^2[I_0 + (4X_{\mathrm{A}}-1)I_1] + \Delta H_{\mathrm{f(A)}}[1-(T_{\mathrm{A}}/T_{\mathrm{f(A)}})] - \Delta C_{p(\mathrm{A})}[T_{\mathrm{f(A)}} - T_{\mathrm{A}} + T_{\mathrm{A}}\ln(T_{\mathrm{A}}/T_{\mathrm{f(A)}})] = 0 \tag{3.24}$$

同理，可以得到组分 B 平衡时 T_{B}-X_{B}的关系式

$$RT_{\mathrm{B}}\ln X_{\mathrm{B}} + (1-X_{\mathrm{B}})^2[I_0 + (1-4X_{\mathrm{B}})I_1 + (18X_{\mathrm{B}}^2 - 12X_{\mathrm{B}} + 1)I_2] + \Delta H_{\mathrm{f(B)}}[1-(T_{\mathrm{B}}/T_{\mathrm{f(B)}})] - \Delta C_{p(\mathrm{B})}[T_{\mathrm{f(B)}} - T_{\mathrm{B}} + T_{\mathrm{B}}\ln(T_{\mathrm{B}}/T_{\mathrm{f(B)}})] = 0 \tag{3.25}$$

或者

$$RT_{\mathrm{B}}\ln X_{\mathrm{B}} + (1-X_{\mathrm{B}})^2[I_0 + (1-4X_{\mathrm{B}})I_1] + \Delta H_{\mathrm{f(B)}}[1-(T_{\mathrm{B}}/T_{\mathrm{f(B)}})] - \Delta C_{p(\mathrm{B})}[T_{\mathrm{f(B)}} - T_{\mathrm{B}} + T_{\mathrm{B}}\ln(T_{\mathrm{B}}/T_{\mathrm{f(B)}})] = 0 \tag{3.26}$$

根据文献[15]和[16]给出的相图数据，确定二元物质 KNO_2-KNO_3 和 $NaNO_2$-$NaNO_3$体系相互作用系数 λ_{AB}如下式所示

$$\lambda_{\mathrm{AB}} = 9520.2246 - 1078.2072 \times (X_{\mathrm{A}} - X_{\mathrm{B}}) + 1964.3884 \times (X_{\mathrm{A}}^2 - 4X_{\mathrm{A}}X_{\mathrm{B}} + X_{\mathrm{B}}^2) \tag{3.27}$$

$$\lambda_{\mathrm{AB}} = 2712.955 - 735.2891 \times (X_{\mathrm{A}} - X_{\mathrm{B}}) \tag{3.28}$$

图 3-10 和图 3-11 为 KNO_2-KNO_3 和 $NaNO_2$-$NaNO_3$ 两个体系的相图计算结果，热力学计算得到的相图数据与文献实验值接近，温度值相差 10K 以内。

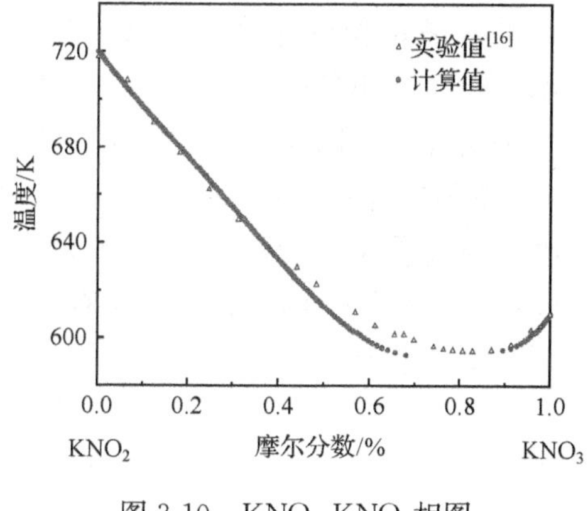

图 3-10　KNO_2-KNO_3 相图

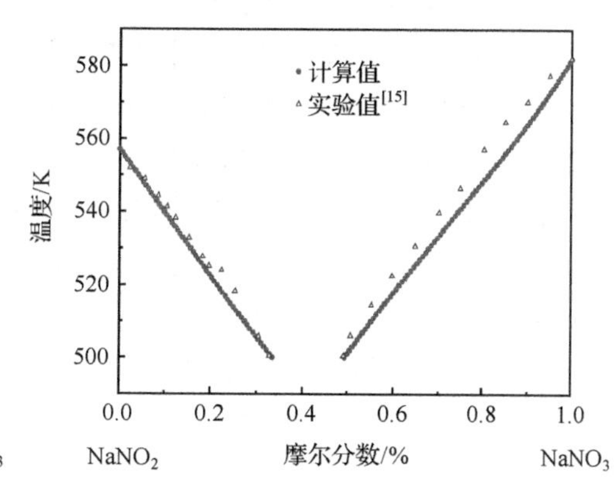

图 3-11　$NaNO_2$-$NaNO_3$ 相图

2. 活度

固态组分 A 与 A、B 二组分液态混合物在温度 T_A条件下达到平衡时，其混合物中 A 组分的活度 α_A可以通过下面的公式计算

$$\ln\alpha_A = \int \frac{\Delta H_A}{RT_A^2}dT_A \tag{3.29}$$

式中，ΔH_A为组分 A 的焓，可以通过以下公式计算

$$\Delta H_A = \Delta H_{f(A)} + \int_{T_{f(A)}}^{T_A} \Delta C_{p(A)}dT_A \tag{3.30}$$

式中，$\Delta H_{f(A)}$为组分 A 在熔点 $T_{f(A)}$时的熔化焓；$\Delta C_{p(A)}$为组分 A 固液态的比热容差，通常用熔点时固液比热容差值代替。

将式(3.30)代入式(3.29)积分得到组分 A 平衡时 α_A-T_A的关系式如下

$$RT_A\ln\alpha_A + \Delta H_{f(A)}[1-(T_A/T_{f(A)})] - \Delta C_{p(A)}[T_{f(A)} - T_A + T_A\ln(T_A/T_{f(A)})] = 0 \tag{3.31}$$

同理，可以得到组分 B 平衡时 α_B-T_B的关系式

$$RT_B\ln\alpha_B + \Delta H_{f(B)}[1-(T_B/T_{f(B)})] - \Delta C_{p(B)}[T_{f(B)} - T_B + T_B\ln(T_B/T_{f(B)})] = 0 \tag{3.32}$$

通过前面确定的 T-X 关系来计算得到α-T 曲线。

因二元物质不能在理想状态下混合，故固态物质的活度通常由吉布斯-杜安(Gibbs-Duhem)关系计算得到[17]，即

$$X_A d\ln\alpha_A + X_B d\ln\alpha_B = 0 \tag{3.33}$$

如果 α_B仅是组成的函数，则可以通过以下积分求得 α_A

$$\ln\alpha_A = \int_{\alpha_A=1atX_B=0}^{\alpha_A} d\ln\alpha_A = -\int_{\alpha_B=0}^{\alpha_B} \frac{X_B}{(1-X_B)}d\ln\alpha_B \tag{3.34}$$

式中，$X_B=0$ 时，$\alpha_A=1$，$\alpha_B=0$。

由式(3-31)～式(3-34)，利用图 3-12 所示的区域定积分计算方法，计算得到 $NaCl$-$NaNO_2$，KCl-KNO_3，$NaCl$-$NaNO_3$，KNO_2-$NaNO_2$，KCl-KNO_2，KCl-$NaCl$ 和 KNO_3-$NaNO_3$体系的活度如图 3-13 和图 3-14 所示。从图中可以发现，在曲线两边即纯熔盐附近满足理想溶液性质；在稀释混合熔盐中，溶剂服从 Raoult 定律，溶质服从 Henry 定律。当温度低于共熔点时，固态熔盐活度 α_A和 α_B由定积分计算方法(图 3-12)得到。因定积分计算中用到 $\alpha_B\rightarrow0$，$\ln\alpha_B\rightarrow-\infty$，活度计算结果存在一定的误差。计算得到的熔盐体系对理想溶液均呈现负偏差。

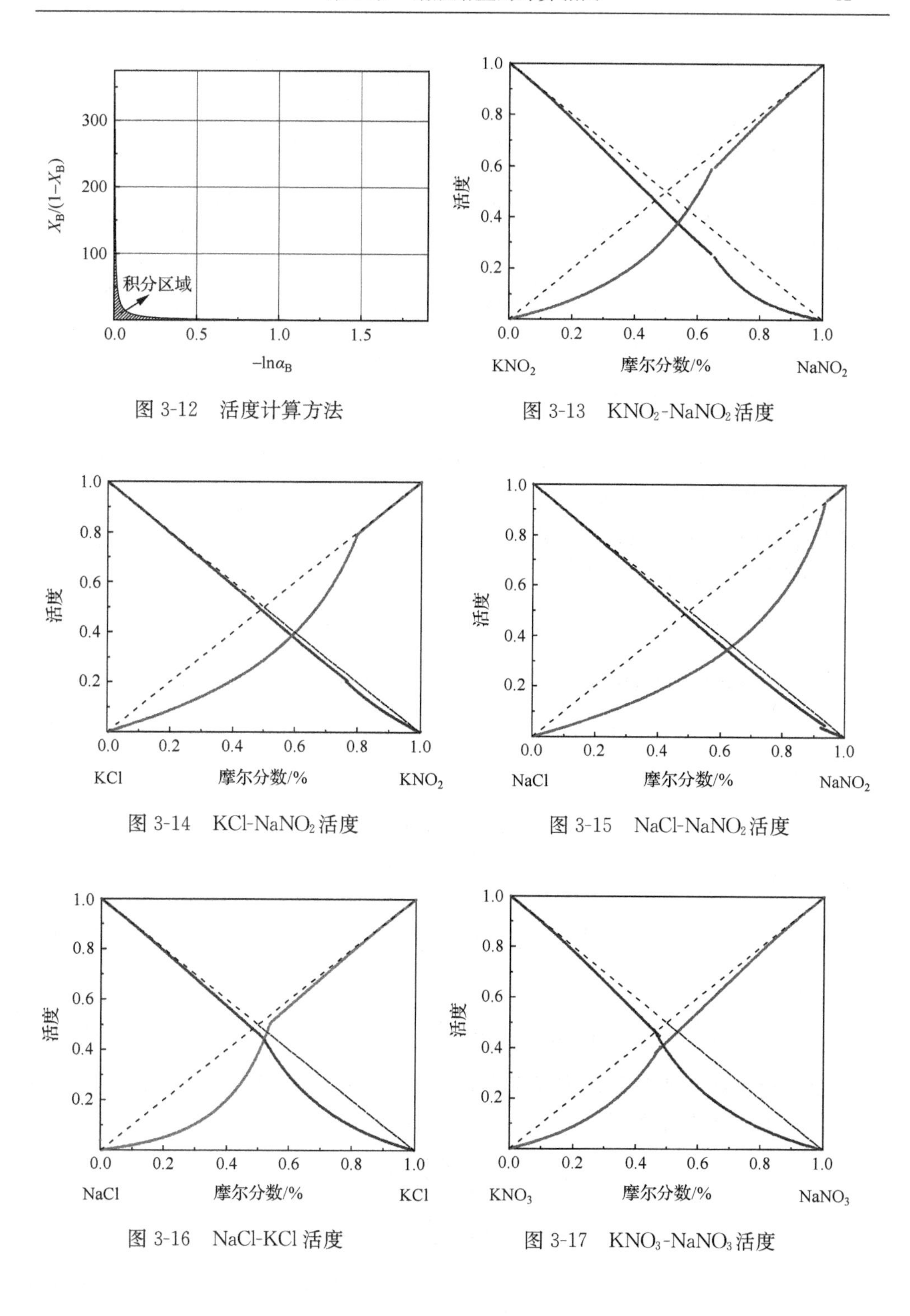

图 3-12　活度计算方法

图 3-13　KNO_2-$NaNO_2$ 活度

图 3-14　KCl-$NaNO_2$ 活度

图 3-15　NaCl-$NaNO_2$ 活度

图 3-16　NaCl-KCl 活度

图 3-17　KNO_3-$NaNO_3$ 活度

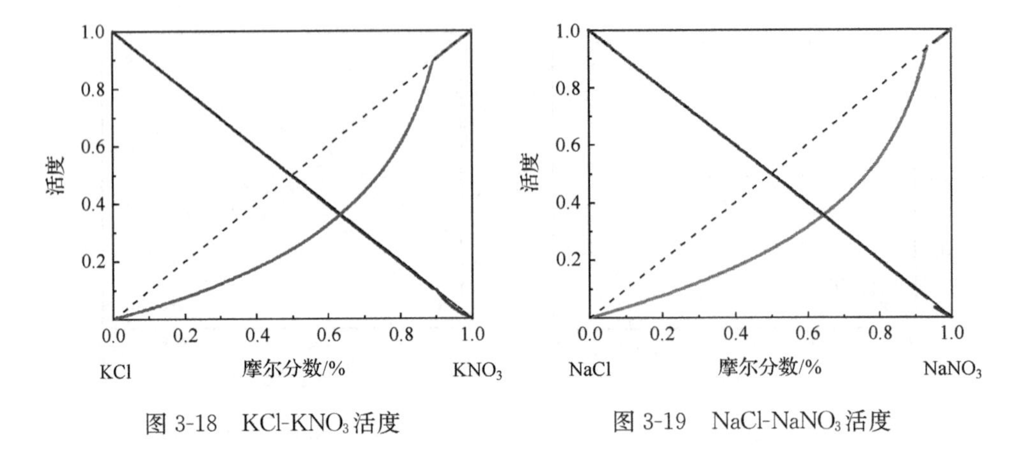

图 3-18　KCl-KNO$_3$活度　　　　图 3-19　NaCl-NaNO$_3$活度

考虑 KNO$_2$-KNO$_3$和 NaNO$_2$-NaNO$_3$两个相图的特殊性，不能通过上面介绍的方法求得体系的活度。而固态组分 A 与 A、B 二组分液态混合物在温度 T_A条件下达到平衡时，在不考虑热容影响的情况下，其混合物中 A 组分的活度 $\alpha_{f(A)}$ 可以通过下面的公式计算得到[18]

$$\ln\alpha_{f(A)} = \frac{\Delta H_{f(A)}}{R}\left[\frac{1}{T_{f(A)}} - \frac{1}{T_A}\right] \tag{3.35}$$

式中，$\Delta H_{f(A)}$是组分 A 的熔化焓；$T_{f(A)}$是组分 A 的熔点。变形如下

$$T_A = \frac{\Delta H_{f(A)}/R}{\Delta H_{f(A)}/(RT_{f(A)}) - \ln\alpha_{f(A)}} \tag{3.36}$$

令 $Z=\Delta H_{f(A)}/(RT_{f(A)})$，则

$$T_A = \frac{ZT_{f(A)}}{Z - \ln\alpha_{f(A)}} \tag{3.37}$$

因 $\alpha_{f(A)}=X_A\gamma_A$，故

$$T_A = \frac{ZT_{f(A)}}{Z - \ln X_{f(A)} - \ln\gamma_{f(A)}} \tag{3.38}$$

即

$$\ln\gamma_{f(A)} = Z - \frac{ZT_{f(A)}}{T_A} - \ln X_{f(A)} \tag{3.39}$$

根据亚正规溶液模型和前面的结论，选取任一分支 T-X 曲线上两点 T_1/X_1，T_2/X_2，可以得到如下关系

$$\ln\gamma_1 = Z - \frac{ZT_f}{T_1} - \ln X_1 \tag{3.40}$$

$$\ln\gamma_2 = Z - \frac{ZT_f}{T_2} - \ln X_2 \tag{3.41}$$

$$RT_1\ln\gamma_1 = (1 - X_1)^2[A_0 + (4X_1 - 1)A_1] \tag{3.42}$$

$$RT_2\ln\gamma_2 = (1 - X_2)^2[A_0 + (4X_2 - 1)A_1] \tag{3.43}$$

故可以确定 A_0 为

$$A_0 = \frac{RT_1\ln\gamma_1 - A_1(1 - X_1)^2(4X_1 - 1)}{(1 - X_1)^2} = \frac{RT_2\ln\gamma_2 - A_1(1 - X_2)^2(4X_2 - 1)}{(1 - X_2)^2} \tag{3.44}$$

所以，A_1 的值为

$$A_1 = \frac{R}{4}\left[\frac{\dfrac{T_2\ln\gamma_2}{(1 - X_2)^2} - \dfrac{T_1\ln\gamma_1}{(1 - X_1)^2}}{X_2 - X_1}\right] \tag{3.45}$$

令 $A^* = \dfrac{\dfrac{T_2\ln\gamma_2}{(1 - X_2)^2} - \dfrac{T_1\ln\gamma_1}{(1 - X_1)^2}}{X_2 - X_1}$，则

$$A_1 = \frac{R}{4} \times A^* \tag{3.46}$$

将上式代入式(3.44)可求得 A_0 的值为

$$A_0 = \frac{RT_1\ln\gamma_1}{(1 - X_1)^2} - \frac{R}{4}A^* \times (4X_1 - 1) \tag{3.47}$$

取任一分支 T-X 曲线上第三个点 T_3/X_3，则

$$\ln\gamma_3 = Z - \frac{ZT_f}{T_3} - \ln X_3 \tag{3.48}$$

$$RT_3\ln\gamma_3 = (1 - X_3)^2[A_0 + (4X_3 - 1)A_1] \tag{3.49}$$

将 A_0 和 A_1 的值代入上式得

$$\frac{T_3\ln\gamma_3}{(1 - X_3)^2} = \frac{T_1\ln\gamma_1}{(1 - X_1)^2} - A^* \times (X_1 - X_3) \tag{3.50}$$

$$T_3\ln\gamma_3 = \frac{(1 - X_3)^2}{(1 - X_1)^2}T_1\ln\gamma_1 - \left[\frac{\dfrac{T_2\ln\gamma_2}{(1 - X_2)^2} - \dfrac{T_1\ln\gamma_1}{(1 - X_1)^2}}{X_2 - X_1}\right](X_1 - X_3)(1 - X_3)^2$$

$$令\ a = \left(\frac{1 - X_3}{1 - X_1}\right)^2, b = \left(\frac{X_1 - X_3}{x_2 - X_1}\right), c = \left(\frac{1 - X_3}{1 - X_2}\right)^2，则 \tag{3.51}$$

$$T_3\ln\gamma_3 = (a + ab)T_1\ln\gamma_1 - bcT_2\ln\gamma_2 \tag{3.52}$$

由式(3.40)、式(3.41)和式(3.48)得到

$$Z = \frac{T_3\ln X_3 - (a + ab)T_1\ln X_1 + bcT_2\ln X_2}{T_3 - T_f(1 - a + bc - ab) - T_1(a + ab) + T_2bc} \tag{3.53}$$

将式(3.53)代入式(3.40)、式(3.41)得到 $\ln\gamma_1$ 和 $\ln\gamma_2$，再代入式(3.46)、式(3.47)得到 A^*、A_0 和 A_1，然后利用式(3.40)、式(3.41)、式(3.42)和式(3.43)计算 α-X 的关系。KNO_2-KNO_3 和 $NaNO_2$-$NaNO_3$ 体系的活度曲线图如图 3-20 和图 3-21所示。KNO_2-KNO_3 体系对理想溶液呈现正偏差，$NaNO_2$-$NaNO_3$ 体系对理

想溶液呈现正、负偏差。

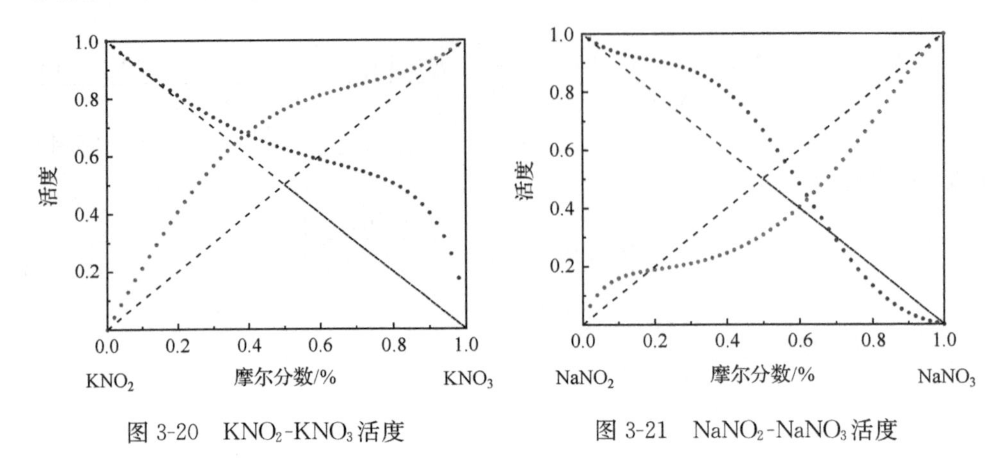

图 3-20　KNO_2-KNO_3活度　　　图 3-21　$NaNO_2$-$NaNO_3$活度

3.2　交互三元硝酸熔盐体系的计算相图

3.2.1　计算方法

根据第 2.4 节得到的结论，含有两个阳离子(A^+、B^+)和两个阴离子(C^-、D^-)组成的相互作用体系 $A^+、B^+ \parallel C^-、D^-$，当溶液中含有 AC、BC 和 BD 组成时，其过剩混合吉布斯自由能 ΔG^E 为[19-28]

$$\Delta G^E = X_A X_D \Delta G^\ominus + X_D \Delta G_{12}^E + X_C \Delta G_{34}^E + X_A \Delta G_{13}^E + X_B \Delta G_{24}^E + X_A X_B X_C X_D \Lambda \tag{3.54}$$

式中

X_i(i=A, B, C, D)为纯组分的摩尔分数

$$X_i(i = A,B) = \frac{n_i}{n_A + n_B}, X_i(i = C,D) = \frac{n_i}{n_C + n_D}$$

$\Delta G^\ominus$为下面反应式的标准反应吉布斯自由能

$$AC(l) + BD(l) \longleftrightarrow BC(l) + AD(l)$$

即

$$\Delta G^\ominus = \Delta_f G^\ominus(BC) + \Delta_f G^\ominus(AD) - \Delta_f G^\ominus(AC) - \Delta_f G^\ominus(BD) \tag{3.55}$$

ΔG_{ij}^E为物质 ij 的过剩混合吉布斯自由能。若以 AD 为组分 1，BD 为组分 2，AC 为组分 3，BC 为组分 4，则根据物质正规溶液模型，二元体系相互作用系数 λ_{ij} 与温度、组成无关，其过剩混合吉布斯自由能 ΔG_{ij}^E 分别为

$$\Delta G_{12}^E = X_A X_B \lambda_{12}, \Delta G_{13}^E = X_C X_D \lambda_{13}, \Delta G_{24}^E = X_C X_D \lambda_{24}, \Delta G_{34}^E = X_A X_B \lambda_{34} \tag{3.56}$$

Λ 可以通过下式计算

$$\Lambda = -\frac{(\Delta G^{\ominus})^2}{2ZRT} \tag{3.57}$$

式中，Z 在计算中取值为 6。

纯物质的过剩化学势 $\mu_i^{\mathrm{E}}(i=1,2,3,4)$通过对过剩混合吉布斯自由能 ΔG^{E}求偏导数得到，即

$$RT\ln\gamma_i = \frac{\partial n\Delta G_{\mathrm{m}}^{\mathrm{E}}}{\partial n_i} = \frac{\partial n\Delta G_{\mathrm{m}}^{\mathrm{E}}}{\partial n_+} + \frac{\partial n\Delta G_{\mathrm{m}}^{\mathrm{E}}}{\partial n_-} \tag{3.58}$$

式中，$\gamma_i(i=\mathrm{A},\mathrm{B},\mathrm{C},\mathrm{D})$为各组分的活度系数；$n_i$ 为总摩尔数，$n_+=n_{\mathrm{A}}+n_{\mathrm{B}}$，$n_-=n_{\mathrm{C}}+n_{\mathrm{D}}$，故各组分的过剩化学势 $\mu_i^{\mathrm{E}}(i=1,2,3,4)$如下

$$\begin{aligned}RT\ln\gamma_1 =& -X_{\mathrm{B}}X_{\mathrm{C}}\Delta G^{\ominus} + X_{\mathrm{B}}X_{\mathrm{C}}(X_{\mathrm{C}}-X_{\mathrm{D}})\lambda_{24} + X_{\mathrm{C}}(X_{\mathrm{B}}X_{\mathrm{D}}+X_{\mathrm{A}}X_{\mathrm{C}})\lambda_{13}\\ &+ X_{\mathrm{B}}(X_{\mathrm{B}}X_{\mathrm{D}}+X_{\mathrm{A}}X_{\mathrm{C}})\lambda_{12} + X_{\mathrm{B}}X_{\mathrm{C}}(X_{\mathrm{B}}-X_{\mathrm{A}})\lambda_{34}\\ &+ X_{\mathrm{B}}X_{\mathrm{C}}(X_{\mathrm{B}}X_{\mathrm{D}}+X_{\mathrm{A}}X_{\mathrm{C}}-X_{\mathrm{A}}X_{\mathrm{D}})\Lambda\end{aligned} \tag{3.59a}$$

$$\begin{aligned}RT\ln\gamma_2 =& X_{\mathrm{A}}X_{\mathrm{C}}\Delta G^{\ominus} + X_{\mathrm{A}}X_{\mathrm{C}}(X_{\mathrm{C}}-X_{\mathrm{D}})\lambda_{13} + X_{\mathrm{C}}(X_{\mathrm{A}}X_{\mathrm{D}}+X_{\mathrm{B}}X_{\mathrm{C}})\lambda_{24}\\ &+ X_{\mathrm{A}}(X_{\mathrm{A}}X_{\mathrm{D}}+X_{\mathrm{B}}X_{\mathrm{C}})\lambda_{12} + X_{\mathrm{A}}X_{\mathrm{C}}(X_{\mathrm{A}}-X_{\mathrm{B}})\lambda_{34}\\ &+ X_{\mathrm{A}}X_{\mathrm{C}}(X_{\mathrm{A}}X_{\mathrm{D}}+X_{\mathrm{B}}X_{\mathrm{C}}-X_{\mathrm{B}}X_{\mathrm{D}})\Lambda\end{aligned} \tag{3.59b}$$

$$\begin{aligned}RT\ln\gamma_3 =& X_{\mathrm{B}}X_{\mathrm{D}}\Delta G^{\ominus} + X_{\mathrm{B}}X_{\mathrm{D}}(X_{\mathrm{D}}-X_{\mathrm{C}})\lambda_{24} + X_{\mathrm{D}}(X_{\mathrm{B}}X_{\mathrm{C}}+X_{\mathrm{A}}X_{\mathrm{D}})\lambda_{13}\\ &+ X_{\mathrm{B}}(X_{\mathrm{B}}X_{\mathrm{C}}+X_{\mathrm{A}}X_{\mathrm{D}})\lambda_{34} + X_{\mathrm{B}}X_{\mathrm{D}}(X_{\mathrm{B}}-X_{\mathrm{A}})\lambda_{12}\\ &+ X_{\mathrm{B}}X_{\mathrm{D}}(X_{\mathrm{B}}X_{\mathrm{C}}+X_{\mathrm{A}}X_{\mathrm{D}}-X_{\mathrm{A}}X_{\mathrm{C}})\Lambda\end{aligned} \tag{3.59c}$$

$$\begin{aligned}RT\ln\gamma_4 =& -X_{\mathrm{A}}X_{\mathrm{D}}\Delta G^{\ominus} + X_{\mathrm{A}}X_{\mathrm{D}}(X_{\mathrm{D}}-X_{\mathrm{C}})\lambda_{13} + X_{\mathrm{D}}(X_{\mathrm{A}}X_{\mathrm{C}}+X_{\mathrm{B}}X_{\mathrm{D}})\lambda_{24}\\ &+ X_{\mathrm{A}}(X_{\mathrm{A}}X_{\mathrm{C}}+X_{\mathrm{B}}X_{\mathrm{D}})\lambda_{34} + X_{\mathrm{A}}X_{\mathrm{D}}(X_{\mathrm{A}}-X_{\mathrm{B}})\lambda_{12}\\ &+ X_{\mathrm{A}}X_{\mathrm{D}}(X_{\mathrm{A}}X_{\mathrm{C}}+X_{\mathrm{B}}X_{\mathrm{D}}-X_{\mathrm{B}}X_{\mathrm{C}})\Lambda\end{aligned} \tag{3.59d}$$

由式(3.59)计算得到的 KCl-KNO_2-$NaCl$-$NaNO_2$ 和 KCl-KNO_3-$NaCl$-$NaNO_3$ 体系分别在 523K 和 623K 时的等活度系数线如图 3-22 和图 3-23 所示。

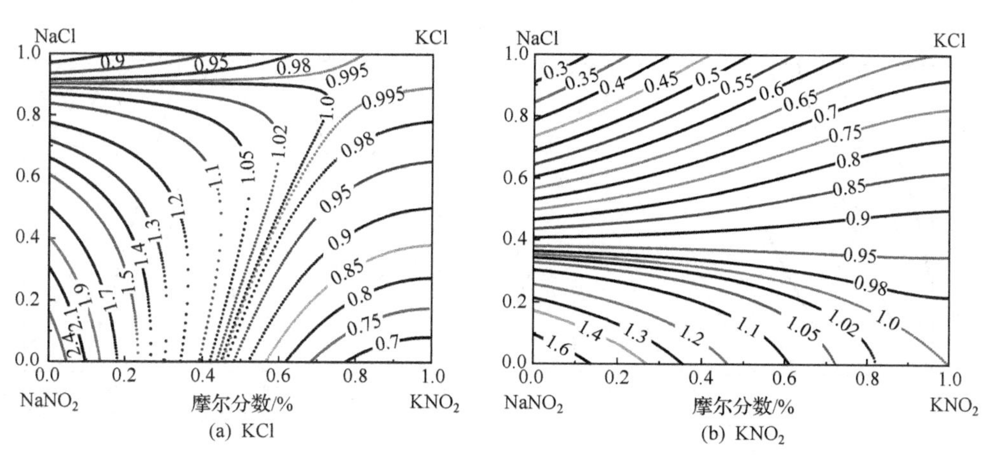

(a) KCl　　(b) KNO_2

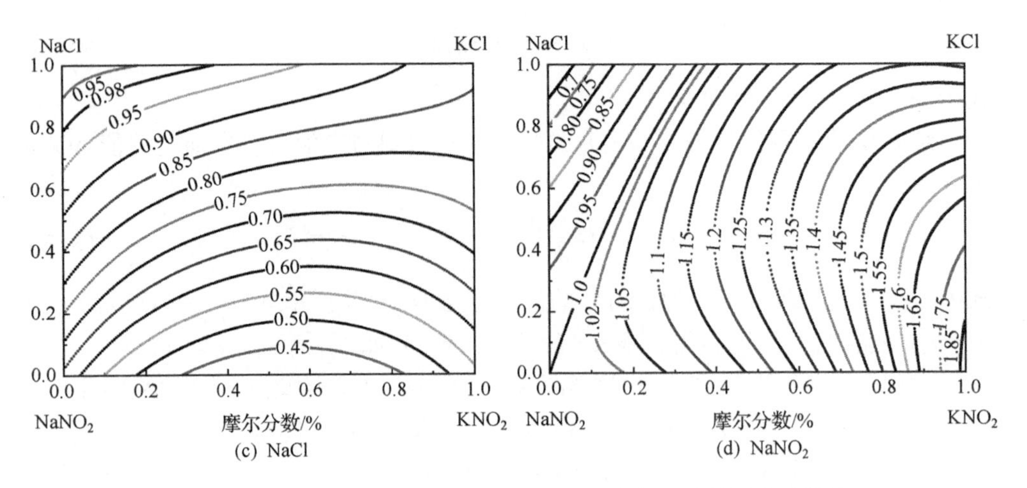

图 3-22　523K 时 KCl-KNO_2-NaCl-$NaNO_2$ 中各组分等活度系数线

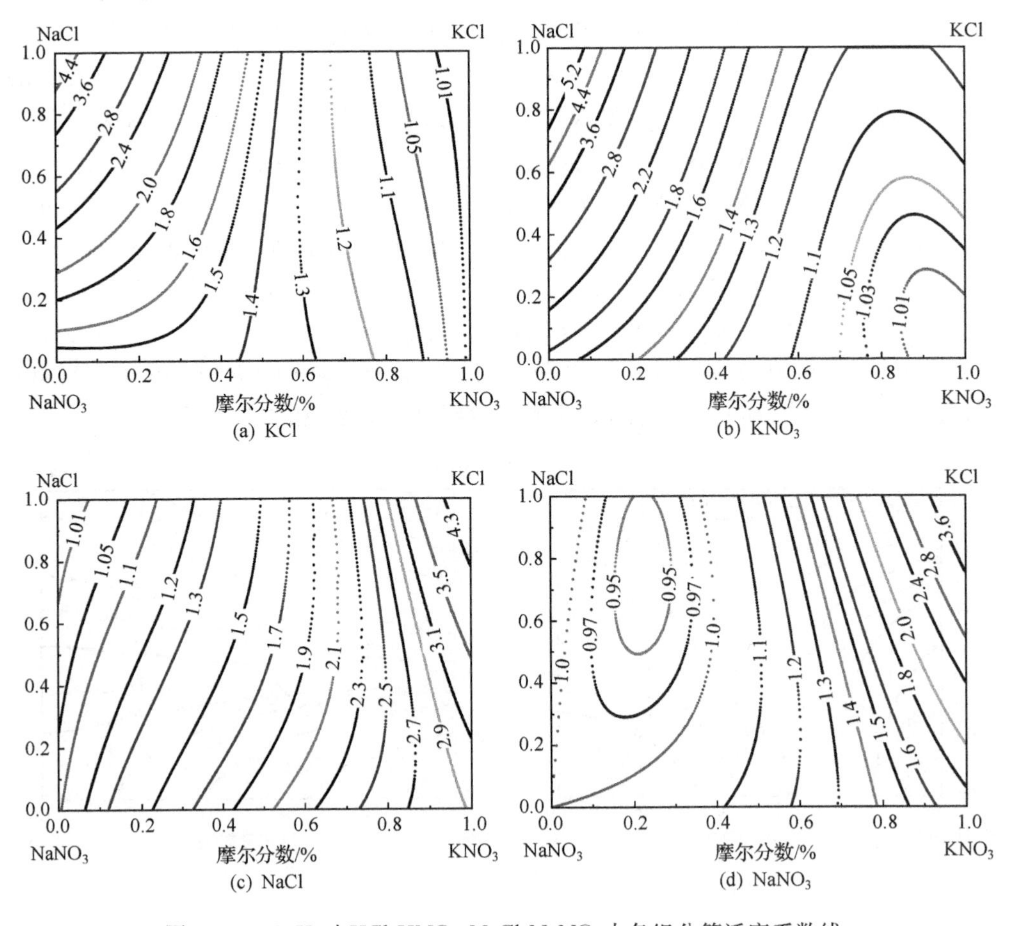

图 3-23　623K 时 KCl-KNO_3-NaCl-$NaNO_3$ 中各组分等活度系数线

从二元相图计算可以看出，KNO_2-KNO_3和$NaNO_2$-$NaNO_3$满足亚正规溶液模型，其二元相互作用系数λ_{ij}与组成有关，与温度无关，其相互作用系数λ_{ij}可表示为

$$\lambda_{13} = I_0 + (X_C - X_D)I_1 + (X_C^2 - 4X_CX_D + X_D^2)I_2 \tag{3.60}$$

$$\lambda_{24} = I_0^0 + (X_C - X_D)I_1^0 \tag{3.61}$$

故过剩混合吉布斯自由能ΔG_{ij}^E可表示为：

$$\Delta G_{13}^E = X_CX_D[I_0 + (X_C - X_D)I_1 + (X_C^2 - 4X_CX_D + X_D^2)I^2] \tag{3.62}$$

$$\Delta G_{24}^E = X_CX_D[I_0^0 + (X_C - X_D)I_1^0] \tag{3.63}$$

当溶液中含有 AC，BC 和 AD 组分时，根据共型离子溶液理论，其过剩混合吉布斯自由能ΔG^E为

$$\begin{aligned}\Delta G^E =& X_BX_D\Delta G^\ominus + X_DX_AX_B\lambda_{12}\\ &+ X_AX_CX_D[I_0 + (X_C - X_D)I_1 + (X_C^2 - 4X_CX_D + X_D^2)I_2]\\ &+ X_CX_AX_B\lambda_{34} + X_BX_CX_D[I_0^0 + (X_C - X_D)I_1^0] + X_AX_BX_CX_D\Lambda\end{aligned} \tag{3.64}$$

以 AD 为组分 1，BD 为组分 2，AC 为组分 3，BC 为组分 4，根据式(3.58)计算得到各组分的过剩化学势$\mu_i^E(i=1, 2, 3, 4)$如下

$$\begin{aligned}RT\ln\gamma_1 =& X_BX_C\Delta G^\ominus + X_BX_C(X_B - X_A)\lambda_{34} + X_B(X_BX_D + X_AX_C)\lambda_{12}\\ &+ X_BX_C(X_BX_D + X_AX_C - X_AX_D)\Lambda + [X_AX_C^2(X_C - 3X_D) + X_BX_CX_D(X_C - X_D)]I_1\\ &+ [X_AX_C^2(7X_D^2 + X_C^2 - 10X_CX_D) + X_BX_CX_D(X_C^2 - 4X_CX_D + X_D^2)]I_2\\ &+ X_C(X_AX_C + X_BX_D)I_0 + X_BX_C(X_C - X_D)I_0^0 + [X_BX_C(X_C^2 - 4X_CX_D + X_D^2)]I_1^0\end{aligned} \tag{3.65a}$$

$$\begin{aligned}RT\ln\gamma_2 =& - X_AX_C\Delta G^\ominus + X_A(X_AX_D + X_BX_C)\lambda_{12} + X_AX_C(X_A - X_B)\lambda_{34}\\ &+ X_AX_C(X_AX_D + X_BX_C - X_BX_D)\Lambda + [X_AX_C(X_C^2 - 4X_CX_D + X_D^2)]I_1\\ &+ X_AX_C(X_C - X_D)I_0 + [X_AX_CX_D^2(11X_C - X_D) + X_AX_C^3(X_C - 11X_D)]I_2\\ &+ X_C(X_AX_D + X_BX_C)I_0^0 + [X_AX_CX_D(X_C - X_D) + X_BX_C^2(X_C - 3X_D)]I_1^0\end{aligned} \tag{3.65b}$$

$$\begin{aligned}RT\ln\gamma_3 =& - X_BX_D\Delta G^\ominus + X_BX_D(X_B - X_A)\lambda_{12} + X_B(X_BX_C + X_AX_D)\lambda_{34}\\ &+ X_BX_D(X_BX_C + X_AX_D - X_AX_C)\Lambda + [X_AX_D^2(3X_C - X_D) + X_BX_CX_D(X_C - X_D)]I_1\\ &+ [X_AX_D^2(7X_C^2 + X_D^2 - 10X_CX_D) + X_BX_CX_D(X_C^2 - 4X_CX_D + X_D^2)]I_2\\ &+ X_D(X_BX_C + X_AX_D)I_0 + X_BX_D(X_D - X_C)I_0^0 + [X_BX_C(4X_CX_D - X_C^2 - X_D^2)]I_1^0\end{aligned} \tag{3.65c}$$

$$\begin{aligned}RT\ln\gamma_4 =& X_AX_D\Delta G^\ominus + X_AX_D(X_A - X_B)\lambda_{12} + X_A(X_AX_C + X_BX_D)\lambda_{34}\\ &+ X_AX_D(X_AX_C + X_BX_D - X_BX_C)\Lambda + [X_AX_D(4X_CX_D - X_C^2 - X_D^2)]I_1\\ &+ X_AX_D(X_D - X_C)I_0 + [X_AX_DX_C^2(11X_D^2 - X_C) + X_AX_D^3(X_D - 8X_C)]I_2\\ &+ X_D(X_AX_C + X_BX_D)I_0^0 + [X_AX_CX_D(X_C - X_D) + X_BX_D^2(3X_C - X_D)]I_1^0\end{aligned} \tag{3.65d}$$

由式(3.65)计算得到的 KNO_2-KNO_3-$NaNO_2$-$NaNO_3$ 体系在 433K 时的等活度系数线如图 3-24 所示。

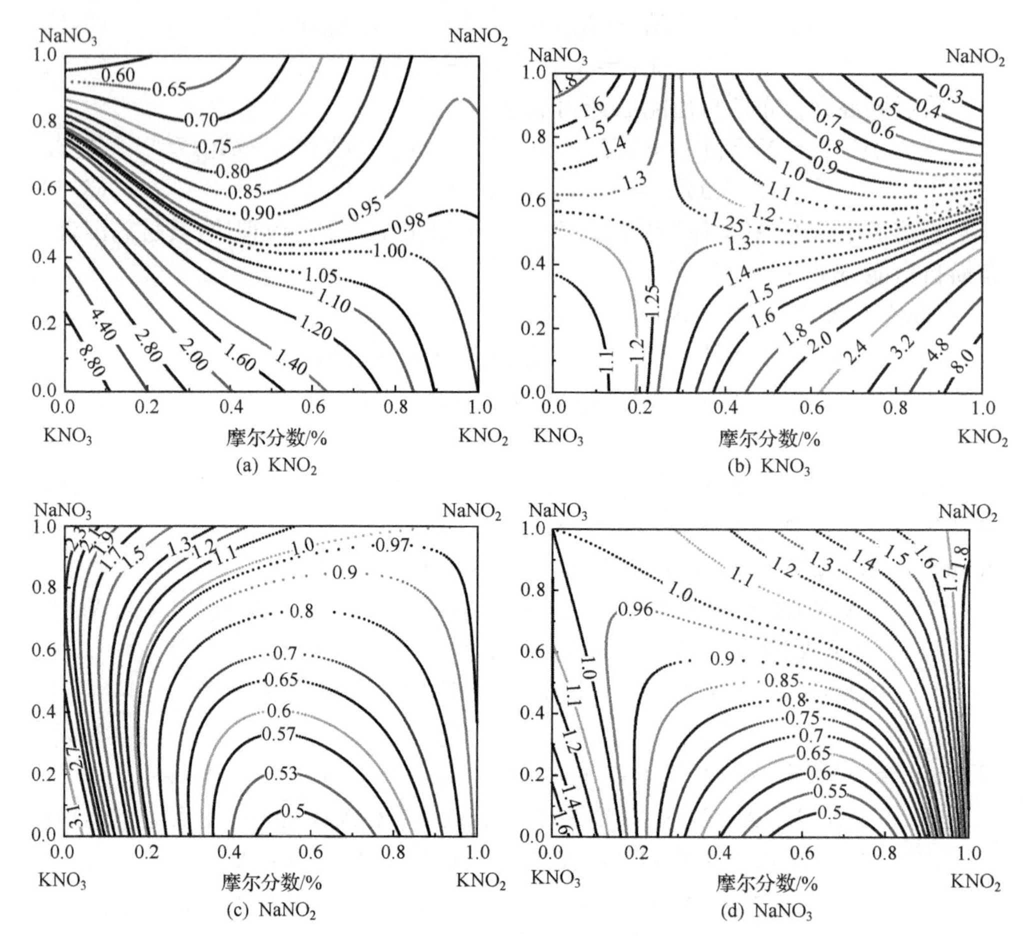

(a) KNO_2　(b) KNO_3　(c) $NaNO_2$　(d) $NaNO_3$

图 3-24　433K 时 KNO_2-KNO_3-$NaNO_2$-$NaNO_3$ 中各组分等活度系数线

3.2.2　结果分析

与二元物质组成一样,固态组分 ij 与多组分液态混合物在温度 T_{ij} 条件下达到平衡时,其液态混合物中 ij 组分的活度 α_{ij} 可以通过下式计算

$$R\ln a_{ij} = R\ln X_i X_j \gamma_{ij} = -\Delta H_{f(ij)}(T_{f(ij)})(1/T_{ij} - 1/T_{f(ij)}) + \Delta C_{p(ij)}[T_{f(ij)}/T_{ij} - 1 - \ln(T_{f(ij)}/T_{ij})] \tag{3.66}$$

式中,$\Delta H_{f(ij)}$ 为组分 ij 在熔点 $T_{f(ij)}$ 时的熔化焓;$\Delta C_{p(ij)}$ 为组分 ij 固液态的比热容差,通常用熔点时固液热容差值代替。λ_{ij} 为二元物质相互作用系数[20,27],其可以通过下面关系计算

$$RT\ln\gamma_i = \lambda_{ij} X_j^2,\ RT\ln\gamma_j = \lambda_{ij}(1-X_j)^2 \tag{3.67}$$

联立式(3.66)和式(3.67)可以得到

$$\begin{aligned}\lambda_{ij} &= \frac{(\Delta H_{f,j}/T_{f,j})T - RT\ln X_j - \Delta H_{f,j} + \Delta C_{p,j}[T_{f,j} - T - T\ln(T_{f,j}/T)]}{(1-X_j)^2} \\ &= \frac{(\Delta H_{f,i}/T_{f,i})T - RT\ln(1-X_j) - \Delta H_{f,i} + \Delta C_{p,i}[T_{f,i} - T - T\ln(T_{f,i}/T)]}{X_i^2}\end{aligned} \tag{3.68}$$

相图计算所需的各种熔盐的熔点 T_f、相变焓 ΔH_f、比热容 ΔC_p 等热物性参数如表 3-2 所示。各种纯物质相应的标准摩尔生成吉布斯自由能变 $\Delta_f G_m^\ominus(T)$[8,9]如表 3-7所示。

表 3-7　各种物质标准摩尔生成吉布斯自由能变 $\Delta_f G_m^\ominus(T)$

物质	$\Delta_f G_m^\ominus(T)=a+b(T/K)$		物质	$\Delta_f G_m^\ominus(T)=a+b(T/K)$	
	a	b		a	b
$NaNO_3$	−451.05267	0.29932	KNO_3	−489.36771	0.32077
$NaNO_2$	−347.85451	0.20509	KO_2	−282.36301	0.14149
Na_2O	−421.27041	0.14108	K_2O_2	−497.53598	0.2318
Na_2O_2	−514.51384	0.21862	K_2O	−364.66741	0.14074
NaO_2	−259.17671	0.13685			

因 KNO_2 物质热性能不是很稳定，其标准摩尔生成吉布斯自由能变 $\Delta_f G_m^\ominus(T)$ 很难确定，但是可以从反应式 $2KNO_3(l) = 2KNO_2(l) + O_2(g)$ 中得出，通过测量反应式的标准反应热和标准反应熵变，根据公式 $\Delta_r G_m^\ominus(T) = \Delta H^\ominus - T\Delta S^\ominus$ 及热力学性质，计算得到 KNO_2 标准摩尔生成吉布斯自由能变 $\Delta_f G_m^\ominus(T)$。图 3-25 所示的是通过实验测定的多种 KNO_2 标准摩尔反应吉布斯自由能变 $\Delta_r G_m^\ominus(T)$。由图可以看出，Roger[29] 和 Sirotkin[30] 测试结果比较接近，与 Freeman[31] 测试结果相差较大。图 3-26 所示的是计算得到的 KNO_2 标准摩尔生成吉布斯自由能变 $\Delta_f G_m^\ominus(T)$，其拟合关系式为 $\Delta_f G_m^\ominus(T) = -371.4917 + 0.2114(T/K)$。

由纯物质标准摩尔生成吉布斯自由能变 $\Delta_f G_m^\ominus(T)$ 计算得到的各种反应式的标准摩尔反应吉布斯自由能变 $\Delta_r G_m^\ominus(T)$ 列于表 3-8 中。

由式(3.68)利用数值方法计算得到的二元熔盐体系相互作用系数 λ_{ij} 如表 3-9 所示。相应的体系共熔点温度和组成也列于表 3-9，计算值与实验值比较接近，相差在 5% 以内。KNO_2-KNO_3 和 $NaNO_2$-$NaNO_3$ 体系的相互作用系数 λ 见式(3.27)和(3.28)。

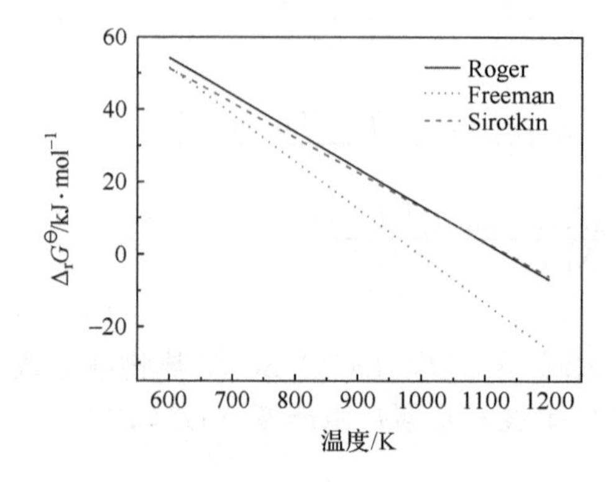

图 3-25 KNO_2标准摩尔反应吉布斯自由能变 $\Delta_r G_m^{\ominus}(T)$

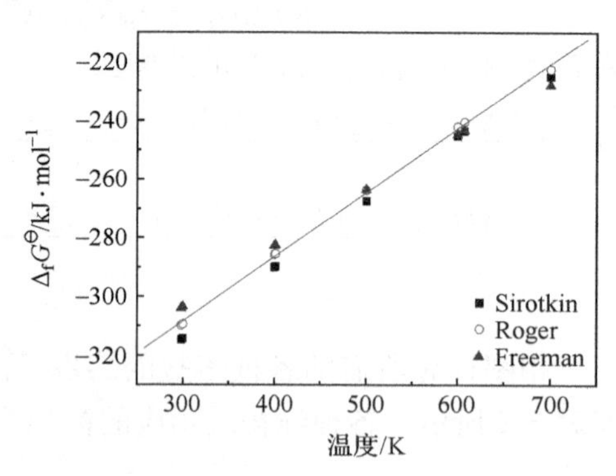

图 3-26 KNO_2标准摩尔生成吉布斯自由能变 $\Delta_f G_m^{\ominus}(T)$

表 3-8 各种反应式的标准摩尔反应吉布斯自由能变化 $\Delta_r G_m^{\ominus}(T)$

反应式	$\Delta_r G_m^{\ominus}(T)=a+b(T/K)$	
	a	b
$KCl+NaNO_3 \longrightarrow KNO_3+NaCl$	−12.657	0.01811
$KNO_3+NaCl \longrightarrow KCl+NaNO_3$	12.657	−0.01811
$KCl+NaNO_2 \longrightarrow KNO_2+NaCl$	2.0208	0.003
$KNO_2+NaCl \longrightarrow KCl+NaNO_2$	−2.0208	−0.003
$NaNO_3+KNO_2 \longrightarrow KNO_3+NaNO_2$	114.6778	0.0151
$KNO_3+NaNO_2 \longrightarrow NaNO_3+KNO_2$	−114.6778	−0.0151

表 3-9 二元体系相互作用系数(λ_{ij})和共熔点组成(X)值

组成	λ_{ij}/(J · mol^{-1})	共熔点			
		计算值		实验值	
		T_f/K	X_2/%	T_f/K	X_2/%
KNO_3-$NaNO_3$	2825.06	496	0.5	496[16]	0.49[16]
KCl-NaCl	8604.036	931	0.437	931[16]	0.5[16]
KCl-KNO_3	1275.244	587	0.912	581[16]	0.905[16]
NaCl-$NaNO_3$	443.1042	570	0.938	571[16]	0.934[16]
KCl-KNO_2	−1843.878	657	0.794		
NaCl-$NaNO_2$	−1959.365	544	0.9306	543.48	0.9306
KNO_2-$NaNO_2$	−651.2703	498	0.693	481.13[15]	0.657[15]

由式(3.59)和式(3.65)并结合式(3.66)计算得到的 KCl-KNO_3-NaCl-$NaNO_3$，KNO_2-KNO_3-$NaNO_2$-$NaNO_3$ 和 KCl-KNO_2-NaCl-$NaNO_2$ 体系的相图如图 3-27，图 3-29 和图 3-31 所示。与实验相图(图 3-28)相比，KCl-KNO_3-NaCl-$NaNO_3$体系计算的相图与实验相图相似，相差在 5%以内。通过交互三元体系流程计算得到体系相图有两个共熔点，分别为 493K 和 545K；而实验相图有三个共熔点，分别为 485K，517K 和 558K。两个体系共熔点组成列于表 3-10 中。图 3-29 和图 3-30 所示的是 KNO_2-KNO_3-$NaNO_2$-$NaNO_3$体系计算的相图与实验相图，两

者相差很大。计算的相图中有两个共熔点，分别为 410K 和 412K，其共熔点组成列于表 3-11；而实验相图中有六个共熔点，分别为 415K，419K，432K，440K，446K 和 457K。表 3-12 所示的是 KNO_2-KNO_3-$NaNO_2$-$NaNO_3$ 体系相图的计算值与 DSC 测量值，两者温度相差较大，最大可达 30K。这可能是混合熔盐中含有 KNO_2 和 $NaNO_2$，两者性质不稳定，这对相图结果有很大的影响。图 3-31 所示的是 KCl-KNO_2-NaCl-$NaNO_2$ 体系计算的相图，相图中含有两个共熔点，分别在 507K 和 537K，其共熔点组成列于表 3-12 中。目前这个体系相图还没有被实验测出，这为以后进行相图测试实验提供指导作用。另外，KCl-KNO_3-NaCl-$NaNO_3$ 和 KCl-KNO_2-NaCl-$NaNO_2$ 体系的等温面如图 3-32、图 3-33 所示。①

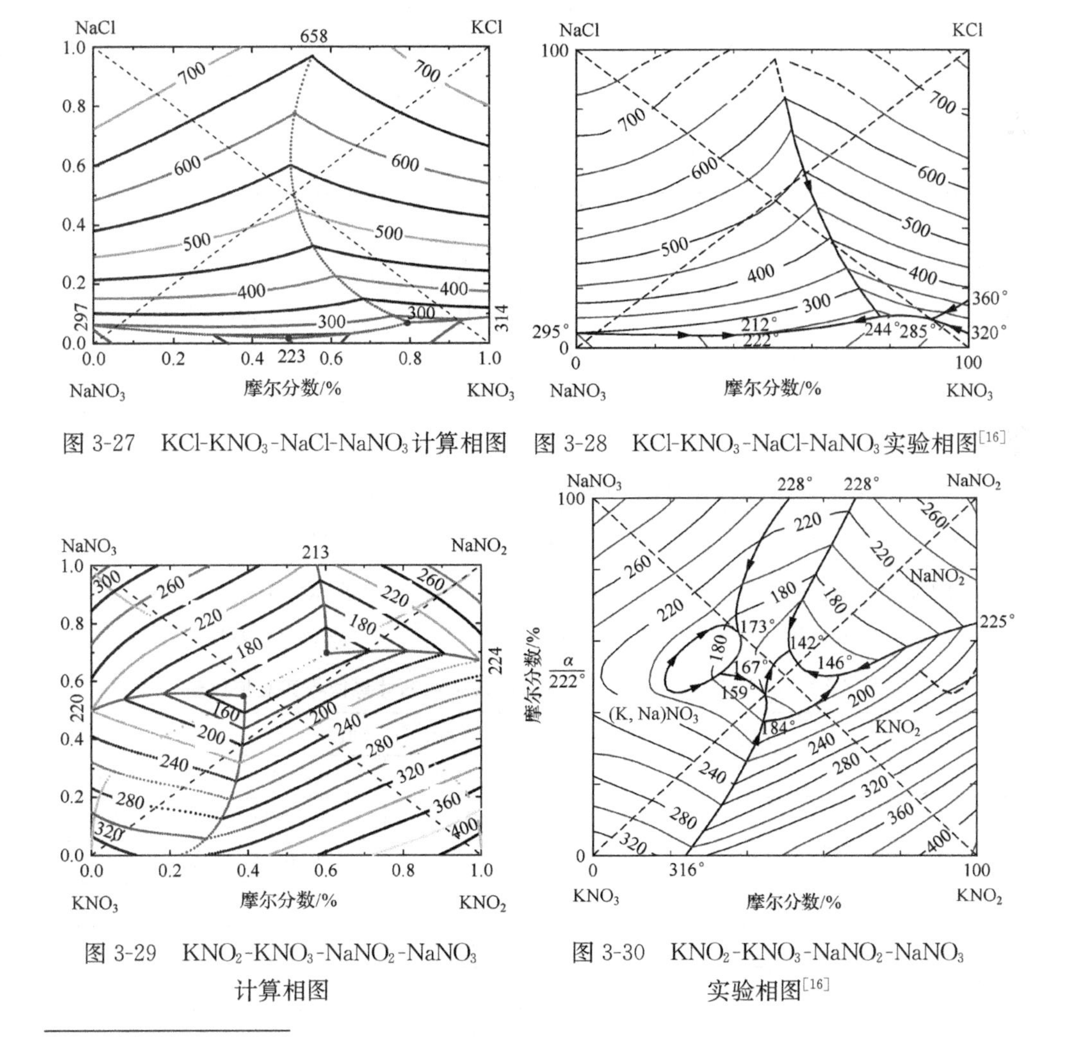

图 3-27　KCl-KNO_3-NaCl-$NaNO_3$ 计算相图　图 3-28　KCl-KNO_3-NaCl-$NaNO_3$ 实验相图[16]

图 3-29　KNO_2-KNO_3-$NaNO_2$-$NaNO_3$ 计算相图

图 3-30　KNO_2-KNO_3-$NaNO_2$-$NaNO_3$ 实验相图[16]

① 为方便标注，本书相图中的温度(℃)部分标注成(°)。

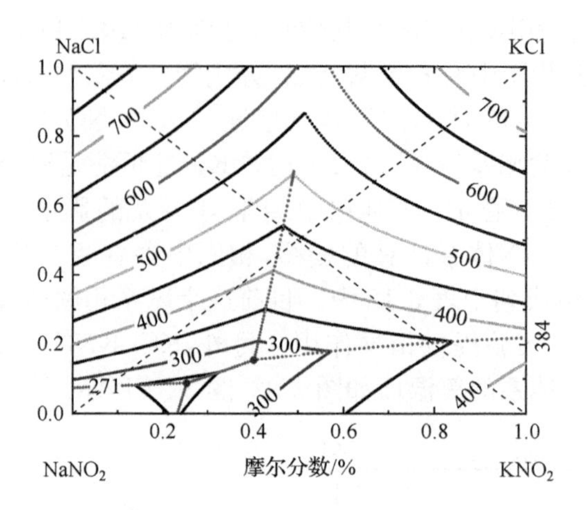

图 3-31　KCl-KNO_2-NaCl-$NaNO_2$计算相图

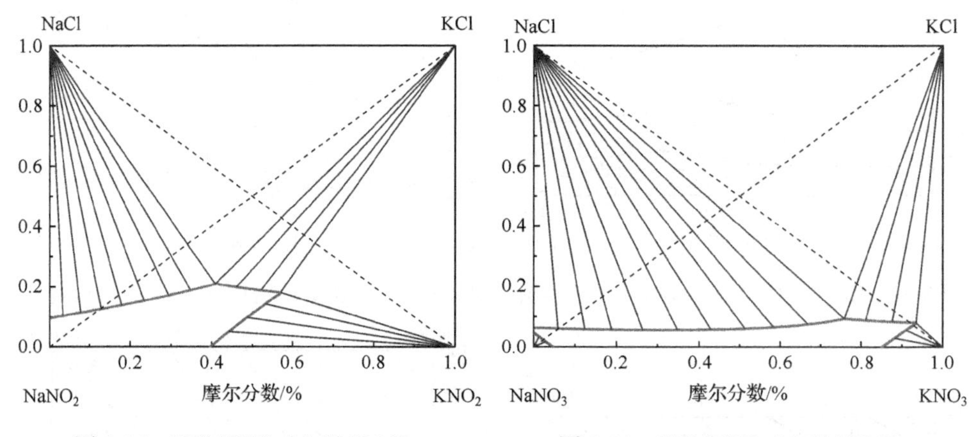

图 3-32　KCl-KNO_2-NaCl-$NaNO_2$ 等温面(573K)

图 3-33　KCl-KNO_3-NaCl-$NaNO_3$ 等温面(533K)

表 3-10　KCl-KNO_3-NaCl-$NaNO_3$体系共熔点的计算值与实验值比较

组成	共熔点（计算值）			
	X_1/%	X_2/%	X_4/%	T_f/K
KCl-KNO_3-NaCl-$NaNO_3$	0.06806	0.72562	0.20632	545
	0.01735	0.47426	0.50839	493
	共熔点（实验值）			
KCl-KNO_3-NaCl-$NaNO_3$	0.1053	0.6667	0.2208	517
	0.1050	0.7965	0.1040	558
	0.0494	0.4121	0.5464	485

表 3-11　KNO_2-KNO_3-$NaNO_2$-$NaNO_3$ 和 NaCl-$NaNO_2$-KCl-KNO_2 体系共熔点计算值

组成	共熔点（计算值）			
	$X_2/\%$	$X_3/\%$	$X_4/\%$	T_f/K
KNO_2-KNO_3-$NaNO_2$-$NaNO_3$	0.30268	0.60169	0.09563	410
	0.45108	0.38771	0.16121	412
NaCl-$NaNO_2$－KCl-KNO_2	0.7468	0.08686	0.16634	507
	0.59825	0.15447	0.24728	537

表 3-12　KNO_2-KNO_3-$NaNO_2$-$NaNO_3$ 体系相图计算值与 DSC 实验值比较

摩尔分数/%			温度/K	
$NaNO_2$	KNO_3	$NaNO_3$	计算值	实验值
0.602	0.303	0.095	410	417.42
0.388	0.451	0.161	412	429.13
0.183	0.444	0.373	453	423.54
0.586	0.053	0.361	473	489.14
0.015	0.249	0.736	533	509.17
0.09	0.724	0.186	533	527.33
0.694	0.126	0.18	473	468.67
1	0	0	557	559.03
0	1	0	610	609.64
0	0	1	582	582.53

3.3　相加三元硝酸熔盐体系的计算相图

3.3.1　计算方法

根据 2.3 节得到的结论，对于恒压凝聚态体系 AX-BX-CX，其过剩混合吉布斯自由能 ΔG^E 可表示为[32, 33]

$$\Delta G^E = \Delta G_{12}^E + \Delta G_{13}^E + \Delta G_{23}^E \qquad (3.69)$$

式中，ΔG_{ij}^E 为组分 ij 的过剩混合吉布斯自由能。若以 AX 为组分 1，BX 为组分 2，CX 为组分 3，则根据物质正规溶液模型，二元体系相互作用系数 λ_{ij} 与温度、组成无关，其过剩混合吉布斯自由能 ΔG_{ij}^E 分别为

$$\Delta G_{12}^E = X_A X_B \lambda_{12},\ \Delta G_{13}^E = X_A X_C \lambda_{13},\ \Delta G_{23}^E = X_B X_C \lambda_{23} \qquad (3.70)$$

故纯物质的过剩化学势 $\mu_i^E(i=1,\ 2,\ 3)$ 通过对过剩混合吉布斯自由能 ΔG^E 求偏导数得到，即

$$RT\ln\gamma_i = \frac{\partial n\Delta G_m^E}{\partial n_i} = \frac{\partial n\Delta G_m^E}{\partial n_i} \tag{3.71}$$

式中，$\gamma_i(i=\text{A, B, C})$为各组分的活度系数；$n_i$为组分 i 的摩尔数，$n_{ij}=n_i/(n_A+n_B+n_C)$故各组分的过剩化学势 $\mu_i^E(i=1, 2, 3)$如下

$$RT\ln\gamma_{AX} = X_B(1-X_A)\lambda_{12} + X_C(1-X_A)\lambda_{13} - X_BX_C\lambda_{23} \tag{3.72a}$$

$$RT\ln\gamma_{BX} = X_A(1-X_B)\lambda_{12} + X_C(1-X_B)\lambda_{23} - X_AX_C\lambda_{13} \tag{3.72b}$$

$$RT\ln\gamma_{CX} = X_B(1-X_C)\lambda_{23} + X_A(1-X_C)\lambda_{13} - X_AX_B\lambda_{12} \tag{3.72c}$$

从二元相图计算可以看出，KNO_2-KNO_3和 $NaNO_2$-$NaNO_3$满足亚正规溶液模型，其二元相互作用系数 λ 与组成有关，与温度无关，其相互作用系数 λ 可表示为

$$\lambda_{13} = I_0 + (X_C - X_A)I_1 + (X_C^2 - 4X_CX_A + X_A^2)I_2 \tag{3.73a}$$

或者

$$\lambda_{13} = I_0 + (X_C - X_A)I_1 \tag{3.73b}$$

故过剩混合吉布斯自由能 ΔG_{ij}^E可表示为

$$\Delta G_{13}^E = X_CX_A[I_0 + (X_C - X_A)I_1 + (X_C^2 - 4X_CX_A + X_A^2)I_2] \tag{3.74a}$$

或者

$$\Delta G_{13}^E = X_CX_A[I_0 + (X_C - X_A)I_1] \tag{3.74b}$$

根据式(3.71)，KNO_3-KCl-KNO_2体系中各组分的过剩化学势 $\mu_i^E(i=1, 2, 3)$如下，相应的计算结果如图 3-34～图 3-36 所示。

$$\begin{aligned}RT\ln\gamma_1 =& X_B(1-X_A)\lambda_{12} - X_BX_C\lambda_{23} + X_C(1-X_A)I_0 + [X_C^2(1-2X_A)\\&+ 2X_AX_C(X_A-1)]I_1 + [X_C^3(1-3X_A) + 4X_AX_C^2(3X_A-2)\\&+ 3X_A^2X_C(1-X_A)]I_2\end{aligned} \tag{3.75a}$$

$$\begin{aligned}RT\ln\gamma_2 =& X_A(1-X_B)\lambda_{12} - X_C(1-X_B)\lambda_{23} - X_AX_CI_0 + 2X_AX_C(X_A-X_C)I_1\\&+ 3X_AX_C(4X_AX_C - X_C^2 - X_A^2)I_2\end{aligned} \tag{3.75b}$$

$$\begin{aligned}RT\ln\gamma_3 =& X_B(1-X_C)\lambda_{23} - X_AX_B\lambda_{12} + X_A(1-X_C)I_0\\&+ [X_A^2(2X_C-1) + 2X_AX_C(1-X_C)]I_1 + [X_A^3(1-3X_C)\\&+ 3X_AX_C^2(1-X_C) + 4X_A^2X_C(3X_C-2)]I_2\end{aligned} \tag{3.75c}$$

同时，$NaNO_3$-NaCl-$NaNO_2$体系中各组分的过剩化学势 $\mu_i^E(i=1, 2, 3)$如下，相应的计算结果如图 3-37～图 3-39 所示。

$$\begin{aligned}RT\ln\gamma_1 =& X_B(1-X_A)\lambda_{12} - X_BX_C\lambda_{23} + X_C(1-X_A)I_0\\&+ [X_C^2(1-2X_A) + 2X_AX_C(X_A-1)]I_1\end{aligned} \tag{3.76a}$$

$$RT\ln\gamma_2 = X_A(1-X_B)\lambda_{12} + X_C(1-X_B)\lambda_{23} - X_AX_CI_0 + 2X_AX_C(X_A-X_C)I_1 \tag{3.76b}$$

$$\begin{aligned}RT\ln\gamma_3 =& X_B(1-X_C)\lambda_{23} - X_AX_B\lambda_{12} + X_A(1-X_C)I_0\\&+ [X_A^2(2X_C-1) + 2X_AX_C(1-X_C)]I_1\end{aligned} \tag{3.76c}$$

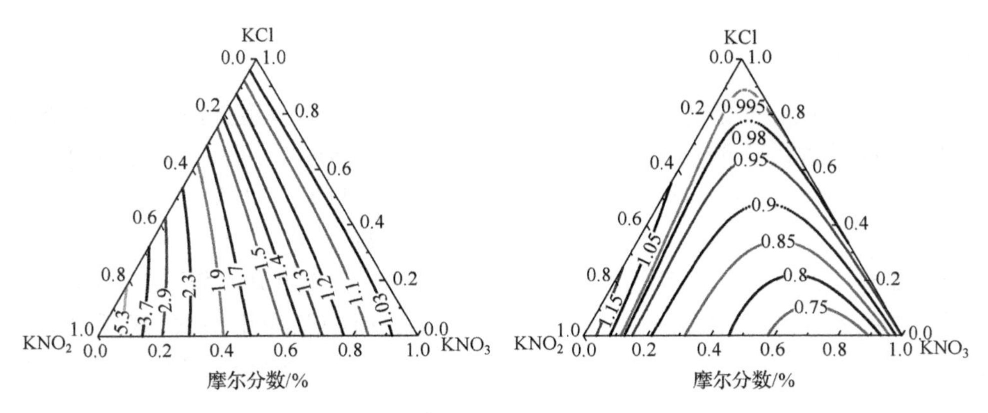

图 3-34　573K 时 KNO_3-KCl-KNO_2 体系中 KNO_3 等活度系数线

图 3-35　573K 时 KNO_3-KCl-KNO_2 体系中 KCl 等活度系数线

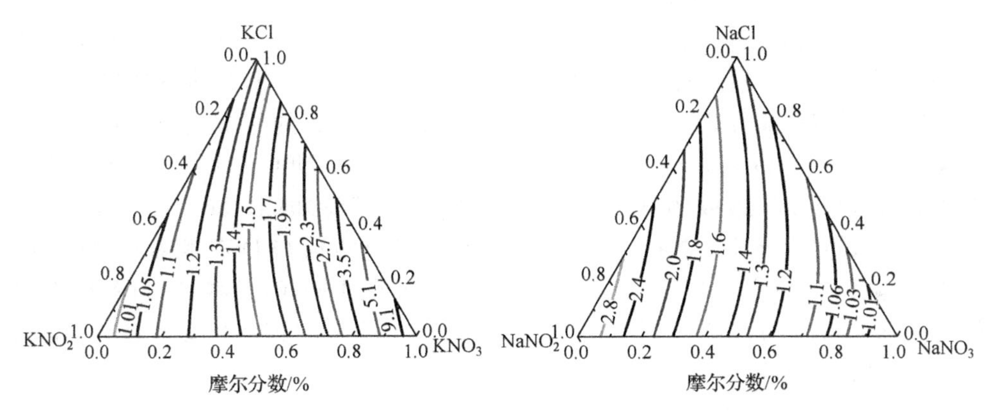

图 3-36　573K 时 KNO_3-KCl-KNO_2 体系中 KNO_2 等活度系数线

图 3-37　533K 时 $NaNO_3$-NaCl-$NaNO_2$ 体系中 $NaNO_3$ 等活度系数线

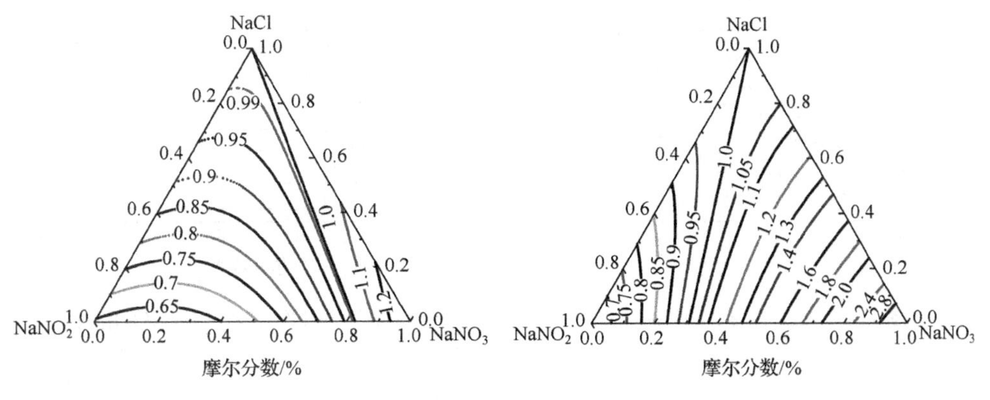

图 3-38　533K 时 $NaNO_3$-NaCl-$NaNO_2$ 体系中 NaCl 等活度系数线

图 3-39　533K 时 $NaNO_3$-NaCl-$NaNO_2$ 体系中 $NaNO_2$ 等活度系数线

3.3.2 结果分析

对于理想电解质溶液，在等压条件下，固态组分 ij 与多组分液态混合物在温度 T_{ij} 条件下达到平衡时，其液态混合物中 ij 组分的活度 α_{ij} 可以通过下式计算

$$R\ln a_{ij}=R\ln X_iX_j\gamma_{ij}=-\Delta H_{f(ij)}(T_{f(ij)})(1/T_{ij}-1/T_{f(ij)})\\+\Delta C_{p(ij)}[T_{f(ij)}/T_{ij}-1-\ln(T_{f(ij)}/T_{ij})] \tag{3.77}$$

式中，$\Delta H_{f(ij)}$ 为组分 ij 在熔点 $T_{f(ij)}$ 时的熔化焓；$\Delta C_{p(ij)}$ 为组分 ij 固液态的热容差，通常用熔点时固液比热容差值代替。λ_{ij} 为二元物质相互作用系数，其可以通过式(3.67)和式(3.68)计算得到，计算结果列于表 3-9 中。KNO_2-KNO_3 和 $NaNO_2$-$NaNO_3$体系的相互作用系数 λ_{ij} 见式(3.27)和式(3.28)。

相图计算所需的各种熔盐的熔点 T_f、相变焓 ΔH_f、比热容 ΔC_p 等热物性参数见表 3-2。各种反应式的标准摩尔反应吉布斯自由能变 $\Delta_r G_m^{\ominus}(T)$见表 3-8。

由式(3.75)，式(3.76)并结合式(3.77)计算得到的 KNO_3-KCl-KNO_2 和 $NaNO_3$-NaCl-$NaNO_2$体系的相图如图 3-40 和图 3-41 所示。两个体系都只有一个共熔点，计算结果如表 3-13 所示。KNO_3-KCl-KNO_2体系的共熔点为 570K，其组成为 72.527%KNO_3，11.843%KCl，15.63%KNO_2。$NaNO_3$-NaCl-$NaNO_2$体系的共熔点为 500K，其组成为 38.336%$NaNO_3$，4.737%NaCl，56.926%$NaNO_2$。表 3-14所示的是 $NaNO_3$-NaCl-$NaNO_2$体系相图的计算值与 DSC 测量值，两者比较接近，温度差值低于 10K。KNO_3-KCl-KNO_2体系因 KNO_2特殊性，目前还没有发现实验相图。KNO_3-KCl-KNO_2 和 $NaNO_3$-NaCl-$NaNO_2$ 体系的等温面如图 3-42、图 3-43 所示。

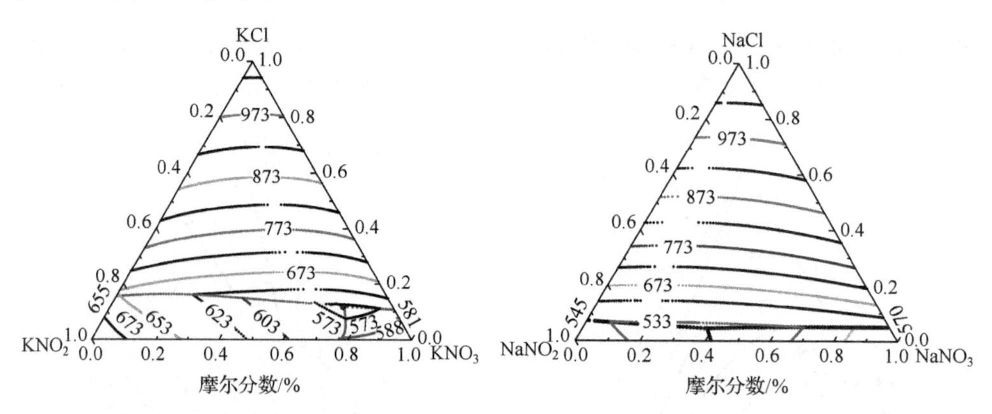

图 3-40 KNO_3-KCl-KNO_2相图

图 3-41 $NaNO_3$-NaCl-$NaNO_2$相图

表 3-13　KNO_3-KCl-KNO_2 和 $NaNO_3$-NaCl-$NaNO_2$ 体系共熔点计算值

组成	共熔点			
	X_1/%	X_2/%	X_3/%	T_f/K
KNO_3-KCl-KNO_2	0.72527	0.11843	0.1563	570
$NaNO_3$-NaCl-$NaNO_2$	0.38336	0.04737	0.56926	500

表 3-14　$NaNO_3$-NaCl-$NaNO_2$ 体系相图计算值与 DSC 实验值比较

摩尔分数/%			温度/K	
$NaNO_3$	NaCl	$NaNO_2$	计算值	实验值
0.383	0.045	0.572	507	501.43
0.0667	0.0743	0.859	533	533.71
0.678	0.051	0.271	533	528.77
0.21	0.342	0.448	773	774
0.839	0.051	0.11	553	553.2
0	0.0697	0.9303	544.504	543.48
1	0	0	582	582.53
0	1	0	1073	1073.45
0	0	1	557	559.03

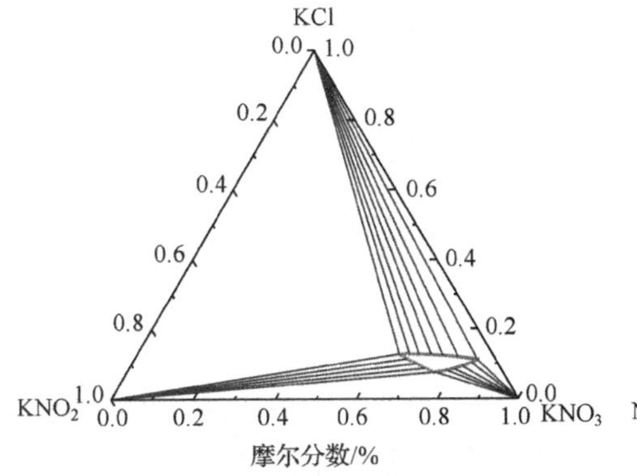

图 3-42　KNO_3-KCl-KNO_2 等温面(573K)

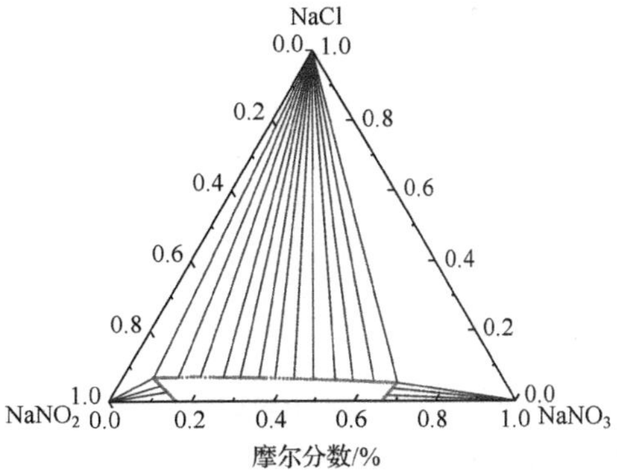

图 3-43　$NaNO_3$-NaCl-$NaNO_2$ 等温面(533K)

3.4　交互四元硝酸熔盐体系的计算相图

3.4.1　体系组成

交互四元体系(A,B/X,Y,Z)含有五种不同离子(A^+，B^+，X^-，Y^-，Z^-)和

六个不同组分(AX, AY, AZ, BX, BY, BZ)。根据电中性原理,六个不同组分中仅有四个独立组分。故可以选择其中的四个组分作为研究对象,但是四个组分中必须包含五种离子(A^+, B^+, X^-, Y^-, Z^-)。其可表示为图 3-44 所示的三角棱柱,棱柱的两个三角底面分别为三元体系 A/X, Y, Z 和 B/X, Y, Z;三个侧面分别为三元交互体系 A, B/X, Y、A, B/X, Z 和 A, B/Y, Z;六条轴分别表示阴阳离子组成 X_A, X_B, X_X, X_Y, X_Z[$X_i(i=X, Y, Z)=n_i/(n_X+n_Y+n_Z)$, $X_i(i=A, B)=n_i/(n_A+n_B)$]。虚线三角形中的 P 点可以由图形中的1、2、3、4 和 5 共五个点的性质来共同确定。交互四元体系相图通常利用中间的虚线三角形来表示,而 P 点是通过上下两个面上的 4 和 5 两点投影得到,故交互四元体系相图可以近似通过上面或下面三角形相图表示。

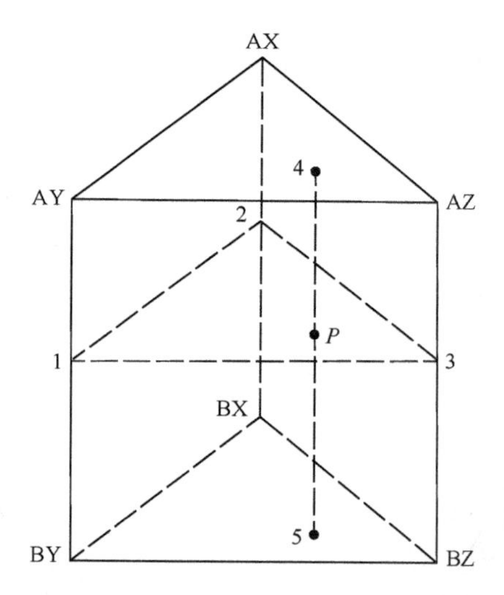

图 3-44 交互四元体系(A, B/X, Y, Z)的三角棱柱图

3.4.2 计算方法

根据 2.5 节得到的结论,含有两个阳离子(A^+,B^+)和三个阴离子(X^-,Y^-,Z^-)组成的相互作用体系 $A^+,B^+ \parallel X^-,Y^-,Z^-$,当溶液中含有 AX, AY, AZ 和 BX 组分时,其过剩混合吉布斯自由能 ΔG^E 为[34-36]

$$\Delta G^E = X_B X_Y \Delta G_I^\ominus + X_B X_Z \Delta G_{II}^\ominus + X_X \Delta G_{14}^E + X_Y \Delta G_{25}^E + X_Z \Delta_{36}^E + X_A \Delta_{123}^E + X_B \Delta G_{456}^E + X_A X_B X_X X_Y \Lambda_I + X_A X_B X_X X_Z \Lambda_{II} + X_A X_B X_Y X_Z \Lambda_{III} \quad (3.78)$$

式中,$X_i(i=A,B,X,Y,Z)$为纯组分的摩尔分数,$X_i(i=A,B)=\dfrac{n_i}{n_A+n_B}$,$X_i(i=X,Y,Z)=\dfrac{n_i}{n_X+n_Y+n_Z}$;$\Delta G^\ominus(i=\text{Ⅰ},\text{Ⅱ},\text{Ⅲ})$为下面反应式的标准摩尔反应吉布斯自由能

$$AY(l) + BX(l) \longleftrightarrow BY(l) + AX(l)$$
$$BX(l) + AZ(l) \longleftrightarrow BZ(l) + AX(l)$$
$$AY(l) + BZ(l) \longleftrightarrow BY(l) + AZ(l)$$

即

$$\Delta G_{\mathrm{I}}^{\ominus} = \Delta_f G^{\ominus}(BY) + \Delta_f G^{\ominus}(AX) - \Delta_f G^{\ominus}(AY) - \Delta_f G^{\ominus}(BX) \tag{3.79a}$$
$$\Delta G_{\mathrm{II}}^{\ominus} = \Delta_f G^{\ominus}(BZ) + \Delta_f G^{\ominus}(AX) - \Delta_f G^{\ominus}(AZ) - \Delta_f G^{\ominus}(BX) \tag{3.79b}$$
$$\Delta G_{\mathrm{III}}^{\ominus} = \Delta_f G^{\ominus}(BY) + \Delta_f G^{\ominus}(AZ) - \Delta_f G^{\ominus}(AY) - \Delta_f G^{\ominus}(BZ) \tag{3.79c}$$

ΔG_{ij}^{E}为物质ij的过剩混合吉布斯自由能，ΔG_{ijk}^{E}为物质ijk的过剩混合吉布斯自由能。若以AX为组分1，AY为组分2，AZ为组分3，BX为组分4，BY为组分5，BZ为组分6，则根据物质正规溶液模型，二元物质相互作用系数λ_{ij}与温度、组成无关，其过剩混合吉布斯自由能ΔG_{ij}^{E}分别为

$$\Delta G_{14}^{E} = X_A X_B \lambda_{14}, \Delta G_{25}^{E} = X_A X_B \lambda_{25}$$
$$\Delta G_{36}^{E} = X_A X_B \lambda_{36}, \Delta G_{12}^{E} = X_A X_B \lambda_{12}$$
$$\Delta G_{13}^{E} = X_A X_Z \lambda_{13}, \Delta G_{45}^{E} = X_X X_F \lambda_{45}$$
$$\Delta G_{46}^{E} = X_X X_Z \lambda_{46}$$

因相图计算中KNO_2-KNO_3和$NaNO_2$-$NaNO_3$满足亚正规溶液模型，其二元物质相互作用系数λ_{ij}与组成有关，与温度无关。KNO_2-KNO_3和$NaNO_2$-$NaNO_3$体系的过剩混合吉布斯自由能ΔG_{ij}^{E}分别为

$$\Delta G_{56}^{E} = X_Y X_Z [I_0 + (X_Y - X_Z) I_1 + (X_Y^2 - 4X_Y X_Z + X_Z^2) I_2] \tag{3.80}$$
$$\Delta G_{23}^{E} = X_Y X_Z [I_0^0 + (X_Y - X_Z) I_1^0] \tag{3.81}$$

根据物质正规溶液模型，三元物质相互作用系数λ_{ij}与温度、组成无关。AX-AY-AZ和BX-BY-BZ体系的过剩混合吉布斯自由能ΔG_{ijk}^{E}分别为

$$\begin{aligned}\Delta G_{123}^{E} &= \Delta G_{12}^{E} + \Delta G_{13}^{E} + \Delta G_{23}^{E} \\ &= X_X X_Y \lambda_{12} + X_X X_Z \lambda_{13} + X_Y X_Z [I_0^0 + (X_Y - X_Z) I_1^0]\end{aligned} \tag{3.82}$$

$$\begin{aligned}\Delta G_{456}^{E} &= \Delta G_{45}^{E} + \Delta G_{46}^{E} + \Delta G_{56}^{E} \\ &= X_X X_Y \lambda_{45} + X_X X_Z \lambda_{46} + X_Y X_Z [I_0 + (X_Y - X_Z) I_1 \\ &\quad + (X_Y^2 - 4X_Y X_Z + X_Z^2) I_2]\end{aligned} \tag{3.83}$$

Λ可以通过下式计算

$$\Lambda = -\frac{(\Delta G^{\ominus})^2}{2ZRT} \tag{3.84}$$

式中，Z是常数，取值为6。

纯物质的过剩化学势μ_i^{E}(i=1,2,3,4,5,6)通过对过剩混合吉布斯自由能ΔG^{E}求偏导数得到，即

$$RT\ln\gamma_i = \frac{\partial n \Delta G_m^{E}}{\partial n_i} = \frac{\partial n \Delta G_m^{E}}{\partial n_+} + \frac{\partial n \Delta G_m^{E}}{\partial n_-} \tag{3.85}$$

式中，$\gamma_i(i=\mathrm{A,B,X,Y,Z})$为各组分的活度系数；$n_i$为总摩尔数，$n_+=n_\mathrm{A}+n_\mathrm{B}$，$n_-=n_\mathrm{X}+n_\mathrm{Y}+n_\mathrm{Z}$，故各组分的过剩化学势$\mu_i^\mathrm{E}(i=1,2,3,4,5,6)$如下

$$\begin{aligned}RT\ln\gamma_1 =&- X_\mathrm{B}X_\mathrm{Y}\Delta G_\mathrm{I}^\ominus - X_\mathrm{B}X_\mathrm{Z}\Delta G_\mathrm{II}^\ominus + X_\mathrm{B}(X_\mathrm{X}+X_\mathrm{A}-2X_\mathrm{A}X_\mathrm{X})\lambda_{14}\\ &+ X_\mathrm{Y}(X_\mathrm{X}+X_\mathrm{A}-2X_\mathrm{X}X_\mathrm{A})\lambda_{12} + X_\mathrm{Z}(X_\mathrm{X}+X_\mathrm{A}-2X_\mathrm{A}X_\mathrm{X})\lambda_{13}\\ &+ X_\mathrm{Y}X_\mathrm{B}(1-2X_\mathrm{A})\lambda_{25} + X_\mathrm{Z}X_\mathrm{B}(1-2X_\mathrm{A})\lambda_{36} + X_\mathrm{Y}X_\mathrm{B}(1-2X_\mathrm{X})\lambda_{45}\\ &+ X_\mathrm{Z}X_\mathrm{B}(1-2X_X)\lambda_{46} + X_\mathrm{Y}X_\mathrm{Z}(1-2X_\mathrm{A})I_0^0 - 2X_\mathrm{B}X_\mathrm{Y}X_\mathrm{Z}I_0\\ &+ X_\mathrm{Y}X_\mathrm{Z}[X_\mathrm{Y}+X_\mathrm{Z}+3X_\mathrm{A}(X_\mathrm{Z}-X_\mathrm{Y})]I_1^0 + 3X_\mathrm{Z}X_\mathrm{B}X_\mathrm{Y}(X_\mathrm{Z}-X_\mathrm{Y})I_1\\ &- 4X_\mathrm{B}X_\mathrm{Y}X_\mathrm{Z}(X_\mathrm{Y}^2-4X_\mathrm{Y}X_\mathrm{Z}+X_\mathrm{Z}^2)I_2 + X_\mathrm{Y}X_\mathrm{B}(X_\mathrm{X}+X_\mathrm{A}-3X_\mathrm{A}X_\mathrm{X})\Lambda_\mathrm{I}\\ &+ X_\mathrm{Z}X_\mathrm{B}(X_\mathrm{X}+X_\mathrm{A}-3X_\mathrm{A}X_\mathrm{X})\Lambda_\mathrm{II} + X_\mathrm{Z}X_\mathrm{B}X_\mathrm{Y}(1-3X_\mathrm{A})\Lambda_\mathrm{III}\end{aligned}\tag{3.86a}$$

$$\begin{aligned}RT\ln\gamma_2 =&- X_\mathrm{B}(1-X_\mathrm{Y})\Delta G_\mathrm{I}^\ominus - X_\mathrm{B}X_\mathrm{Z}\Delta G_\mathrm{II}^\ominus + X_\mathrm{B}(X_\mathrm{Y}+X_\mathrm{A}-2X_\mathrm{A}X_\mathrm{Y})\lambda_{25}\\ &+ X_\mathrm{X}(X_\mathrm{Y}+X_\mathrm{A}-2X_\mathrm{Y}X_\mathrm{A})\lambda_{12} + X_\mathrm{Z}X_\mathrm{X}(1-2X_\mathrm{A})\lambda_{13} + X_\mathrm{X}X_\mathrm{B}(1-2X_\mathrm{A})\lambda_{14}\\ &+ X_\mathrm{Z}X_\mathrm{B}(1-2X_\mathrm{A})\lambda_{36} + X_\mathrm{X}X_\mathrm{B}(1-2X_\mathrm{Y})\lambda_{45} - 2X_\mathrm{B}X_\mathrm{X}X_\mathrm{Z}\lambda_{46}\\ &+ X_\mathrm{Z}(X_\mathrm{Y}+X_\mathrm{A}-2X_\mathrm{A}X_\mathrm{Y})I_0^0 + X_\mathrm{Y}X_\mathrm{Z}(X_\mathrm{Y}+2X_\mathrm{A}-3X_\mathrm{A}X_\mathrm{Y})I_1^0\\ &+ X_\mathrm{B}X_\mathrm{Z}(1-2X_\mathrm{Y})I_0 + [3X_\mathrm{Z}X_\mathrm{B}X_\mathrm{Y}(X_\mathrm{Z}-X_\mathrm{Y}) + X_\mathrm{B}X_\mathrm{Z}(2X_\mathrm{Y}-X_\mathrm{Z})]I_1\\ &+ X_\mathrm{Z}^2(-X_\mathrm{Y}-X_\mathrm{A}+3X_\mathrm{A}X_\mathrm{Y})I_1^0 - 4X_\mathrm{B}X_\mathrm{Y}X_\mathrm{Z}(X_\mathrm{Y}^2-4X_\mathrm{Y}X_\mathrm{Z}+X_\mathrm{Z}^2)I_2\\ &+ [X_\mathrm{B}X_\mathrm{Y}X_\mathrm{Z}(3X_\mathrm{Y}-8X_\mathrm{Z}) + X_\mathrm{B}X_\mathrm{Z}^3]I_2 + X_\mathrm{B}(X_\mathrm{Y}+X_\mathrm{A}-3X_\mathrm{A}X_\mathrm{Y})\Lambda_\mathrm{I}\\ &+ X_\mathrm{Z}X_\mathrm{B}X_\mathrm{X}(1-3X_\mathrm{A})\Lambda_\mathrm{II} + X_\mathrm{B}X_\mathrm{Z}(X_\mathrm{Y}+X_\mathrm{A}-3X_\mathrm{A}X_\mathrm{Y})\Lambda_\mathrm{III}\end{aligned}\tag{3.86b}$$

$$\begin{aligned}RT\ln\gamma_3 =& X_\mathrm{B}(1-X_\mathrm{Z})\Delta G_\mathrm{II}^\ominus - X_\mathrm{B}X_\mathrm{Y}\Delta G_\mathrm{I}^\ominus + X_\mathrm{B}(X_\mathrm{Z}+X_\mathrm{A}-2X_\mathrm{A}X_\mathrm{Z})\lambda_{36}\\ &+ X_\mathrm{Y}X_\mathrm{B}(1-2X_\mathrm{A})\lambda_{25} + X_\mathrm{B}X_\mathrm{X}(1-2X_\mathrm{A})\lambda_{14} + X_\mathrm{X}X_\mathrm{Y}(1-2X_\mathrm{A})\lambda_{12}\\ &+ X_\mathrm{X}(X_\mathrm{Z}+X_\mathrm{A}-2X_\mathrm{A}X_\mathrm{Z})\lambda_{13} + X_\mathrm{X}X_\mathrm{B}(1-2X_\mathrm{Z})\lambda_{46} - 2X_\mathrm{B}X_\mathrm{X}X_\mathrm{Y}\lambda_{45}\\ &+ X_\mathrm{Y}(X_\mathrm{Z}+X_\mathrm{A}-2X_\mathrm{A}X_\mathrm{Z})I_0^0 + X_\mathrm{Y}^2(X_\mathrm{Z}+X_\mathrm{A}-3X_\mathrm{A}X_\mathrm{Z})I_1^0\\ &+ X_\mathrm{Y}X_\mathrm{Z}(-X_\mathrm{Z}-2X_\mathrm{A}+3X_\mathrm{A}X_\mathrm{Z})I_1^0 + X_\mathrm{B}X_\mathrm{Y}^2(X_\mathrm{Y}+16X_\mathrm{Z}^2)I_2\\ &+ X_\mathrm{B}X_\mathrm{Y}(1-2X_\mathrm{Z})I_0 + [3X_\mathrm{Z}X_\mathrm{B}X_\mathrm{Y}(X_\mathrm{Z}-X_\mathrm{Y}) + X_\mathrm{B}X_\mathrm{Y}(X_\mathrm{Y}-2X_\mathrm{Z})]I_1\\ &+ X_\mathrm{B}X_\mathrm{Y}X_\mathrm{Z}(3X_\mathrm{Z}-8X_\mathrm{Y}-4X_\mathrm{Y}^2-4X_\mathrm{Z}^2)I_2 + X_\mathrm{Y}X_\mathrm{B}X_\mathrm{X}(1-3X_\mathrm{A})\Lambda_\mathrm{I}\\ &+ X_\mathrm{B}X_\mathrm{X}(X_\mathrm{Z}+X_\mathrm{A}-3X_\mathrm{A}X_\mathrm{Z})\Lambda_\mathrm{II} + X_\mathrm{B}X_\mathrm{Y}(X_\mathrm{Z}+X_\mathrm{A}-3X_\mathrm{A}X_\mathrm{Z})\Lambda_\mathrm{III}\end{aligned}\tag{3.86c}$$

$$\begin{aligned}RT\ln\gamma_4 =& X_\mathrm{Y}(1-X_\mathrm{B})\Delta G_\mathrm{I}^\ominus + X_\mathrm{Z}(1-X_\mathrm{B})\Delta G_\mathrm{II}^\ominus + X_\mathrm{A}(X_\mathrm{X}+X_\mathrm{B}-2X_\mathrm{X}X_\mathrm{B})\lambda_{14}\\ &+ X_\mathrm{Y}X_\mathrm{A}(1-2X_\mathrm{X})\lambda_{12} + X_\mathrm{Y}(X_\mathrm{B}+X_\mathrm{X}-2X_\mathrm{X}X_\mathrm{B})\lambda_{45}\\ &+ X_\mathrm{Y}X_\mathrm{A}(1-2X_\mathrm{B})\lambda_{25} + X_\mathrm{Z}X_\mathrm{A}(1-2X_\mathrm{B})\lambda_{36} + X_\mathrm{Z}X_\mathrm{A}(1-2X_\mathrm{X})\lambda_{13}\\ &+ X_\mathrm{Z}(X_\mathrm{X}+X_\mathrm{B}-2X_\mathrm{X}X_\mathrm{B})\lambda_{46} - 2X_\mathrm{A}X_\mathrm{Z}X_\mathrm{Y}I_0^0 + 3X_\mathrm{A}X_\mathrm{Y}X_\mathrm{Z}(X_\mathrm{Z}-X_\mathrm{Y})I_\mathrm{I}^0\\ &+ X_\mathrm{Y}X_\mathrm{Z}(1-2X_\mathrm{B})I_0 + 4X_\mathrm{B}X_\mathrm{Y}X_\mathrm{Z}(4X_\mathrm{Y}X_\mathrm{Z}-X_\mathrm{Z}^2-X_\mathrm{Y}^2)I_2\\ &+ (X_\mathrm{Z}X_\mathrm{Y}-3X_\mathrm{Z}X_\mathrm{B}X_\mathrm{Y})\times(X_\mathrm{Y}-X_\mathrm{Z})I_1 + X_\mathrm{Y}X_\mathrm{Z}(X_\mathrm{Y}^2-4X_\mathrm{Y}X_\mathrm{Z}-X_\mathrm{Z}^2)I_2\\ &+ X_\mathrm{A}X_\mathrm{Y}(X_\mathrm{B}+X_\mathrm{X}-3X_\mathrm{B}X_\mathrm{Z})\Lambda_1 + X_\mathrm{Y}X_\mathrm{A}X_\mathrm{Z}(1-3X_\mathrm{B})\Lambda_\mathrm{III}\\ &+ X_\mathrm{A}X_\mathrm{Z}(X_\mathrm{B}+X_\mathrm{X}-3X_\mathrm{B}X_\mathrm{X})\Lambda_\mathrm{II}\end{aligned}\tag{3.86d}$$

$$
\begin{aligned}
RT\ln\gamma_5 =& -X_X(1-X_B)\Delta G_{\mathrm{I}}^{\ominus} - X_Z(1-X_B)\Delta G_{\mathrm{III}}^{\ominus} + X_A(X_Y+X_B-2X_YX_B)\lambda_{25} \\
&+ X_ZX_A(1-2X_B)\lambda_{36} + X_X(X_B+X_Y-2X_YX_B)\lambda_{45} + X_XX_A(1-2X_B)\lambda_{14} \\
&+ X_XX_A(1-2X_Y)\lambda_{12} + X_XX_Z(1-2X_B)\lambda_{46} - 2X_AX_XX_Z\lambda_{13} \\
&+ X_XX_A(1-2X_Y)I_0^0 + 3X_AX_YX_Z(X_Z-X_Y)I_1^0 + X_AX_Z(2X_Y-X_Z)I_{\mathrm{I}}^0 \\
&+ X_Z(X_Y+X_B-2X_BX_Y)I_0 + [X_YX_Z(-4X_YX_Z+X_Z^2+X_Y^2)+X_Z^3X_B]I_2 \\
&+ [X_ZX_Y(X_Y-X_Z)-X_BX_Z^2+X_BX_YX_Z(2-3X_Y+3X_Z)]I_1 \\
&+ [X_BX_YX_Z(3X_Y-8X_Z+16X_YX_Z-4X_Z^2-4X_Y^2)]I_2 \\
&+ X_AX_X(X_B+X_Y-3X_BX_Y)\Lambda_1 \\
&+ X_XX_AX_Z(1-3X_B)\Lambda_{\mathrm{II}} + X_AX_Z(X_B+X_Y-3X_BX_Y)\Lambda_{\mathrm{III}} \qquad (3.86e)
\end{aligned}
$$

$$
\begin{aligned}
RT\ln\gamma_6 =& -X_X(1-X_B)\Delta G_{\mathrm{II}}^{\ominus} + X_Y(1-X_B)\Delta G_{\mathrm{III}}^{\ominus} + X_A(X_Z+X_B-2X_ZX_B)\lambda_{36} \\
&+ X_YX_A(1-2X_B)\lambda_{25} + X_X(X_B+X_Z-2X_ZX_B)\lambda_{46} + X_XX_A(1-2X_B)\lambda_{14} \\
&+ X_XX_A(1-2X_Z)\lambda_{13} + X_XX_Y(1-2X_B)\lambda_{45} - 2X_AX_XX_Y\lambda_{12} + X_YX_A(1-2X_Z)I_0^0 \\
&+ 3X_AX_YX_Z(X_Z-X_Y)I_1^0 + X_AX_Y(X_Y-2X_Z)I_1^0 + X_Y(X_Z+X_B-2X_BX_Z)I_0 \\
&+ [X_YX_Z(X_Y-X_Z)+X_Y^2X_B+X_BX_YX_Z(-2+3X_Z-3X_Y)]I_1 \\
&+ [4X_BX_YX_Z(4X_YX_Z-X_Z^2-X_Y^2)+X_BX_Y^3]I_2 + X_AX_XX_Y(1-3X_B)\Lambda_1 \\
&+ [X_BX_YX_Z(3X_Z-8X_Y)+X_YX_Z(-4X_YX_Z+X_Z^2+X_Y^2)]I_2 \\
&+ X_XX_A(X_Z+X_B-3X_BX_Z)\Lambda_{\mathrm{II}} + X_AX_Y(X_B+X_Z-3X_BX_Z)\Lambda_{\mathrm{III}} \qquad (3.86f)
\end{aligned}
$$

考虑到碱金属氯化物具有很高的化学稳定性，选择氯化物对 Hitec 三元熔盐进行改性，可能会提高熔盐的高温稳定性。但由于缺乏该体系的相图，需要对该相图进行计算。

由式(3.86)计算得到的 K^+、Na^+ ‖ Cl^-、NO_2^-、NO_3^- 体系在 473K 时的等活度系数线如图 3-45 所示。

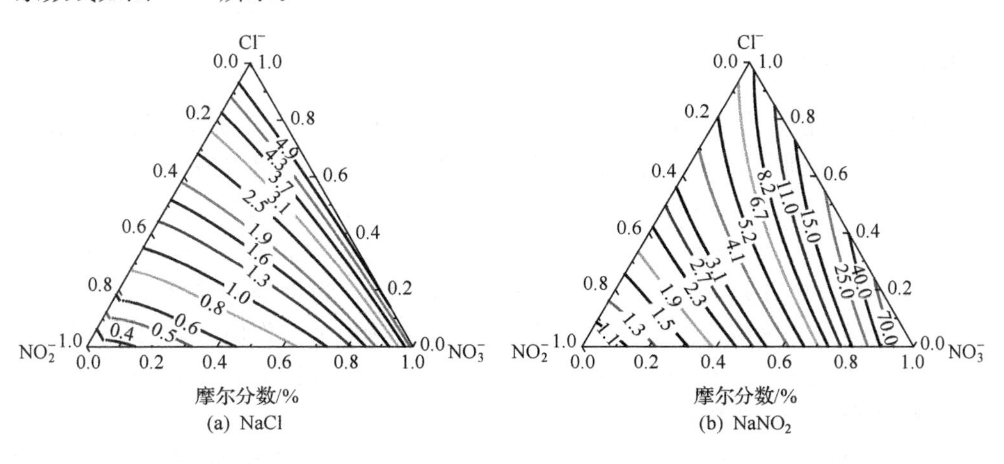

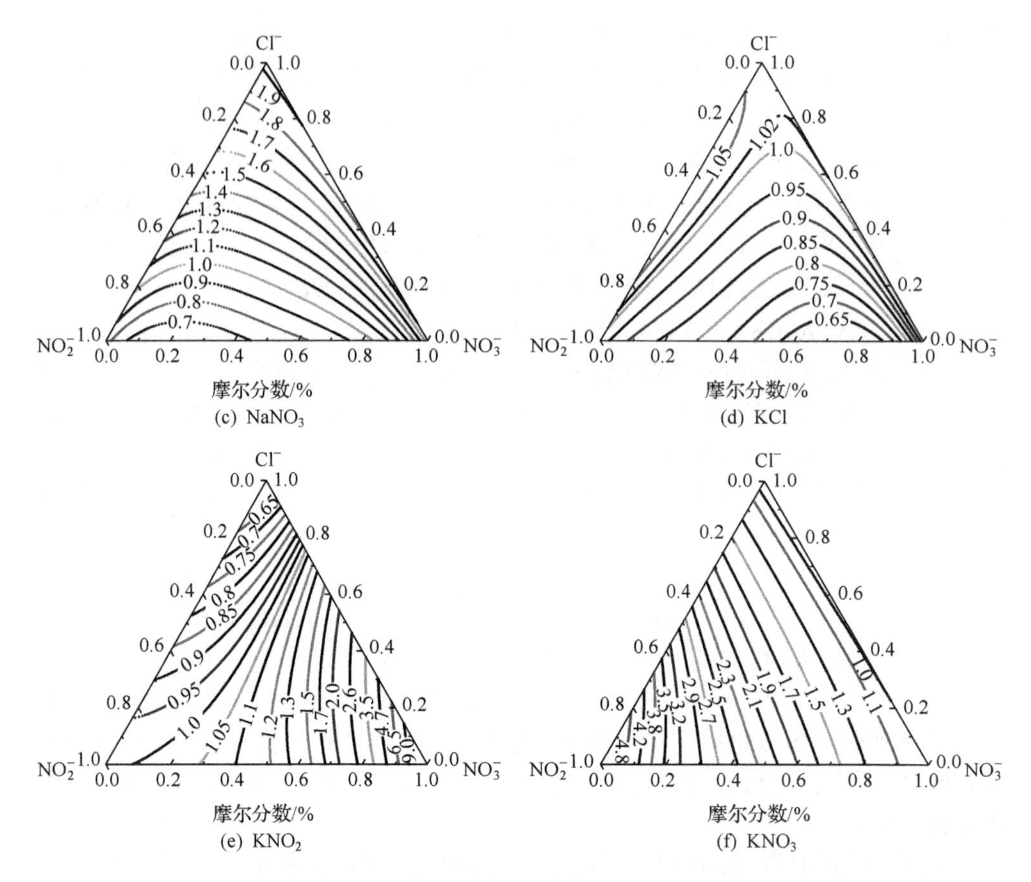

图 3-45　473K 时交互四元体系（K^+、Na^+ ‖ Cl^-、NO_2^-、NO_3^-）等活度系数线

3.4.3 结果分析

对于理想电解质溶液，在等压条件下，固态组分 ij 与多组分液态混合物在温度 T_{ij} 条件下达到平衡时，其液态混合物中 ij 组分的活度 α_{ij} 可以通过下式计算

$$R\ln a_{ij} = R\ln X_i X_j \gamma_{ij} = -\Delta H_{f(ij)}(T_{f(ij)})(1/T_{ij} - 1/T_{f(ij)}) + \Delta C_{p(ij)}[T_{f(ij)}/T_{ij} - 1 - \ln(T_{f(ij)}/T_{ij})] \quad (3.87)$$

式中，$\Delta H_{f(ij)}$ 为组分 ij 在熔点 $T_{f(ij)}$ 时的熔化焓；$\Delta C_{p(ij)}$ 为组分 ij 固液态的比热容差，通常用熔点时固液比热容差值代替。λ_{ij} 为二元物质相互作用系数，其可以通过式(3.67)、式(3.68)计算得到，计算结果列于表 3-9 中。KNO_2-KNO_3 和 $NaNO_2$-$NaNO_3$ 体系的相互作用系数 λ_{ij} 见式(3.27)和式(3.28)。

相图计算所需的各种熔盐的熔点 T_f、相变焓 ΔH_f、比热容 ΔC_p 等热物性参数见表 3-2。各种反应式的标准摩尔反应吉布斯自由能变化 $\Delta_r G_m^\ominus(T)$ 见表 3-8。

由式(3.86)并结合公式(3.87)计算得到的 K^+、Na^+ ‖ Cl^-、NO_2^-、NO_3^- 体系

的相图如图 3-46 和图 3-47 所示，计算得到的结果如表 3-15 和表 3-16 所示。图 3-46 所示的是以 NaCl，$NaNO_2$，$NaNO_3$ 和 KCl 为独立研究对象计算得到交互四元体系的相图，在不同 Na^+/K^+ 比时计算得到的体系共熔点如表 3-15 所示，共熔点

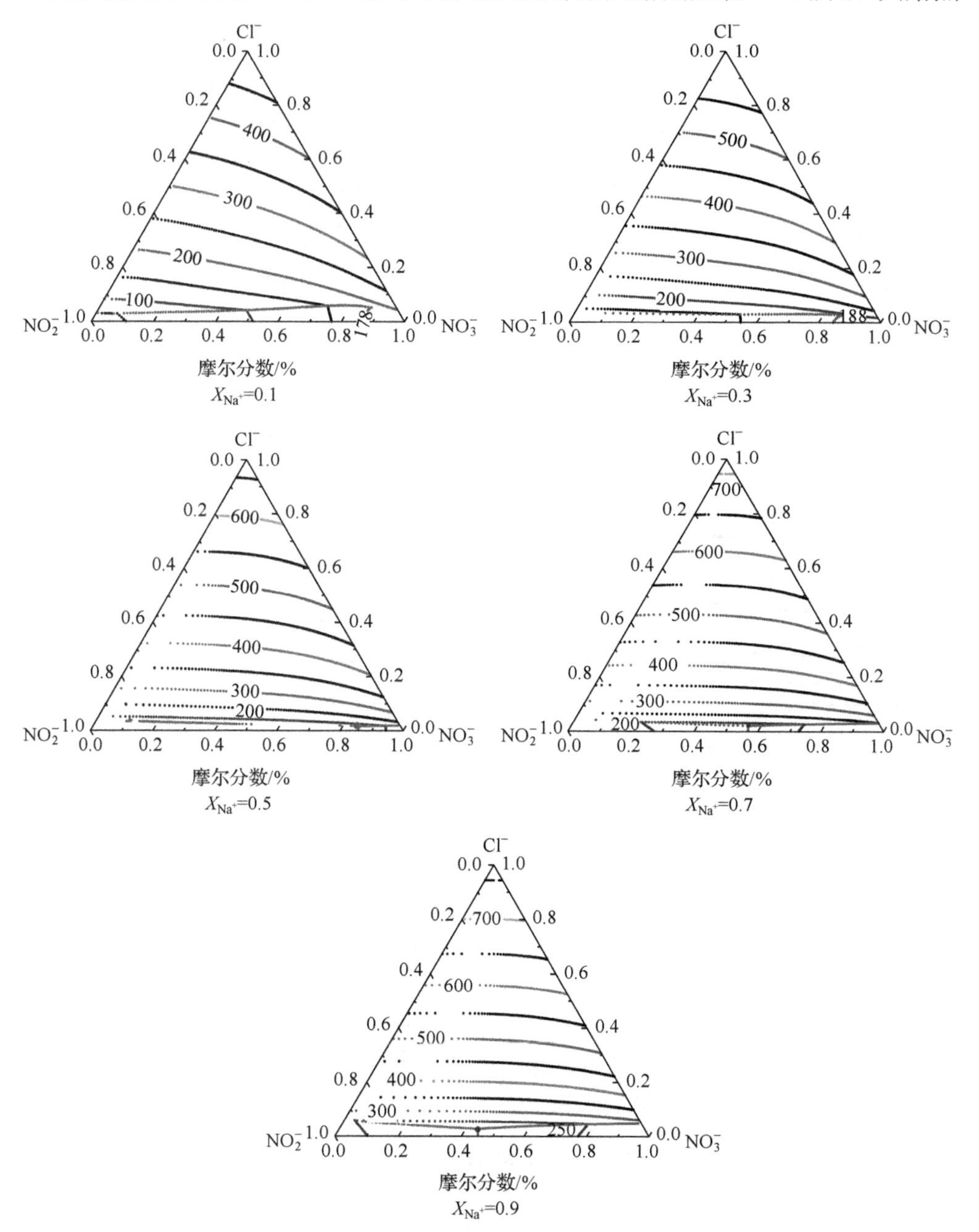

图 3-46　交互四元体系（K^+、Na^+ ‖ Cl^-、NO_2^-、NO_3^-）相图
（以 NaCl，$NaNO_2$，$NaNO_3$，KCl 为研究对象）

温度比较接近。图 3-47 所示的是以 KCl,KNO_2,KNO_3 和 NaCl 为独立研究对象计算得到交互四元体系的相图,不同 Na^+ / K^+ 比时计算得到的体系共熔点如表 3-16

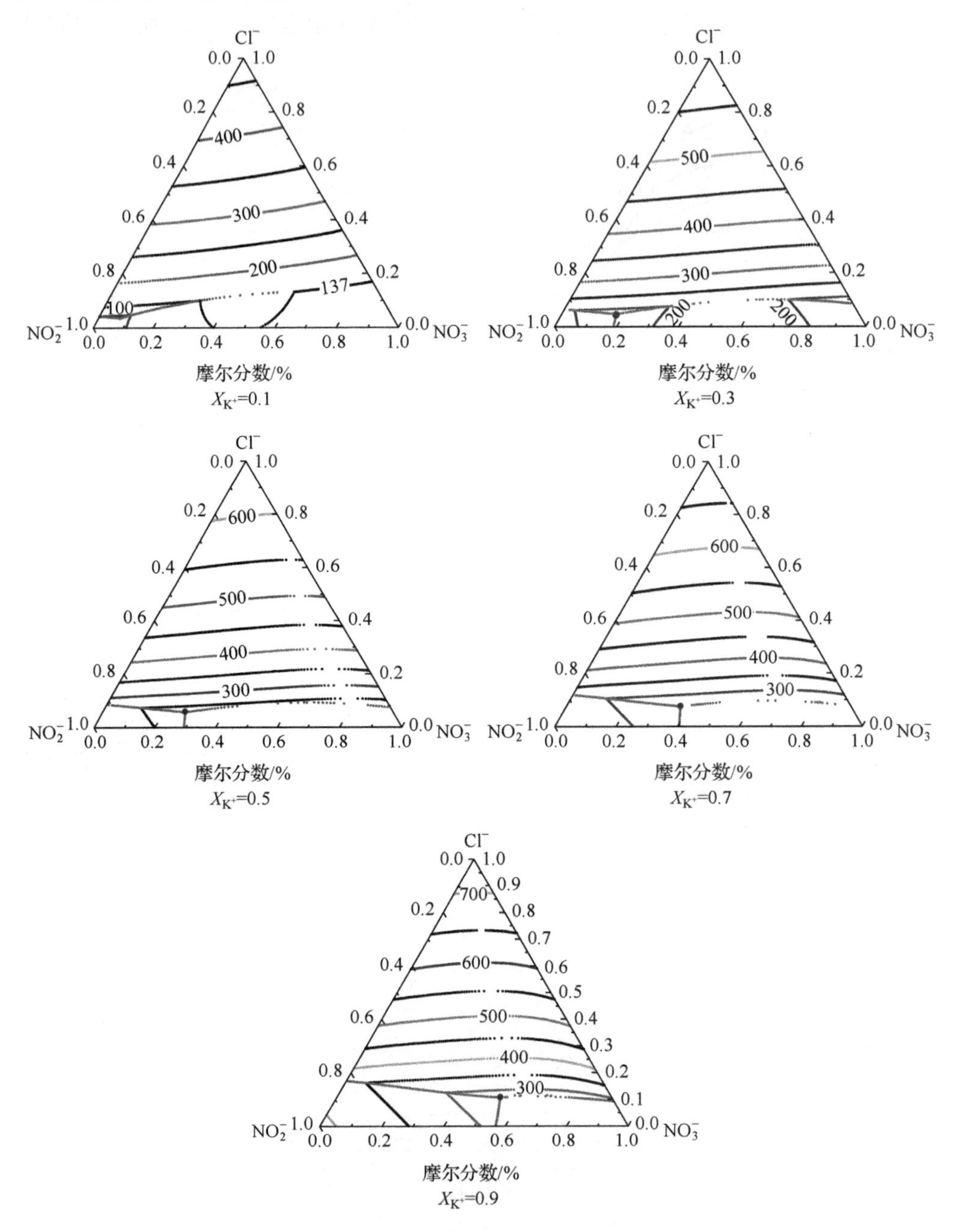

图 3-47 交互四元体系(K^+、Na^+|Cl^-、NO_2^-、NO_3^-)相图

(以 KCl,KNO_2,KNO_3,NaCl 为研究对象)

所示，共熔点温度相差较大。对比图 3-46 和图 3-47 发现，当 Na^+/K^+ 比在 0.5 附近时，交互四元体系的熔点在 490K 以下，为第 5 章多元硝酸熔盐材料的设计和制备提供理论依据。

表 3-15　交互四元体系(K^+、Na^+ ‖ Cl^-、NO_2^-、NO_3^-)共熔点计算值

(以 NaCl，$NaNO_2$，$NaNO_3$，KCl 为研究对象)

X_{Na^+}	共熔点			
	NO_3^- 的摩尔分数/%	Cl^- 的摩尔分数/%	NO_2^- 的摩尔分数/%	T_f/K
0.1				
0.3				
0.5	0.8449	0.01895	0.1362	447
0.7	0.55893	0.02265	0.4184	446
0.9	0.43968	0.02576	0.53456	468

表 3-16　交互四元体系(K^+、Na^+ ‖ Cl^-、NO_2^-、NO_3^-)共熔点计算值

(以 KCl，KNO_2，KNO_3，NaCl 为研究对象)

X_{K^+}	共熔点			
	NO_3^- 的摩尔分数/%	Cl^- 的摩尔分数/%	NO_2^- 的摩尔分数/%	T_f/K
0.1				
0.3	0.176	0.044	0.7797	445
0.5	0.2674	0.0598	0.6728	490
0.7	0.3708	0.0772	0.5520	520
0.9	0.52987	0.10884	0.3613	543

参考文献

[1] Gal I J，Paligoric I. Calculations of phase diagrams of binary salt mixtures with a common anion. Journal of the Chemical Society，Faraday Transactions 1：Physical Chemistry in Condensed Phases，1982，78(6)：1993-2003

[2] Forland T. An investigation of the activity of calcium carbonate in mixtures of fused salts. Journal of Physical Chemistry，1955，59：152-156

[3] Blander M. Some calculations for a one-dimensional salt mixture. Journal of Chemical Physics，1961，34：697-698

[4] Lumsden J. Thermodynamics of Molten Salt Mixtures. London：Academic Press，1966

[5] Johnson D A. Some Thermodynamic Aspects of Inorganic Chemistry. London：Cambridge University Press，1968

[6] Hildebrand J H，Scott R L. The Solubility of Non-electrolytes. New York：Reinhold，1964

[7] Maeso M J，Largo J. The phase diagrams of lithium nitrate-sodium nitrate and lithium nitrate-potassium nitrate：the behavior of liquid mixtures. Thermochimica Acta，1993，223(1-2)：145-156

[8] Chase M W Jr. NIST-JANAF Thermochemical tables. 4th ed. Washington D. C. American Chemical Society, 1998

[9] Barin I. Thermochemical Data of Pure Substances. 3rd ed. VCH Verlagsgesellschaft mbH, Weinheim (Germany), VCH Publishers, inorganic chemistry. New York: NY (USA), 1995

[10] Dasent W E. Inorganic Energetics: An introduction. London: Penguin Library of Physical Science, 1970

[11] Janz G J. Molten Salts Handbook. New York :Academic Press, 1967

[12] David R L. Handbook of Chemistry and Physics. The 84th edition. Florida: CRC Press LLC, 2004: 1038-1065

[13] Waddington T C. Ionic radii and the method of the undetermined parameter. Transactions of the Faraday Society, 1966, 62(6): 1482-1492

[14] Verkhoturov E N, Odin I N, Sher A A. Thermographic determination of the heats of fusion of alkali metal nitrites. Izvestiya Akademii Nauk SSSR, Neorganicheskie Materialy, 1980, 16(9): 1688-1689

[15] Janz G J, Tomkins R P T. Physical properties data compilations relevant to energy storage IV, Molten salts: data on additional single and multi-component salt systems. NSRDS-NBS-61-PT-4, Order No. PB81-244121, 1981

[16] Levin E M, Robbins C R, Mcmurdie H F. Phase Diagrams for Ceramists, Vols. Ⅰ-Ⅷ. Columbus Ohio: American Ceramic Society, 1964

[17] Swalin R A. Thermodynamics of Solids. New York: John Wiley and Sons, 1962

[18] Simons B. Calculation of thermodynamic parameters of melts from experimentally determined liquidus-curves. Crystal Research and Technology, 2010, 45(2): 124-132

[19] Dessureault Y, Pelton A D. Quasichemical model of reciprocal molten salt solutions. Journal de Chimie Physique et de Physico-Chimie Biologique, 1991, 88(9): 1811-1830

[20] Blander M, Topol L E. The topology of phase diagrams of reciprocal molten salt systems. Inorganic Chemistry (Washington D. C. United States), 1966, 5(10): 1641-1645

[21] Zsigrai I J, Szecsenyi-Meszaros K, Paligoric I, et al. Calculation of phase diagrams of ternary reciprocal molten salt mixtures: The system lithium-potassium fluoride-chloride. Croatica Chemica Acta, 1985, 58(1): 35-42

[22] Flor G, Margheritis C, Sinistri C. Solid-liquid and liquid-liquid equilibriums in the reciprocal ternary system lithium, rubidium/bromide, fluoride. Journal of Chemical and Engineering Data, 1979, 24(4): 361-363

[23] Saboungi M L, Blander M. Topology of liquidus phase diagrams of charge-asymmetric reciprocal molten salt systems. Journal of the American Ceramic Society, 1975, 58(1-2): 1-7

[24] Saboungi M L, Schnyders H, Foster M S, et al. Phase diagrams of reciprocal molten salt systems: Calculations of liquid-liquid miscibility gaps. Journal of Physical Chemistry, 1974, 78(11): 1091-1096

[25] Gryzlova E S, Kozyreva N A. Interpretation of phase diagrams of ternary reciprocal systems by complete conversion points. Journal of Phase Equilibria, 2001, 22(5): 539-543

[26] Hillert M, Sundman B. Predicting miscibility gaps in reciprocal liquids. CALPHAD: Computer Coupling of Phase Diagrams and Thermochemistry, 2002, 25(4): 599-605

[27] Saboungi M L, Blander M. Phase diagrams of reciprocal molten salt systems: Calculations of liquidus topolopy and liquid-liquid miscibility gaps. High Temperature Science, 1974, 6(1): 37-51

[28] Hatem G, Gaune-Escard M, Pelton A D. Calorimetric measurements and coupled thermodynamic

phase-diagram analysis in the sodium, potassium/fluoride, sulfate system. Journal of Physical Chemistry, 1982, 86(15): 3039-3046

[29] Roger B F. A Study of the equilibrium $KNO_3(l) \longrightarrow KNO_2(l) + 1/2O_2(g)$ over the temperature range 550～750℃. Journal of Physical Chemistry, 1966, 70: 3442-3446

[30] Sirotkin G D. Equilibrium in melts of the nitrates and nitrites of sodium and potassium. Zhurnal Neorganicheskoi Khimii, 1959, 4: 2558-2563

[31] Freeman E S. Kinetics of the thermal decomposition of potassium nitrate and of the reaction between potassium nitrite and oxygen. Journal of the American Chemical Society, 1957, 79: 838-842

[32] Gal I J, Zsigrai I J, Paligoric I, et al. Calculation of phase equilibriums of ternary additive molten salt systems with a common anion. Journal of the Chemical Society, Faraday Transactions 1: Physical Chemistry in Condensed Phases, 1983, 79(9), 2171-2178

[33] 何鸣鸿，邱竹贤，包宏．用CIS理论估算三元熔盐相图．东北工学院学报，1988，54(1):57-62

[34] Gaune-Escard M. Calculation of phase diagrams of quaternary reciprocal systems. CALPHAD: Computer Coupling of Phase Diagrams and Thermochemistry, 1979, 3(2): 119-127

[35] Saboungi M L. Calculation of thermodynamic properties of multicomponent ionic reciprocal systems. Journal of Chemical Physics, 1980, 73(11): 5800-5806

[36] Peng Q, Yang X X, Ding J, et al. Design of new molten salt thermal energy storage materials for solar thermal power plant. Applied Energy, 2012, http://dx.doi.org/10.1016/j.apenergy.2012.10.048

第 4 章　熔盐高温性能研究方法

传热蓄热材料的热物性及工作性能的研究具有重要的意义，其既是衡量传热蓄热材料性能优劣的标尺，又是相关应用系统设计及性能评估的依据。本章主要介绍热物性实验测定方法、热稳定性和腐蚀性研究方法以及对环境影响的监测方法。

4.1　高温热物性测定方法

与传热蓄热系统设计密切相关的蓄热材料热物性包括熔点、熔化热、比热容、密度、黏度、熔化时的体积变化率、热膨胀系数、导热系数、凝固点和沸点或分解温度等。不同热物性数据有不同的测定方法和仪器，同一热物性数据也可用不同的方法和仪器测定，这里重点介绍适用于熔盐的热物性测定方法。

4.1.1　熔点和熔化热

熔点是传热蓄热熔盐非常重要的热物性之一。熔点越低，系统传热回路的保温能耗越低，熔盐在传热过程越不容易在管道凝结。熔化热是指单位质量的物质从固态完全转变为液态所吸收的热量，是相变潜热的一种。无机盐由于其内部阴阳离子以强的化学键相结合，熔点一般都比较高。但不同种无机盐混合，会使混合盐的熔点降低，这样可以更好地应用于太阳能热发电传热蓄热系统中。

1. 熔点[1-3]

熔点是固体化合物固、液两态在大气压力下达到平衡的温度。纯净的固体化合物一般都有固定的熔点。固、液两态之间的变化非常敏锐，自初熔至全熔(称为熔程)温度不超过 0.5～1℃。加热纯化合物，当温度接近其熔点范围时，温度随时间的变化为恒定值。物质的相态随加热时间和温度的变化如图 4-1 所示。

当温度低于化合物的熔点时，化合物以固相存在。当温度上升到熔点时，开始有少量液体出现，而后固、液两相平衡；继续加热，温度不再变化，此时加热只使固相不断地转变为液相，两相仍然平衡；当加热至固体全部熔化后，再继续加热，则温度线性上升。因此，在接近熔点时，加热速度一定要慢(温度升高不能超过 $2℃ \cdot min^{-1}$)，只有这样，才能使整个熔化过程尽可能地接近于两相平衡条件，所测得的熔点也就越精确。

当化合物中含有杂质时(假定两者不形成固溶体)，根据拉乌耳定律可知，在一定的压力和温度条件下，在溶剂中增加溶质，会导致溶剂的蒸气分压降低，如图 4-2中所示的 $M'L'$ 曲线。固、液两相交点 M' 即代表含有杂质化合物达到熔点时的固、液相平衡共存点，$T_{M'}$ 为含杂质时的熔点，显然，此时的熔点较不含杂质时的低。

此外，在鉴定某未知物时，当测得其熔点和某已知物的熔点相同或相近时，并不能认为它们为同一物质，还需把它们混合，测混合物的熔点。若所测混合物的熔点仍不变，才能认为它们为同一物质；若所测混合物的熔点降低，熔程增大，则说明它们属于不同的物质。此种混合熔点实验法是检验两种熔点相同或相近的有机物是否为同一物质的最简便的方法。

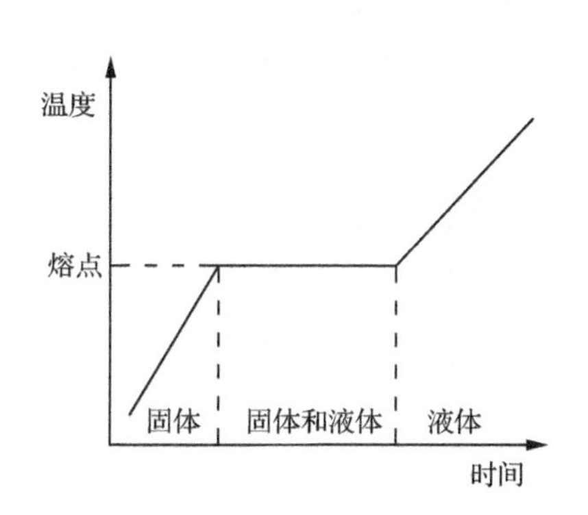

图 4-1　晶体物质的相态随加热时间和温度的变化

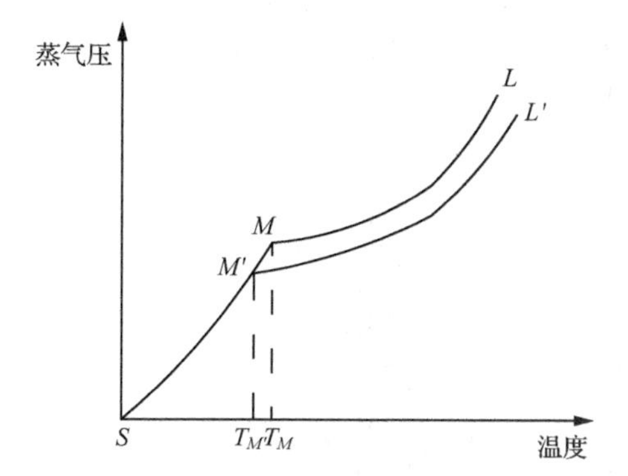

图 4-2　物质蒸气压随温度的变化曲线

测定熔点的装置和方法多种多样，通常采用毛细管法、显微熔点测定法和数字熔点测定法测定。

1）毛细管法

毛细管法测定熔点一般都使用热浴加热，具有加热均匀、操作简单、容易控制升温速率等优点，缺点是测定过程中看不清可能发生的晶形变化。测定熔点所用的载热液体应具有沸点较高、挥发性较小、无色透明、受热时较为稳定等特点。如表 4-1 所示，常用的载热液体有浓硫酸、磷酸以及浓硫酸与硫酸钾的混合物。浓硫酸价廉易得，适用温度为 220℃以下，高温会分解放出 SO_3，缺点是易吸水变稀；磷酸适用温度为 300℃以下；当浓硫酸与硫酸钾的质量比为 7∶3 或 5.5∶4.5 时，适用温度为 220～320℃；当质量比为 6∶4 时，可测至 365℃。因这些混合物在室温下过于黏稠，所以不适于测熔点低的样品。

此外，也可用石蜡油或植物油作为载热液体，但其缺点是长期使用易变黑。硅油无此缺点，但较昂贵。

表 4-1　几种常用热浴加热介质

加热介质	最高使用温度/℃	加热介质	最高使用温度/℃
液体石蜡	230	甘油	230
浓硫酸	220	磷酸	300
有机硅油	350	固体石蜡	280

在毛细管法中，常用的仪器有双浴式熔点测定仪和提勒管式熔点测定仪。双浴式熔点测定仪由温度计、毛细管、大试管和短颈圆底烧瓶组成，其结构如图 4-3 所示。双浴式热浴由于使用了双介质加热，具有加热均匀，升温速度容易控制等特点，所以目前实验室用得较多的就是双浴式熔点测定仪；提勒管式熔点测定仪是由 b 形管、温度计和毛细管组成。其结构如图 4-4 所示。毛细管法由于待测样品需装入玻璃毛细管中，所用加热介质不能超过 350℃，无法用于高熔点熔盐的测定。

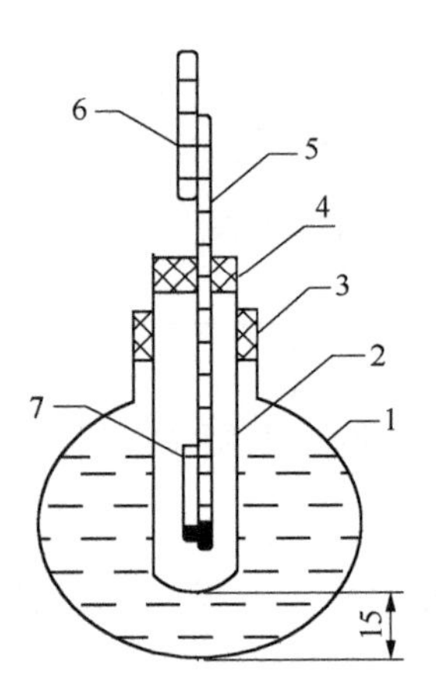

1-圆底烧瓶；2-试管；3，4-胶塞；5-温度计；
6-辅助温度计；7-熔点管

图 4-3　双浴式熔点测定装置

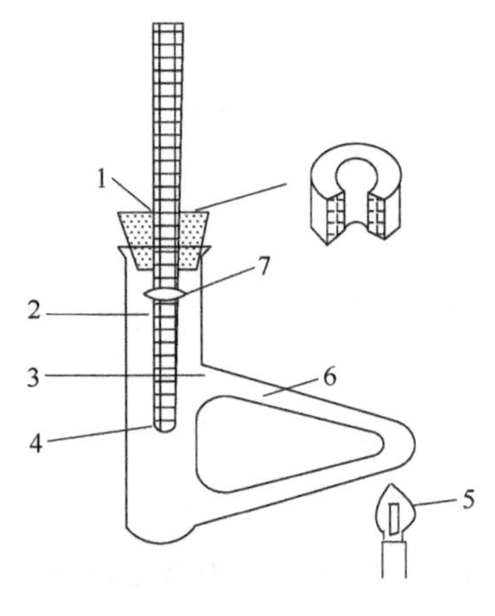

1-切口木塞；2-200℃时加热介质液面；
3-室温时加热介质液面；
4-熔点毛细管；5-灯；6-加热介质；7-橡皮圈

图 4-4　提勒管式熔点测定装置

2）显微熔点测定法

显微熔点测定仪的结构包括一个放大倍数为 50～100 的显微镜，一个可以加热的载片台，一个控制升温速度的可变电阻及加热台旁侧孔中插的温度计(图 4-5)。使用显微测定仪测定熔点比毛细管法有以下优点：样品消耗很少，可以进行微量和半微量的测定(毫克到微克级)。在显微镜下可以精确观测物质受热的变化过程(水合物的脱水、多晶型物质的晶型转化、升华和分解)。但是由于价格昂贵不如毛细管法应用广泛。从该方法需要用玻璃温度计测温和在显微镜下观察晶体在加热过程中的变化来判断，该方法难以满足高熔点熔盐的测定要求。

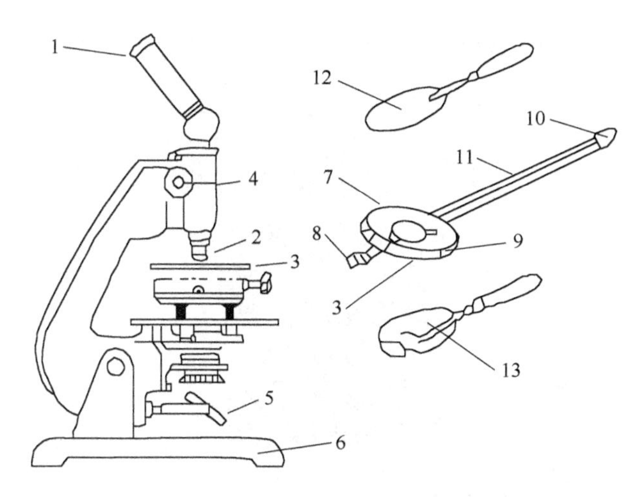

1-目镜；2-物镜；3-电加热台；4-手轮；5-反光镜；6-底座；7-可移动的载片支持器；8-调节载片支持器的拨物圈；9-连续可变电阻器插孔；10-温度计套管；11-温度计；12-表盖玻璃；13-金属散热板

图 4-5 显微熔点测定仪

3）数字熔点测定法

数字熔点仪采用光电检测、数字温度显示等技术，具有初熔、终熔自动显示，熔化曲线自动记录等功能。熔点测定仪的核心部件是硬质玻璃毛细管。与目视法有两点不同：一是不用传热载体，毛细管直接插在微型电炉中，电炉的初始温度、升温速度可以精确控制，并且可以数字显示；二是不用眼睛观测。用一束光通过毛细管后照射到光电转换器上，样品熔化前光路不通，没有电信号输出；样品刚开始熔化时，有微弱光线开始通过；待样品全部熔化成透明的液体时，光线完全透过，光电转换器的输出增大。这几点的温度变化都被准确地记录和显示在仪器面板上。仪器采用毛细管作为样品管，可进行微量、半微量测定，温度系统用线性校正的铂电阻作为检测元件，并用集成化的电子线路实现快速“起始温度”设定及六个可选用的线性升、降温速率自动控制，初熔、终熔读数自动储存，具有无须人工监视的功能。

此外，为了提高大量样品熔点的测试效率，出现了多个并行检测样品的熔点测定仪，如图 4-6 和图 4-7 所示。这个熔点测试仪器可以同时在线检测 96 个样品的熔点，样品用量少，操作简单，方法简便。

由于该测定仪的核心部件为硬质玻璃毛细管，不能耐受高于 400℃的高温，也不适于多数熔盐熔点的测定。

由于多数熔盐的熔点高于 300℃，上述测定方法除少数熔盐外，大部分都难以适用。高温熔盐的熔点一般采用热分析仪进行测定，同时可以测定熔化热和熔点（参见 2.1.3 小节），研究熔盐热稳定性时测定步热步冷曲线过程中也可获得熔点（参见 4.1.3 小节）。

图 4-6　并行熔点测定仪

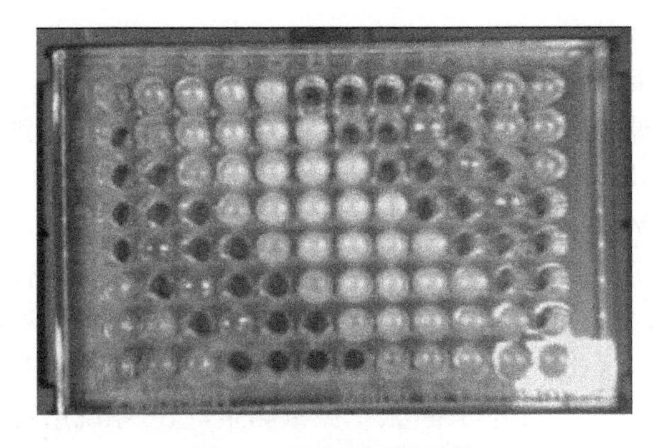

图 4-7　熔点测试样品管

2. 熔化热[4,5]

熔化热属相变潜热，是物质焓变的一种形式。目前，物质焓变的测定方法按热流状态可以分为稳态法(如量热计法)、非稳态法(如脉冲加热法)和准稳态法。也可以按试样的热交换方式分为冷却法和加热法。总的来说，目前较为常用的焓变测定方法主要有绝热法、混合法(下落法)、脉冲加热法、比较法以及它们的改进，其中量热计法(绝热热量计、下落法热量计)的准确度最高。另外，近年来还发展起来差示扫描量热法(即 DSC 法)、交流法热量计法以及微热量计法等。各种方法具体介绍如下：

(1) 绝热量热法：用绝热控温技术使实验过程中热量计外套的温度与热量计

温度保持相同，即热量计与环境之间无任何热交换，向热量计输入一定量的电能，测定热量计的温升，确定物质的焓变。测试仪器主要包括低温真空热量计和中温绝热热量计等。

(2) 下落量热法：将样品置于高温炉内加热至某一温度 T，使其落入热量计内，引起热量计温度上升（如铜或水热量计）或量热介质发生相变导致体积的变化（如冰热量计），预先用电或标准物质标定热量计的能当量，再测定物质的焓变。测试仪器主要包括液浴热量计、等温金属块热量计、接纳热量计和冰热量计等。

(3) 高速脉冲法：将一丝状样品在真空中通以脉冲电流快速加热，测量通过样品的电流、端电压及每个时间间隔的电阻率来计算任一温度下的样品焓变。由于测试周期极短（可短至几百毫秒量级），试样由电脉冲加热 所得到的热量，还来不及散失，测试就已经完成。因此，辐射热损相比很小，在高温下可以达到较高的精度。测试仪器主要包括自热式脉冲热量计和他热式脉冲热量计等。

(4) 传导量热法：将物理或化学反应过程中发生的热效应通过传导进行检测的量热方法。将样品置于热量计内，当产生热效应时，用热电堆检测量热容器和恒温外套之间的温差，记录所出现的吸热峰（或放热峰）。先用电或标准物质标定峰面积与焓变之间的关系，求得热量计的标定常数，然后再计算样品的焓变。

(5) 差热分析法：又称 DTA 法，它是在程序控制下，测试物质与参比物之间的温度差与温度关系的一种技术。差热分析曲线是描述样品与参比物之间的温差随温度或时间的变化关系。在测试过程中，试样和参比物被放在相同的热环境中（同一金属块的两个穴内），一起被加热或冷却。虽然环境温度的变化速率一致，但因试样和参比物的比热容不同，在升温或降温过程中试样和参比物的温度将不同，实验中记录温度及试样与参比物的温差。

(6) 差示扫描量热法：又称 DSC 法，它是为了弥补 DTA 定量性不良的缺陷而发展起来的，是一种动态测定热量的方法。功率补偿 DSC 法是在程序控制温度下，保持样品与参比物之间的温差为零，当样品发生热效应时，仪器同时进行功率补偿而记录为一个放热（或吸热）峰，此峰面积与样品所产生的焓变成正比，事先用熔化焓标准物质标定仪器，求得焓变与峰面积之间的关系，然后再计算样品的焓变。测试仪器主要包括功率补偿式 DSC、热流式 DSC 和热通量式 DSC 等。由于该方法测定可以从常温一直测到 1000℃，在合适的坩埚容器中，该方法可以用来测定熔盐的熔化热，同时可以从熔化吸热峰的起峰位置通过特殊方法得出熔盐的熔点。

(7) 交流量热法：这是一种使用交变热流加热试样，通过测量试样温度波动来得到试样焓变的方法。其试样量很小，为 1～10mg，温度测量分辨率要有 1～10mK 以及 0.01%～0.1%的精度。相比其他方法，交流量热法可以较容易实现高温高压下的焓变测定。

(8) 微量量热法：这是测定物理或化学过程中所产生的微小热量的方法。根据非平衡热力学的原理，任一变化过程的放热速率都可表示为量热体系的温升和温升速率的函数。在变化过程中，量热体系的温升对时间的记录曲线称为热谱，用电或标准物质标定峰面积与热量之间的关系后，即可从样品的热谱曲线确定变化过程中所伴生的热量。

表 4-2 概述了一些典型热容和焓测试仪器的技术特性。

表 4-2 一些典型的热容和焓测试仪器技术特性

热量计名称	技术特性	用途
真空绝热热量计	热量计被绝热真空外套所包围，可消除环境与量热体系之间的热交换影响 测定精度 0.1%～0.3%	测定 4～300K 比热容及焓、相变焓、熔化焓等
冰热量计	量热介质为冰，整个实验过程中量热体系无温度变化 测定精度 0.05%～0.5%	测定 273.15～1200K 焓及比热容
水热量计	量热介质为水，设备简单、简便易行 测定精度较低(1%)	测定 293.15～373.15K 温度范围比热容及焓
铜块热量计	量热介质为铜块，无水蒸发问题，测量温度范围较宽 测定精度为 0.5%～1%	测定 500～2200K 比热容及焓
接纳式热量计	用自动光学高温计测定炉温，精密测量高温比热容及焓 测量精度 0.1%～0.5%	测定 1200～2100K 比热容及焓
悬浮式热量计	导电样品悬挂在一电感线圈的高频磁场内，无容器污染，实验周期短 测定精度为 2%～5%	测定 1000～2500K 导电体比热容及焓
脉冲热量计	样品为导电体(金属)，通入脉冲电流，用高速光电高温计及数据采集系统测量 测量精度 1%～5%	测定 1500～2800K 比热容和焓
差式扫描热量计	连续扫描，在试样升温过程中随时看到热容变化，有利于检测相变；所需试样量小(毫克级)，自动化程度高 测量精度 1%～3%	测定比热容、焓变及相变温度

目前，对于熔盐熔点和比热容的测定，较为常用的方法是采用差示扫描量热仪(DSC)测定。采用 DSC 可同时测定熔盐的熔点和熔化热，DSC 可以是独立仪器，也可以是复合热重(TG)分析功能的联用仪器。图 4-8 是 TG-DSC 联用分析仪的实物图，其测定原理为[6]：试样发生热效应而引起温度的变化时，这种变化一部分传导至温度传感装置(如热电偶、热敏电阻等)被检测，另一部分传导至温度传感装置以外的地方。记录仪所记录的热效应峰仅代表传导至温度传感装置的那部分热

量的变化情况。当仪器条件一定时，记录仪所记录的热效应峰的面积与整体热效应的热量总变化成正比，即

$$m \times \Delta H = KA \tag{4.1}$$

式中，m 为物质的质量；ΔH 为单位质量的物质所对应的热效应的热量变化，即焓变；K 为仪器常数；A 为曲线峰的面积。

首先，使用已知热焓变 ΔH_s 的物质 m_s 进行测定，测得与其相对应的峰面积 A_s，求得仪器常数 K，即

$$K = m_s \Delta H_s / A_s \tag{4.2}$$

然后，在相同条件下用相同方法测定未知物 m_x 的曲线峰面积 A_x，则可求得 ΔH_x，即为材料的熔化热，而材料的熔点可从热效应峰，通过特殊方法得出（参见 2.1.3 节）。

$$\Delta H_x = KA_x / m_x \tag{4.3}$$

TG-DSC 联用热分析仪的 TG 功能可以在 DSC 给出热流随温度变化信息的同时，给出熔盐质量随温度变化的 TG 曲线。根据 TG 曲线上的质量变化，可以得到分解温度。

图 4-8　Q600 SDT 型热重-差热(TG-DSC)联用分析仪

4.1.2　比热容

比热容[6,7]与材料的显热蓄热能力密切相关。比热容越大，意味着材料升高温度时需吸收的热量越多，储存于高温材料中的热量越多。同时比热容还是计算

其他热力学函数随温度变化规律的基础参数。测定比热容的方法可以分为三类[8]:①一般卡计法;②参比温度法;③差示扫描量热法。

1. 一般卡计法

卡计是热量测量的工具,一般根据卡计的分类来表示热量测量方法的分类。一般将卡计分为三类:热平衡型、传导型和热相似型。该种方法的基本原理是用卡计接受待测的热量,根据卡计的状态变化量以及对已知电能或标准物质热效应的标定结果,确定待测物质释放或吸收的热量。

三种类型的卡计的边界条件不同,其主要特点分别是:

(1) 热平衡型卡计:使卡计和被测物体的热交换变化的最终态是热平衡态,根据能量平衡定律,从卡计的标准物质的已知物性、已知质量及其温度改变量或发生相态改变量,算出从待测物体上吸收的热量。

(2) 传导型卡计:也称为漏热型卡计,利用在等温面上测定待测热物体传导给等温边界的逃逸热流,并对等温面通过的热流进行时间积分的方法来测定热量。

(3) 热相似型卡计:创造一个电加热测量系统,使之与待测系统的热边界条件完全相同,这样即可使两系统对外界的热交换情况完全相同,可根据已知系统的电功率和参比物质的变化情况求待测系统的热量。

2. 参比温度法

参比温度法是一种能够测定多组相变材料凝固点、比热、熔化热、导热系数和热扩散系数的方法,其基本原理是将放有相变材料试样的玻璃试管和放有同等质量水的同样试管同时置于温度为 T_0 的水槽中进行加热,直至材料的温度也达到 T_0,然后将其突然暴露在温度为 T_∞ 的空气环境中冷却。若材料具有明显的相变贮热性能,则得到其典型的温降曲线,同样,也得到水的降温曲线。通过两者的降温曲线建立热力学方程得到材料的热物性。该方法由于在水槽中进行加热,加热温度不会超过 100℃,不适合高温熔盐液体的比热测定。

3. 差示扫描量热法

差示扫描量热法是在程序控制温度下,测量输入到物质和参比物的功率差与温度关系的一种技术,可以用来测定热焓及比热容。根据测试方法的不同,又分为两种类型:功率补偿型 DSC 和热流型 DSC。

(1) 功率补偿型 DSC:使试样和参比物始终保持相同的温度,测定为满足此条件样品和参比物两端所需的能量差。通过功率补偿使试样和参比物的温度保持相同。

(2) 热流型 DSC:在给定样品和参比物相同的功率下,测定样品和参比物两端

的温差 ΔT，根据热流方程，将温差换算成热量差作为信号输出。温差 ΔT 与热流差成正比。

通过对三种测试方法的原理分析、仪器设备的比较及适用范围的选择，总结出蓄热材料热性能测试方法的优缺点，如表 4-3 所示。

表 4-3　测试方法优缺点比较

方法	优点	缺点
卡计法	原理简单、设备多样	蓄热材料相变过程不易被观察，难以测定相变材料的热物性
参比温度法	操作方便、过程易被观察。由于参比温度法是参比水的降温曲线，因此可以同时对多组材料进行测定	需要对材料进行破碎，破坏了被试材料的完整性，极有可能影响数据。试样不能达到受热均匀，对实验结果有一定的影响
差示扫描量热法	成熟度高、效果好，能够比较准确地测定材料的热物性	测试过程中所用试样微量，导致试样的热物性常常与实际应用中的宏量材料的热物性有差别

比热容的大小决定着单位质量熔盐蓄存和传输热量的多少。前面介绍的三种方法中，由于 DSC 应用精度高、测量方便、可重复性好，是目前测定比热容的主要方法。在 DSC 测试时，试样是处在线性的程序温度控制下，试样的热流率连续测定，且所测的热流率($\mathrm{d}H/\mathrm{d}t$)与试样的瞬间比热容成正比[9,10]。因此，热流率可用下式表达

$$\frac{\mathrm{d}H}{\mathrm{d}t}=mC_p\frac{\mathrm{d}T}{\mathrm{d}t} \tag{4.4}$$

式中，m 为试样的质量；C_p 为试样的定压比热容；$\mathrm{d}T/\mathrm{d}t$ 为升温速率。

在比热容的测定中，通常采用蓝宝石作为标准物质，其数据已精确测定，可从有关手册中查得不同温度下的比热容。测定试样比热容时，首先测定空白基线，即空试样盘的扫描曲线，然后在相同条件下分别测定蓝宝石和试样的 DSC 曲线。例如，对聚乙烯测定结果如图 4-9 所示。

在某温度 T 下，从 DSC 曲线中求得纵坐标的变化值 y_1 和 y_2(扣除空白值后的校正值)，将 y_1 及 y_2 代入下列式中，即可求得未知试样的比热容。

$$\frac{y_1}{y_2}=\frac{m_1C_{p1}}{m_2C_{p2}} \tag{4.5}$$

式中，m_2、C_{p2} 分别为蓝宝石的质量和比热容；m_1、C_{p1} 分别为试样的质量和比热容。

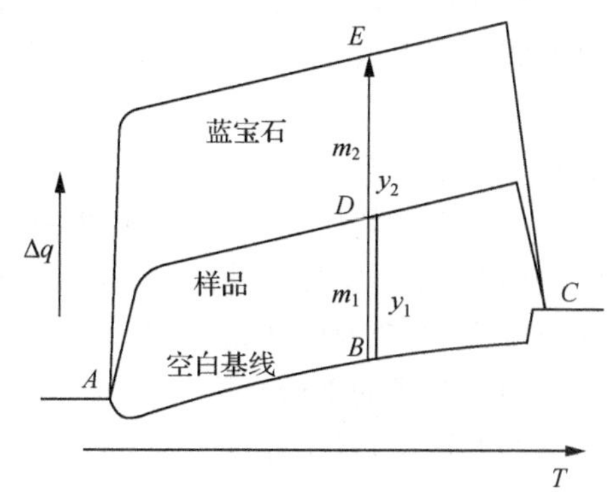

图 4-9　比热容测定实例

4.1.3 凝固点

理论上，材料的熔点和凝固点应该是同一温度数据，然而实际中对熔盐进行降温时发现，熔盐温度已降至熔点，但熔盐并不凝固，继续降低温度到某一点时熔盐才发生凝固，这种现象被称为过冷现象，这个低于熔点的凝固温度又称为凝固点，熔点到凝固点的温度差可以称为过冷温程。不同材料过冷温程不同，相对而言，无机熔盐的过冷温程较小。过冷是一种亚稳定状态，过冷现象对潜热蓄热的放热过程产生重要影响，如果过冷温程太长，材料的凝固放热温度难以控制。许多干扰因素都会导致过冷液体在凝固点之前发生凝固，例如，振动、搅动、对容器内壁的摩擦，甚至落入的固体颗粒都会破坏这种亚稳态，凝固时的温度不同，所放热量的温度也不同。由此可见，凝固点是衡量相变潜热蓄热材料的重要参数。凝固点主要利用热分析的方法测得[11]，其原理是根据系统在冷却过程中，温度随时间的变化情况来判断系统中是否发生了相变，以及测定相变温度。通常的做法是先将样品加热成液态，然后令其缓慢而匀速地冷却，记录冷却过程中系统在不同时刻的温度数据，再以温度为纵坐标，时间为横坐标，绘制成温度-时间曲线即冷却曲线（又称步冷曲线）。由组成不同熔盐的若干条冷却曲线还可绘制出相图。

混合物的步冷曲线如图 4-10 所示，当 A 和 B 的混合物由液态冷却到 b 点时开始出现固相（相当于冷却到某个组分或某个化合物的液相线）。随着结晶的析出体系放出热量，抵消冷却过程所散失的部分热量，使体系温度下降的速度变慢，所以出现转折点 b。但由于体系析出的结晶过程中，溶液的组成随之改变，使凝固点随之下降。到 c 点后出现平台，这表明体系自由度为零，或是在进行低共熔点凝结过程，或是在进行转熔点凝结过程。只有液相在过程中全部消耗完毕，温度才能继续下降，这个过程所需时间和水平线段 cd 长度对应。

对于纯组分或低共熔组成的熔体的步冷曲线如图 4-11 所示。对于纯组分，如果不存在过冷现象，平台出现的温度就是其熔点温度，如果存在过冷现象该温度即是凝固点。多数无机熔盐的熔点几乎等于凝固点。对于低共熔组成的熔体由于冷却到共熔温度 T_m时，一开始就析出 A 和 B 两种晶相，直至液相消耗完毕，所以也只有一个平台而没有转折点。

在相平衡的研究中，冷却曲线是重要的研究方法。但对于过冷现象显著的系统，有时还需测定加热曲线，又称为步热曲线。无机熔盐的步热曲线上也会出现平台温度，该平台温度才是熔点。实际测定时可多次重复循环测定步冷和步热曲线，如果两类曲线的平台在多次测试后没有变化且两类平台对应温度相等，该温度即是熔盐的熔点，且不存在过冷现象，另外，在所循环测定的时间内熔盐稳定。

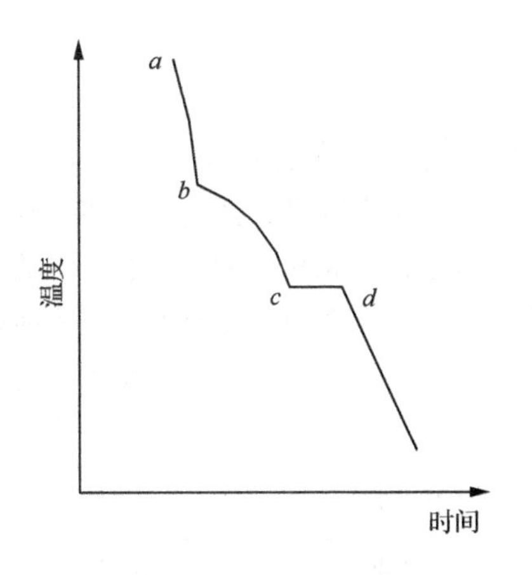

图 4-10 混合物步冷曲线

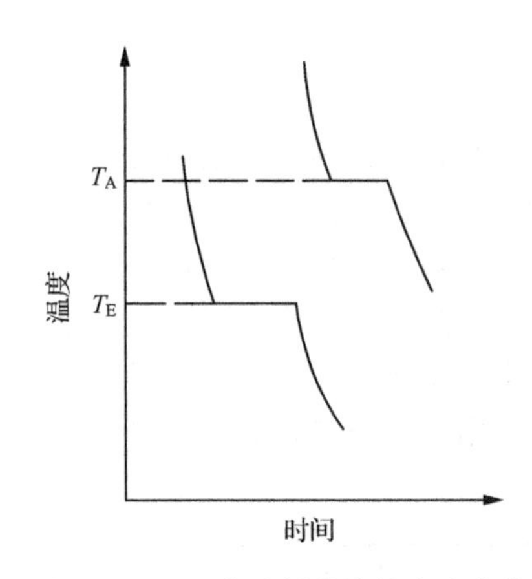

图 4-11 纯组分或低共熔物步冷曲线

测定凝固点通常用的一种装置是茹可夫瓶，如图 4-12 所示。另一种是自行组装的结晶管装置，如图 4-13 所示。它是一个双壁玻璃试管，软木塞上装有温度计和搅拌器。双壁间的空气抽出，以减少与周围介质的热交换。此瓶适用于比室温高10～150℃的物质的凝固点测定[2]。

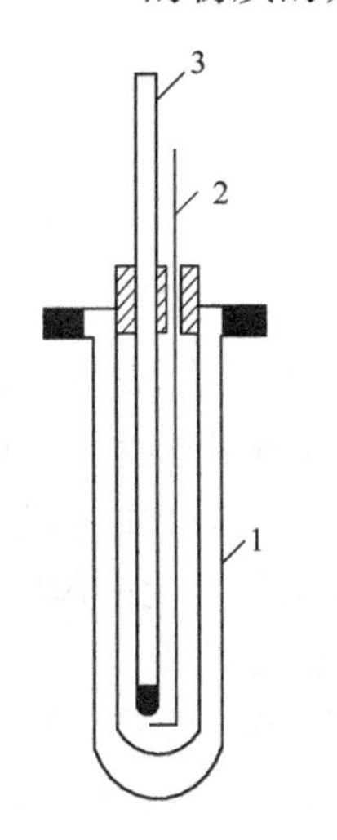

1-茹可夫瓶；2-搅拌器；3-温度计

图 4-12 茹可夫瓶

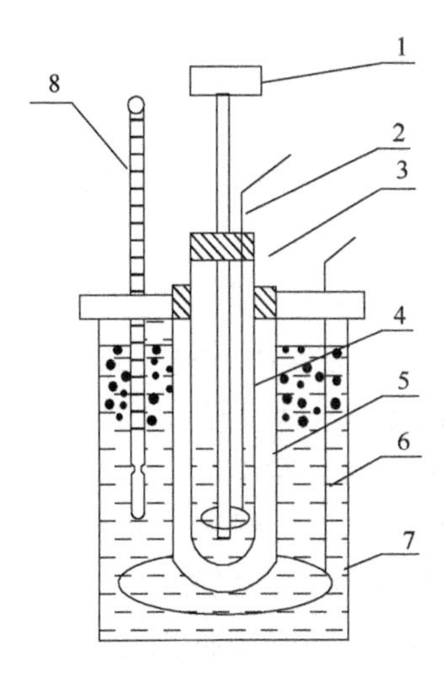

1-精密数字温差测量仪；2-内管搅拌棒；3-投料支管；4-凝固点管；5-空气套管；6-制冷剂搅拌棒；7-冷却槽；8-温度计

图 4-13 凝固点降低实验装置

上述两方法均不可直接用于高温熔盐的凝固点测定，需在其基础上进行改良，以适应高温熔盐的测定。

4.1.4 密度

密度是材料的一个重要物理化学性质，关系着传热蓄热系统的体量大小，是系统设计和计算过程中非常重要的参数。密度测定主要是利用流体静力称量法（阿基米德法）和最大气泡压力法等原理获得。密度测定方法很多，不同状态物质的密度测定方法各不相同。固体密度通常采用常规法、浮力法和杠杆平衡法等，液体密度通常采用常规法、等容法、浮力法、压强法、U形管法、密度计法等。表4-4所示的是常用密度测定方法之间的比较。

表4-4 常用密度测定方法的比较

<table>
<tr><td>方法</td><td>浮力方法</td><td>置换方法</td><td>比重瓶法</td><td>定体积秤重法</td></tr>
<tr><td>适合于</td><td>固体、液体、气体</td><td>固体、液体</td><td>固体、液体、粉末</td><td>液体、粉末</td></tr>
<tr><td rowspan="3">优点</td><td>适合大部分样品类型</td><td>适合大部分样品类型</td><td>适合所有样品类型</td><td></td></tr>
<tr><td>样品大小不定</td><td>样品大小不定</td><td></td><td></td></tr>
<tr><td>处理快速</td><td>处理快速</td><td>准确的方法</td><td>处理快速</td></tr>
<tr><td rowspan="5">缺点</td><td colspan="3">固体和液体必须被加热到定义的温度</td><td></td></tr>
<tr><td colspan="2">大体积样品要求流体密度测定</td><td>劳力密集</td><td></td></tr>
<tr><td colspan="2">拿取必须小心避免蒸发</td><td>浪费时间</td><td></td></tr>
<tr><td colspan="2">样品必须小心弄湿</td><td></td><td></td></tr>
<tr><td colspan="3">气泡不容易消除</td><td></td></tr>
</table>

目前，液体材料密度的测定方法主要有：密度计法、韦氏天平法、密度瓶法[12]。在大多数情况下，液体物质密度的测定一般都选用密度计法，但用密度计法测量时量筒内样品的温度会发生变化，而且人工目测密度计时容易出现较大的偏差，造成测量结果误差较大。对于高温熔盐测定，该方法存在密度计会被熔化的风险，而且也没有合适的耐高温的量筒。而密度瓶法是准确测定物质密度的唯一方法，它需要与天平连用，测量某一已知确切体积的样品的质量，样品的密度只需将其质量除以体积便可得出。但密度瓶多为玻璃制造无法盛装高温熔盐，且若在空气中测量，熔盐会迅速凝结形成固体无法测定液体密度；在高温环境中装填熔盐入密度瓶的操作难以实现，因此该方法不适合熔盐密度的测定。U型振荡管法和传统的密度计法测试相比较，因其是利用基于电磁引发的玻璃U型管的振荡频率，而每一个U型玻璃管都有其特征频率或按固有频率振动，故U型管振荡法测量精度更高，受到人为的干扰因数更小，更适合测定液体物质的密度，该方法对于高温熔盐密度测定存在与密度计同样的问题。表4-5所示的是不同液体密度测定方法的比较。

表 4-5　不同液体密度测定方法的比较

方法	比重瓶法	振荡法	密度梯度管法
适合于	液体	同构型液体	液体
优点	容易测量	样品尺寸可到 1mL	几个样品能同时检测
	快速处理	快速处理	
	铅锤便宜		
缺点	样品成分的分离可能造成测量上的误差		时间浪费的经验预先准备
		样品的黏度稍为影响密度	
		必须采购昂贵设备	

上述介绍的各种测试方法中，大部分只能用于低温密度的测定，而对于高温下的熔盐体系，其密度随温度的变化可利用阿基米德法测定。即在流体静力测试法中，沉入液体中的重物，其所受的浮力等于该重物排开的同体积液体的重量，测试装置如图 4-14 所示[13]。

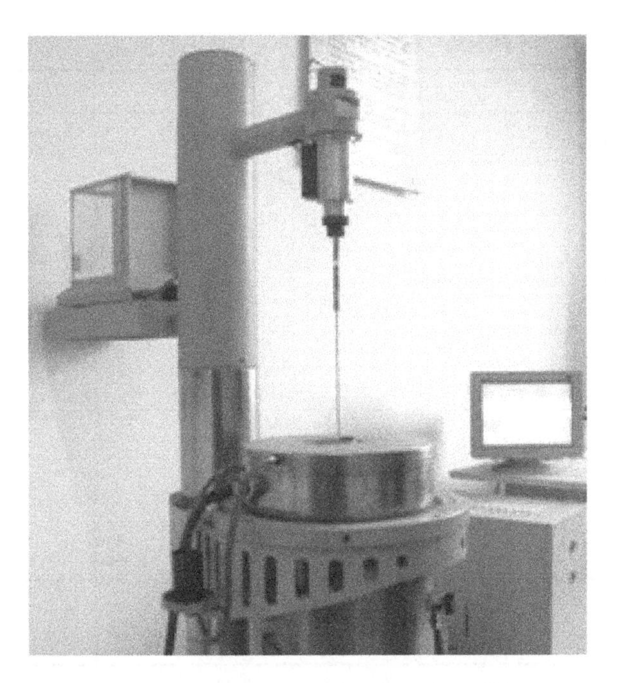

图 4-14　RSD-06 型熔体物性综合测定仪

被称为浮子的球形物体(多数情况下由铂制成)用细铂线吊在分析天平的一个杆臂上，先在空气中称出其质量 m_1。然后，把浮子浸入盛着试样的坩埚中，再称重一次，得出质量 m_2。由于该温度下浮子在试样中所受的浮力为 $P=m_1-m_2$，则试样的密度为

$$\rho = \frac{P + P'}{V + V'} \tag{4.6}$$

式中，$P' = 2\pi RQ\cos\theta$，为由试样表面张力引起的附加力，R 为细铂丝半径，Q 为试样表面张力，θ 为细丝与试样间的润湿角；V 为浮子体积，V' 为细丝浸入试样部分的体积。

该方法可在不同温度下测定熔盐的密度，进而获得熔盐密度随温度的变化曲线。

4.1.5　黏度

黏度是关乎流体传热材料流动性的重要参数，是传热蓄热系统设计不可或缺的数据。黏度与材料的组成与结构密切相关。流体液态时所表现出来的黏滞性是流体各部分质点间在流动时所产生内摩擦力的结果。测定黏度的方法很多，常见的包括毛细管法、旋转柱体法、扭摆振动法和落球法等[14-16]，其适用范围如表 4-6 所示。各种测试方法的具体介绍如下。

表 4-6　黏度测定方法及其测定范围[14]

测定方法			测定范围/(Pa · s)
旋转法	旋转柱体法	旋转同轴双柱体法	$10^{-3} \sim 10^{7}$
		旋转单柱体法	$10^{-2} \sim 10^{2}$
	旋转圆盘法		$10^{-2} \sim 10^{11}$
	旋转球体-平板法		$10^{-2} \sim 10^{2}$
振动法	扭转振动法		<0.1
	振动片法		$0.1 \sim 10^{3}$
毛细管法			$<10^{2}$
落体法	落球法		$0.1 \sim 10^{5}$
	转落球法		$10^{-2} \sim 3\times10^{2}$
	落下圆柱法		$10^{-2} \sim 10^{10}$
	气泡法		$0.05 \sim 1.5\times10^{3}$
平行板法	带状法		$10 \sim 10^{10}$
	平行板黏度计法		$10^{3} \sim 10^{5}$

1. 毛细管法

当流体在细管内流动时，假设流体是非压缩性的，流体做层流流动，流体物性不随时间变化，流体与管壁无滑动。由黏滞性的一般效应可知，管内流动的黏滞流体，在横截面上的各点流速不同，最外层流体附着在管壁上，流速为零。根据泊肃叶定律，确定流体在管内流动时体积流量与流体黏度的关系，计算得到液体的黏度。

2. 旋转柱体法

通常由两个半径不等的同心柱体（或圆筒）组成，外柱体为空心圆筒（坩埚）。在内外柱体之间充以待测黏度的液体，当外力使两个柱体之一匀速转动而另一柱体静止不动时，则在二柱体之间的径向距离上的液体内部出现了速度梯度，于是在液体中便产生了内摩擦。由于内摩擦力的作用，在旋转柱体上加一个切应力，测量此应力可计算液体的黏度值。当然两个柱体间液体不应产生紊流流动，即柱体转速不宜过快。

3. 扭摆振动法

通常利用一根弹性吊丝，上端固定不动，下端挂一重物，成一悬吊系统。当绕轴线外加一力矩使吊丝扭转某一角度，去掉力矩后，则重物在吊丝弹性力作用下，绕轴线往复振动。若介质摩擦与吊丝自身内摩擦力不计，则系统做等幅的简谐振动，即每次振动的最大扭转角不变。若将重物放入液体中，上述振动状态受到液体内摩擦力的阻尼作用，迫使振幅逐渐衰减，直至振幅为零而振动停止。然后，基于阻尼振动的对数衰减率与阻尼介质黏度的定量关系，确定液体的黏度。

4. 落球法

当固体圆球在静止液体中垂直下落时，小球会受到重力、浮力和阻力相互作用。当小球受力达到平衡后，小球将以一定的速度匀速运动。根据阻力系数与雷诺数的函数关系，计算得到液体在测定温度下的黏度值。落球法是常温下测定液体黏度常用的方法，设备简单，测量方便。

常见的黏度测试方法，几乎都难以胜任高温熔盐液体黏度的测定，原因是熔盐液体黏度的测定需在 150～1000℃，而且高温熔盐的黏度与水相近在 10cP 以下，高温熔盐还对金属存在一定腐蚀性。适用于低黏度测定的接触式测量方法只能低温使用不能用于高温，而适用于液态玻璃黏度测定的高温测量仪器其黏度测量下限远高于熔盐的最高黏度，也就是说熔盐的黏度不在其测量范围，无法测量。

相对而言，高温回转振动法（振荡杯法）是最适宜熔盐黏度的测定方法[17]。图 4-15是回转振动式-高温熔体黏度仪，其原理是测定试样回转振动的衰减率，根据衰减率与黏度的关系式，计算出熔体黏度。对数衰减率的测定是通过光学测定系统来进行的，激光发生器发出激光，投射到黏度仪悬丝上的反射镜上，振动系统给坩埚一个转动冲量，使坩埚开始自由摆动，反射镜与坩埚同步摆动，激光束经反射镜反射后，每次摆动都经过 A、B 两探头。A、B 两探头由光敏元件组成。通过测定激光束经过 AB 的时间间隔，来测定振动的对数衰减率。振动衰减率与运动黏度的关系由 Shvidkovskii 公式得到

$$\nu = \frac{I^2(\delta - T\delta_0/t_0)^2}{\pi(mR)^2 TW^2} \tag{4.7}$$

式中

$$W = 1 - \frac{3}{2}\Delta - \frac{3}{8}\Delta^2 - a + (b - c\Delta)\frac{2nR}{H} \tag{4.8}$$

式中，ν 表示运动黏度；m 表示熔体试样的质量；I 表示转动惯量；R 表示坩埚半径；H 表示坩埚高度；δ_0 表示空坩埚的对数衰减率；t_0 表示空坩埚的对数衰减周期；n 表示水平接触面的数目(当熔体只接触底面而不与上顶面接触时，$n=1$；熔体完全被封闭与上下两个面都接触时，$n=2$)；a、b、c 表示常数。黏度可以由运动黏度和密度求得，其关系如下

$$\mu = \rho\nu \tag{4.9}$$

图 4-15 RMEOTRONI-Ⅶ型回转振动式高温熔体黏度仪

4.1.6　导热系数

导热系数是材料的一个重要输运性质，是反映介质换热能力的主要参数，在传热蓄热设计中不可缺少。由于现有的经验关联式不能广泛适应现场需要，熔融盐的导热系数一般主要通过实验测得。目前的测定方法主要分为两类：稳态法和非稳态法[18-20]。

1. 稳态法

在稳态法测试中，待测试样处在一个不随时间变化的温度场内，当达到热平衡后，根据测定通过试样面积热流量即单位面积上的热流量，试样热流方向上的温度梯度以及试样的几何尺寸等，根据傅里叶定律直接测定导热系数。稳态测量法具有原理清晰，可准确、直接地获得热导率绝对值等优点，并适于较宽温区的测量，缺点是比较原始、测定时间较长和对环境（如测试系统的绝热条件、测量过程中的温度控制以及样品的形状尺寸等）要求苛刻。常用于低导热系数材料的测量。主要包括热流计法、保护热线法和圆管法等，如图 4-16 所示。

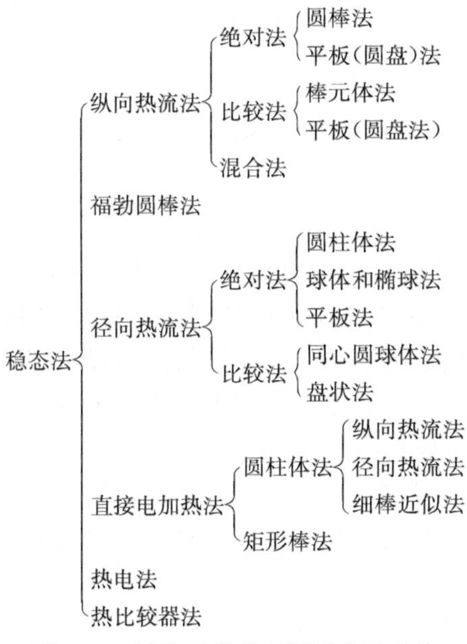

图 4-16　导热系数稳态测试方法分类

1）热流计法

热流计法是一种基于一维稳态导热原理的比较法。其是将厚度一定的方形样品插入两个平板间，在其垂直方向通入一个恒定的单向的热流，使用校正过的热流传感器测量通过样品的热流，传感器在平板与样品之间和样品接触。当冷板和热板的温度稳定后，测得样品厚度、样品上下表面的温度和通过样品的热流量，根据傅里叶定律即可确定样品的导热系数。

该法适用于导热系数较小的固体材料、纤维材料和多空隙材料，如各种保温材料。在测试过程中存在横向热损失，会影响一维稳态导热模型的建立，增大测定误差，故对于较大的、需要较高量程的样品，可以使用保护热流计法测定，该法原理与热流计法相似，不同之处是要在周围包上绝热材料和保护层（也可以用辅助加热器替代），从而保证了样品测试区域的一维热流，提高了测量精度和测试范围。但是该法需要对测定单元进行标定。该方法对高温熔盐液体导热系数测定存在困难。

2）保护热板法

保护热板法的工作原理和使用热板与冷板的热流法导热仪相似。适用于干燥材料，一般采用双试件保护平板结构，在热板上下两侧各对称放置相同的样品和冷板一块，试件周围包有保护层，主加热板周围环有辅助加热板，使辅助加热板与主加热板温度相同，以保证一维导热状态。当达到一维稳态导热状态时，根据傅里叶定律可得材料的导热系数。

该法可用于温度范围更大、量程较宽的场合，误差较小且可用于测定低温导热系数。其缺点是稳定时间较长，不能测定自然含水率下的导热系数，需先对样品进行干燥处理。厚度对结果精度有较大影响。在用该法对不良导体的导热系数测定时，发现试样厚度对导热系数有很大影响，不宜采用厚度较小的不良导体平板作为实验样品。同时，试样侧面的绝热条件对结果的误差也有很大影响。该方法对高温熔盐液体导热系数测定也存在困难。

3）圆管法

圆管法是根据长圆筒壁一维稳态导热原理直接测定单层或多层圆管绝热结构导热系数的一种方法。要求被测材料应该可以卷曲成管状，并能包裹于加热圆管外侧，由于该方法的原理是基于一维稳态导热模型，故在测试过程中应尽可能在试样中维持一维稳态温度场，以确保能获得准确的导热系数。为了减少由于端部热损失产生的非一维效应，根据圆管法的要求，常用的圆管式导热仪大多采用辅助加热器，即在测试段两端设置辅助加热器，使辅助加热器与主加热器的温度保持一致，以保证在允许的范围内轴向温度梯度相对于径向温度梯度更小，从而使测量段具有良好的一维温度场特性。

在实验中，测定应在传热过程达到稳态时进行，同时加热圆管的功率要保持恒定，试样内外表面的温度可由热电偶测出。另外，为保证热流在被测材料中的单向性，试样外表面温度应该控制在环境温度以下。通过实验对保护热板法和圆管法进行比较后，发现对于相同材料，圆管法测得的导热系数要大于保护热板法，且当绝热材料用于管道上时，圆管法更好地反映了其结构导热系数。通过对装置进行特殊设计，该方法可用于高温熔盐导热系数的测定，也是熔盐导热系数测定的主要方法之一。

2. 非稳态法

非稳态法是指实验测试过程中试样温度随时间变化，其分析的出发点是稳态导热微分方程。测量原理是对处于热平衡状态的试样施加某种热干扰，同时测量试样对热干扰的响应（温度随时间的变化），然后根据响应曲线确定试样材料热物性参数的数值。在非稳态测试方法中，测量信号是时间的函数，因而可以分别或同时得出热导率、体积比热容以及组合参数，如热扩散率、蓄热系数等。非稳态法具有很多优点，快速、准确，一次测量可同时得到多个热参数，方式灵活多样，对环境要求低，但受测试方法的限制，多用于比热容基本趋于常数的中、高温区导热系数的测定。目前国际上主流的材料热物理性能接触式非稳态测试方法主要有六种，即热线法、热探针法、热带法、平面热源法、热盘法、激光闪射法，包括周期热流法和瞬间热流法，如图 4-17 所示。

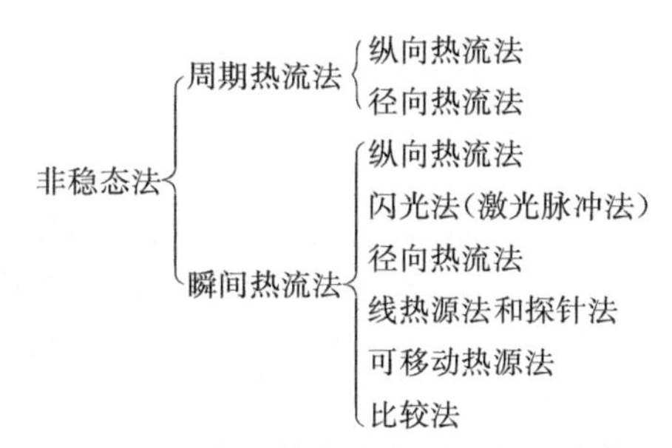

图 4-17 导热系数非稳态测试方法分类图

1）热线法

热线法是在试样中插入一根热线。测试时，在热线上施加一个恒定的加热功率，使其温度上升。测量热线本身或平行于热线的一定距离上的温度随时间上升的关系。由于被测材料的导热性能决定这一关系，由此可得到材料的导热系数。测量热线的温升有多种方法。其中，交叉线法是用焊接在热线上的热电偶直接测量热线的温升；平行线法是测量与热线隔着一定距离的一定位置上的温升；热阻法是利用热线（多为铂丝）电阻与温度之间的关系得出热线本身的温升。热线法适用于测量不同形状的各向同性的固体材料和液体。但对高温熔盐测定时需要对热线进行特殊处理。

2）热探针法

热探针法的原理也是基于热线法，只不过用探针取代了热线，可以测定各种均质固体和粉末状材料的热导率和比热，也可以测量非均质的多孔材料。测量时，将折叠的或者螺旋形的细金属加热丝，测温元件被封装在一根细长的薄壁金属管内，互相之间保持绝缘。在一定时间里对探针加热，同时测量并记录探针的温度响应，然后根据探针-试样实验系统的传热数学模型及温度变化的理论公式就可计算出被测试样的热物性参数。该方法能否用于高温熔盐导热系数测定的关键是该探针的薄壁金属封管是否能够耐受高温熔盐的腐蚀。

3）热带法

热带法测试原理类似于热线法，不同之处是用很薄的窄金属带（热带）来替代热线。实验中将薄金属带夹持在待测材料中间，从某时刻起以恒定电功率加热金属带，测量并记录热带的温度响应曲线，根据温度变化的理论公式可同时得到被测材料的热导率和热扩散率。热带法不仅可以测量液体、松散材料、多孔介质及非金属固体材料，并且在热带表面覆着很薄的一层绝缘层之后，还可用于测量金属材料，适用范围较广，而且实验装置易于实现。与圆柱状电加热体相比，薄带状电加热体与被测固体材料有更好的接触状态，故热带法比热线法更适宜于测量固体材料，而且热扩散率的测量结果也较热线法精确，另外热带比细的热线要更加结实耐用一些。热带的温度变化可以通过测量热带电阻的变化来获得，也可以通过在热带表面上焊接热电偶来直接测量。对高温熔盐的测定需对热带表面进行耐高温熔盐腐蚀处理。

4）平面热源法

平面热源法测试原理是给平面热源通以脉冲式或阶跃式的加热电流，同时用热电偶或热电阻元件测量距热源一段距离处材料的温度变化，根据热源-试样测量系统的传热数学模型及其非稳态导热方程的解析解，可以确定被测材料试样的热物性参数。平面热源法可以测量均质固体材料、非均质材料以及多孔材料，可同时得到热导率、比热容和热扩散率。

5）热盘法

热盘法是将一个很薄的金属圆盘（片）或方盘被夹持在两块待测材料试样当中，在一定时间内给金属盘通以恒定的加热电流，同时测量热盘的温度响应，根据热盘-试样测量系统的传热数学模型及其非稳态导热方程的解析解，可以确定被测试样的热物性参数。热盘法可以测量很多不同类型的材料，如金属、非金属固体，粉末、液体以及薄膜材料等，材料可以是各向同性的，也可以各向异性的，可同时得到热导率、热扩散率和体积比热容，温度范围从低温至高温，热导率测定区间非常宽广，可覆盖大多数材料。

6）激光闪射法

激光闪射法是一种用于测量高导热材料与小体积固体材料的技术。这种技术具有精度高、所用试样小、测试周期短、温度范围宽等优点而得到广泛研究与应用。该方法先直接测定材料的热扩散率，并由此得出其导热系数，适合于高温导热系数的测定。

由于熔盐材料是高温液体且存在腐蚀等问题，熔盐导热系数的测定可采用激光闪射法，其测试装置如图 4-18 所示[13]。测试时，作为加热源的氙灯发射一束脉冲，打在装有样品坩埚的下表面，由红外探测器测量样品坩埚上表面的相应温升，并由软件计算出样品的热扩散系数 α。

同时，仪器可以同步测定热扩散系数 α 与比热容 C_p。比热容的测定是通过比较样品的实际温升与已知比热容参比样的温升求得。若已知样品的密度 ρ，则按照下式可计算出样品的导热系数 λ

$$\lambda(T)=\alpha(T)\times C_p(T)\times\rho(T) \tag{4.10}$$

图 4-18　LFA 447 Nanoflash 型闪光法导热分析仪

目前，固体材料的导热系数能够很准确的测定。而对于液体材料，因存在对流、辐射和对干锅腐蚀的问题，测量结果存在一定的误差，高温液体材料导热系数的测定是目前研究的一个热点。

4.1.7　膨胀系数

膨胀系数是传热蓄热材料的又一热物性，主要表征的是材料的体积随温度变化的趋势，是传热蓄热系统的管道和蓄热设备设计的主要参考数据之一。根据不同原理方法和实验装置，膨胀系数测定方法通常分为两大类：一类是相对法或比较法，其特点是待测材料的热膨胀系数是相对于另一种材料（参考材料）热膨胀系数的比较值；另一类是绝对法，其特点是直接测定待测材料的热膨胀系数。在这两大类测试方法中，最基本且应用最广泛的方法有五种：示差法（或称为顶杆法）、测微望远镜直接观察法、干涉仪法、X 射线法、体积测定法[18]。

（1）顶杆法是一种经典方法。其优点是仪器结构简单，比较可靠、实用，易于进行自动化操作以及实验温度范围比较宽广，目前最高测试温度已达 3200℃，其主要缺点是测试时需要利用已知热膨胀系数的材料做膨胀计，测试误差的主要来源包括试样温度的准确测定以及待测试样在实验过程中的变形问题，这对于易变形的材料或者接近试样软化点时的测试更为突出。

（2）测微望远镜直接观测法是热膨胀系数测试中，特别是高温下测定大试样绝对膨胀值最常用的一种方法，其测试精度相当高。该方法也已被用来测试材料在较低温度下的热膨胀系数，测试时为保证试样温度更为均匀，通常把试样悬挂在所需实验温度的浴液里。这种方法的最大特点是实验温度高，目前已达 3600℃以上。测微望远镜的放大倍数一般大于 500 倍，并具有不小于 1 μm 的分辨率及长的物距。在极高温下，通常用高温计测温，是该方法测试的主要误差来源。此外，要保证较长试样处于炉子恒温带内，且不能下垂变形，这也给实验带来不少困难。

（3）X 射线法是基于 X 射线的平行光束被晶格原子散射后产生的衍射作用，其最大特点，一是能测定非常小的试样内晶体不同方向的热膨胀系数；二是能够测定外形不规则、体积很小且强度差的晶体试样。测定时，试样可加工成细丝或者加工成粉末放入薄壁玻璃管中。

（4）干涉仪法是利用待测试样分隔的两个表面反射的单色光的干涉原理测定热膨胀系数的方法。干涉仪法最主要的优点是可以测定厚度不到 2mm 的薄片试样的热膨胀系数，因此特别适用于釉层、涂层、珐琅和单晶体等试样的测试，此外，该方法比其他许多方法具有更高的测试精度，并可用照相方法自动记录实验数据，便于永久保存。该方法的主要缺点是，建立测试装置和进行实验操作的难度比较大，此外，测试过程中试样的轻微振动或倾斜都会带来很大的测试误差。

随着激光法和计算机的应用，膨胀系数测试方法的测试精度和自动化取得了新的进展，出现了电子散斑干涉法、光纤光栅法、激光法和光声法等。目前，测试热膨胀性质的温区已可从接近绝对零度到 4000K 左右。不同的测试方法各有特点和不足，满足不同测试的需求，相互补充，如表 4-7 所示[21]。

表 4-7　热膨胀测试方法比较

方法	温度范围/K	测量精度或不确定度/K^{-1}
衍射法	300～1500	4.2×10^{-8}
瞬态法	1200～3200	2.0×10^{-8}
显微位移法	300～700	2.4×10^{-7}
顶杆法	100～1500	4.0×10^{-8}
光杠杆法	300～400	3.0×10^{-7}
电子散斑法	300～700	
光纤光栅法	290～600	2.1×10^{-8}
光声法	290～700	
干涉法	240～1200	1.1×10^{-8}

通过对各种测试方法的比较，我们可以看出：顶杆法涵盖了低温、中温和高温范围，测量范围相对较广；凡是利用激光技术的方法，精度都很高，但由于测试装置本身的限制，测量范围受到限制；样品形状一般为杆状；由于测试装置的设计，有的

设计成方杆，有的设计成圆杆；测量属于相对测量还是绝对测量，则取决于装置的设计，大部分方法都是相对测量装置，只有一部分装置才是绝对测量装置。

目前，所有方法中，测量不确定度最高的是干涉法，不确定度为 1.1×10^{-8} K^{-1}，这种方法主要是用于高精度测量，而且被许多国家研究机构用于标准物质的测量。应用最广的方法是顶杆法，图 4-19 是推杆式热膨胀仪的实物外观照片[22]。测定时，将测试样品放在特殊支架上。支架为管状，两端各有一活塞。对支架的尺寸(如活塞外径与管子内径的匹配)有特别高的精度要求，误差在 10 μm 以内，确保容器的密封性。根据测量样品的不同，使用石墨、蓝宝石或多晶型氧化铝支架。所制样品长度约 12mm，在熔点处直径与容器内管径相同，以使在固/液转变点容器完全被样品所充满。为了校正支架本身膨胀等系统影响，在测试前先使用蓝宝石标样对仪器进行校正。校正使用与样品测定相同的测试条件，在液态样品支架中进行。所有测定均使用动态的氦气气氛保护。对于固态与熔融区域实验数据的分析有着特殊要求。样品为固态时膨胀仪测得的数据代表线性热膨胀。对于各向同性材料，可以使用以下方程计算得到相应的体积膨胀

$$\frac{\Delta V}{V_0}=3\left(\frac{\Delta L}{L_0}\right)+3\left(\frac{\Delta L}{L_0}\right)^2+\left(\frac{\Delta L}{L_0}\right)^3 \tag{4.11}$$

式中，$\Delta V/V_0$ 表示体积膨胀，$\Delta L/L_0$ 为所测的线性膨胀。在液态区，由实验数据计算而得的体积膨胀值受到容器的径向膨胀的影响，为此需要对容器的影响进行校正。

图 4-19　DIL 402PC 型推杆式热膨胀仪

固体材料的体膨胀系数可以利用仪器准确测定，而对于液体材料，特别是高温液体材料测量时存在泄露的问题，测量结果存在很大的误差，故通常可以由液体材料密度通过下面的公式推导得到

$$\gamma_l=\frac{1}{\upsilon_l}\left(\frac{\partial\upsilon_l}{\partial T}\right)_p \tag{4.12}$$

式中，γ_l 表示液体材料的膨胀系数，υ_l 表示液体材料的比容，单位为 $m^3\cdot kg^{-1}$。

4.2　高温热稳定性研究方法

在实际应用中，熔融盐传热蓄热材料在吸热-传热-蓄热回路中，所经历的工况分为高温静态工况和动态工况。其中，高温静态工况为不计蓄热系统热损失情况下的高温恒温工况；而动态工况又分为大温差情况下慢速升/降温工况和骤冷/热工况。慢速升/降温工况短期内熔盐性能劣化不明显，长期运行后可能导致熔盐传热蓄热效率降低；高温恒温和骤冷/热工况短期内都可能对熔盐的性能造成影响，进而影响熔盐的热物性，最终导致熔盐劣化。为此，需要进行熔盐高温静态热稳定性和动态热稳定性研究。本节从以下几个方面开展熔盐高温稳定性研究：熔盐高温恒温的质量损失、组成变化、长时间高温恒温后熔盐的物相变化；慢速升降温过程中的熔点和凝固点变化；熔盐骤冷/热变化前后的基本热物性及其物相变化等。

4.2.1　高温静态工况下热稳定性

1. 质量损失

高温恒温条件下，熔盐的质量损失曲线是熔盐热稳定性最直观的体现。让熔盐在高温恒温环境下长期保温，每隔一段时间取出冷却称重，以质量-时间作图，或以质量变化率-时间作图，即可获得某温度下熔盐的高温恒温质量损失曲线。改变恒温温度重复操作，可获得不同温度下的质量损失曲线。图 4-20 是某熔盐在不同高温下，以质量-时间作图获得的质量损失曲线。图中显示熔盐在 500℃时可保持长时间质量恒定；在高于 500℃保温时，熔盐的质量随保温时间增长而逐渐降低，降低幅度随保温温度升高而增大。由此可初步判断熔盐的使用温度上限是 500℃。使用温度上限的最终确定还需测定 500℃保温后熔盐的化学组成和热物性是否变化。

熔盐保温后的化学组成变化可以由化学分析法测定。比较熔盐高温恒温保温前后其离子含量是否变化即可判定熔盐是否稳定。如果离子含量不变，说明熔盐在该温度下可以保持高温恒温稳定性，否则熔盐的热物性可能变化，进而其传热蓄热效率发生改变。熔盐的化学组成变化也称为组分损失。

熔盐保温后的热物性变化可以由 TG-DSC 联用热分析仪测定。比较熔盐高温恒温保温前后的熔点、熔化热、热分解温度是否变化可判定熔盐是否稳定。如果没有变化，可以确认熔盐在该温度下可以保持高温恒温稳定性，否则，尽管质量损失曲线表明质量恒定，但热物性已经发生变化，熔盐依然不具高温恒温稳定性。

从熔盐的热失重(TG)曲线，可获得熔盐在加热过程中的质量损失，即在一定气氛中，匀速升高温度，记录升温过程的质量随温度的短期变化曲线，由此可确定熔盐的分解温度和可使用的气氛环境。这种测定虽然在变温条件下进行，不属于高温恒温质量损失研究范畴，但可以确定熔盐的分解温度或挥发温度，从而确定有关熔盐高温恒温稳定性实验的研究温度，是高温恒温热稳定性研究的指导性研究方法。图4-21是草酸钙的TG曲线，曲线显示草酸钙随温度升高出现三个明显的质量变化温度，分别为184.04℃，506.94℃和740.28℃。根据草酸钙的分子式和TG图上的质量损失率，可以推测草酸钙的分解规律，进而确定草酸钙的最高使用温度。其他熔盐也可以用类似方法获得分解温度参数。如果要对草酸钙进行高温恒温稳定性实验，可选低于180℃附近的温度进行实验。

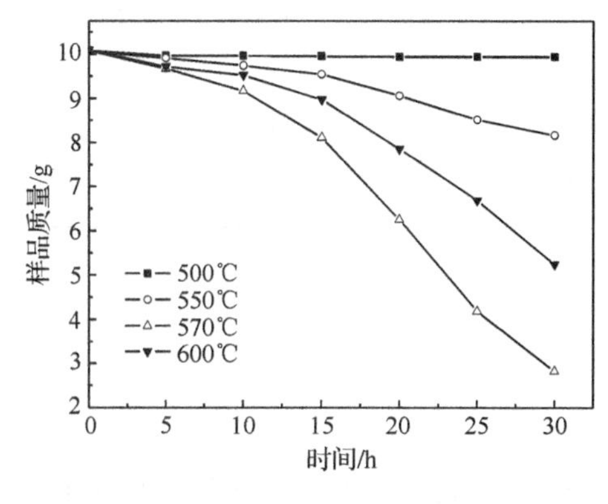

图4-20　熔盐的质量随温度的变化曲线

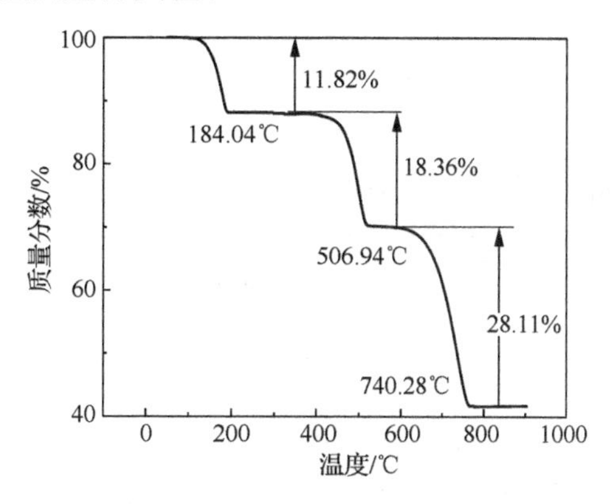

图4-21　草酸钙TG曲线图

2. 组分损失

熔盐的化学组成变化可以由化学分析法测定。不同的熔盐其组成不同，所含阴阳离子种类和含量不同，其测定方法不同。常用的传热蓄热熔盐主要由碱金属和碱土金属的硝酸盐、碳酸盐、氯化物组成。这些盐所含阳离子主要有钠离子(Na^+)和钾离子(K^+)，所含阴离子主要有氯离子(Cl^-)、亚硝酸根(NO_2^-)、硝酸根(NO_3^-)、碳酸根(CO_3^{2-})等离子，这些离子含量的测定方法各不相同。所采用的方法包括容量法、重量法、分光光度法和离子交换法等，其中容量法又包括沉淀滴定、电位滴定、氧化还原滴定等[23,24]。

1) Cl^-含量测定方法

Cl^-含量可以用多种方法确定，常用的有沉淀滴定或电位滴定法测定。沉淀法滴定Cl^-含量时，可用银离子(Ag^+)标准溶液滴定Cl^-，滴定终点用吸附指示剂判定[25]。在化学计量点之前，Cl^-过量，沉淀胶体带负电荷不吸附阴离子指示剂；化学计量点之后，Ag^+稍一过量，沉淀胶体带正电荷后即刻吸附阴离子指示剂变色，指示终点。电位滴定法测定Cl^-时，是以滴定过程中指示电极的电极电势突跃为滴定终点的判断标准来确定滴定终点的。滴定过程中，随着滴定剂标准溶液的加入，发生的化学反应导致待测 Cl^- 浓度不断减少，指示电极的电极电势随之均匀改变，在滴定终点附近，电极电势突跃，由此确定滴定到达终点。图 4-22 是指示电极的电极电势随滴定剂加入体积的变化曲线，又称为 E-V 滴定曲线。对 E-V 曲线进行二级微商，可得到二级微商曲线，见图 4-23。从二级微商曲线可准确读出滴定终点滴定剂标准溶液加入的体积，由此可计算 Cl^- 含量。

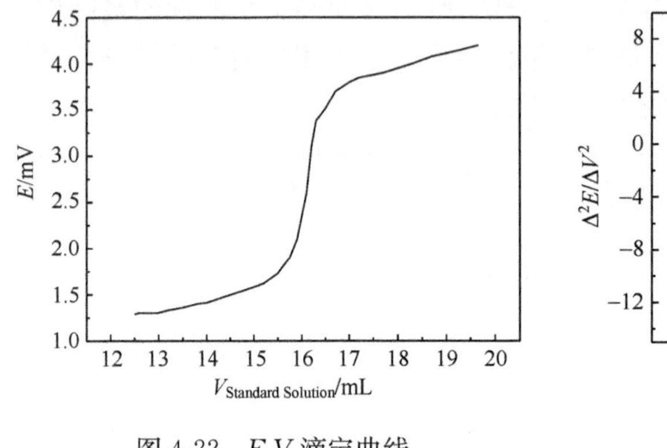

图 4-22 E-V 滴定曲线

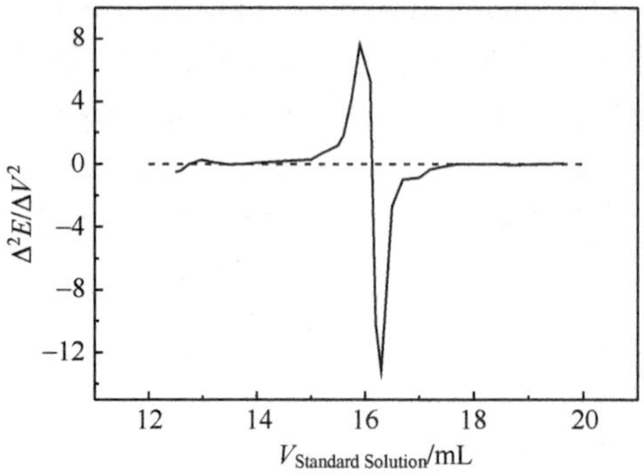

图 4-23 二级微商曲线

2) NO_2^- 含量测定方法

NO_2^- 含量常用氧化还原滴定法测定。在硫酸介质中，NO_2^- 能被高锰酸钾定量氧化，滴定时利用高锰酸钾标准溶液颜色与氧化产物离子的不同，来确定等量反应的终点。其反应如下

$$5NO_2^- + 2KMnO_4 + 3H_2SO_4 = K_2SO_4 + 2MnSO_4 + 5NO_3^- + 3H_2O$$

NO_2^- 含量还可以与 NO_3^- 一起，采用双分光光度法进行测定。具体见 NO_3^- 含量的测定。

3) NO_3^- 含量测定方法

浓度较大的 NO_3^- 含量可采用分光光度法测定[26]。利用 NO_3^- 能吸收波长为 301nm 紫外光的特性，对 NO_3^- 含量进行定量测定。测算表明，NO_3^- 浓度达到每升克级含量时，对 301nm 紫外光明显吸收且在一定范围内，吸光度与 NO_3^- 浓度呈线性关系，由此奠定定量分析基础。Na^+ 和 Cl^- 等其他离子对 301nm 紫外光不吸收，不会对测定结果产生干扰；NO_2^- 对 301nm 紫外光有一定吸收，会对测定产生一定干扰，计算 NO_3^- 含量时要扣除其影响。

NO_2^- 对波长为 354nm 的紫外光吸收明显，且在一定浓度范围内，其离子浓度与吸光度也呈线性关系，可利用 354nm 的紫外光对 NO_2^- 进行定量分析。NO_3^-、Na^+ 和 Cl^- 等其他离子对 354nm 的紫外光没有吸收，不会对 NO_2^- 浓度的测定产生干扰。

利用 354nm 的紫外光定量测定出 NO_2^- 离子浓度，再测定该浓度下 NO_2^- 在

301nm 处的吸光度，在 NO_3^- 测量时扣除 NO_2^- 吸收的影响，即可确定 NO_3^- 的浓度。该方法就是 NO_3^- 和 NO_2^- 浓度的双分光光度测定法的测定原理。

测定时需先绘制在 301nm 处的吸光度-浓度标准曲线和在 354nm 处的吸光度-浓度标准曲线。再测定未知 NO_3^- 或 NO_2^- 浓度溶液的吸光度，在标准曲线上查出相应浓度，最后可计算出 NO_3^- 或 NO_2^- 含量。图 4-24 和图 4-25 分别是 NO_3^- 和 NO_2^- 的标准曲线。

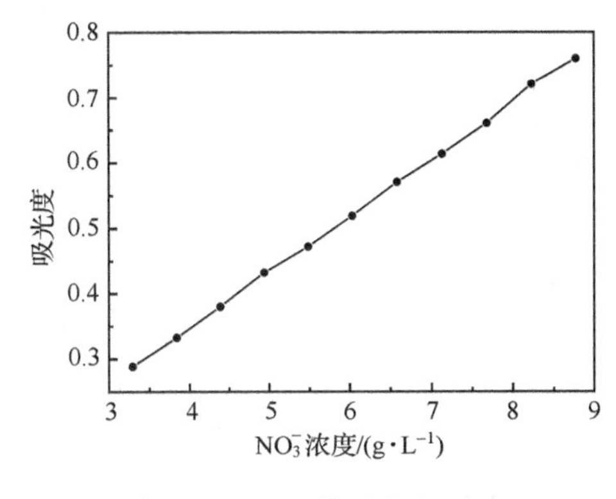

图 4-24　NO_3^- 的吸光度-浓度标准曲线(301nm)

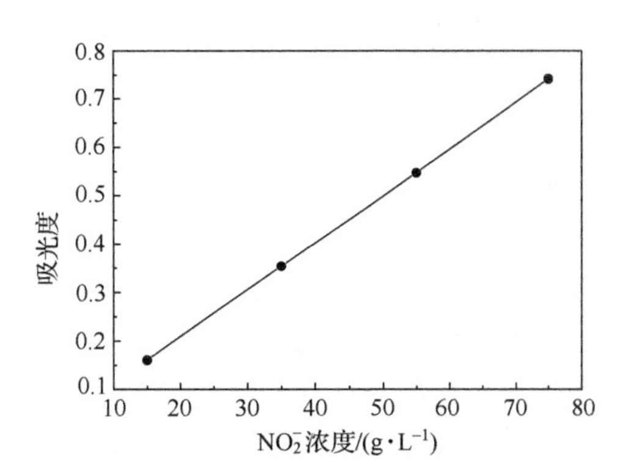

图 4-25　NO_2^- 的吸光度-浓度标准曲线(354nm)

4) K^+ 含量测定方法

K^+ 含量可采用重量法和离子交换法测定。重量法测定是在中性介质中，K^+ 与过量的四苯硼化钠反应生成四苯硼化钾沉淀，测定生成的沉淀质量，即可算出 K^+ 含量。其反应式如下

$$K^+ + NaB(C_6H_5)_4 = KB(C_6H_5)_4 \downarrow + Na^+$$

也可以利用 K^+ 与强酸性氢型阳离子交换树脂进行离子交换，通过酸碱滴定法测定交换出来的氢离子含量，进而推算出 K^+ 含量。具体操作过程见 Na^+ 含量测定。K^+ 交换反应和酸碱滴定反应如下

$$K^+ + R—SO_3H = R—SO_3K + H^+$$

$$H^+ + OH^- = H_2O$$

5) Na^+ 含量测定方法

Na^+ 含量一般采用离子交换法测定。把含有未知含量的 Na^+ 溶液，注入含有强酸性氢型阳离子交换树脂的交换柱中，Na^+ 在流经氢型阳离子树脂时与树脂中的氢离子发生交换，交换出的氢离子被溶剂带出交换柱；交换完成后，交换出来的氢离子物质的量与试样中 Na^+ 的物质的量相等。酸碱滴定法测定交换出来的氢离子的含量，即可算出试样中 Na^+ 含量。Na^+ 交换反应与 K^+ 的交换反应类似，具体反应如下

$$Na^{+} + R—SO_3H \Longrightarrow R—SO_3Na + H^{+}$$

其他离子的测定方法这里不再赘述。

3. 材料物相变化[27]

稳定的熔盐在高温运行前后，其组成不变进而热物性也不变。混合熔盐的组成不变有两层含义：一是盐的种类不变，二是盐的含量不变。混合熔盐的种类可以通过X射线衍射的物相分析进行确认，混合熔盐的含量可以通过化学分析确定。图4-26是D/MAX-3AX射线衍射仪的实物照片。

化学分析虽然可以监测混合熔盐高温运行后其中主要离子含量变化，但对高温运行后的熔盐中是否形成新的物质，化学分析无法快速完成这种监测任务，X射线衍射的物相分析正好可以弥补这种不足。通过比对高温运行前后熔盐的衍射峰，观察运行后的熔盐是否出现新的衍射峰，通过检索新峰的 2θ 位置，依据三强线原则粗选出与之匹配的卡片，再根据其他谱线的吻合情况进行筛选，最后根据熔盐中已知元素，一般可以确认新物相的产生及其组成与晶体结构，进而可以确认高温运行后熔盐是否出现新的物质，判断熔盐经高温运行后是否发生变化及稳定性。

图4-26 D/MAX-3AX射线衍射仪

每种组分的盐都具有确定的晶体结构，即物相。高温运行后重新结晶的混合盐中，每种组分盐的晶体颗粒或许与熔化前不尽相同，但晶体结构不会改变，对X射线衍射的情况不会改变，表现在衍射图谱上衍射峰的 2θ 位置不会改变。因此，测定熔盐高温运行前后X射线衍射图并加以对比，即可判断熔盐的组成是否发生变化，进而初步判断熔盐的热稳定性。如果衍射图中每种盐的衍射峰位置都没有发生改变，衍射图中也没有出现新的衍射峰，就可初步判断混合熔盐的种类没有变化，熔盐基本稳定。进一步需对熔盐组分含量进行化学分析，如果含量不变，可以确定熔盐稳定。

然而，X 射线衍射的物相分析只能检测出明显变化的物相，由于测定精度限制和高含量组分强衍射峰的影响，微量的新物相可能观察不出，需要采用其他方法配合分析。

X 射线衍射物相分析还可用于熔盐对金属容器材料腐蚀性的研究。通过测定腐蚀前后金属材料表面 X 射线衍射图，对比腐蚀前后金属材料表面衍射峰的信息，即可获得金属表面腐蚀层的物相结构，进而判断腐蚀的原因。

物相分析不是直接、单一的元素分析。一般元素分析侧重于组成元素的种类及其含量，并不涉及元素间的化合状态及聚集态。物相分析可获得物质所含的元素，但侧重于元素间的化合状态和聚集态，即晶体结构。相同元素组成的化合物，其元素聚集后形成的晶体结构不同，则属于不同的物相。

在进行物相分析鉴定时，考虑到实验误差及试样与标准样品的差异，允许实测的衍射数据与索引或卡片数据有一定的误差。要求 2θ 值精确符合；相对强度（即衍射峰的高度）变化可以较大，某一衍射峰很强，说明晶体中该晶面优先生长。另外，实测数据与索引或卡片标准数据对比时，应注意保持整体观念，因为并不是一条衍射线代表一个物相，而是一套特定的“I/I_0-2θ”数据才能代表某一物相，因此，一般情况下，若有一条强衍射峰不符，则可以否定该物相的存在。

4.2.2　高温动态工况下热稳定性

1. 大温差情况下慢速升降温工况热稳定性

大温差情况下慢速升降温工况热稳定性研究主要采用步冷/热曲线法。缓慢程序升温，绘制成温度随时间升高的曲线，即为步热曲线，该曲线反映了材料慢速蓄热情况；待达到指定温度且保温一段时间后，采用缓慢程序降温或自然冷却，绘制成温度随时间降低的曲线，即为步冷曲线，该曲线反映材料慢速放热情况。如此循环，根据每次循环曲线上熔点和凝固温度是否变化，来判断熔盐的热稳定性。同时还可在曲线上获得熔点、凝固点数据，这也是熔盐熔点和凝固点测定的方法之一。根据熔点和凝固点可以确定过冷温程，所谓过冷温程是指熔盐熔点和凝固点的温度差。由于蓄/放热研究所用熔盐量大，从该曲线上获得熔点和凝固点数据，比用微量样品的 DSC 测定所获得的数据，更接近蓄热系统实际运行工况。实验装置示意图如图 4-27 所示，得到的单次步热/冷曲线结果如图 4-28 所示。

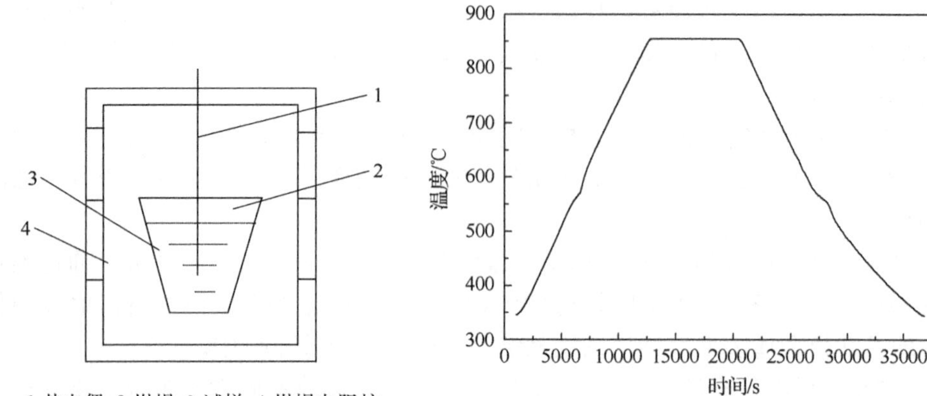

1-热电偶；2-坩埚；3-试样；4-坩埚电阻炉

图 4-27　实验装置示意图

图 4-28　熔盐单次循环步热/冷曲线

2. 大温差情况下骤冷/热工况热稳定性

熔盐在非稳态、高度不均匀及高热流密度条件下的换热器中传递与流动，将经历骤冷/热变化过程。熔盐能否抵抗这种变化是保证熔盐热稳定性的关键。熔盐在温度骤变情况下的热交变实验能够反映出传热蓄热熔盐随温度剧烈变化而保持自身稳定的能力，其性能的好坏影响着熔盐的传热效果和系统的安全、经济运行。

测定时，把熔盐快速升温到指定高温，迅速取出强制冷却至室温，再快速升温，再强制冷却，如此循环 N 次，每隔数百次取样进行热物性测定，绘制热物性-循环次数曲线，根据曲线变化规律确定熔盐的热稳定性。

4.3　高温腐蚀性研究方法

熔盐在传热蓄热系统中与金属材料直接接触，包括管、罐、阀和泵等。这些零部件主要由碳钢或各种型号的不锈钢材料构成。由于金属具有还原性，与熔盐接触的金属器件不可避免会受到腐蚀。熔盐对金属腐蚀分为化学腐蚀和电化学腐蚀两大类，其腐蚀机理非常复杂。

熔融态的盐是良好的电解质，当金属高温下同时接触空气和熔盐时，金属在熔盐中可能会发生电化学腐蚀，腐蚀速率和程度依金属的种类不同而不同。与常规电化学腐蚀在常温下进行不同，熔盐中发生的电化学腐蚀在高温下进行，高温下熔盐对氧气的溶解和对腐蚀层的破坏，使熔盐电化学腐蚀具有与常规电化学腐蚀不同的特点。另外，有些熔盐高温下本身具有氧化性，例如，硝酸熔盐，金属材料即使不接触空气也可能遭到来自熔盐的高温氧化腐蚀。

在蓄热罐中，熔盐与金属的接触方式有全浸没和半浸没两种，位于液面附近的金属为半浸没方式，位于液面之下深层的罐身和罐底金属为全浸没方式。接触方式不同，其腐蚀机理各异。半浸没方式接触空气时，氧气在熔盐液面自上而下形成浓度梯度，发生不同程度的电化学腐蚀。全浸没方式接触空气时，在靠近液面位置熔盐中的溶解氧浓度高，此处金属的腐蚀可能同时发生电化学腐蚀和化学腐蚀；在远离液面的熔盐中，金属主要发生高温化学腐蚀。

相对而言，在传热蓄热设备中金属与熔盐是以全浸没方式接触为主，所以考察全浸没方式的腐蚀情况更能反映传热蓄热设备的实际腐蚀情况。本小节将综合介绍腐蚀后金属材料的外观、尺寸、质量和腐蚀层厚度等宏观变化，以及腐蚀层元素组成、物相和形貌等微观变化的研究方法。

4.3.1 腐蚀层宏观检查[28]

宏观检查是目测或者使用低倍放大镜对金属腐蚀前后的外观，以及除去腐蚀产物前后腐蚀层的颜色、疏松程度等外观形貌进行初步观察。根据金属腐蚀前后外观颜色、腐蚀后表面疏松程度初步判断金属是否被腐蚀，以及腐蚀后形成的是疏松的铁锈，还致密的氧化膜，形成的腐蚀层是环形点蚀斑、岛状聚集体、还是完整致密的保护膜，由此，大体可以判断腐蚀发生的难易程度。通过观察除去疏松腐蚀层后的表面，可以初步判断腐蚀层与金属基底的结合牢固程度。根据熔盐的颜色变化和其中的腐蚀产物是片层还是不规则颗粒，也可初步判断片状腐蚀层的剥离情况和岛状腐蚀产物的脱落情况等，由此可初步判断腐蚀层是否具有减缓腐蚀进一步发展的可能。宏观检查不依靠任何精密仪器，方便简捷，虽然粗略主观，但却是一种有价值的定性方法。

实验前，应仔细记录试样的初始状态，标明表面缺陷。在实验过程中根据腐蚀速度确定观察的时间间隔。选择时间间隔要考虑两个方面：①能够记录到可见的腐蚀产物开始出现的时间；②两次观察之间的变化足够明显。一般在实验初期观察频繁，而后间隔时间逐渐延长。

观察时，应注意观察和记录：①材料表面的颜色与状态；②材料表面腐蚀产物的颜色、形态、类型、附着情况及分布；③作为腐蚀介质的熔盐的变化，如熔盐熔体的颜色，散落于熔盐熔体中腐蚀产物的颜色、形态和数量；④判别腐蚀类型，全面腐蚀导致均匀减薄，应测量试样厚度，局部腐蚀应确定部位，判明类型并检测腐蚀程度；⑤观察重点部位，如材料加工变形和应力集中部位、焊缝及热影响区、气-液交界部位、温度与浓度变化部位、流速或压力变化部位。当发现特殊变化时，应采集图像对比分析。为了更仔细地进行观察，也可使用低倍放大镜（2～20 倍）进行检查。

4.3.2 腐蚀前后质量和尺寸的变化

金属被腐蚀后，其质量会发生变化同时伴有尺寸上的变化，此即为质量法测定材料抗蚀能力的理论基础。质量法是以单位时间内、单位面积上由腐蚀而引起的材料质量变化来评价腐蚀程度。虽然近年来发展了许多新的腐蚀研究方法，但质量法仍然是最基本的宏观定量评判腐蚀的方法，并得到广泛应用。与质量法同时进行的尺寸测量，可从金属材料在腐蚀过程是增厚还是减薄的程度提供腐蚀随时间变化的定量数据。根据腐蚀产物在金属表面附着的牢固程度，质量法分为增重法和失重法两种[28]。

1. 增重法

当腐蚀产物牢固附着在试样上，且几乎不溶于溶剂，也不为外部物质所玷污时，可用增重法测定腐蚀程度。钛、锆等耐蚀金属的腐蚀、金属的高温氧化均是这种方法应用的典型例子。增重法适用于评定全面腐蚀和晶间腐蚀，而不适用于其他类型的局部腐蚀。

增重法实验过程是将预先按照规范制备（已经做好标记、除油、酸洗、打磨和清洗）的试样，量好尺寸称量后置于腐蚀介质中，每隔一段时间取出，在不伤及腐蚀层的情况下除去黏附在腐蚀产物上的腐蚀介质，干燥后测量腐蚀后试样尺寸并连同腐蚀产物一起再次称量。尺寸测量建议保留三位有效数字，而重量测量建议保留五位有效数字。用实验后试样的重量增加程度表征材料的腐蚀程度。在熔盐腐蚀介质中进行增重法腐蚀研究时，试样从熔盐中取出后表面必然含有凝固的熔盐，称重前还要应用水溶解除去试样表面凝固的盐，干燥恒重后再称重。

以单位面积的质量或质量变化率对时间作图，同时以尺寸或尺寸变化率对时间作图，如果腐蚀产物确实能牢固附着于试样表面且组分恒定时，试样的质量-时间曲线上会显示连续和周期性地增重现象，同时尺寸-时间曲线也会连续变化。由此可获知腐蚀速率随时间变化的规律。

增重法获得的腐蚀信息是间接的，即得到的数据仅为腐蚀产物的质量。腐蚀后被消耗金属的质量需要分析腐蚀产物的化学组成来换算。有时腐蚀产物的相组成相当复杂，精确的分析往往有困难。同时多价金属（如铁、铜等）可能会生成几种化学组成不同的腐蚀产物，换算比较困难，需要其他分析手段配合研究。

2. 失重法

失重法的实验过程为，将预先制备的试样量尺寸、称重后置于腐蚀介质中，腐蚀一段时间后取出，清除全部腐蚀产物后清洗、干燥、再称重。根据试样的单位面积的质量损失率，比较腐蚀程度的差异。这种研究方法可直接表征金属的腐蚀程度，对设备用金属材料的选择具有一定的指导意义。

在腐蚀层清除过程中，根据清除方式不同，可以获得腐蚀层的一些基本信息。用超声波水洗，可获得腐蚀层中疏松腐蚀层的含量；用浓碱处理，可获得腐蚀层中酸性氧化物的含量；用浓酸处理能获得碱性氧化物含量数据。据此可获得腐蚀反应的初步信息，同时根据疏松腐蚀产物、酸性或碱性氧化物产物含量以及金属材料应用的熔盐环境，最终选择适用的金属进行长期腐蚀质量损失研究。

失重法是一种简单而直接的方法，它不要求腐蚀产物牢固附着在材料表面，也不考虑腐蚀产物的可溶性，因为实验结束后必须从试样上清除全部腐蚀产物。失重法直接表示由于腐蚀而造成的金属质量损失，不需经过腐蚀产物的化学组成分析和换算。这些优点使失重法得到广泛的应用。

无论增重法还是失重法，在腐蚀实验前、后与实验过程中，以及清除腐蚀产物前、后，都必须仔细观察并记录金属材料表面和腐蚀介质中的各种变化。

3. 长期腐蚀质量法

在进行设备用金属材料选择时，用增重法或减重法进行为期几十小时短期腐蚀性初步筛选实验，选出比较耐某种熔盐腐蚀的金属材料，然后进行长期腐蚀性实验，腐蚀时间少则数百小时多则达百天。以腐蚀率对时间作图，根据曲线变化判断金属在接触熔盐多长时间后腐蚀趋于稳定和表面是否形成致密保护膜。

通过宏观检查可以大体知道腐蚀层的外观颜色致密程度，通过质量法可以确定腐蚀层的质量和腐蚀速率，但无法探知腐蚀层的组成和物相以及厚度。这些信息则需借助现代物理技术研究手段获得。

4.3.3　腐蚀层物相分析

腐蚀层的组成和物相可以采用 X 射线衍射分析确定。当腐蚀层足够厚以至于 X 射线不能穿透时，可以对腐蚀膜进行 X 射线衍射分析，根据所收集的衍射数据与标准图谱进行比对，方法详见本章的 4.2.1 小节所述，最后获得宏观区域内腐蚀层的物性组成。如果所收集的衍射数据在标准图谱中没有找到相关的数据，则需进一步确定腐蚀层的晶体结构。如果腐蚀层太薄，可通过特殊手段获得薄膜信息。

4.3.4　腐蚀层厚度、微观形貌及微区元素分析

腐蚀层的厚度测定方法根据其薄厚不同而不同。首先通过放大镜观察含腐蚀层金属的断面，判断较大范围内腐蚀层的平均厚度。当放大镜观察存在困难时可采用其他微观分析手段进行局部断面的腐蚀层厚度分析，还可进行腐蚀层表面微区检查。

微观检查方法被用来获取微观(局域的或表面的)信息,用以揭示过程的细节和本质,是宏观检查进一步发展必要的补充。

微观检查一般有跟踪连续观察和制备显微磨片进行观察两种方法。光学显微镜曾是微观检查的主要工具,除用于检查材料腐蚀前后的金相组织外,更重要的是:①判断腐蚀类型;②确定腐蚀程度;③分析腐蚀和析出相的关系;④探悉腐蚀机理;⑤提供腐蚀发生和发展情况。

腐蚀层的微观表征可采用光学显微镜、电子显微镜、电子探针、X 射线光电子能谱仪、俄歇电子能谱仪等。利用这些现代技术手段可以表征腐蚀层的元素组成、微观形貌、腐蚀层的化学状态、腐蚀层与基底的结合程度等,还能准确测定极薄腐蚀层的厚度及其组成。

材料形貌分析常用的分析方法主要有:扫描电子显微镜、透射电子显微镜、扫描隧道显微镜、场离子显微镜和原子力显微镜[27,29-32]。

材料表面和界面分析常用方法主要有:X 射线光电子能谱(XPS),俄歇电子能谱(AES),二次离子质谱(SIMS)和离子散射谱(ISS)[27]。

4.4 熔盐使用过程中对环境影响的研究方法

熔盐在使用过程中如果与周围环境发生物质交换,且该物质对环境有影响,则会造成环境污染。因此,需要对熔盐使用过程中与环境所交换的物质进行监测,并提出相应的处理方法。在常见的几种熔盐中,硝酸熔盐的应用较为广泛,这里主要介绍硝酸盐、亚硝酸盐及所排放的 NO_x 的监测方法。

4.4.1 NO_x 排放监测

硝酸熔盐在使用过程中 NO_x 排放监测包括在线和累积监测。采用烟气分析仪在线监测熔盐升温过程 NO_x 的排放。在模拟传热蓄热系统尾气排放的实验装置中,测定升温到不同指定温度的过程中,在不同气氛保护下,NO_x 排放量随时间的变化曲线,即可获知 NO_x 瞬态排放情况。监测过程中确保熔盐与容器完全不发生任何作用,以排除容器对监测结果的影响。重点研究熔盐种类、保护气氛、温度等因素对 NO_x 排放量的影响。熔盐在不同保温状态下,NO_x 累积排放的监测参照空气中 NO_x 监测方法[33,34]进行。在熔盐升温到指定温度下并保温一段时间排除升温过程对稳定排放的影响后,开始监测 NO_x 累积排放量。

4.4.2 硝酸熔盐在土壤中迁移预测

硝酸盐对土壤的污染主要通过水溶解,植物吸收后因代谢不完全而累积于植物中,对取食植物的动物造成影响。硝酸熔盐发生泄漏后遇冷迅速凝结成坚硬固体,如果不接触水,则可回收处理,一般不会造成严重污染。由于硝酸盐在水中溶解度很大,混入土壤中的硝酸盐一旦被雨淋或洪水浸泡将会溶解,溶解速率与熔盐颗粒大小以及雨淋时间、雨量大小、洪水浸泡时间等有关。溶解于水中的硝酸盐随水流在土壤中迁移、渗透可能会进入地表和地下水体造成水体和土壤污染。硝酸盐在土壤中的迁移、渗透情况随土壤种类、盐的浓度、水流速度等不同而变化。采用室内土柱实验法和野外大田实验法测得硝酸盐在土壤中迁移的穿透曲线,计算出扩散系数、延滞系数以及不动水分配系数等相关参数,通过熔融盐溶液在土壤中的迁移模型来预测熔融盐浓度的时空分布规律。一维土柱实验是污染物在土壤中迁移研究的最基本实验,也是非常重要的实验。由该实验得到的曲线称为穿透曲线(break through curve,BTC),它是污染物土壤迁移研究中最基本的性质曲线之一,能够很好地反映溶质与土壤介质之间的关系,并且可以由穿透曲线计算出土壤介质的扩散系数 D,为多维情况下溶质的迁移计算模拟提供参数。

参考文献

[1] 周志昆,苟占平. 药学实验指导. 北京:科学出版社,2010:8-10

[2] 姜淑敏. 化学实验基本操作技术. 北京:化学工业出版社,2008:129-134

[3] 夏道宏,姜翠玉. 有机化学实验. 北京:中国石油大学出版社,2007:31-37

[4]《计量测试技术手册》编辑委员会. 计量测试技术手册 第 13 卷 化学. 北京:中国计量出版社,1997:95-112

[5] 胡芃,陈则韶. 量热技术和热物性测定. 合肥:中国科学技术大学出版社,2009:31-82

[6] 王培铭,许乾慰. 材料研究方法. 北京:科学出版社,2005:239-240

[7] Hohne G W H,Hemminger W F,Flammersheim H J. Differential Scanning Calorimetry. 2nd ed. Berlin:Springer,2004

[8] 鲍振洲,胡寅,李悦,等. 相变材料热物性能测定方法分析. 建材世界,2011,32(6):1-6

[9] Patil A,Parida S C,Dash S,et al. Heat capacities of $RCoO_3$(s) (R=La,Nd,Sm Eu,Gd,Tb,Dy,and Ho) by differential scanning calorimetry. Thermochimica Acta,2007,465(1-2):25-29

[10] Oneill M J. Measurement of specific heat functions by differential scanning calorimetry. Analytical Chemistry,1966,38(10):1331-1336

[11] 周亚栋. 无机材料物理化学. 武汉:武汉工业大学出版社,1994:48-50

[12] 江巍. 振荡管法测量物质密度. 科技资讯,2011,4:1-2

[13] 李平,吴玉庭,马重芳. 熔融盐热物性的测试方法. 太阳能,2007,5:36-38

[14] 王常珍. 冶金物理化学研究方法. 北京:冶金工业出版社,1992:324-372

[15] 高桂丽,李大勇,石德全. 液体黏度测定方法及装置的研究现状和发展趋势. 现代涂料与涂装,2006,2:39-42

[16] 吴德志,徐东亮,吴耀楚. 黏度测定原理与应用. 中国仪器仪表,2002,6:41-43

[17] 孙保安. 铝基合金过热熔体脆性及非晶形成能力研究. 山东大学硕士学位论文,2007

[18] 谢华清,奚同庚. 低维材料热物理. 上海:上海科学技术文献出版社,2008:18-22

[19] 于帆,张欣欣,何小瓦. 材料热物理性能非稳态测量方法综述. 宇航计测技术,2006,26(4):23-30

[20] 闵凯,刘斌,温广. 导热系数测量方法与应用分析. 保鲜与加工,2005,5(6):35-38

[21] 杨新圆，孙建平，张金涛. 材料线热膨胀系数测量的近代发展与方法比对介绍. 计量技术，2008，7：33-36
[22] Blumm J，Henderson J B. 使用推杆式热膨胀仪测量固态/熔融金属的体积膨胀与密度变化. 耐驰仪器(上海)有限公司，内部交流资料
[23] 陈必友. 工厂分析化学手册. 北京：国防工业出版社，1992
[24] 杨永红. 仪器分析操作技术. 北京：化学工业出版社，2008
[25] 史启桢. 无机及分析化学. 北京：高等教育出版社，1995
[26] 李春潮，李成霞，赵凿元. 一种测定熔盐中 NO_3^- 和 NO_2^- 的方法，中国，200710179643.7. 2007-12-17
[27] 朱永法，宗瑞隆. 材料分析化学. 北京：化学工业出版社，2009：155-160，195，177-178
[28] 吴荫顺，方智. 腐蚀试验方法与防腐蚀检测技术. 北京：化学工业出版社，1996：16-20
[29] 章晓中. 电子显微分析. 北京：清华大学出版社，2006
[30] 赵伯麟. 薄晶体电子显微象的衬度理论. 上海：上海科学技术出版杜，1980
[31] 〔日〕进藤大辅，及川哲夫. 材料评价的分析电子显微方法. 刘安生，译. 北京：冶金工业出版社，2004
[32] 付洪兰. 实用电子显微镜技术. 北京：高等教育出版社，2004
[33] 蔡明昭. 实用工业分析. 广州：华南理工大学出版社，1999，8(1)：261-262
[34] GB/T 15436-1995，环境空气氮氧化物的测定. 北京：国家环境保护局，1995

第5章　硝酸熔盐的制备及性能

在常见无机盐中，相同阳离子硝酸盐的熔点普遍较低，因此，硝酸熔盐是最常用的传热蓄热材料。硝酸熔盐在高温运行后会含有一定量的亚硝酸盐，增加硝酸盐中的亚硝酸盐含量会进一步降低熔盐的凝固点，因此，亚硝酸盐是硝酸熔盐体系的重要组成部分，为了叙述方便，本章把含有亚硝酸盐的混合硝酸体系统称为硝酸盐熔盐。

硝酸熔盐体系以其高性价比成为中高温传热蓄热材料的首选之一。本章对硝酸盐的基本性质、硝酸熔盐传热蓄热材料的选择原则、常见硝酸熔盐体系、多元硝酸熔盐的制备、热物性、热稳定性与高温腐蚀性等方面进行介绍。有关多元硝酸熔盐的高温稳定性分析、使用中的若干问题及其相关环境效应将在后续章节中进行介绍。

5.1　硝酸盐的基本性质

5.1.1　硝酸盐的基本化学性质

固体硝酸盐由硝酸根（NO_3^-）离子和金属阳离子以离子键方式键合而成，把NO_3^-换成亚硝酸根（NO_2^-）后即形成亚硝酸盐。室温下，几乎所有硝酸盐、亚硝酸盐固体都十分稳定。

无水硝酸盐受热后首先熔化为液体，继续加热会发生硝酸根阴离子分解，分解产物与阳离子种类有关。依分解产物不同，硝酸盐的分解大致分为三大类[1]：

（1）金属活泼性在Mg之前的硝酸盐分解为亚硝酸盐和氧气，例如

$$2NaNO_3 = 2NaNO_2 + O_2\uparrow$$

（2）金属活泼性在Mg～Cu的硝酸盐分解为金属氧化物、二氧化氮（NO_2）和氧气，例如

$$2Pb(NO_3)_2 = 2PbO + 4NO_2\uparrow + O_2\uparrow$$

（3）金属活泼性在Cu之后的硝酸盐分解为金属、二氧化氮和氧气，例如

$$2AgNO_3 = 2Ag + 2NO_2\uparrow + O_2\uparrow$$

亚硝酸盐的热稳定性也与阳离子种类有关。阳离子为碱金属和大半径碱土金属离子的亚硝酸盐较为稳定，其他阳离子亚硝酸盐的热稳定较差，容易分解。

硝酸盐的易分解性是硝酸根离子的独特结构和阳离子极化共同作用的结果。

硝酸根离子呈平面三角形结构[1]，如图 5-1 所示。中心 N 原子以 sp^2 杂化轨道与 3 个氧原子形成 3 个 σ 键，中心 N 原子与 3 个 O 原子呈平面三角形分布，在垂直于该平面的方向上还形成一个 4 原子 6 电子的大 π 键 Π_4^6。成 σ 键的电子定域于 N-O 两原子之间，成大 π 键的 6 个电子离域运动于 4 个原子组成的平面范围之内，大 π 键的离域特性导致硝酸根离子在阳离子的极化作用下容易发生变形，结果导致硝酸盐受热时，比硫酸盐、磷酸盐和氯化物更容易发生分解，表现为 600℃时，硫酸钠、磷酸钠、氯化钠和氟化钠还是稳定固体，而硝酸钠已发生分解。金属活泼性在 Mg 之后的阳离子，极化作用较强，容易使硝酸根离子发生变形，相应硝酸盐的热稳定性更差，在不太高的温度下使 NO_3^- 分解为 NO_2 和 O_2，例如，无水硝酸铜在 200℃下即可分解为氧化铜、NO_2 和 O_2，硝酸钠在 450℃下基本稳定。金属活泼性在 Mg 之前的阳离子一般为碱金属和半径很大的碱土金属阳离子，极化作用较弱，使硝酸根变形的能力较弱，其硝酸盐的热稳定一般较好。亚硝酸根离子的结构如图 5-2 所示，其中有一离域的大 π 键 Π_3^4，极化作用较强的阳离子会使其分解。

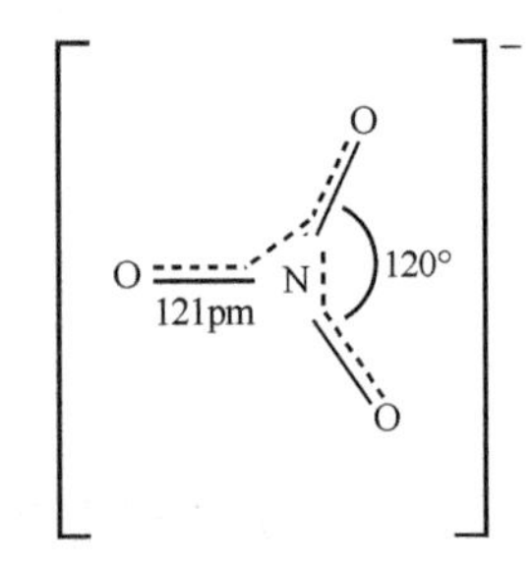

图 5-1　硝酸根离子(NO_3^-)结构

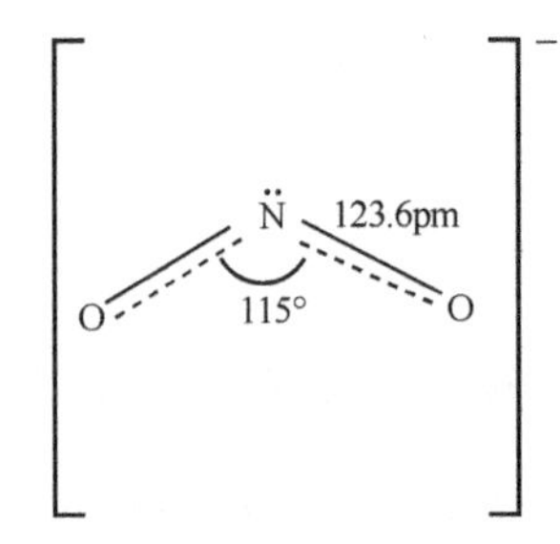

图 5-2　亚硝酸根离子(NO_2^-)结构

工业上，廉价的硝酸盐和亚硝酸盐产品一般通过水溶液结晶获得，由于多数阳离子极易与水分子发生配位，因此常见硝酸盐和亚硝酸盐大都含结晶水。含结晶水的硝酸盐加热时，由于发生水解多数无法得到无水盐，相应的无水盐只能通过特殊方法制备，且包装运输要求严格密封，故价格较贵。从水溶液中制造的不含结晶水的盐只有碱金属和少数碱土金属硝酸盐以及亚硝酸盐。易水解的含水盐不能用作高温传热蓄热工质。关于含结晶水硝酸盐的热分解将在 5.2.1 小节说明。

5.1.2　硝酸盐的基本物理性质

常见无水和含结晶水硝酸盐和亚硝酸盐的基本物理常数如表 5-1 所示。

表 5-1　常见硝酸盐和亚硝酸盐的基本物理常数[2]

名称	分子式	摩尔质量 /(g · mol^{-1})	熔点/℃	沸点/℃	固态密度 /(kg · m^{-3})
硝酸铝	$Al(NO_3)_3$	212.997	分解		
	$Al(NO_3)_3 \cdot 9H_2O$	375.134	73	135 分解	1720
硝酸钡	$Ba(NO_3)_2$	261.336	590		3240
亚硝酸钡	$Ba(NO_2)_2$	229.338	267		3234
	$Ba(NO_2)_2 \cdot H_2O$	247.353	217 分解		3180
硝酸钙	$Ca(NO_3)_2$	164.087	561		2500
	$Ca(NO_3)_2 \cdot 4H_2O$	236.149	约 40 分解		1820
亚硝酸钙	$Ca(NO_2)_2$	132.089	398		2230
硝酸铬	$Cr(NO_3)_3$	238.011	>60 分解		
	$Cr(NO_3)_3 \cdot 9H_2O$	400.148	66.3	>100 分解	1800
硝酸钴	$Co(NO_3)_2$	182.942	100 分解		2490
	$Co(NO_3)_2 \cdot 6H_2O$	291.034	约 55		1880
硝酸铜	$Cu(NO_3)_2$	187.555	255	升华	
	$Cu(NO_3)_2 \cdot 6H_2O$	295.647			2070
	$Cu(NO_3)_2 \cdot 3H_2O$	241.602	114	170 分解	2320
硝酸铯	$CsNO_3$	194.910	414		3660
硝酸亚铁	$Fe(NO_3)_2$	179.854			
	$Fe(NO_3)_2 \cdot 6H_2O$	287.946	60 分解		
硝酸铁	$Fe(NO_3)_3$	241.860			
	$Fe(NO_3)_3 \cdot 6H_2O$	349.951	35 分解		
	$Fe(NO_3)_3 \cdot 9H_2O$	403.997	47 分解		1680
硝酸钾	KNO_3	101.103	337	400 分解	2110
亚硝酸钾	KNO_2	85.104	441	537 爆炸	1915
硝酸锂	$LiNO_3$	68.946	253		2380
亚硝酸锂	$LiNO_2 \cdot H_2O$	70.962	>100		1615
硝酸镁	$Mg(NO_3)_2$	148.314			约 2300
	$Mg(NO_3)_2 \cdot 2H_2O$	184.345	约 100 分解		1450
	$Mg(NO_3)_2 \cdot 6H_2O$	256.406	约 95 分解		1460
亚硝酸镁	$Mg(NO_2)_2 \cdot 3H_2O$	170.362	100 分解		
硝酸锰	$Mn(NO_3)_2$	178.948			2200
	$Mn(NO_3)_2 \cdot 6H_2O$	287.040	28 分解		1800
	$Mn(NO_3)_2 \cdot 4H_2O$	251.010	37.1 分解		2130

续表

名称	分子式	摩尔质量/$(g \cdot mol^{-1})$	熔点/℃	沸点/℃	固态密度/$(kg \cdot m^{-3})$
硝酸钠	$NaNO_3$	84.995	307		2260
亚硝酸钠	$NaNO_2$	68.996	271	>320 分解	2170
硝酸镍	$Ni(NO_3)_2$	182.702			
	$Ni(NO_3)_2 \cdot 6H_2O$	290.794	56 分解		2050
硝酸铷	$RbNO_3$	147.473	305		3110
硝酸锶	$Sr(NO_3)_2$	211.63	570	645	2990
亚硝酸锶	$Sr(NO_2)_2$	179.63	240 分解		2800
硝酸锌	$Zn(NO_3)_2$	189.40			
	$Zn(NO_3)_2 \cdot 6H_2O$	297.49	36 分解		2067

表 5-1 所示的分解温度是指硝酸盐开始分解的温度。例如，KNO_3在 400℃开始分解，$NaNO_2$在大于 320℃时开始分解。实际应用中，这些温度下硝酸盐分解速率可能很慢，处于动力学惰性状态，表观的分解现象并不明显。因此，二元熔盐硝酸钾和硝酸钠可使用到 600℃左右；三元熔盐硝酸钾、亚硝酸钠和硝酸钠，可使用到 500℃。

从表 5-1 可见，多数硝酸盐容易发生分解。可以用作高温传热蓄热工质的硝酸盐种类有限，已经工业应用的硝酸盐有硝酸钾和硝酸钠的二元盐，硝酸钾、硝酸钠和亚硝酸钠的三元盐等。由于硝酸盐在高温下具有一定的氧化性，不论二元盐还是三元盐，在金属管和罐等容器中高温运行后，金属元素必然会进入熔盐，进入熔盐的金属元素取决于金属合金材料的组成，可能的元素有 Fe、Cr、Ni、Mn、Cu 和 Zn 等；另外，熔盐高温运行后自身也会发生分解或者氧化，这些现象都可能导致熔盐传热蓄热性能劣化，需要对其进行再生。劣化不严重时通过添加组分新盐，恢复其原始组成即可再生[3]。当劣化严重到前述方法失效时，需要根据盐在水中溶解度的差异进行重结晶分离，获得单组分纯盐后按比例混合再生。

几乎所有硝酸盐都易溶于水，但溶解度有所不同，依溶解度随温度变化的差异，可以对混合硝酸盐进行分离，表 5-2 是常见硝酸盐和亚硝酸盐在水中溶解度随温度的变化。

表 5-2 只是单纯盐在水中的溶解度情况，利用该表可以除去混合盐中含量较少的杂质，如铁、镍、铬等。但对于混合盐中含量相近的组分，例如硝酸钾和硝酸钠，进行分离时还需要参考多元盐的水盐相图数据[4]。严格地说，这部分工作与盐湖工业生产十分类似，属无机化工范畴。

表 5-2　不同温度下常见硝酸盐和亚硝酸盐在水中的溶解度/wt%[2]

化合物＼温度/℃	0	10	20	30	40	50	60	70	80	90	100
$Al(NO_3)_3$	37.0	38.2	39.9	42.0	44.5	47.3	50.4				
$Ba(NO_3)_2$	4.7	6.3	8.2	10.2	12.4	14.7	17.0	19.3	21.5	23.5	25.5
$Ba(NO_2)_2$	31.1	36.6	41.8	46.8	51.6	56.2	60.5	64.6	68.5	72.1	75.6
$Ca(NO_3)_2$	50.1	53.1	56.7	60.9	65.4	77.8	78.1	78.2	78.3	78.4	78.5
$Ca(NO_2)_2$	38.6	39.5	44.5								
$Fe(NO_3)_3$	40.2										
$Fe(NO_3)_2$	41.4										
KNO_3	12.0	17.6	24.2	31.3	38.6	45.7	52.2	58.0	63.0	67.3	70.8
KNO_2	73.7	74.6	75.3	76.0	76.7	77.4	78.0	78.5	79.1	79.6	80.1
$LiNO_3$	34.8	37.6	42.7	57.9	60.1	62.2	64.0	65.7	67.2	68.5	69.7
$LiNO_2$	41	45	49	53	56	60	63	66	68		
$Mg(NO_3)_2$	38.4	39.5	40.8	42.4	44.1	45.9	47.9	50.0	52.2	70.6	72.0
$NaNO_3$	42.2	44.4	46.6	48.8	51.0	53.2	55.3	57.5	59.6	61.7	63.8
$NaNO_2$	41.9	43.4	45.1	46.8	48.7	50.7	52.8	55.0	57.2	59.5	61.8
$Sr(NO_3)_2$	28.2	34.6	41.0	47.0	47.4	47.9	48.4	48.9	49.5	50.1	50.7
$Ni(NO_3)_2$	44.1	46.0	48.4	51.3	54.6	58.3	61.0	63.1	65.6	67.9	69.0
$Mn(NO_3)_2$	50.5										
$Cu(NO_3)_2$	45.2	49.8	56.3	61.1	62.0	63.1	64.5	65.9	67.5	69.2	71.0
$Co(NO_3)_2$	45.5	47.0	49.4	52.4	56.0	60.1	62.6	64.9	67.7		
$Zn(NO_3)_2$	47.8	50.8	54.4	58.5	79.1	80.1	87.5	89.9			

5.2　硝酸熔盐基础组分的筛选原则

由表 5-1 可见，并不是所有硝酸盐都适合用作传热蓄热材料的基础组分，需要根据一定原则进行初步筛选。初步筛选的原则顺序应该是：稳定性、熔点、易得性、价格和安全性，液态温度范围，其他热物理性质。

5.2.1　硝酸盐的稳定性

对于硝酸盐来说，稳定包含两层意思：①含结晶水的硝酸盐加热时，脱水但阳离子不水解；②无水硝酸盐在工作温度范围内阴离子不分解。

只有少数含结晶水的硝酸盐受热时只脱水不水解，如 $Ca(NO_3)_2 \cdot 4H_2O$。由

表 5-1 可知，加热 $Ca(NO_3)_2 \cdot 4H_2O$ 到约 40℃时熔化，实质上是硝酸钙溶解到自身的结晶水中生成硝酸钙水溶液，继续加热逐渐脱水，最终形成固体无水 $Ca(NO_3)_2$，再升温到 561℃，无水硝酸钙熔化形成液态熔融盐。

多数含结晶水的硝酸盐受热时不能得到无水盐，而是在加热过程中发生水解最终形成氧化物。例如，加热 $Ni(NO_3)_2 \cdot 6H_2O$ 到 56℃时[5]，首先是硝酸镍溶解于自身结晶水中形成硝酸镍水溶液同时开始脱水，在约 200℃之前逐步失去 4 个结晶水生成 $Ni(NO_3)_2 \cdot 2H_2O$，在约 200～260℃范围发生水解反应生成碱式盐 $2Ni(NO_3)_2 \cdot 1/3Ni(OH)_2 \cdot 2H_2O$，在约 266～348℃范围内进一步水解逐渐生成 NiO。阳离子半径较小的碱土金属硝酸盐，如 $Mg(NO_3)_2 \cdot 6H_2O$，过渡金属硝酸盐，如 $Fe(NO_3)_3 \cdot 6H_2O$ 和 $Cu(NO_3)_2 \cdot 6H_2O$ 等，在空气中加热时都会发生与 $Ni(NO_3)_2 \cdot 6H_2O$ 类似的脱水和水解反应，最终都经过碱式盐转化为氧化物，只是脱水和水解的温度不同而已。

关于硝酸盐阴离子的分解，在本书 5.1 节中已经有所介绍。由 5.1 节可知，只有碱金属和少数碱土金属硝酸盐和亚硝酸盐在较高的温度下阴离子不分解，在更高的温度下，硝酸盐分解的产物也只是亚硝酸盐，亚硝酸盐的熔点一般比相应硝酸盐更低，对降低混合熔盐的熔点有利。另外，硝酸盐分解的另一产物是 O_2。探讨盐分解温度时，气氛条件对研究结果影响较大。例如，利用热重分析仪研究硝酸盐分解温度时，采用氮气或干燥空气作载气得到的分解温度将有所区别，这是因为氮气中的氧气分压极低而空气中氧气分压恒定的缘故。

综上所述，从硝酸盐的化学稳定性角度来看，碱金属和碱土金属中的钙、锶、钡的硝酸盐和亚硝酸盐，可以在高温下保持化学稳定，是传热蓄热材料的基础组分备选物质。

5.2.2　硝酸盐的熔点

硝酸盐的熔点包括：①含结晶水硝酸盐的熔化温度；②无水硝酸盐的熔化温度。而无水盐的熔点才是传热蓄热材料基础组分盐的筛选原则之一。

表 5-1 所示的含结晶水硝酸盐的熔点一般都低于 100℃，在熔点旁边注明的“分解”二字。这里“分解”的含义是指在该温度下将失去结晶水。例如，$Mn(NO_3)_2 \cdot 6H_2O$ 的熔点 28℃，同时注明“分解”，说明 $Mn(NO_3)_2 \cdot 6H_2O$ 在 28℃熔化的同时开始失去结晶水形成 $Mn(NO_3)_2 \cdot 4H_2O$。这里的熔化实际上是该盐溶解在自身的结晶水中成为溶液。从化学角度看，含 6 个结晶水和含 4 个结晶水在晶体结构上完全不同，是两种不同的物质，因此，脱水就意味着分解，后续的水解也属于分解。从这个意义上说，含结晶水硝酸盐的熔点不能作为熔点选择的依据。

无水盐的熔化温度才是选择传热蓄热材料的真正依据。例如，$Ca(NO_3)_2 \cdot 4H_2O$

的熔点为 40℃，但选择硝酸钙作传热蓄热材料组分时，无水 $Ca(NO_3)_2$ 的熔点 561℃才是真正参考数据。从表 5-1 可见，即使熔点很低的无水纯盐 $LiNO_3$，其熔点也高达 253℃。在传热蓄热回路中为了降低系统伴热保温和泵送系统能耗，需要熔点更低、黏度更小的盐。混合盐的熔点一般低于单组分纯盐，其组成不同熔点不同，混合盐的熔点和组成关系可从相图中获得。

相图可给出全组成范围内的熔点和组成关系，这正是相图作为传热蓄热熔盐设计基础的原因之一。有关相图的内容在第 2 章和第 3 章已有描述，这里不再赘述。

5.2.3　硝酸盐的易得性、成本和安全性

盐的易得性、价格和安全性也是传热蓄热材料基础组分的选择原则。因为熔盐被用作传热蓄热材料时，用量十分巨大。例如，年发电量为 110GWh 的 GEMASOLAR 塔式电站，熔盐的用量高达 8500t。从硝酸盐的稳定性和熔点看，碱金属铷、铯和碱土金属锶的硝酸盐和亚硝酸盐都基本满足要求，但这几种元素在地壳中含量很低[6]，其产量比硝酸钾和硝酸钠少得多，因此价格昂贵。表 5-3 是某网站 2012 年初几种硝酸盐的报价[7]，所以硝酸锶、硝酸铯、硝酸铷三种硝酸盐不能满足传热蓄热材料对价格和易得性的要求，一般不被选择。硝酸锂的价格介于硝酸钾和硝酸锶之间，对于大规模使用仍然不利。尽管如此，由于硝酸锂低熔点和高比热容等优点，含硝酸锂的熔盐仍被较为深入地研究。硝酸钡的价格虽然不高，但硝酸钡易溶于水形成 Ba^{2+}，具有很强的毒性，用作传热蓄热材料基本组分时存在潜在的安全隐患，一般也不被选择。通过易得性和安全的考察，最佳的选择主要有钾、钠、钙的硝酸盐和亚硝酸盐。

表 5-3　硝酸盐报价

名称	硝酸钠	硝酸钾	硝酸锂	硝酸锶	硝酸铯	硝酸铷
价格/(万元/t)	0.25～0.33	0.45～3.3	3.3～4.0	37.8	50	500

注：本数据摘自 http://www.qjy168.com/price

5.2.4　硝酸盐的分解温度

熔盐的最佳工作温度范围由熔点和劣化温度决定，通常情况下，熔盐的工作温度下限取值高于熔点 50～100℃，工作温度上限取值低于劣化温度 50～100℃。熔盐的熔点越低，熔盐在回路中越不会发生凝结现象而造成回路堵塞，同时降低对回路伴热保温能耗的要求；劣化温度越高，熔盐寿命越长，工作温度范围越宽，光热电转换效率越高。

硝酸熔盐的劣化方式有两种：分解和氧化。例如，在大气环境下，当温度高于

500℃时，硝酸钠会发生如下分解反应

$$2NaNO_3 \longrightarrow 2NaNO_2 + O_2$$

结果导致熔盐热力学性能劣化。如果在其中添加大量亚硝酸钠使之超过平衡浓度，则可发生上述反应的逆反应，即亚硝酸根被空气中的 O_2 氧化为硝酸根直到达到平衡，这同样也会影响熔盐的热力学性能。另外，在熔盐中加入添加剂可降低反应速率，使熔盐即使加热到热力学分解温度之上，但由于动力学惰性的影响，仍可提高熔盐的劣化温度，扩大熔盐的工作温度范围。

5.2.5　硝酸盐的其他热物理性质

用作传热蓄热材料的盐，一般为混合熔盐。混合熔盐的热物理性质，取决于基础组分纯盐的热物理性质。作为蓄热材料最需要关注的热物理性质包括熔点、熔化热、比热容、密度、熔化时的体积变化和导热系数；作为传热材料，除了上述热物理性质外，还要增加黏度和表面张力等与流动性能相关的参数。表 5-4 列出碱金属和部分碱土金属硝酸盐、亚硝酸盐纯盐的热物性数据。

表 5-4　碱金属和部分碱土金属硝酸盐的热物性数据[2,8,9]

性质及组成	$LiNO_3$	$NaNO_3$	KNO_3	$Ca(NO_3)_2$	$LiNO_2$	$NaNO_2$	KNO_2	$Ca(NO_2)_2$
熔点/℃	260	308	337	561	225	288	437	398
熔化热/($kJ \cdot mol^{-1}$)	24.9	15.5	10.1	23.7		12.4		
25℃固体比热容/($J \cdot mol^{-1} \cdot K^{-1}$)		93	96	149		69		
*液体比热容/($J \cdot mol^{-1} \cdot K^{-1}$)	111	155	136			164		
熔化时体积变化/%	21.4	10.7	3.3			16.5	8.0	
固体导热系数/($W \cdot m^{-1} \cdot K^{-1}$)	32.2^{525K}	13.6^{520K}	21.0^{453K}			15.9^{549K}		
*液体导热系数/($W \cdot m^{-1} \cdot K^{-1}$)	0.632	0.571	0.467			0.72^{590K}		
*液体密度/($kg \cdot m^{-3}$)	1724	1851	1856			1756	~1700	
*液体黏度/cP	2.822	2.32	2.62		8.34^{520K}	2.31^{610K}	1.92^{700K}	
*液体表面张力/($mN \cdot m^{-1}$)	110.3	116.9	109.7	101.5^{833K}		117.9	107^{720K}	
大气中热分解温度/℃	290	500	530			320	537爆炸	

注：* 表示没有特别说明，所列数据为 630K 时液体热物性

由表 5-4 可见，不同阳离子硝酸盐的热物性不同，相同阳离子的硝酸盐和亚硝酸盐的热物性不相同，由它们所组成的混合盐热物性也不相同，其热物性需要进一

步测定。

关于混合硝酸盐的热物性，除了实验测定以外，还可以进行理论计算，早先的计算是基于基础组分盐热物性数据计算混合盐的热物性，目前人们已采用分子动力学理论对纯盐和混合盐的热物性进行模拟[10]。

5.3　混合硝酸熔盐的分类

基于硝酸盐的基本性质和硝酸熔盐的筛选原则，可以用来制备传热蓄热用混合熔盐的基础组分盐如表 5-4 所示。把表 5-4 所示的纯盐按不同组分混合。根据混合硝酸熔盐所含种类的不同，混合硝酸熔盐大致可分为二元、三元和多元熔盐。二元硝酸熔盐是指含有两种纯盐组分的混合盐，三元硝酸熔盐是含有三种纯盐组分的混合盐，多元硝酸熔盐是含有三种以上纯盐组分的混合盐。

5.3.1　二元和三元硝酸熔盐

二元熔盐含有两种纯盐组分，而且这两种组分不能发生反应，否则将不是二元熔盐[11]。例如，$Ca(NO_2)_2$-KNO_2 是二元熔盐，但 $Ca(NO_2)_2$-KNO_3 是三元熔盐。因为，前者不发生反应，后者将发生交互反应，混合后熔盐体系中将含有四种组分 $Ca(NO_2)_2$-$Ca(NO_2)_3$-KNO_2-KNO_3，确定其中三种组分的含量，第四种即可确定，因此，$Ca(NO_2)_2$-KNO_3 是三元熔盐。按照相平衡的观点，该体系属于交互三元体系。依据上述原则，由表 5-4 可以组合出多种二元混合熔盐，如表 5-5 所示。

表 5-5　二元硝酸盐的组成

二元体系	二元体系
$LiNO_2$-$LiNO_3$	$NaNO_2$-KNO_2
$LiNO_2$-$NaNO_2$	$NaNO_3$-KNO_3
$LiNO_2$-KNO_2	$NaNO_2$-$Ca(NO_2)_2$
$LiNO_3$-$NaNO_3$	$NaNO_3$-$Ca(NO_3)_2$
$LiNO_3$-KNO_3	KNO_2-KNO_3
$LiNO_2$-$Ca(NO_2)_2$	KNO_2-$Ca(NO_2)_2$
$LiNO_3$-$Ca(NO_3)_2$	KNO_3-$Ca(NO_3)_2$
$NaNO_2$-$NaNO_3$	$Ca(NO_2)_2$-$Ca(NO_3)_2$

三元硝酸熔盐存在两种类型。一类是具有相同阴离子不同阳离子的三元熔盐，另一类是交互三元熔盐。表 5-6 给出根据表 5-4 组合出的三元硝酸熔盐。

表 5-6　三元硝酸盐的组成

交互三元体系	三元体系
$LiNO_2$-$LiNO_3$-$NaNO_2$-$NaNO_3$	$LiNO_2$-$NaNO_2$-KNO_2
$LiNO_2$-$LiNO_3$-KNO_2-KNO_3	$LiNO_2$-$NaNO_2$-$Ca(NO_2)_2$
$LiNO_2$-$LiNO_3$-$Ca(NO_2)_2$-$Ca(NO_3)_2$	$LiNO_2$-KNO_2-$Ca(NO_2)_2$
$NaNO_2$-$NaNO_3$-KNO_2-KNO_3	$NaNO_2$-KNO_2-$Ca(NO_2)_2$
$NaNO_2$-$NaNO_3$-$Ca(NO_2)_2$-$Ca(NO_3)_2$	$LiNO_3$-$NaNO_3$-KNO_3
KNO_2-KNO_3-$Ca(NO_2)_2$-$Ca(NO_3)_2$	$LiNO_3$-$NaNO_3$-$Ca(NO_3)_2$
	$LiNO_3$-KNO_3-$Ca(NO_3)_2$
	$NaNO_3$ KNO_3-$Ca(NO_3)_2$

并不是所有表 5-5 和表 5-6 所示的二元和三元体系都适合用作传热蓄热材料,具体还需根据特定热物性要求进行选择。

5.3.2　常用硝酸熔盐及其热物性

综合熔盐的易得性、价格、热物性和热稳定性,目前用作传热蓄热材料的体系主要有:低共熔点为 222℃的 $NaNO_3$-KNO_3二元熔盐;低共熔点为 142℃的 KNO_3-$NaNO_3$-$NaNO_2$三元熔盐;具有潜在应用价值的体系还包括含 $Ca(NO_3)_2$和 $LiNO_3$混合熔盐。表 5-7 给出常用传热蓄热混合硝酸熔盐及其性质,为了工程设计方便,把部分数据单位进行了换算。

表 5-7　一些常用的混合硝酸盐及其性质[12-15]

性质及组成	Solar Salt	Hitec	Hitec XL	$LiNO_3$ mixture
$LiNO_3$含量/%				22.27
$NaNO_3$含量/%	60	7	7	18.18
KNO_3含量/%	40	53	45	54.54
$NaNO_2$含量/%		40		
$Ca(NO_3)_2$含量/%			48	
熔点/℃	220	143	130	120
熔化热/(kJ · kg^{-1})	161	80		
比热(300℃)/(J · kg^{-1} · K^{-1})	1495	1560	1447	
导热系数/(W · m^{-1} · K^{-1})	0.519	0.387		
密度(300℃)/(kg · m^{-3})	1899	1640	1992	
黏度(300℃)/cP	3.26	3.16	6.37	
上限温度/℃	600	535	500	550
液体表面张力/(mN · m^{-1})	109	112		

5.4　多元硝酸熔盐的制备及其高温热物性

现有硝酸熔盐 Hitec(53%KNO_3-40%$NaNO_2$-7%$NaNO_3$)，是一种通用化工产品。由于其具有熔点低、黏度小、比热容大、来源广泛、价格便宜等特点，已广泛应用于石油化工、冶金等行业，但其存在劣化温度低的缺陷，无法满足高温工业余热回收和规模化太阳能高温热利用的需求。

为了改善硝酸熔盐的热性能，以该硝酸熔盐 Hitec 为基础组分，通过增加高稳定性的盐，扩大工作温度范围，形成新的多元硝酸熔盐体系。本书第 2 章根据热力学模型计算了该交互多元体系的相图，对其低共熔点和共熔物组成进行了预测。本节在此基础上进行了多元硝酸熔盐的制备，并测定了其热物性[16-18]。

5.4.1　多元硝酸熔盐的制备

根据第 3 章相图计算结果预测，多元硝酸熔盐体系(K, Na/Cl, NO_2, NO_3)的低共熔点在 Na^+/K^+ 比为 0.5 左右。该体系低共熔点所对应的准确组成由步冷曲线确定。

采用静态熔融的方法，按照表 5-8 所示的 Na^+/K^+ 比值制备了一系列混合熔盐，并测定了其步冷曲线，结果如图 5-3～图 5-6 所示。图 5-3 是硝酸熔盐 Hitec(53% KNO_3-40% $NaNO_2$-7% $NaNO_3$)步冷曲线，从图中可以看出，硝酸熔盐 Hitec 只有一个转折点且凝固点为 143℃，与图 3-30 给出的低共熔点(142℃)基本一致，说明采用步冷曲线可以确定该组成的混合盐是否形成低共熔点。图 5-4～图 5-6 所示的分别是为样品 A、B 和 C 的步冷曲线。图 5-4 所示的步冷曲线上只出现一个转折点，说明 Na^+/K^+ 比为 0.5261 的样品 A 是低共熔混合物，低共熔点为 140℃，验证了第 3 章对该体系相图计算预测的结果。而图 5-5 和图 5-6 所示的步冷曲线上分别出现三个和两个转折点，发生了多次固相的析出，说明该两种组成不在低共熔点上。因此，样品 A 为传热蓄热熔盐材料，该熔盐被命名为SYSU-N1。

表 5-8　硝酸熔盐配比组成

样品	XN+a	NO_3^- 的摩尔分数/%	Cl^- 的摩尔分数/%	NO_2^- 的摩尔分数/%
A	0.526	0.483	0.056	0.461
B	0.496	0.454	0.112	0.434
C	0.465	0.426	0.166	0.407

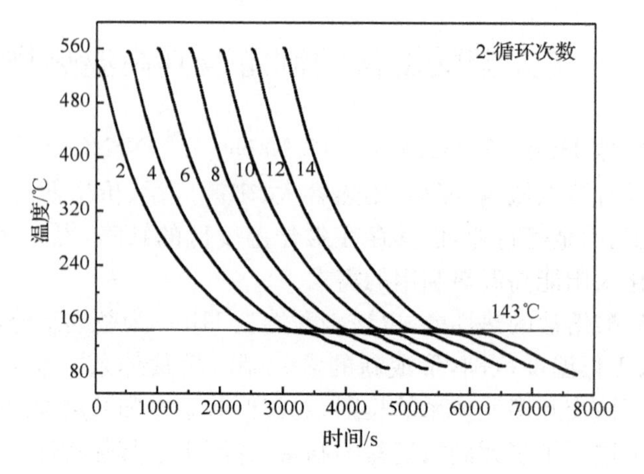

图 5-3　硝酸熔盐 Hitec 步冷曲线

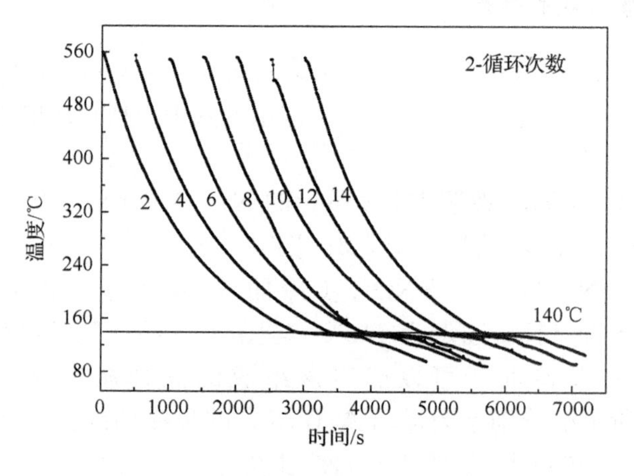

图 5-4　样品 A 步冷曲线

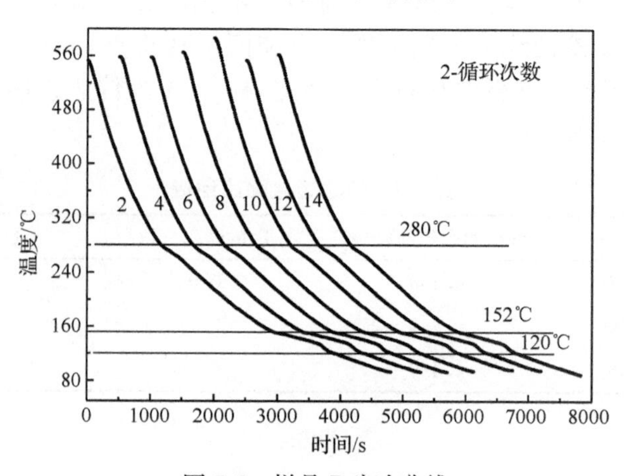

图 5-5　样品 B 步冷曲线

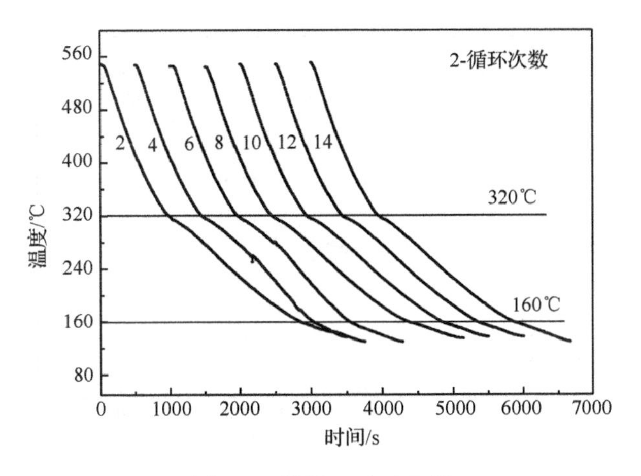

图 5-6　样品 C 步冷曲线

5.4.2　熔盐 SYSU-N1 的热物性测定

1. 比热容

熔盐 SYSU-N1 的比热容测定结果如表 5-9 所示。可以得到，在温度为 56～136℃，熔盐 SYSU-N1 处于固体状态且组分盐不发生相变；在 160～506℃熔盐 SYSU-N1 处于稳定的液态。固态熔盐 SYSU-N1 的比热容随温度升高而缓慢增大，液态熔盐 SYSU-N1 的比热容基本不变。熔盐 SYSU-N1 液态比热容值拟合公式如下

$$C_p = 0.978 + 4.554 \times 10^{-4} T \quad (166 \sim 506℃) \tag{5.1}$$

表 5-9　熔盐 SYSU-N1 的比热容

T/℃	C_p/(kJ·kg^{-1}·K^{-1})	T/℃	C_p/(kJ·kg^{-1}·K^{-1})	T/℃	C_p/(kJ·kg^{-1}·K^{-1})
56	0.15076	226	1.15628	366	1.16696
96	0.94743	246	0.97551	386	1.26648
116	0.9566	286	1.08243	406	1.1963
166	1.08335	306	1.06178	446	1.10967
186	1.07134	326	0.89704	466	1.16009
206	0.84023	346	1.27589	506	0.87192

由图 5-7 可知，在 200℃以上时熔盐 SYSU-N1 比 Solar Salt 和 Hitec[19,20]两种熔盐的比热容都小，Solar Salt 和 Hitec 两种熔盐在 250～500℃的比热容值比较接近。熔盐 SYSU-N1 在 150℃以上时其液态比热容的平均值为 1.148kJ·kg^{-1}·K^{-1}，比热容值比较大，非常适合作为传热介质。

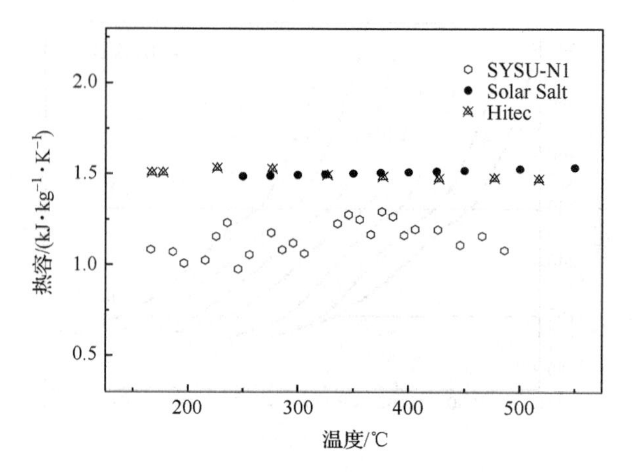

图 5-7　三种不同熔盐比热容的比较

2. 密度

由阿基米德法测得熔盐 SYSU-N1 的密度如表 5-10 和图 5-8 所示。从图表中可知，熔盐 SYSU-N1 比 Solar Salt 和 Hitec[20,21]两种熔盐的密度波动大，Hitec 熔盐密度比 Solar Salt 熔盐小。熔盐 SYSU-N1 的密度随温度升高而降低，当温度从 170℃升高到 450℃时，熔盐密度从 2081.2kg·m^{-3}降低到 1653.0kg·m^{-3}。熔盐 SYSU-N1 液态密度的拟合式如下

$$\rho = 2438.9 - 1.8209T \quad (150 \sim 450℃) \tag{5.2}$$

表 5-10　熔盐 SYSU-N1 密度实验值

T/℃	ρ/(kg·m^{-3})	T/℃	ρ/(kg·m^{-3})	T/℃	ρ/(kg·m^{-3})
170	2081.2	270	1975.6	370	1708.1
190	2075.5	290	1921.4	390	1686.3
210	2068.6	310	1877.1	410	1673.8
230	2034.0	330	1840.4	430	1666.9
250	2004.4	350	1768.8	450	1653.0

3. 黏度

根据运动黏度 ν 和密度求得的熔盐 SYSU-N1 的黏度如表 5-11 和图 5-9 所示。由图表可知，混合熔盐的黏度随温度的升高而降低。当温度较低时，熔盐 SYSU-N1 的黏度处于 Solar Salt 和 Hitec 两种熔盐之间[20,22]，都在 10cP 以下；当温度达到 500℃以上时，三者黏度值都接近 1cP，与水的黏度相当，具有良好的流动

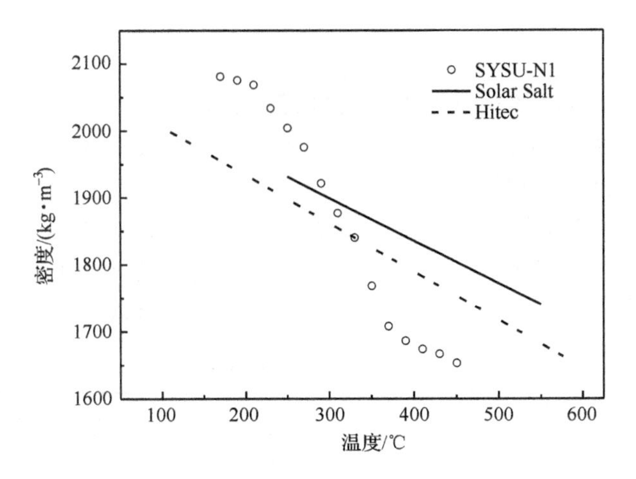

图 5-8　熔盐 SYSU-N1 的密度

表 5-11　熔盐 SYSU-N1 黏度测试值

T/℃	ν/(mm^2 · s^{-1})	μ/cP	T/℃	ν/(mm^2 · s^{-1})	μ/cP
150	1.5310	3.0158	400	0.8679	1.5532
200	1.4309	2.7670	500	0.8498	1.4597
300	1.0805	2.0116	550	0.7957	1.3379

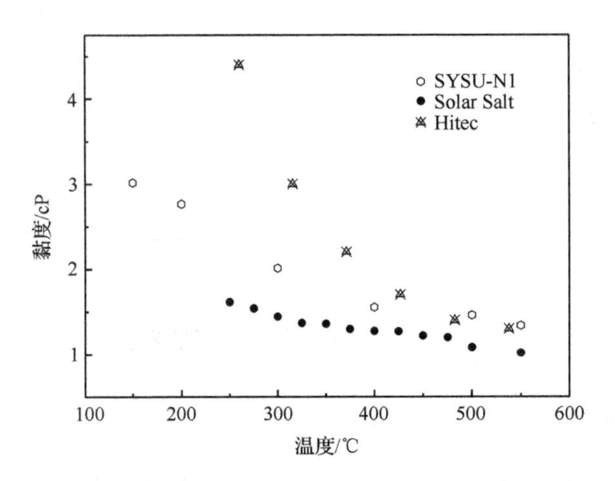

图 5-9　熔盐 SYSU-N1 的黏度

性，很适合于用作传热流体。熔盐 SYSU-N1 的黏度拟合式如下

$$\mu = 4.5923 - 0.01173T + 1.0661 \times 10^{-5} T^2 \quad (150 \sim 550℃) \qquad (5.3)$$

4. 导热系数

由激光闪射法测定热扩散系数 a，再由扩散系数、比热容和密度求得的熔盐 SYSU-N1 的导热系数如表 5-12 和图 5-10 所示。受测试仪器的限制，本书仅提供 300℃以内熔盐的导热系数。由表 5-12 和图 5-10 可知，熔盐 SYSU-N1 比 Solar Salt 和 Hitec 两种熔盐[20,23]的导热系数大，而 Solar Salt 和 Hitec 两种熔盐的导热系数比较接近。300℃以内熔盐 SYSU-N1 的导热系数拟合式如下

$$\lambda = 2.5190 - 0.0041T \quad (150 \sim 300℃) \tag{5.4}$$

表 5-12 熔盐 SYSU-N1 的导热系数值

T/℃	$a/(\mathrm{mm}^2 \cdot \mathrm{s}^{-1})$	$\lambda/(\mathrm{W} \cdot \mathrm{m}^{-1} \cdot ℃^{-1})$
150	0.682	2.0484
200	0.487	1.4289
250	0.562	1.6102
300	0.467	1.3061

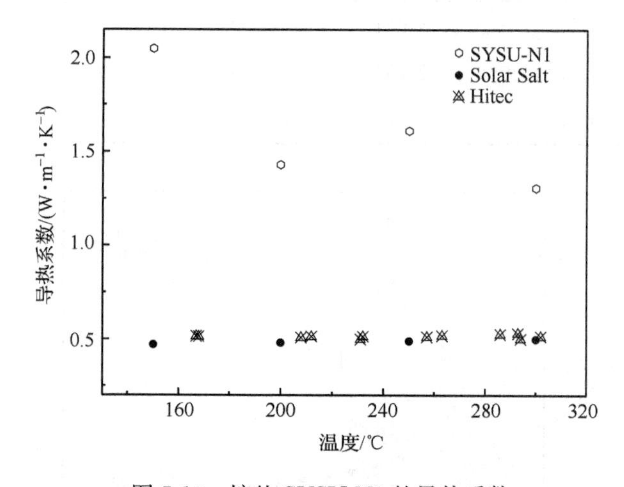

图 5-10 熔盐 SYSU-N1 的导热系数

5. 热膨胀系数

利用机械推杆方法测得熔盐 SYSU-N1 的线膨胀系数如图 5-11 所示。研究发现，粉末状熔盐间隙大，在 159.0℃时开始发生变化，然后急剧下降直到 166.0℃；固态熔盐比较紧密，在 158.7℃时开始变化，然后缓慢降低到 190.4℃。从图中可以得到固态熔盐线膨胀系数为 $9.68933 \times 10^{-6}℃^{-1}$，液态熔盐体膨胀系数通常可以由其比密度通过下面的公式推导得到[24]

$$\gamma_1 = \frac{1}{v_1}\left(\frac{\partial v_1}{\partial T}\right)_p \tag{5.5}$$

故液态熔盐体膨胀系数计算式为

$$\gamma_1 = 0.72083/(2077.983506 - 0.72083T) \tag{5.6}$$

液态熔盐 SYSU-N1 的体膨胀系数计算结果如图 5-12 所示，从中可以得到体膨胀系数随着温度的升高而增大，熔盐体积将会变大。在 150～550℃，熔盐平均体膨胀系数为 3.9584×10^{-4}℃$^{-1}$，与水的体膨胀系数 2.51×10^{-4}℃$^{-1}$ 比较接近，故高温时熔盐性质与水接近。

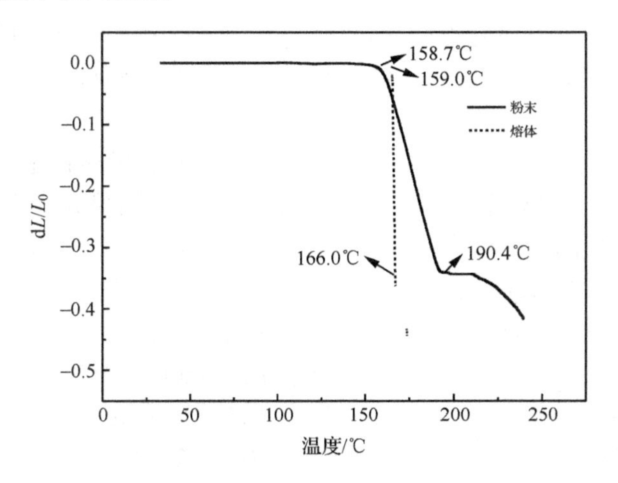

图 5-11　熔盐 SYSU-N1 的热膨胀性

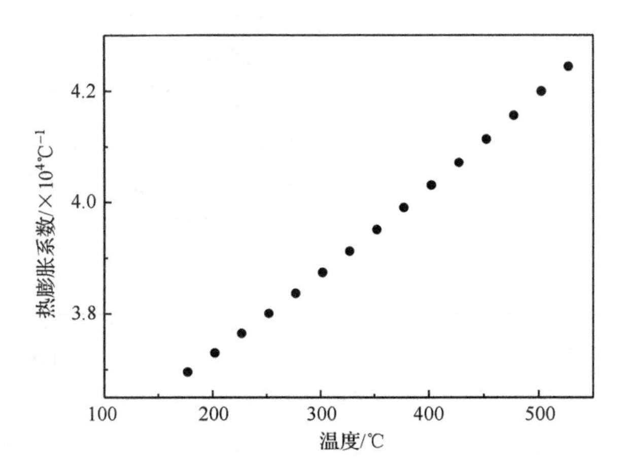

图 5-12　液态熔盐体膨胀系数

5.5 熔盐 SYSU-N1 的高温热稳定性

高温下碱金属硝酸盐分解为亚硝酸盐和氧气是一个可逆反应,实际运行过程中硝酸熔盐的热稳定性与该可逆反应密切相关。本节从高温静态和动态工况下对熔盐的热稳定性进行研究,包括质量、组成和物相变化[16-18]。

5.5.1 高温静态工况下的热稳定性

在不同恒温条件下,通过测定不同时间段样品的质量可直接反映熔盐的氧化或分解程度。同时,为了更好地了解混和熔盐组成的变化情况,采用氧化还原滴定法测定熔盐中 NO_2^- 含量变化。

由于硝酸熔盐 Hitec 在模拟实际蓄热系统中高温恒温热稳定性的研究文献较少,故本小节首先研究熔盐 Hitec 的质量及组成变化,结果如图 5-13 所示。从图中可以看出,虽然熔盐在 500℃时,质量几乎不损失,如图 5-13(a)所示,但 NO_2^- 含量表现出一定程度降低,显示出劣化现象,如图 5-13(b)所示。由此可以推测,随着 NO_2^- 含量的减少,熔盐 Hitec 的熔点将会上升,使熔盐的工作温度范围减小,伴热保温能耗增大。当恒温温度进一步上升,混合熔盐的质量减少速率加快,热稳定性变得更差。混合熔盐在 550℃保温 30h,其质量损失接近 20%,NO_2^- 含量由原来的 27%大幅度减少到 17%。说明硝酸熔盐 Hitec 的工作温度上限为 450℃,这与文献[12]和[13]的研究结果相吻合。

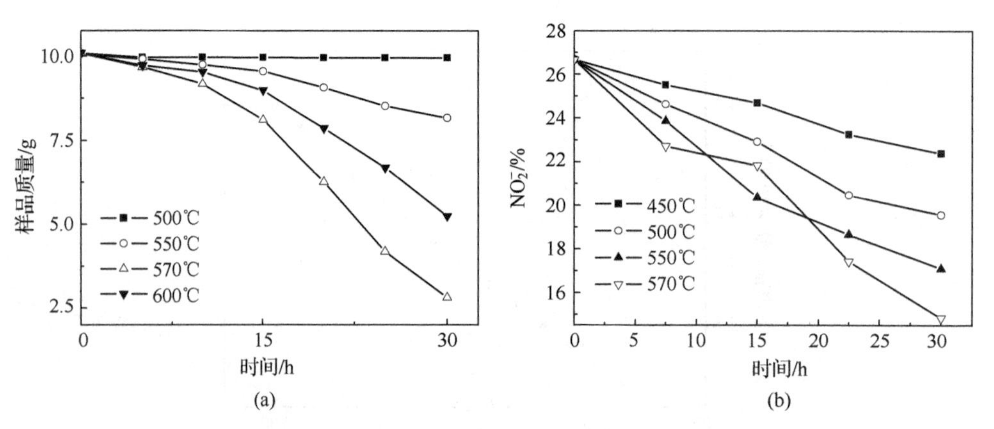

图 5-13 硝酸熔盐 Hitec 的质量(a)和 NO_2^- 含量(b)随温度的变化

多元硝酸熔盐 SYSU-N1 在不同温度下的质量和 NO_2^- 含量随时间的变化如图 5-14 所示。从图中可以得到,与熔盐 Hitec 在 550℃保温 30h 质量损失 20%相比,熔盐 SYSU-N1 在相同条件下的质量损失仅有 1%,质量几乎不损失;与熔盐

Hitec 在 550℃保温 30h 的 NO_2^- 含量损失 10%相比，熔盐 SYSU-N1 只减少了 7%，Cl^- 的加入可以减缓熔盐劣化。与硝酸熔盐 Hitec 相比，多元熔盐 SYSU-N1 的热稳定性更好，工作温度上限更高，工作温度范围更宽。

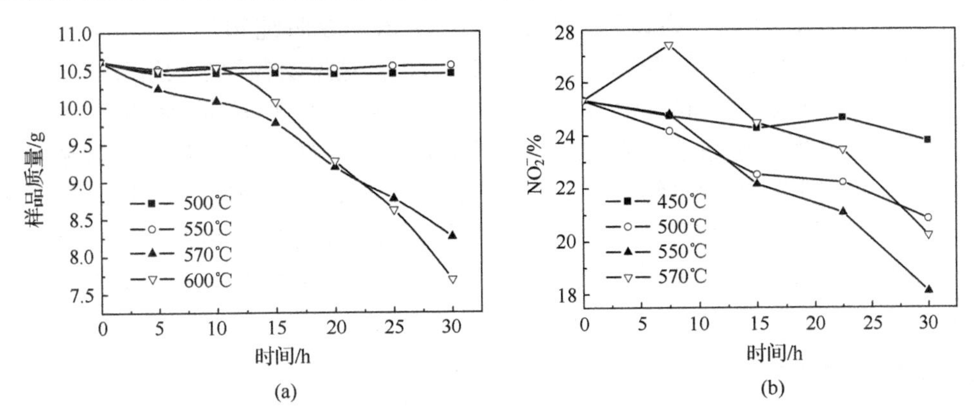

图 5-14　多元熔盐 SYSU-N1 的质量(a)和 NO_2^- 含量(b)随温度的变化

5.5.2　动态工况下的热稳定性

1. 慢速升降温工况下的热稳定性

1) 步冷/热循环后 TG-DSC 的变化

为了解熔盐 SYSU-N1 热稳定性，对 14 次步冷/热循环后的熔盐 SYSU-N1 进行 TG-DSC 测定，以了解在慢速升降温后，熔盐的熔点、熔化热等基本热物性参数是否变化。从图 5-15 可以看出，与熔盐 Hitec 相比，熔盐 SYSU-N1 熔点略高，熔化热也略小。但循环 14 次以后，两者熔点基本没有发生改变；熔盐 SYSU-N1 的

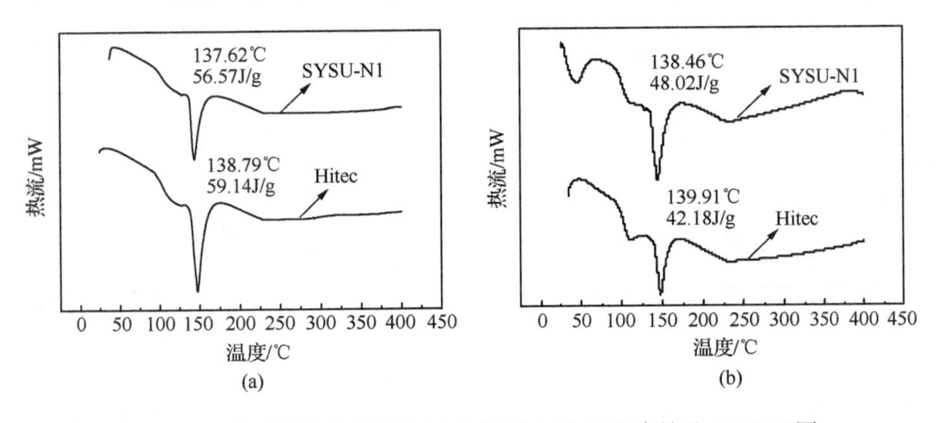

图 5-15　循环前的混合熔盐(a)和循环 14 次后混合熔盐(b)DSC 图

熔化热仅降低 15%，而熔盐 Hitec 的熔化热降低了 28.7%，说明所制备的熔盐 SYSU-N1 热稳定性优于熔盐 Hitec。

2）步冷/热循环后 XRD 图和离子含量变化

熔盐 SYSU-N1 的 XRD 图谱如图 5-16 所示。参照纯物质谱图，发现熔盐 SYSU-N1 中物相主要是 $NaNO_3$、KNO_3 和 $NaNO_2$，这说明各种基础组分盐之间在高温下没有形成新的物相。但是比较图 5-16(a)和(b)发现，KNO_3 和 $NaNO_2$ 两种物质主峰的相对高度趋于一致，表明熔盐 SYSU-N1 中 $NaNO_2$ 含量在 14 次循环后有所降低，与图 5-13(b)的结果一致。氯化物由于含量较小，衍射峰不明显。但从图 5-17 给出的 Cl^- 含量变化可以看出，循环 14 次前、后的熔盐 SYSU-N1 在 2.60mV 附近都有一次突跃；同时利用一阶微商法计算可知，熔盐 SYSU-N1 中 Cl^- 含量没有发生变化，其组分保持不变。

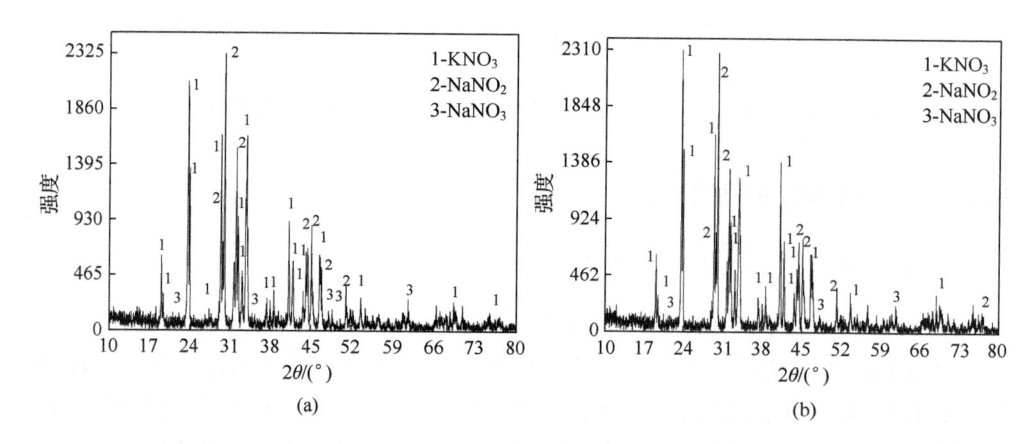

图 5-16　熔盐 SYSU-N1 循环前(a)和循环 14 次后(b)的 XRD 图

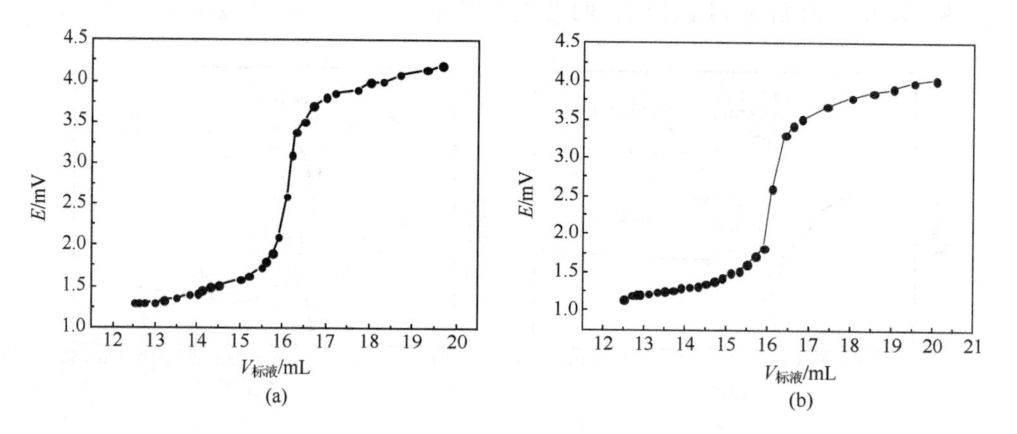

图 5-17　熔盐 SYSU-N1 循环前(a)和循环 14 次后(b)添加剂离子含量连续电位滴定图

2. 骤冷/热交变工况下的热稳定性

熔盐 SYSU-N1 在快速冷热交变循环工况条件下的热稳定性如图 5-18 和图 5-19所示。图 5-18 是 1000 次骤冷/热交变工况下的熔点和相变热的变化。从图中可以看出，随着循环次数的增加，熔盐的熔点在 134.08～136.07℃波动，但变化幅度较小；相变焓开始时下降较快并逐渐放缓，说明熔盐性能会逐渐趋于稳定。由图 5-19 可见，随着循环次数的增加，熔盐中 NO_2^- 含量在 24.07%～25.16%范围内波动，但是变化幅度也较小，说明反复加热循环对多元熔盐成分影响不大，熔盐热稳定性较好。说明骤冷/热交变工况对熔盐的热物性影响不大，熔盐长期热稳定性好。

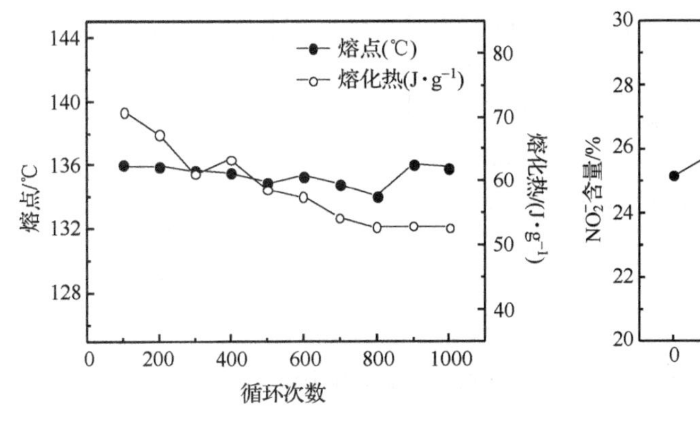

图 5-18　熔盐 SYSU-N1 的熔点及熔化热变化曲线

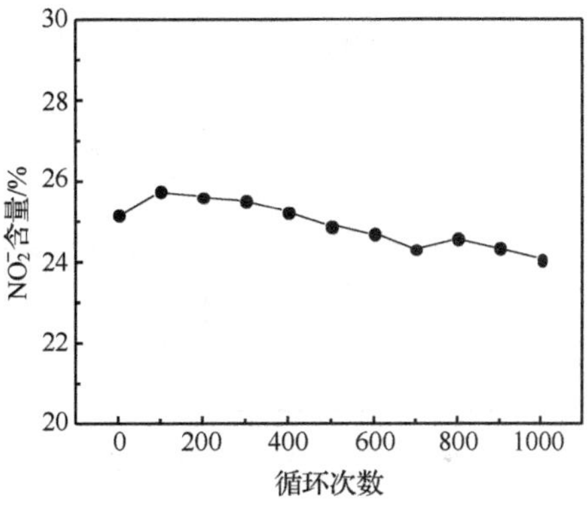

图 5-19　熔盐 SYSU-N1 中 NO_2^- 含量随温度变化曲线

5.5.3　大容器量熔盐长期热稳定性

在太阳能热发电系统中，吸热-传热-蓄热-蒸气发生过程是高辐射能流密度（辐射热流密度可高达 800kW · m^{-2}）、高温交变热应力冲击的非稳态非均匀传递过程，其中紧密结合的传递现象包括辐射、对流、质量、热量和动量传递，传递过程中变物性熔融盐的传输机制非常复杂，而提高热能器件转化效率和蓄热密度是太阳能热发电技术商业化的关键。大容器量硝酸熔盐长期在高热载荷和骤冷/热交变热载荷工况下运行，研究模拟实际运行过程中大容器熔盐的长期热稳定性具有重要意义。

2007 年 8 月在中山大学建立了熔盐吸热-传热-蓄热-蒸气发生系统实验平台（图 5-20、图 5-21）[25-28]。该系统主要由熔盐槽、熔盐泵、吸热器、模拟加热器、蓄热器、蒸气发生器、流量计等组成，其中熔盐槽同时具有冷盐储罐和低温蓄热罐的功能。熔盐槽体材料为 16MnR 钢，内衬为 316L 不锈钢，容积为 1m^3。系统运行时充装 SYSU-N1 熔盐 1.1t，其工作温度范围为 220～580℃。通过分析系统中熔盐所含 NO_2^- 的变化来监测熔盐长期热稳定性。监测结果显示，熔盐系统连续运行 5 年，NO_2^- 含量平均年损失率仅为 5.7%，低于图 5-14 所示的熔盐 SYSU-N1 在 550℃保温 30h 后 NO_2^- 含量 7% 的损失率。说明吨量级大容器量熔盐 SYSU-N1 在长期热稳定性优于百克量级实验室小试结果。

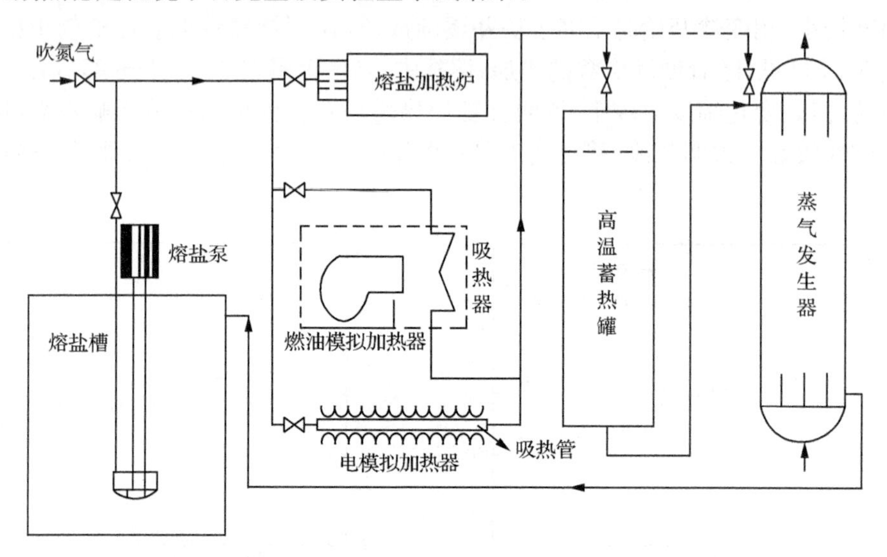

图 5-20 熔盐吸热-传热-蓄热-蒸气发生系统实验平台流程图

图 5-21 熔盐吸热-传热-蓄热-蒸气发生实验平台实物图(220～580℃)(中山大学)

5.6　熔盐 SYSU-N1 的高温腐蚀性

在传热蓄热设备中，高温熔融盐是在金属材质回路（包括管路、阀门、泵、罐）中流动。在传热蓄热过程中，熔融态的盐可为金属发生电化学腐蚀提供电解质条件，同时熔融态离子液体对金属表面的氧化膜可能有一定的溶解作用，进而可能破坏金属表面的氧化物保护膜，促使腐蚀持续进行；硝酸熔盐具有氧化性特点，还可能对金属产生化学氧化腐蚀，原因是硝酸熔盐高温下有可能释放原子氧，使之具有一定的氧化性。上述情况是否发生，以及发生的程度如何，直接影响传热蓄热设备的使用寿命和安全，需要对其进行深入研究。由于微观瞬态观测的困难，可以从金属接触高温硝酸盐后的质量变化、表面氧化膜的物相组成以及熔盐内部关键组分变化等几个方面探讨硝酸熔盐对金属的腐蚀情况[29]。

5.6.1　熔盐回路系统常用金属材料

基于设备使用寿命和安全性考虑，常选不锈钢材料来设计制造熔盐传热蓄热回路系统中储罐、管、阀和泵等。常用耐高温腐蚀不锈钢材料的化学成分如表 5-13所示。

表 5-13　五种不锈钢化学成分及密度[30]

化学组成/%	不锈钢型号				
	201	304	310S	316L	321
C	≤0.15	≤0.07	≤0.08	≤0.03	≤0.12
Cr	16.00～18.00	17.00～19.00	24.00～26.00	16.00～18.00	17.00～19.00
Ni	3.50～5.50	8.00～10.00	19.00～22.00	12.00～15.00	8.00～11.00
Mn	5.5～7.5	≤2.00	≤2.00	≤2.00	≤2.00
P	≤0.06	≤0.035	≤0.035	≤0.035	≤0.035
S	≤0.03	≤0.03	≤0.03	≤0.03	≤0.03
Mo	—	—	—	2.0～3.0	—
Si	≤1.00	≤1.00	≤1.00	≤1.00	≤1.00
N	≤0.25	—	—	—	—
其他	—	—	—	—	Ti/5
密度/($kg \cdot m^{-3}$)	7.93	7.93	7.98	7.98	7.98

5.6.2　高温腐蚀后不锈钢材料的外观变化

温度 500℃、浸泡 20 天腐蚀后的不锈钢材料外观变化如图 5-22 所示，从左向右依次为 316L、310S、201、321 和 304 不锈钢。观察腐蚀膜外观发现，201 不锈钢表面腐蚀膜蓬松，易脱落，说明低 Ni 的 201 不锈钢耐高温腐蚀性差；其余不锈钢表面腐蚀膜较致密，其中 310S 和 316L 不锈钢表面腐蚀膜更为致密且牢固附着于基底上，可能与两种不锈钢中 Cr 和 Ni 含量较高有关。

图 5-22　高温腐蚀前后几种不锈钢 316L、310S、201、321 和 304 的外观变化

5.6.3　长期高温腐蚀后不锈钢材料的质量变化

采用称重法测得不锈钢材料在熔盐 SYSU-N1 中 500℃下浸泡 20 天的质量损失如图 5-23 所示。结果发现，熔盐 SYSU-N1 对不锈钢 201 腐蚀程度最大，5 天平均腐蚀速率为 121.5mg · cm^{-2}；对不锈钢 310S 腐蚀程度最小，5 天平均腐蚀速率仅为 0.96mg · cm^{-2}；对不锈钢 304 腐蚀 5 天平均速率为 34mg · cm^{-2}。五种不锈钢腐蚀程度为：201＞304＞321＞316L＞310S，估算 316L、310S、201、321 和 304 腐蚀速率分别为 0.22mm · y^{-1}、0.026mm · y^{-1}、3.03mm · y^{-1}、0.48mm · y^{-1} 和 0.75mm · y^{-1}。同时测得相应熔盐中 NO_2^- 含量变化如图 5-24 所示。从图中可见，五种不锈钢对混合熔盐中 NO_2^- 含量影响类似，都会使其中的 NO_2^- 含量降低，将导致熔盐熔点上升。

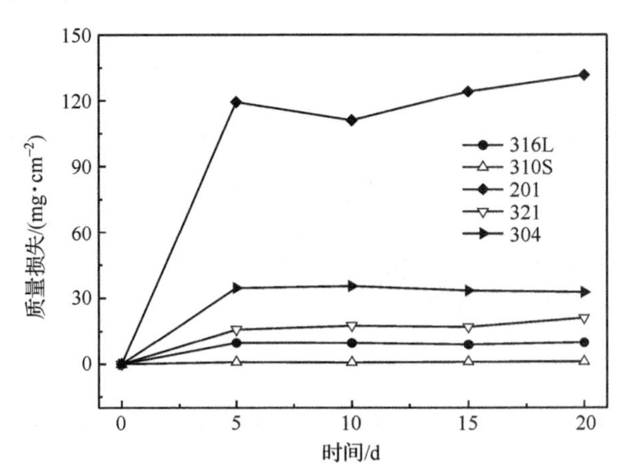

图 5-23　500℃时，五种不锈钢在熔盐 SYSU-N1 中质量损失随时间的变化

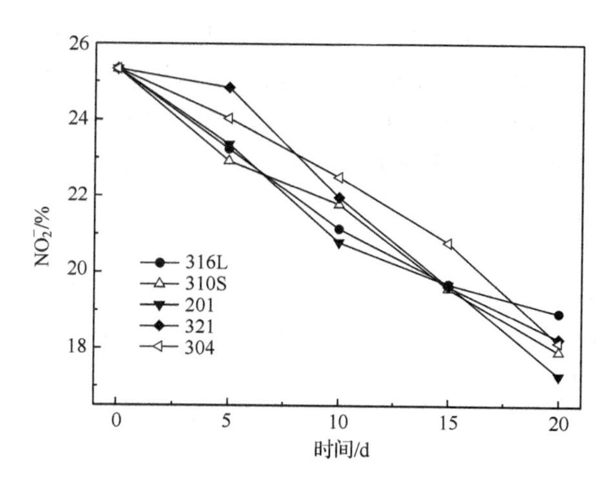

图 5-24　熔盐 SYSU-N1 在 500℃下接触不同不锈钢后，其 NO_2^- 含量随时间的变化

5.6.4　不锈钢在熔盐 SYSU-N1 中的腐蚀机理

根据文献[31]和[32]可知，在不锈钢表面形成的腐蚀产物的外层为 Fe_2O_3，内层为 Fe_3O_4。外层可能还有腐蚀产物 $(Na, K)FeO_2$、$(Na, K)_4Fe_2O_5$ 产生。其腐蚀机理如下：

首先，Fe 失去电子与氧离子结合为 FeO

$$Fe + O^{2-} = FeO + 2e^-$$

进一步失去电子发生如下反应

$$3FeO + O^{2-} = Fe_3O_4 + 2e^-$$

$$2Fe_3O_4 + O^{2-} = 3Fe_2O_3 + 2e^-$$

其次，生成的 FeO 将与 O_2^-、Na^+、K^+ 发生反应

$$2FeO + 5O^{2-} = Fe_2O_5^{4-} + 6e^-$$

$$Fe_2O_5^{4-} = 2FeO_2^- + O^{2-}$$

$$FeO_2^- + (Na^+, K^+) = (Na, K)FeO_2$$

$$Fe_2O_5^{4-} + 4(Na^+, K^+) = (Na^+, K^+)_4Fe_2O_5$$

5.7　其他多元硝酸熔盐

尽管有学者制备出熔点低至 53℃的混合多元硝酸熔盐，但从该熔盐的组成 21%$LiNO_3$-12%$NaNO_2$-1%KNO_3-45%KNO_2-19%$Ca(NO_2)_2$-2%KCl 来看，其中含有大量价格昂贵或者难以获得的盐，如 KNO_2 和 $Ca(NO_2)_2$，导致混合盐的价格昂贵，限制了该熔盐材料的规模化应用。$Ca(NO_3)_2$-KNO_3-$NaNO_3$ 三元体系的最

低熔点为 133℃，虽然基于该低共熔点制备的熔盐，其熔点和价格符合要求，但由于 Ca^{2+} 为二价离子，使得硝酸钙熔体的黏度大，尤其是接近熔点时的黏度更大，从而导致该 $Ca(NO_3)_2$-KNO_3-$NaNO_3$ 三元体系的黏度也较大。因此，低成本、低黏度、低共熔点的硝酸熔盐是研究的重点。

5.7.1 相加四元硝酸熔盐的制备

由于目前尚无 $Ca(NO_3)_2$-KNO_3-$NaNO_3$-$LiNO_3$ 四元体系的相图，本节在三元硝酸熔盐 Hitec XL[48% $Ca(NO_3)_2$-45% KNO_3-7% $NaNO_3$]的基础(图 5-25)上，通过添加低黏度的 $LiNO_3$，以制备低熔点、低黏度的新型四元硝酸熔盐。采用 DSC 通过实验确定 $Ca(NO_3)_2$-KNO_3-$NaNO_3$-$LiNO_3$ 四元体系的低共熔点。该四元体系中可能存在多个低共熔点，基于成本考虑，以基础组分 $LiNO_3$ 含量最低的低共熔点对应的组成为四元硝酸熔盐材料，命名为 SYSU-N2。

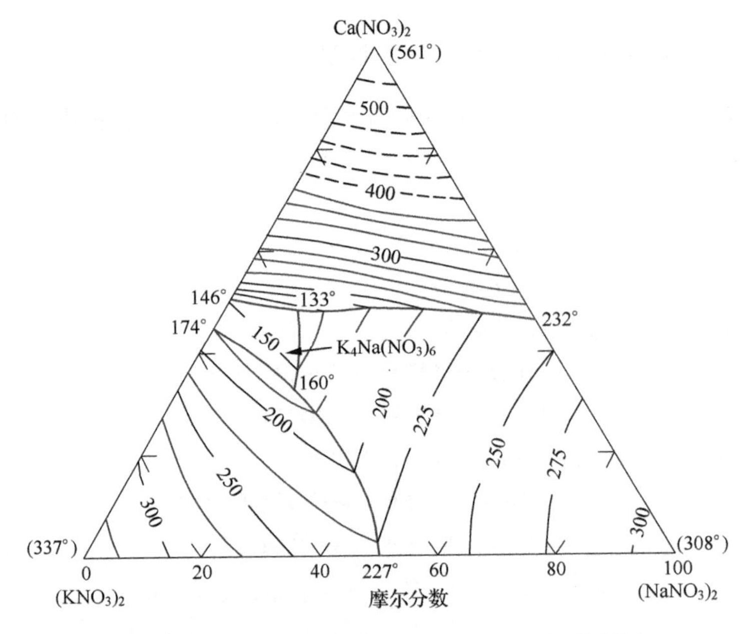

图 5-25 三元体系 $Ca(NO_3)_2$-KNO_3-$NaNO_3$ 的相图

利用 TG-DSC 测定混合盐 SYSU-N2 的熔点为 119℃，熔化热为 36.2J · g^{-1}，分解温度为 569℃。

5.7.2 熔盐 SYSU-N2 加热过程的物态变化

工业硝酸钙盐产品含四个结晶水，分子式为 $Ca(NO_3)_2 \cdot 4H_2O$。由表 5-1可知，该盐于 40℃溶解于自身结晶水中呈溶液状态，继续加热脱水但不水解，加热至

150℃以上脱水基本完成，转变为无水硝酸钙固体，最后于 561℃熔化成熔融液体。值得注意的是，钙钾钠三元硝酸熔盐 $Ca(NO_3)_2$-KNO_3-$NaNO_3$ 的低共熔点为 133℃，比四水硝酸钙 $Ca(NO_3)_2 \cdot 4H_2O$ 完全脱水温度 150℃低约 17℃。用四水硝酸钙为原料配制的熔盐 SYSU-N2，四元熔盐很可能在 40℃溶液化，继续加热可能出现由“溶液”持续到“熔融液”的现象。如果该现象出现，则在很低的温度即可进行液体搅拌操作帮助熔化，避免固体盐在熔化过程出现局部过热造成劣化现象，对大规模用盐的初始熔化操作极为有利。因此，有必要对该熔盐 SYSU-N2 加热过程的物态变化进行观察。

以恒重的四水硝酸钙 $Ca(NO_3)_2 \cdot 4H_2O$ 以及 $NaNO_3$、KNO_3和 $LiNO_3$为原料，制备三元硝酸熔盐 Hitec XL 和四元硝酸熔盐 SYSU-N2，将试样分别置于干燥箱中。初始温度设为 40℃，并进行手动程序升温，为保证充分液化，每隔 45min 将温度提高 5℃，一直到 150℃，然后每隔 2h 将温度升高 5℃，达到 165℃时保温 12h，观察整个升温过程熔盐是否出现预想的由“溶液”到“熔融液”的物态变化。

观察结果显示，熔盐 Hitec XL 和熔盐 SYSU-N2 在约 45℃都部分溶解呈悬浊液状，该状态分别持续到二者的熔点；继续升温，未熔化的悬浮物逐渐全部熔化，两种熔盐均为透明液体。在整个过程中未出现完全固体化现象，说明由 $Ca(NO_3)_2 \cdot 4H_2O$ 为原料制备混合熔盐的过程中，出现了由“悬浊溶液”到“熔融液”的物态变化，悬浊溶液物态可实施搅拌助熔化操作，有利于规模化用盐的初始熔化，该熔化过程可避免过热现象造成盐的分解。说明利用四水硝酸钙为原料制备熔盐SYSU-N2 技术可行。

出现上述由“悬浊溶液”到“熔融液”物态变化的原因，可能与盐部分溶解于结晶水中有关。硝酸钙溶解在自身所带的四个结晶水中形成溶液，由于硝酸钾、硝酸钠和添加剂自身不带结晶水，而溶液溶解的盐量有限，加入的其他盐不能全部溶解只能悬浮其中形成悬浊液。当温度升高到熔点以上时，所有基础组分盐全部熔化为液体，这时其中的水分还未蒸发完全，继续加热逐渐脱去全部结晶水，混合盐处于熔融状态，因此，出现了由“悬浊溶液”到“熔融液”的现象。由此可知，在熔盐 SYSU-N2 中，结晶水的存在与否，不仅不会影响熔盐的实际熔点，反而有利于规模化用盐的初始熔化操作。

从两种熔盐冷却过程的目测物态变化可见，三元硝酸熔盐在温度降低到接近熔点时黏度迅速增大，而熔盐 SYSU-N2 的黏度有所降低。高温熔融后再冷却的熔盐 SYSU-N2，为无水混合熔盐。测定该无水四元熔盐的热物性，才能获得其热物性的真实数据。研究无水四元熔盐热稳定性和腐蚀性，也才能了解其在传热蓄热过程中关于稳定性和腐蚀性的真实情况。

5.7.3 熔盐 SYSU-N2 的高温热稳定性

1. 熔盐 SYSU-N2 在慢速升降温工况下的热稳定性

采用慢速升温称重法获得熔盐 SYSU-N2 在缓慢升温过程中的质量变化，同时测定三元硝酸熔盐 Hitec XL 的质量变化。利用含结晶水的硝酸钙为原料配制熔盐。从常温开始升温，每隔一段时间测定熔盐的质量，如果在某一温度段内，试样的质量不再减少，则提高温度；再每隔一段时间测定质量，直到达到另一个稳定状态之后再继续升温。如此循环，一直到 550℃以上。图 5-26 和图 5-27 分别为熔盐 Hitec XL 和熔盐 SYSU-N2 的质量-温度变化曲线。

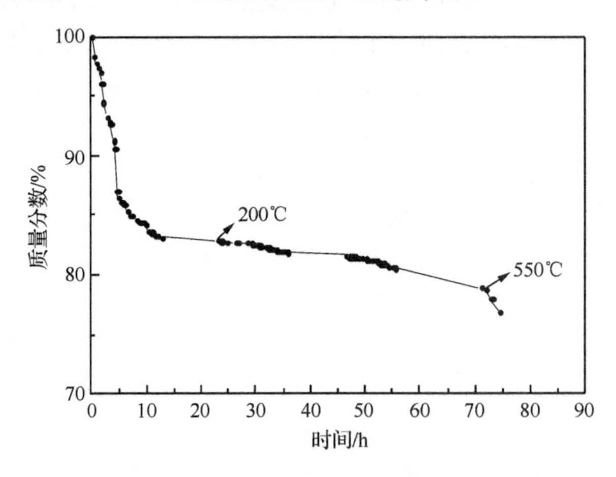

图 5-26　含结晶水三元硝酸熔盐的质量-温度曲线

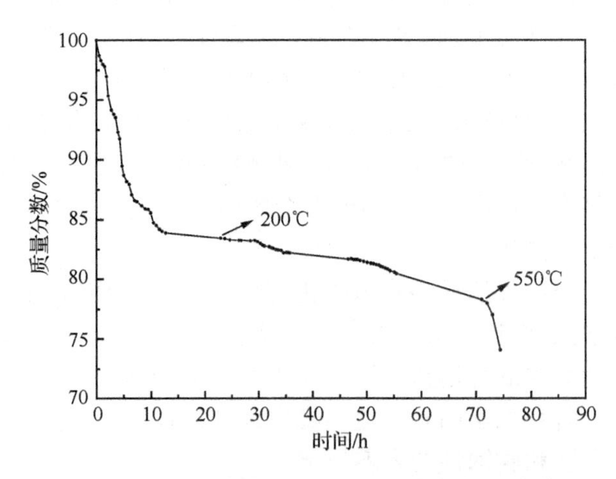

图 5-27　含结晶水熔盐 SYSU-N2 的质量-温度曲线

由图 5-26 和图 5-27 看出，在 200℃之前，熔盐 Hitec XL 和熔盐 SYSU-N2 的质量损失都很快，主要由于所用熔盐是用 $Ca(NO_3)_2 \cdot 4H_2O$ 为原料配制，200℃之前的质量减少主要源于脱水。当温度超过 200℃后，熔盐的质量减少十分缓慢，说明熔盐在该温度段具有热稳定性。200℃时的质量应该是原料中无水盐的质量，说明原料带入的水分完全脱除。截取 200～550℃温度段的质量-温度曲线，可以说明熔盐在该温度范围的稳定性，如图 5-28 和图 5-29 所示。

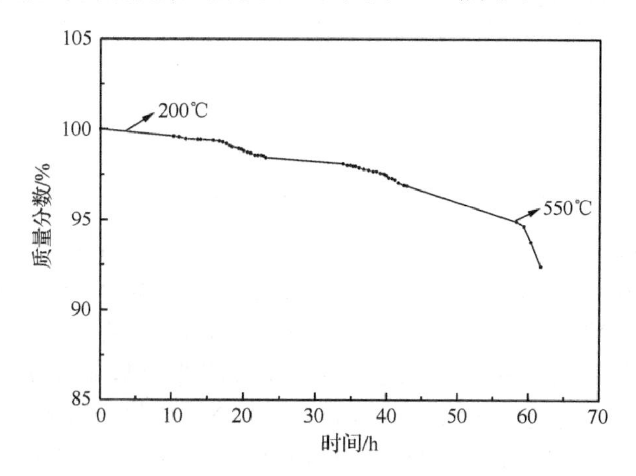

图 5-28　无水三元硝酸熔盐质量随温度变化

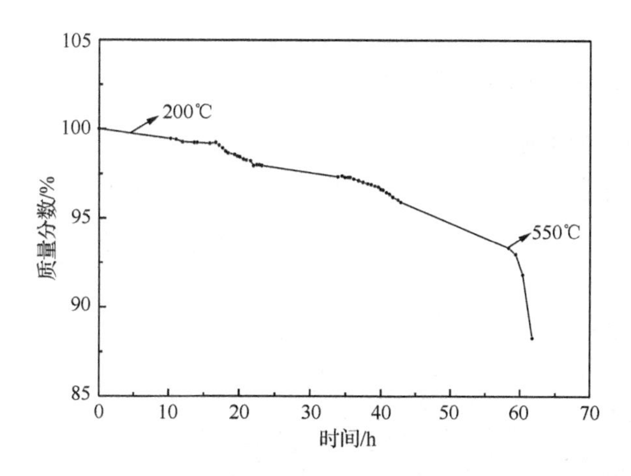

图 5-29　无水熔盐 SYSU-N2 质量随温度变化

图 5-28 和图 5-29 显示，三元熔盐 Hitec XL 和熔盐 SYSU-N2 在 200～550℃范围内的质量损失分别为 3%和 4%。说明二者在该温度范围内基本稳定，符合工业实际应用要求。当温度高于 550℃时，两种硝酸熔盐的质量损失骤然明显，可以确定两种熔盐的最高工作温度是 550℃。

2. 熔盐 SYSU-N2 在骤冷/热交变工况下的热稳定性

分别让无水三元熔盐 Hitec XL 和熔盐 SYSU-N2 迅速升温到指定温度并保温几分钟，取出迅速冷却，如此循环 200 次，分别测定循环前后盐的 TG-DSC 曲线，记录曲线所示的熔点、熔化热和分解温度，结果如表 5-14 所示。

表 5-14　熔盐 n 次骤冷骤热循环后熔点、熔化热和分解温度的变化值（n=200）

	三元	熔盐 SYSU-N2
熔点变化/℃	+14	+17
分解温度变化/℃	+1	+1
熔化热变化/$J\cdot g^{-1}$	−1.17	+8.62

从表 5-14 可知，当熔盐经过 200 次的骤冷骤热交变循环后，与未循环之前相比，三元熔盐 Hitec XL 的熔点增加 14℃，熔化热减少 1.17$J\cdot g^{-1}$，分解温度升高 1℃；熔盐 SYSU-N2 的熔点增加 17℃，熔化热增加 8.62$J\cdot g^{-1}$，分解温度升高 1℃。从熔点变化说明骤冷骤热工况可能会导致熔盐的基础组分盐分解使熔盐组成偏离低共熔点，熔点略有上升。从熔盐 SYSU-N2 熔化热增大的现象判断，在经历骤冷骤热交变工况后，比热高的组分其相对含量可能略有增大。就分解温度而言，变化不大，熔盐仍然保持了高温稳定性。即使熔点有所变化，考虑到熔点较低，这种变化可以接受。

5.7.4　熔盐 SYSU-N2 的高温腐蚀性

不锈钢在 450℃下腐蚀 170h 前后的外观变化如图 5-30 和图 5-31 所示。从图 5-30可见，经打磨处理的各牌号的不锈钢外观光洁如镜面。

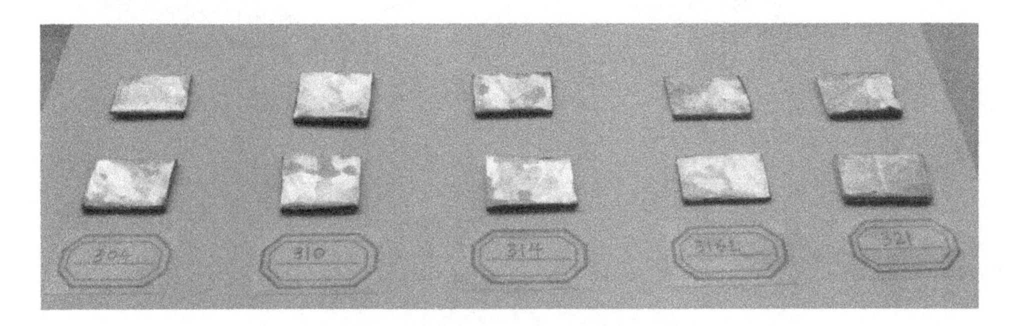

图 5-30　腐蚀前各牌号不锈钢的外观

在 450℃硝酸熔盐中腐蚀 170h 之后，各种牌号的不锈钢外观如图 5-31 所示，其中第一行是不锈钢在三元熔盐 Hitec XL 中腐蚀后的外观，第二行是不锈钢在四元熔盐中的腐蚀情况。从腐蚀前后各种牌号不锈钢的外观上很可以明显看出:对各牌号不锈钢,三元熔盐 Hitec XL 的腐蚀程度都普遍较轻,并且在这五种常用的牌号钢中,316L 钢与 321 钢在经过长时间的腐蚀之后,外观变化并不十分明显,说明这两种牌号的不锈钢更耐硝酸熔盐腐蚀。

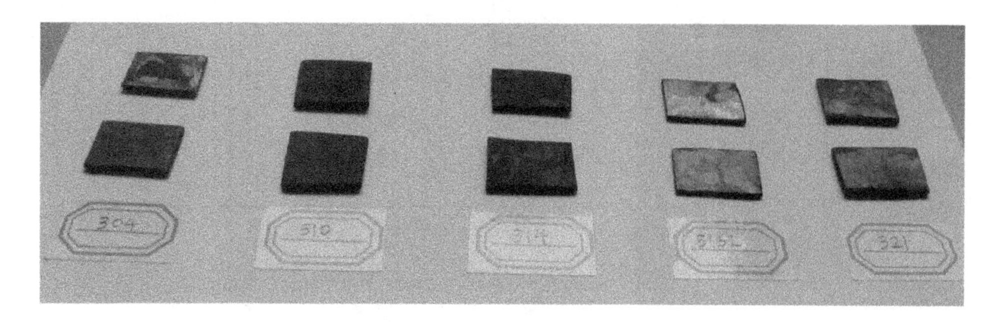

图 5-31　五种不锈钢在熔盐 Hitec XL(第一行)和熔盐 SYSU-N2(第二行)硝酸熔盐中腐蚀后的外观

熔盐 SYSU-N2 对表 5-13 所示不锈钢在 450℃下腐蚀 170h 之后,不锈钢的失重情况如图 5-32 所示。图 5-33 给出三元熔盐 Hitec XL 对不锈钢在相同条件下的失重情况。

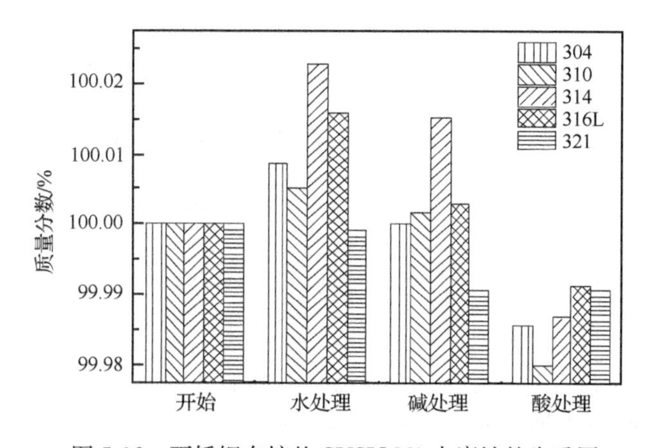

图 5-32　不锈钢在熔盐 SYSU-N2 中腐蚀的失重图

比较图 5-32 和图 5-33 可知,两种熔盐对不锈钢的腐蚀程度都很小。相对而言,对于相同牌号的不锈钢,熔盐 SYSU-N2 的腐蚀程度比三元熔盐 Hitec XL 的略大一些。在耐腐蚀方面,316L 和 321 不锈钢在三元和熔盐 SYSU-N2 中,都表现出比其他牌号更好的耐硝酸熔盐腐蚀性。

腐蚀后的不锈钢,在超声水处理之后,质量增加,说明被硝酸熔盐腐蚀的不锈钢发生反应生成氧化膜导致增重。经过碱处理之后,被腐蚀的不锈钢质量都有所

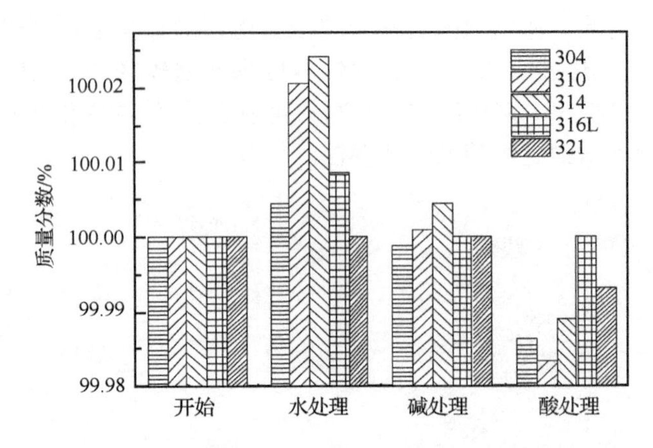

图 5-33 不锈钢在三元熔盐 Hitec XL 中腐蚀的失重图

减少，说明腐蚀后形成的氧化膜中含有酸性物质，再通过酸处理之后，被腐蚀的不锈钢质量进一步减少，表明氧化膜中还含有碱性物质。

参 考 文 献

[1] 宋天佑，徐家宁，程功臻，等. 无机化学(下册). 第二版. 北京：高等教育出版社，2010

[2] David R. Handbook of Chemistry and Physics. 84th Edition. Floridai：CRC Press，2004

[3] 高秀学. 三聚氰胺工艺中熔盐的再生及更换. 化学推进剂与高分子材料，2004，2(3)：46-48

[4] William F L. Solubilities of Inorganic and Metal-organic Compounds. 4th ed. Washington D. C. ：American Chemical Society Press，1965

[5] 邓晓燕，张志焜. $Ni(NO_3)_2 \cdot 6H_2O$ 的热分解机理及非等温动力学参数. 青岛科技大学学报，2006，27(1)：24-27

[6] Shriver D F，Atkins P W. Inorganic Chemistry. Third edition. Oxford：Oxford University Press，1999

[7] http://www. qjy168. com，2012

[8] Janz G J，Allen C B，Bansal N P，et al. Physical properties data compilations relevant to energy storage. II. molten salts：data on single and multi-component salt systems. Washington：U. S. Government Printing Office，1981

[9] Janz G J，Tomkins R P T. Physical properties data compilations relevant to energy storage. IV. molten salts：data on additional single and multi-component salt systems. Washington：U. S. Government Printing Office，1979

[10] Jayaraman S，Thompson A P，Lilienfeld O A，et al. Molecular simulation of the thermal and transport properties of three alkali nitrate salts. Industrial and Engineering Chemistry Research，2010，49：559-571

[11] 陈运生. 物理化学分析. 北京：高等教育出版社，1987

[12] Kearney D，Kelly B，et al. Assessment of a molten salt heat transfer fluid in a parabolic trough solar field. Solar Energy Engineering，2003，125：170-176

[13] Kearney D，Kelly B，et al. Engineering aspects of a molten salt heat transfer fluid in a trough solar field. Energy，2004，29：861-870

[14] Mantha D，Wang T，Reddy R G. Thermodynamic modeling of eutectic point in the $LiNO_3$- $NaNO_3$-KNO_3

ternary system. Journal of Phase Equilibria and Diffusion,2012,33(2): 110-114

[15] E. I. du Pont de Nemours & Co. ,Hitec Heat Transfer Salt. Inc. ,Explosives Dept. ,Bulletin,2002

[16] Peng Q,Ding J,Wei X L,et al. The preparation and properties of multicomponent molten salts. Applied Energy,2010,87(9): 2812-2817

[17] Peng Q,Wei X L,Ding J,et al. High temperature thermal stability of molten salts materials. International Journal of Energy Research,2008,32: 1164-1174

[18] 彭强. 多元熔盐传热蓄热材料的设计及性能调控. 广州:中山大学,2011

[19] George J J,Gial N T. Melting and premelting properties of the KNO_3-$NaNO_2$-$NaNO_3$ eutectic system. Journal of Chemical and Engineering Data,1983,28: 201-202

[20] Zavoico A B. Solar Power Two. Design basis document,Sandia 2001-2100,2001

[21] Geiringer P L. Handbook of heat transfer media: heat transfer salt. Huntington N Y: Krieger R E Pub. Co. ,1962:208-213

[22] Singh J. Heat transfer fluids and systems for process and energy applications: molten salts. New York: M. Dekker,Inc. ,1985: 223-240

[23] Osamu O,Lsao O,Kazutaka K. Measurement of the thermal diffusivity of HTS (a mixture of molten $NaNO_3$-KNO_3-$NaNO_2$,7-44-49 mole %) by optical Interferometry. Journal of Chemical and Engineering Data,1977,22(2): 222-225

[24] Ferri R,Cammi A,Mazzei D. Molten salt mixture properties in RELAP5 code for thermodynamic solar applications. International Journal of Thermal Sciences,2008,47: 1676-1687

[25] 陆建峰,丁静,杨建平,等. 多级全效太阳能热发电方法,中国:ZL201010511509. 4

[26] 杨敏林,丁静,杨晓西,等. 太阳能熔盐套管式蒸汽发生方法及其装置,中国:ZL200810198461. 9

[27] 杨建平,陆建峰,丁静,等. 熔盐管壳式蒸汽发生装置及方法,中国:ZL200910193410. 1

[28] 陆建峰,丁静,杨建平,等. 一种熔盐盘管式蒸汽发生方法及装置,中国:ZL201010511303. 1

[29] Peng Q,Ding J,Wei X L,et al. Thermal stability and corrosion properties of molten nitrate salts. International Conference on Applied Energy,Singapore,2010

[30] 约翰 · 塞德赖克斯. 不锈钢的腐蚀. 北京: 机械工业出版社. 1986:15-16

[31] Singh I B,Sen U. The effect of sodium chloride addition on the corrosion of mild steel in sodium nitrate melt. Corrosion Science,1993,34(10): 1733-1742

[32] Abdel-Hakim H A,Attia A A,Baraka A M. Dissolution susceptibility of the oxide species formed on mild steel during its oxidation in molten $NaNO_3$-KNO_3 eutectic mixture. Journal of Materials Engineering and Performance,2002,11(3): 301-305

第 6 章　碳酸熔盐的制备及性能

碳酸盐以其低腐蚀、高稳定、宽液态温度范围等特点在熔盐传热蓄热材料中占有重要地位。碳酸盐是常见无机盐中与硝酸盐最相似的盐，它们的阴离子结构类似，过渡金属盐都易分解不宜作传热蓄热材料。

二者的不同在于硝酸盐的分解反应较为复杂，分解产物可能是亚硝酸盐和氧气，氧化物、NO_x 和氧气，甚至是金属、NO_x 和氧气等；碳酸盐的分解较为简单，只生成氧化物和 CO_2。二者的另一不同在于碳酸根离子带 2 个负电荷，碳酸盐阴阳离子的静电作用更强，相同阳离子的碳酸盐比硝酸盐熔点更高、熔体的黏度更大一些。

与硝酸盐相比，碳酸盐最大的优点是阴离子不具有氧化性，碳酸盐对金属容器的腐蚀性较小。碳酸熔盐高温下遇到还原性物质，如碳粉、硫磺粉等，爆炸危险性低。碳酸盐的稳定性比硝酸盐的强，碱金属硝酸盐在 600℃以上严重分解，碱金属碳酸纯盐此时仍为固体，即使继续加热熔化乃至沸腾也不分解。碳酸熔盐的使用温度高达 900℃以上，可弥补硝酸熔盐 600℃以上不能使用的缺陷，是良好的高温蓄热材料。

本章主要介绍碳酸盐的基本性质、碳酸熔盐传热蓄热材料的选择原则、碳酸熔盐制备、热物性、热稳定性与高温腐蚀性等。

6.1　碳酸盐的基本性质

6.1.1　碳酸盐的基本化学性质

固体碳酸盐由碳酸根(CO_3^{2-})离子和金属阳离子以离子键方式键合而成。碳酸盐的易分解性与碳酸根离子的独特结构和阳离子的极化有关。与硝酸根离子相似，碳酸根离子也呈平面三角形结构[1]，如图 6-1 所示。碳酸根离子的中心 C 原子以 sp^2 杂化轨道与 3 个氧原子形成 3 个 σ 键，同时在垂直于该平面的方向上也形成一个 4 原子 6 电子的大 π 键 Π_4^6。碳酸根离子在阳离子的极化作用下也容易发生变形，结果使碳酸盐也比硫酸盐和磷酸盐更容易发生分解。碳酸是二元酸，可形成碳酸盐和碳酸氢盐两种类型的盐。碳酸氢根的离子结构如图 6-2 所示，其中也有一离域的大 π 键 Π_3^4。由于氢原子的强极化作用，使碳酸氢盐极易分解为碳酸盐、水和 CO_2。碳酸氢钙在 100℃就分解为碳酸钙、水和 CO_2，一些地方烧开水时出现

大量水垢就是这个原因，碳酸、氢钙分解后化学方程式为

$$Ca(HCO_3)_2 = CaCO_3 \downarrow + H_2O + CO_2 \uparrow$$

可见，用作传热蓄热材料的只能用碳酸盐而非碳酸氢盐。如果使用碳酸氢盐，在升温的初期将会有严重的质量损失。

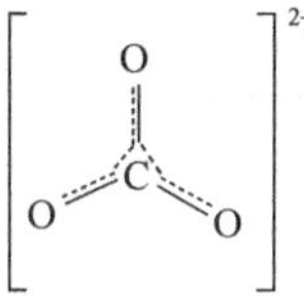

图 6-1　碳酸根(CO_3^{2-})的离子结构

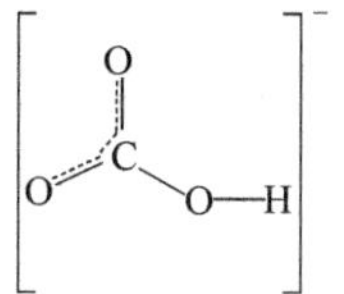

图 6-2　碳酸氢根的离子(HCO_3^-)结构

自然界存在碳酸盐矿，例如，主要成分为碳酸钙的方解石和石灰石，主要成分为碳酸镁的菱镁矿等，但碳酸盐矿由于纯度不够，高温下容易发生分解反应生成难熔的氧化物，用作传热流体容易造成管道堵塞，因此不能直接用作传热蓄热材料。工业纯的碳酸盐主要从水溶液中通过结晶获得。例如，工业纯碳酸钠是以 NaCl 为原料，向吸收饱和氨气的 NaCl 水溶液中通入 CO_2 结晶出碳酸氢钠，加热碳酸氢钠分解为碳酸钠。其他碳酸盐可通过与碳酸钠水溶液反应获得。但碳酸根离子水解使溶液呈碱性，以碳酸钠水溶液为原料通过溶液反应可以制备的碳酸盐很少，因为反应得到的多为碱式碳酸盐，甚至氢氧化物，只有碱土金属离子 Ba^{2+}、Sr^{2+}、Ca^{2+} 才能得到碳酸盐。例如

$$2Cu^{2+} + 2CO_3^{2-} + H_2O = Cu_2(OH)_2CO_3(s) + CO_2(g)$$

$$2Fe^{3+} + 3CO_3^{2-} + 3H_2O = 2Fe(OH)_3(s) + 3CO_2(g)$$

$$Ba^{2+} + CO_3^{2-} = BaCO_3(s)$$

与碳酸钠水溶液反应形成氢氧化物的阳离子有 Al^{3+}、Fe^{3+}、Cr^{3+}、Sn^{4+} 和 Sb^{3+}；形成碱式盐的阳离子包括 Pb^{2+}、Bi^{3+}、Cu^{2+}、Cd^{2+}、Zn^{2+}、Hg^{2+}、Co^{2+}、Ni^{2+} 和 Mg^{2+}。

碱式碳酸盐不稳定，加热容易分解，生成金属氧化物、H_2O 和 CO_2，不能用作传热蓄热材料。可见能够用作传热蓄热材料的备选碳酸盐主要是碱金属和少数碱土金属碳酸盐。

另外，碱金属碳酸盐在常温空气中会吸附空气中的水分，使盐的表面比较潮湿，表面的盐会溶解在少量的吸附水中。溶解的盐会发生可逆的水解现象

$$Na_2CO_3 + H_2O \rightleftharpoons NaHCO_3 + NaOH$$

此时，盐受热会出现两种情况：当升温速度较慢且温度不高时，吸附水逐渐被蒸发，上述反应逆向进行，出现物理减重现象；当升温速度较快且温度较高时，逆向反应来不及完成，生成的碳酸氢钠会分解

$$2NaHCO_3 = Na_2CO_3 + H_2O \uparrow + CO_2 \uparrow$$

造成水解型化学减重。碱金属碳酸盐的水解型化学减重率较物理脱水减重率大，

这是由于水解型化学减重时会失去 CO_2，CO_2 的摩尔质量大于 H_2O 的缘故。

6.1.2 碳酸盐的基本物理性质

常见碱金属和碱土金属碳酸盐的基本物理常数如表 6-1 所示。

表 6-1 常见碱金属和碱土金属碳酸盐的基本物理常数[2]

名称	分子式	摩尔质量 /(g·mol^{-1})	熔点/℃	沸点/℃	固态密度 /(kg·m^{-3})
碳酸锂	Li_2CO_3	73.89	723	1300 分解	2110
碳酸钠	Na_2CO_3	106.00	858		2540
	$Na_2CO_3 \cdot 10H_2O$	286.14	34 分解		1460
碳酸氢钠	$NaHCO_3$	84.01	50 分解		
碳酸钾	K_2CO_3	138.21	898	分解	2290
	$K_2CO_3 \cdot 1.5H_2O$	165.23			
碳酸氢钾	$KHCO_3$	100.12	～100 分解		
碳酸铷	Rb_2CO_3	230.94	837		
碳酸氢铷	$RbHCO_3$	146.48	175 分解		
碳酸铯	Cs_2CO_3	325.82	792		4240
碳酸铍	$BeCO_3 \cdot 4H_2O$	93.065	100 分解		
碳酸镁	$MgCO_3$	83.31	990		3050
	$MgCO_3 \cdot 6H_2O$	299.30	35 分解		
碳酸钙	$CaCO_3$	100.09	825 分解		2830
碳酸锶	$Sr\ CO_3$	147.63	1494		3500
碳酸钡	$BaCO_3$	197.34	1555		4290

从表 6-1 可见，碱金属碳酸盐的熔点较碱土金属碳酸盐的低。文献[1]称，碱金属碳酸盐的稳定性较碱土金属的好。碱金属碳酸盐在空气中可加热到 1000℃。碱土金属碳酸盐的热稳定性随阳离子半径增大而增强。因此，碱金属和大半径碱土金属碳酸盐可以用作高温传热蓄热材料的备选盐。

能够在水中溶解的碳酸盐不多，只有碱金属碳酸盐易溶于水。表 6-2 所示的是几种碱金属碳酸盐在水中溶解度随温度的变化。可以利用表 6-2 同时参考多元盐的水盐相图数据[3]，对高温劣化后含有其他杂质的混合碳酸熔盐进行水溶液重结晶纯化再生。

表 6-2　不同温度下常见碱金属碳酸盐在水中的溶解度/wt%[2]

化合物＼温度/℃	0	10	20	30	40	50	60	70	80	90	100
Li_2CO_3	1.54	1.43	1.33	1.24	1.15	1.07	0.99	0.92	0.85	0.78	0.72
Na_2CO_3	6.44	10.8	17.9	28.7	32.8	32.2	31.7	31.3	31.1	30.9	30.9
K_2CO_3	51.3	51.7	52.3	53.1	54.0	54.9	56.0	57.2	58.4	59.6	61.0

6.2　碳酸熔盐基础组分的筛选原则

用作传热蓄热材料的碳酸盐可参照表 6-1 数据，同时依稳定性、熔点、易得性、安全性、价格和最佳工作温度范围的顺序进行筛选。

6.2.1　碳酸盐的热稳定性和分解温度

碱金属碳酸盐的强稳定性源于碱金属离子较弱的极化作用，碱金属离子仅带有 1 个正电荷，外层有 8 个电子，是同周期中半径最大的阳离子，形成碳酸盐后由于碳酸根阴离子离阳离子较远，所受影响不大，不会导致碳酸根离子发生变形，所以碱金属碳酸盐即使被加热到沸点都不会明显分解。碱土金属离子所带正电荷比较高，特别是原子序数比较小的 Be^{2+} 和 Mg^{2+}，形成碳酸盐后由于离子正电场较强，加之碳酸根离子距离阳离子较近，在强电场作用下碳酸根离子发生变形，加热后碳酸根离子变形振动幅度增大最终分解为氧化物和 CO_2。半径越小分解温度越低。过渡金属离子半径较小，加之过渡金属离子外层含有极化作用较强的 d 电子，因此过渡金属碳酸盐的分解温度也比较低，一些主族金属碳酸盐由于阳离子极化作用也很强，其分解温度也不高，如表 6-3 所示。

表 6-3　一些金属碳酸盐的分解温度[2,4]

化合物	$BeCO_3$	$MgCO_3$	$CaCO_3$	$SrCO_3$	$BaCO_3$	$ZnCO_3$	$PbCO_3$	$MnCO_3$
分解温度/℃	～100	～540	～825	～1290	～1360	～140	～315	～200

综合前面分析和表 6-3 数据可见，碱金属和碱土金属中的钙、锶、钡的碳酸盐可以在高温下保持化学稳定，是传热蓄热材料的备选盐。

碳酸盐的熔点一般很高。为获得较低共熔点的碳酸盐，需根据相图制备混合碳酸熔盐。已经研究的混合碳酸熔盐包含碳酸钾、碳酸钠、碳酸钙、碳酸锂的混合盐，根据组成不同可以得到不同共熔点的传热蓄热材料。

选择分解温度高的稳定碳酸盐为原料，通过制备混合盐使熔点尽可能降低，即可得到工作温度范围宽的熔融盐。

6.2.2 碳酸盐的易得性、成本和安全性

易得的碳酸盐主要有碳酸钠、碳酸钾、碳酸钙和碳酸钡。碳酸锶由于价格较贵不被考虑。另外，碳酸锂在制备混合熔盐中用量不大时，其价格可以接受。与硝酸钡不同，碳酸钡在水中溶解度极低，即使发生泄漏同时遇到洪水或雨水也不必过分担心其水溶性造成水体污染，因此可以考虑用作备选盐。从易得性和安全性的角度出发，最佳的选择主要有钾、钠、钙、钡的碳酸盐。按照不同的配比和组成，可以获得不同工作温度范围的混合熔盐。

6.2.3 碳酸盐的其他热物理性质

表 6-4 列出了碱金属和碱土金属碳酸钙钡盐纯盐的热物理性质。

表 6-4 碱金属和部分碱土金属碳酸盐的热物理性质[2,5,6]

性质	Li_2CO_3	Na_2CO_3	K_2CO_3	$CaCO_3$	$BaCO_3$
熔点/℃	723	854	898	1339	1740
熔化热/(kJ · mol^{-1})	40.964	29.678	27.588		
25℃固体比热容/(J · mol^{-1} · K^{-1})	96.23	111.03	114.26	83.47	85.35
* 液体比热容/(J · mol^{-1} · K^{-1})	191.193	195.749	207.83		
熔化时体积变化/%	6.9	16.2	16.4		
固体导热系数/(W · m^{-1} · K^{-1})	1.463	1.254			
* 液体导热系数/(W · m^{-1} · K^{-1})	2.633	1.906			
* 液体密度/(kg · m^{-3})	1792.4	1941.3	1883.6		
* 液体黏度/cP	3.11	2.32	2.72		
* 液体表面张力/(mN · m^{-1})	239.9	208.3	167.3		
沸点/℃	1590	1600	1670		

注：* 没有特别说明，所列数据为 1200K 时液态的热物性

比较相同阳离子的硝酸盐和碳酸盐可见，碳酸盐的黏度、密度和表面张力等均稍微大一些，但黏度系数均小于 10cP，满足传热流体对黏度的要求。

6.3 混合碳酸熔盐的分类

基于碳酸盐的基本性质和碳酸熔盐的选择原则，可以用来配制混合熔盐的纯盐如表 6-4 所示。把表 6-4 所列的纯盐按不同组成混合，即可得到不同熔点的混合碳酸熔盐。与混合硝酸熔盐类似，由纯盐也可以组合成二元、三元和多元熔盐，其中由表 6-4 所述的纯盐可组合出的二元和三元碳酸熔盐列于表 6-5 中。

表 6-5　二元和三元碳酸盐的组成

二元熔盐组成	三元熔盐组成
Li_2CO_3-Na_2CO_3	Li_2CO_3-Na_2CO_3-K_2CO_3
Li_2CO_3-K_2CO_3	Li_2CO_3-Na_2CO_3-$CaCO_3$
Li_2CO_3-$CaCO_3$	Li_2CO_3-Na_2CO_3-$BaCO_3$
Li_2CO_3-$BaCO_3$	Li_2CO_3-K_2CO_3-$CaCO_3$
Na_2CO_3-K_2CO_3	Li_2CO_3-K_2CO_3-$BaCO_3$
Na_2CO_3-$CaCO_3$	Li_2CO_3-$CaCO_3$-$BaCO_3$
Na_2CO_3-$BaCO_3$	Na_2CO_3-K_2CO_3-$CaCO_3$
K_2CO_3-$CaCO_3$	Na_2CO_3-K_2CO_3-$BaCO_3$
K_2CO_3-$BaCO_3$	Na_2CO_3-$CaCO_3$-$BaCO_3$
$CaCO_3$-$BaCO_3$	K_2CO_3-$CaCO_3$-$BaCO_3$

表 6-5 就碳酸盐而言，仅二元和三元碳酸熔盐难以满足传热蓄热材料的要求。为进一步降低共熔点，提高蓄热密度和热稳定性还需添加其他无机盐制备多元熔盐。

6.4　交互三元碳酸熔盐的制备及性能

6.4.1　交互三元碳酸熔盐的制备

根据图 6-3 所示交互三元体系的相图预测的低共熔点和对应的共熔物组成，采用静态熔融法制备三元碳酸熔盐，命名为熔盐 SYSU-C1[7,8]。利用 TG-DSC 测定混合盐 SYSU-C1 的熔点、熔化热和分解温度，结果如图 6-4 所示，从图中可以得出，熔盐 SYSU-C1 的熔点为 566.9℃，与图 6-3 所示的低共熔点基本一致。该熔盐的熔化热和分解温度分别为 103.0J · g^{-1}和 852.1℃。

6.4.2　熔盐 SYSU-C1 的热物性

1. 比热容

图 6-5 是碳酸熔盐 SYSU-C1 的比热容曲线。其比热容的拟合曲线为

$$C_p = -11.603 + 0.0142T \quad (850 \sim 1100\text{K})$$

随着熔盐逐渐熔化，其比热容升高趋势梯度变大。比热容随着温度的升高而增加。混合熔盐在温度高于熔点以上时，其比热容较大。

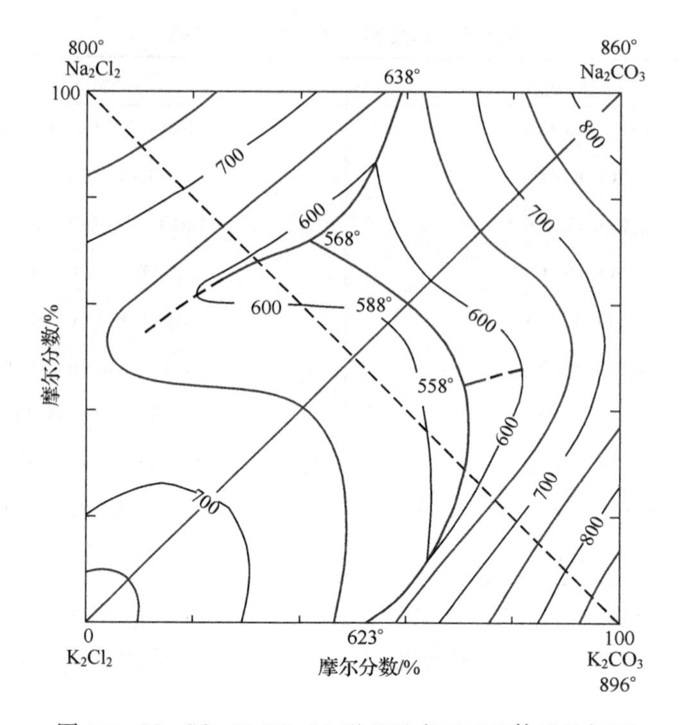

图 6-3　Na_2CO_3-K_2CO_3-NaCl-KCl 交互三元体系的相图

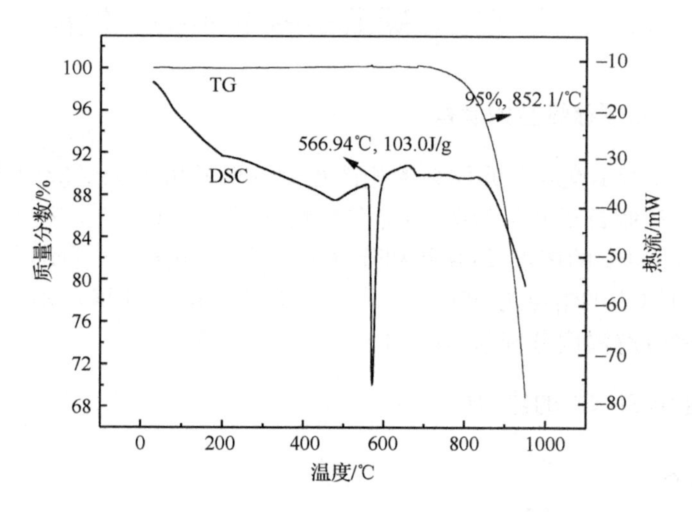

图 6-4　碳酸熔盐 SYSU-C1 的 TG-DSC 曲线

结合图 6-5 可以看出，熔盐的比热较大，适合作为高温传热材料，但此方法在熔盐熔化附近的数据测试仍具有一定难度。

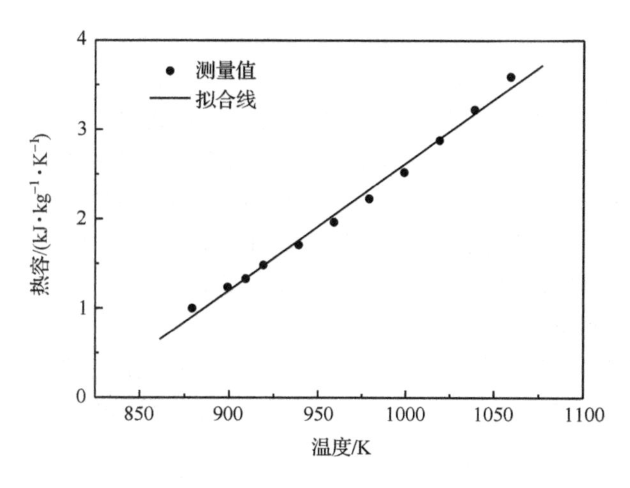

图 6-5　熔盐 SYSU-C1 的比热容曲线

2. 密度

图 6-6 是熔盐 SYSU-C1 的密度随温度变化曲线，该曲线拟合为

$$\rho = 2.4777 - 0.5099 \times 10^{-3} T$$

当温度升高时，熔盐密度降低，体积将增大。在 873K、898K、923K、948K、973K、998K 和 1023K 时实验密度分别为 2.068g · cm^{-3}、2.010g · cm^{-3}、2.032g · cm^{-3}、1.984g · cm^{-3}、1.997g · cm^{-3}、1.956g · cm^{-3}和 1.954g · cm^{-3}。其对应的拟合数据误差在 −1.72%～0.654%。

从图 6-6 以看出，熔盐 SYSU-C1 的密度在 2g · cm^{-3}左右，比水和油类工作介质大，能大大缩小设备体积，减少设备费用。

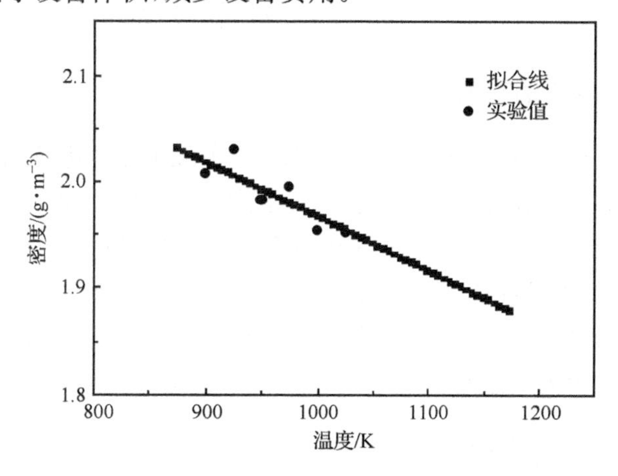

图 6-6　熔盐 SYSU-C1 的密度曲线

3. 黏度

图 6-7 是熔盐 SYSU-C1 的黏度曲线。其拟合曲线为

$$\mu = 18.592 - 0.0280T + 1.24 \times 10^{-5} \times T^2$$

测试了熔盐 SYSU-C1 在 870～973K 的黏度，熔体在 873K、898K、923K、958K 和 973K 时实验测定黏度分别为 3.70cP、3.44cP、3.33cP、3.17cP、3.13cP，黏度在 5cP 以下，与水的黏度相当，且随温度升高黏度逐渐下降，适合做传热流体。其对应的拟合数据误差在－2.25%～1.63%。

从图 6-7 可以看出，熔盐 SYSU-C1 的黏度比较小，说明熔盐流动性较优，且这种液态熔盐的黏度在 5cP 以下，明显低于液态油的黏度，和水的黏度接近，因此具有很好的高温流动性。

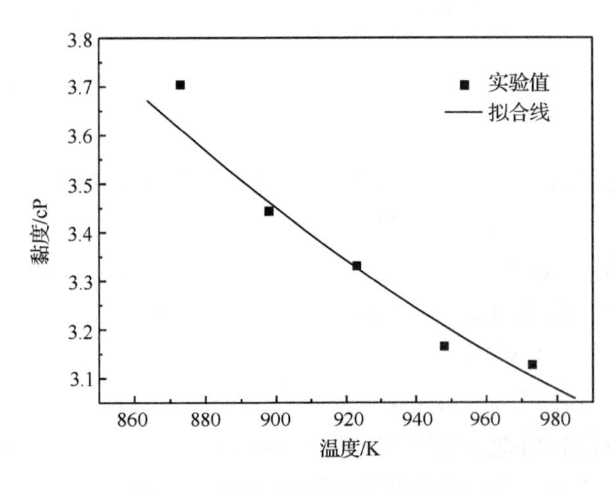

图 6-7 熔盐 SYSU-C1 的黏度曲线

6.4.3 熔盐 SYSU-C1 的高温热稳定性

从 6.4.2 小节的结果可知，熔盐 SYSU-C1 的熔点、熔化热、比热容、分解温度、密度、黏度等参数都比较合适。虽然在熔盐的 TG 测定中可以在一定程度上反应出熔盐的热稳定性，但是 TG 测定的样品量为毫克级，与大量样品的实际行为有一定的差异。另外，用 TG 研究熔盐稳定性的气氛是 N_2，与实际应用的空气气氛有所不同，因此有必要研究大量样品碳酸熔盐在空气气氛下的高温热稳定性。研究从静态和动态两个方面进行。

1. 熔盐在静态工况下的热稳定性

将已知质量的熔盐 SYSU-C1 在指定温度下保温，每隔一段时间冷却称重，以

质量剩余率对时间作图，即得该温度下的质量损失曲线。改变温度重复实验，得到熔盐 SYSU-C1 在 750℃、800℃、850℃和 900℃下的质量损失率随时间变化曲线，Δ(3～10)指熔盐在某温度下保温 3h 后的质量剩余率与 10h 后的质量剩余率差，如图 6-8 所示。由图可见，熔盐在保温 3h 之后，继续保温 7h，除了 900℃外，其余三个温度下的熔盐减重率变化不大，减重率分别依次为 0.32%、0.25%和 0.36%；在 900℃保温的后 7h，熔盐减重率达到 3.74%，是其他温度的十多倍，说明熔盐在 850℃之前都是稳定的，图 6-8 所示的相同损失率(0.36%)比 760℃高出 90℃，说明熔盐 SYSU-C1 在熔盐量比较大且于空气中的运行时，其所能耐受的温度比微量样品在 N_2 气氛中的分解温度要高。但熔盐在 900℃下的稳定性明显变差，保温 7h 后的质量损失率高达 3.74%。

图 6-8 中显示，熔盐在前 3h 的总体减重率比后续的大，从 750℃到 900℃分别减重 0.5%、1.0%、1.5%和 1.5%。这可能与熔盐常温储存吸附空气中水分有关。含有水分的盐加热时一方面会失去吸附水发生物理减重，另一方面已经溶解在吸附水中的盐，由于水解也可能会发生化学减重(详见 6.1.1 小节)。当温度升高到 750℃时，脱水过程的化学减重程度低，主要为物理减重，总体失重率仅有 0.5%；当温度升高到 800℃时，脱水过程的化学减重程度增大，总体失重率达到 1.0%；当温度升高到 850℃时，脱水过程的化学减重达到最大，总体失重率与升温到 900℃时的相同，都是 1.5%。

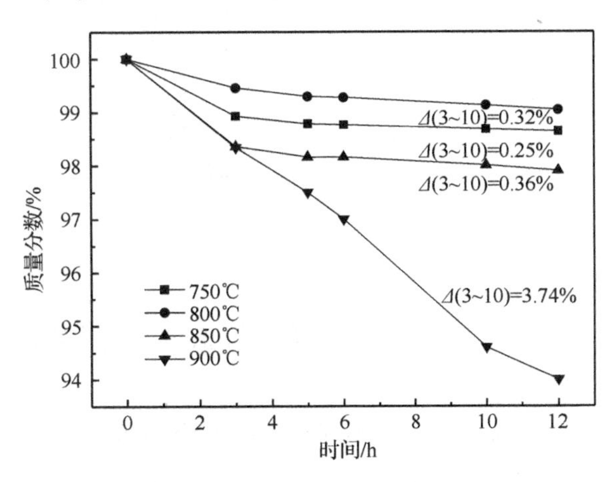

图 6-8　熔盐 SYSU-C1 恒温质量剩余率曲线

2. 熔盐在动态工况下的热稳定性

1) 熔盐在慢速升降温工况下的热稳定性

图 6-9 和图 6-10 所示的是熔盐 SYSU-C1 的慢速升降温曲线。从图中可以看

出，熔盐 SYSU-C1 在循环 13 个周期之后，其凝固点和熔化温度基本保持不变，凝固点为 562.9℃，熔化温度为 568.6℃，熔化温度与 DSC 测试熔点 566.9℃比较接近，说明熔盐 SYSU-C1 冷热循环热稳定性较好。熔盐 SYSU-C1 熔化和凝固点温差为 5.7℃，说明该熔盐过冷现象不明显。

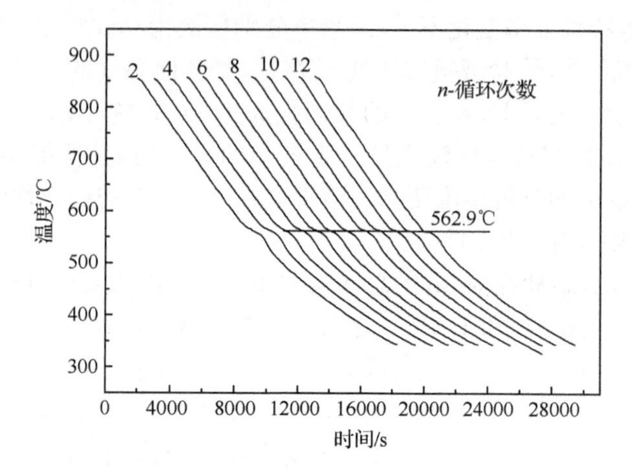

图 6-9 熔盐 SYSU-C1 的步冷曲线

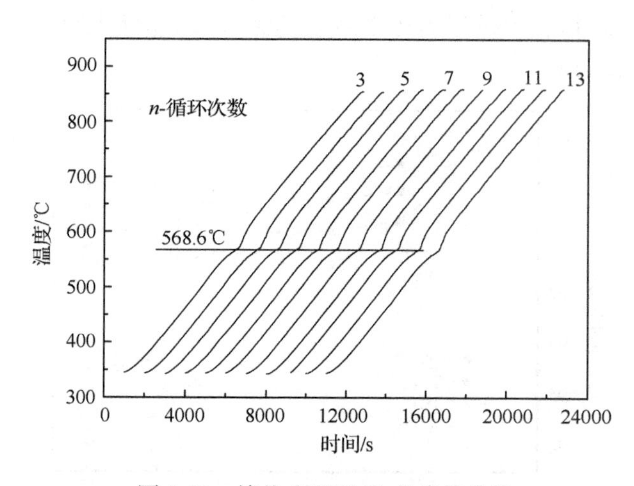

图 6-10 熔盐 SYSU-C1 的步热曲线

2）熔盐在骤冷/热交变工况下的热稳定性

将熔盐 SYSU-C1 迅速升温到 800℃，再迅速冷却至室温，使熔盐经受一次骤冷/热变化。重复该操作 1000 次，每隔 100 次取样进行 DSC 测定，观察其熔化热和比热容的变化，并对循环 1000 次前、后的样品进行 XRD 测定，以分析组成的物相变化，结果如图 6-11 和图 6-12 所示。

从图 6-11 和图 6-12 中可知，熔盐 SYSU-C1 在热循环了 1000 次后熔点变化

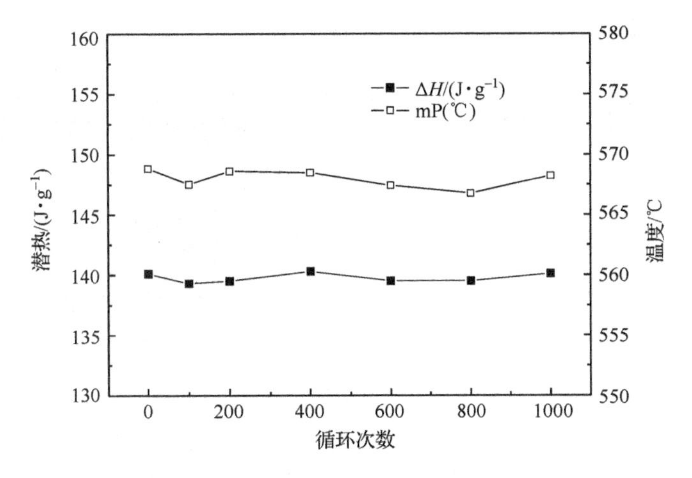

图 6-11　熔盐 SYSU-C1 的熔点及熔化热变化

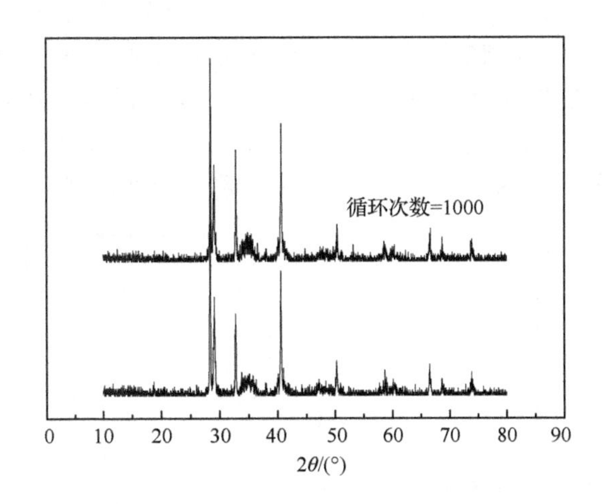

图 6-12　热循环后熔盐 SYSU-C1 的 XRD 变化

在 2.1℃之内，熔化热变化在 0.8J · g^{-1}之间，说明熔盐的热稳定性没有发生明显变化。熔盐热循环 1000 次后，熔盐的 XRD 图谱与原始熔盐相同，没有出现表征新物质产生的衍射峰，说明熔盐 SYSU-C1 在经 1000 次骤冷/热循环后组成基本不变。

6.4.4　熔盐 SYSU-C1 的高温腐蚀性

1. 高温腐蚀后不锈钢材料的外观变化

不锈钢材料被熔盐 SYSU-C1 腐蚀前后的外观，如图 6-13 所示。从图中可以看出，314、304、316L、321、310S 不锈钢在熔盐 SYSU-C1 中均遭到不同程度的腐蚀，腐蚀后的不锈钢金属光泽消失，表面呈深黑色。

图 6-13 被熔盐 SYSU-C1 腐蚀前（第二行）后（第一行）不锈钢的照片

2. 高温腐蚀后不锈钢材料的质量变化

将 314、304、316L、321、310S 不锈钢片在 800℃的熔盐 SYSU-C1 中恒温静态腐蚀 50h，腐蚀结果如图 6-14 所示。腐蚀后的不锈钢样品经过超声水洗后，310S 质量损失最小，316L 质量损失最大。说明除了 310S 外，其余不锈钢形成的腐蚀膜中疏松氧化物比较多；浓碱处理后，310S 质量损失仍然最小，说明 310S 不锈钢形成酸性氧化物的量最少；浓酸处理后，321 和 304 质量减少最小，说明除了 321 和 304 以外，其他不锈钢形成的碱性氧化膜比较厚。结合熔盐 SYSU-C1 为碱性环境的事实，确定 310S 不锈钢在熔盐 SYSU-C1 中耐腐蚀性最好。

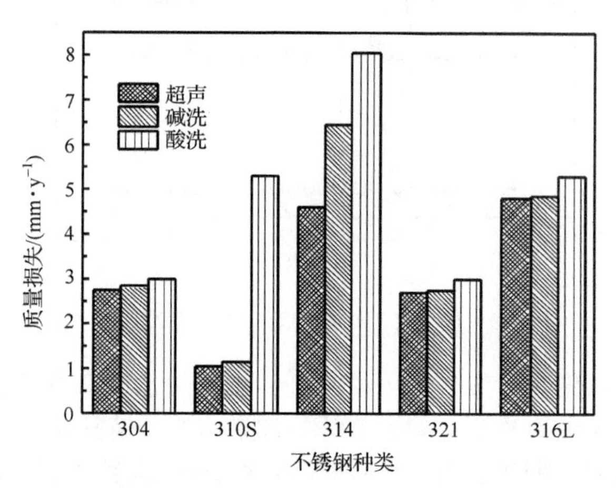

图 6-14 不锈钢在熔盐 SYSU-C1 中的质量变化

3. 熔盐 SYSU-C1 对 310S 不锈钢的长期腐蚀性

在传热蓄热设备中，不锈钢将与熔盐长期接触，有必要弄清楚不锈钢随腐蚀时间变化的情况。由图 6-13 和图 6-14 可知，310S、321 不锈钢在熔盐 SYSU-C1 抗腐蚀最好，故对 310S 不锈钢在熔盐 SYSU-C1 中进行长期腐蚀研究。利用重量法测得不锈钢 310S 在 800℃的熔盐 SYSU-C1 中腐蚀 10h、20h、30h、40h、50h 后质量损失的情况，如图 6-15 所示。

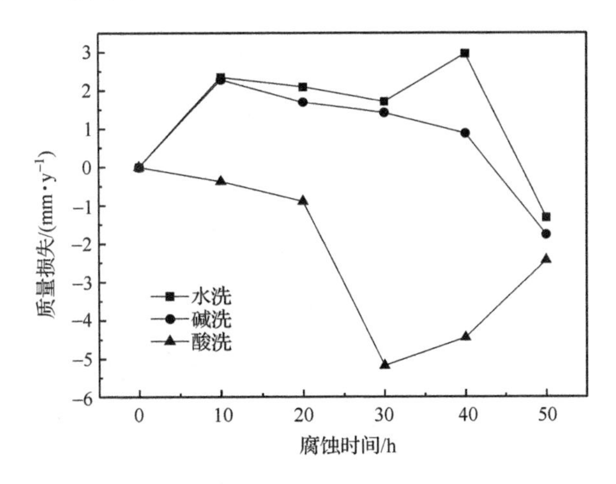

图 6-15　熔盐 SYSU-C1 对 310S 不锈钢的长期腐蚀性

由图 6-15 可知，随着腐蚀时间的增长，在水洗处理方式下的质量损失量趋势在 10h 逐渐增大，10h 到 30h 之间变化不大，40h 之后迅速减少，说明 40h 后在 310S 不锈钢表面的氧化膜由疏松态转化为致密态；在碱洗处理方式下的质量损失趋势先增大后减小，40h 后迅速减小，说明 40h 后腐蚀层中酸性氧化物的含量逐渐减少；在酸洗处理方式下的质量损失量逐渐减小，说明腐蚀层中的碱性氧化物不能被浓酸完全除去，说明碱性氧化膜致密且牢固。可见在 800℃温度下，存在一个耐腐蚀保护氧化膜的最佳形成时间，之后保护膜的组成趋于稳定，腐蚀也趋于稳定。

6.5　相加三元碳酸熔盐的制备及性能

6.5.1　相加三元碳酸熔盐的制备

根据图 6-16 所示三元体系相图预测的低共熔点和对应的共熔物组成，采用静态熔融法制备三元碳酸熔盐，命名为熔盐 SYSU-C2[8,9]。利用 TG-DSC 测定混合盐 SYSU-C2 的熔点、熔化热和分解温度，结果如图 6-17 所示，从图中可以得出，熔盐 SYSU-C2 的熔点为 394.8℃，与图 6-16 所示低共熔点基本一致。该熔盐的熔化热和分解温度分别为 159.7J · g^{-1}和 869.7℃。

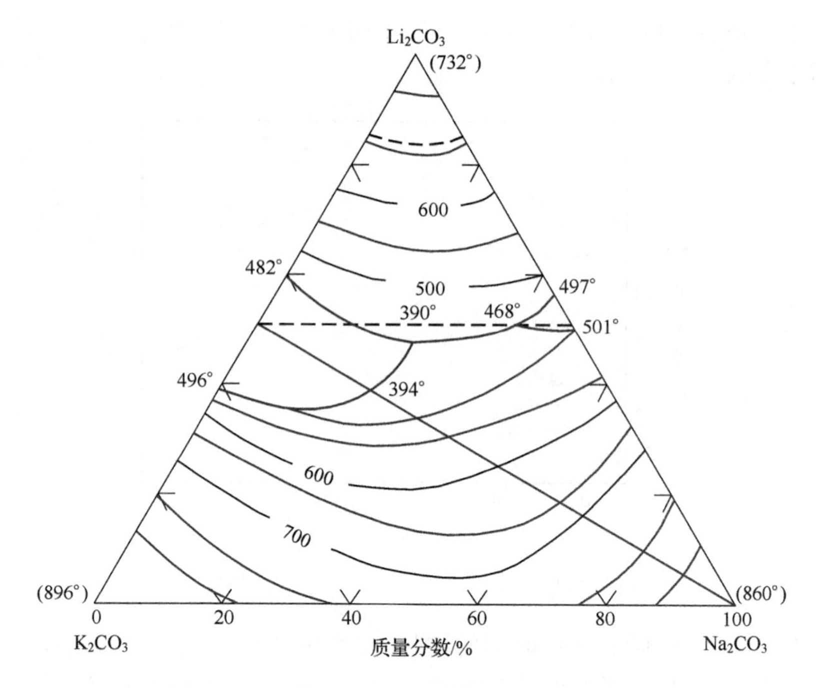

图 6-16　Li_2CO_3-Na_2CO_3-K_2CO_3 三元体系相图

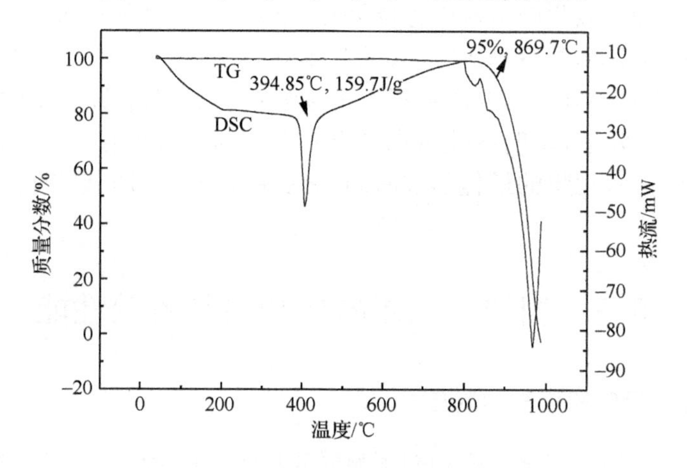

图 6-17　熔盐 SYSU-C2 的 TG-DSC 曲线

6.5.2　熔盐 SYSU-C2 的热物性

1. 比热容

图 6-18 是熔盐 SYSU-C2 的比热容曲线，其比热容拟合式如下

$$C_p = -1.143 + 0.00432T \quad (700 \sim 1000\text{K})$$

该熔盐液态比热容变化较大，比热容随着温度的升高而增加。混合熔盐在温度高于熔点以上时，其比热容较大。结合图 6-17 可以看出，熔盐 SYSU-C2 的比热较大，适合作为高温传热材料。

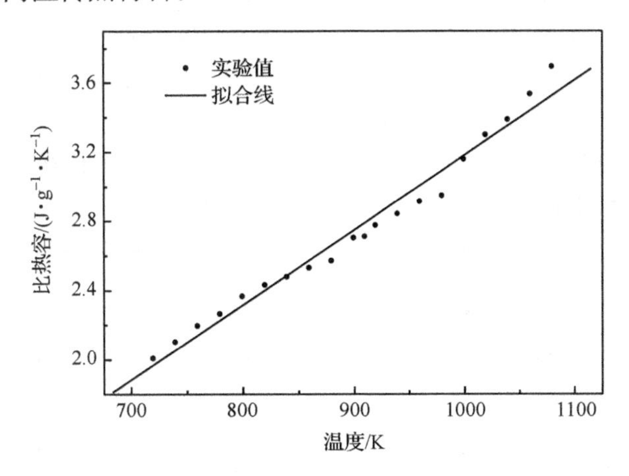

图 6-18　熔盐 SYSU-C2 的比热容曲线

2. 密度

图 6-19 是熔盐 SYSU-C2 的密度随温度变化曲线。其拟合式为

$$\rho = 2.4302 - 0.4347 \times 10^{-3} T$$

从图中可以看出，熔盐密度随温度升高而降低。熔盐 SYSU-C2 的密度在 $2g \cdot cm^{-3}$左右，比水和油类工作介质的大，能大大缩小设备体积，减少设备费用。

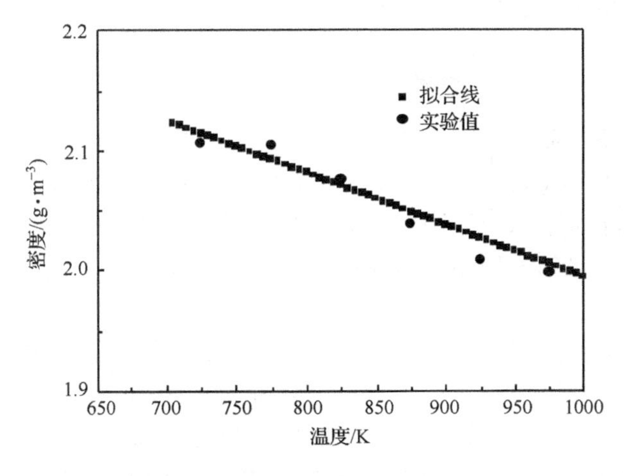

图 6-19　熔盐 SYSU-C2 的密度曲线

3. 黏度

图 6-20 所示是熔盐 SYSU-C2 的黏度曲线。其拟合式为

$$\mu = 9.816 - 0.00935T + 3.005 \times 10^{-6} T^2$$

在 698～973K 范围内，熔盐 SYSU-C2 的黏度同样随着温度的升高而降低，液态黏度在 5cP 以下，适合作传热流体。

对比图 6-20 和图 6-7 可以看出，熔盐 SYSU-C1 的黏度比熔盐 SYSU-C2 的略小，说明在熔盐流动性方面，熔盐 SYSU-C1 更具优势。

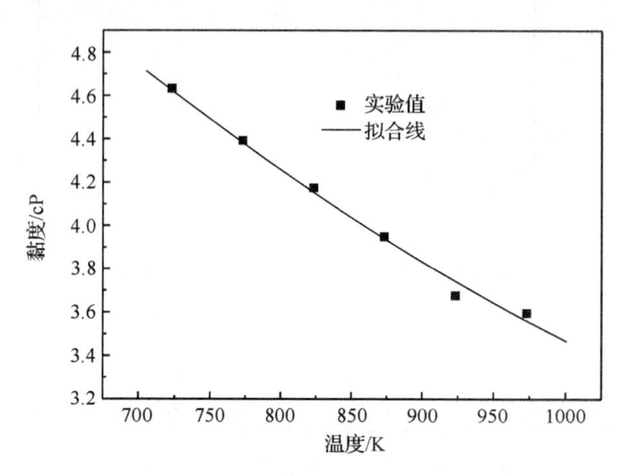

图 6-20　熔盐 SYSU-C2 的黏度曲线

6.5.3　熔盐 SYSU-C2 的高温热稳定性

1. 熔盐在静态工况下的热稳定性

把所制熔盐 SYSU-C2 分别在 700℃、750℃、800℃、850℃、900℃温度下保温，每隔一段时间冷却称重，即得到熔盐质量剩余率-时间变化曲线（图 6-21）。图中，Δ(3～10)指熔盐在某温度下保温 3h 后的质量剩余率与 10h 后的质量剩余率之差。数据分析采用Δ(3～10)的目的在于消除熔盐预先干燥程度不同造成的影响，提高数据的可靠性。

从图中可见，熔盐 SYSU-C2 在 700℃、750℃、800℃、850℃和 900℃下保温 7 小时，其质量损失率分别为 0.11%、0.25%、0.57%、0.66%、1.4%，900℃时的损失率分别是前四个温度的 12.7 倍、5.60 倍、2.46 倍和 2.12 倍，说明熔盐 SYSU-C2 在 850℃以下非常稳定。与 6.4.3 小节所述熔盐 SYSU-C1 相比，熔盐 SYSU-C2 稳定性更好。

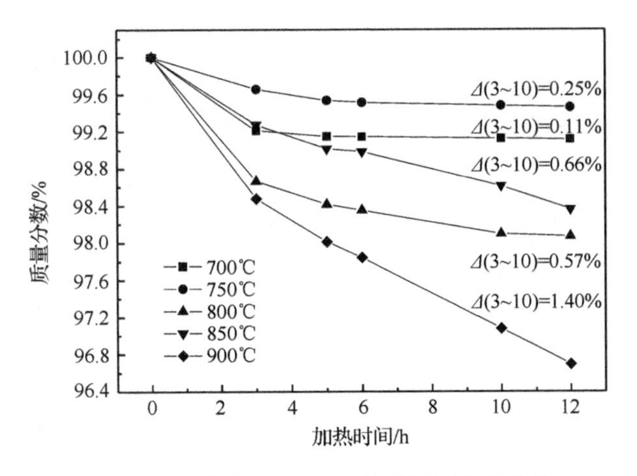

图 6-21　熔盐 SYSU-C2 的质量剩余率曲线

2. 熔盐在动态工况下的热稳定性

1）熔盐在慢速升降温工况下的热稳定性

采用 6.4.3 小节相同的实验方法，得到熔盐 SYSU-C2 的慢速升降温循环曲线，如图 6-22 和图 6-23 所示。从图中可以看出，熔盐 SYSU-C2 在循环 12 个周期之后，凝固和熔化温度基本保持不变，凝固温度为 392.1℃，熔化温度为 396.0℃，熔化温度与 DSC 测试熔点 394.8℃比较接近，说明熔盐 SYSU-C2 冷热循环热稳定性较好。熔盐 SYSU-C2 熔化和凝固温差为 3.9℃，过冷现象不明显。

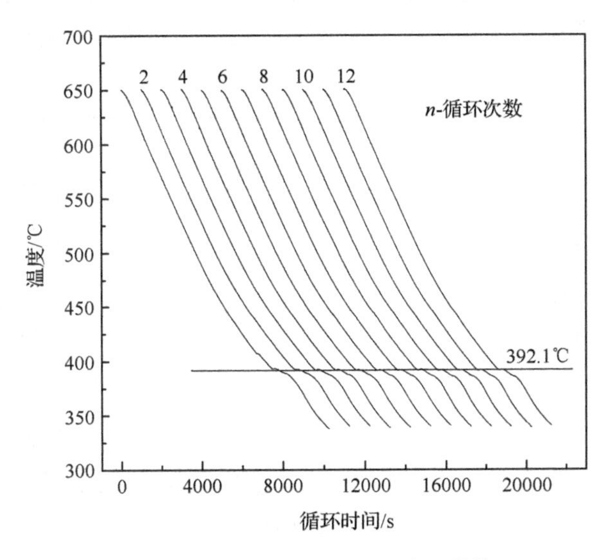

图 6-22　熔盐 SYSU-C2 的降温曲线

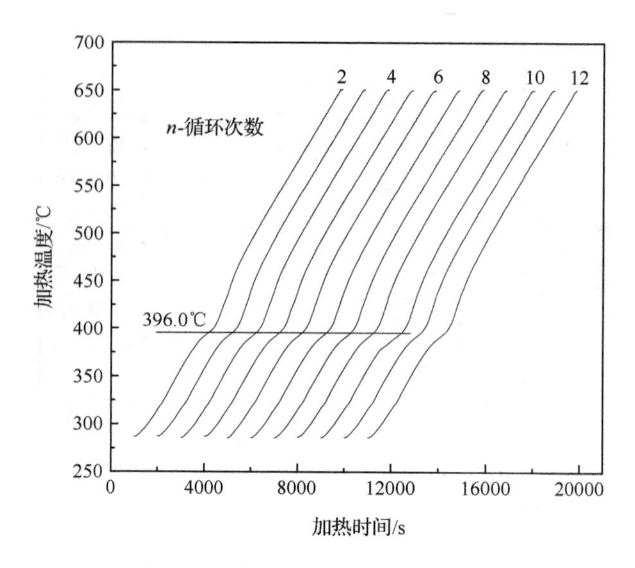

图 6-23　熔盐 SYSU-C2 的升温曲线

2）熔盐在骤冷热交变工况下的热稳定性

采用 6.4.3 小节所述相同方法进行熔盐骤冷热交变实验，并间隔一定时间取样进行 TG-DSC 和 XRD 测定。熔盐 SYSU-C2 在 800℃下热循环 100 次、200 次、400 次、600 次、800 次和 1000 次后熔点变化在 9.06℃之内，熔化热变化在 9J · g^{-1} 之间，如图 6-24 所示。与熔盐 SYSU-C1 相比，熔盐 SYSU-C2 的变化幅度偏大，但都在工程应用中所许可的范围之类。熔盐热循环 1000 次后，熔盐材料的 XRD 图谱与原始熔盐的类似，也没有出现表征物质产生的衍射峰，说明材料在热循环中组分没有变化。

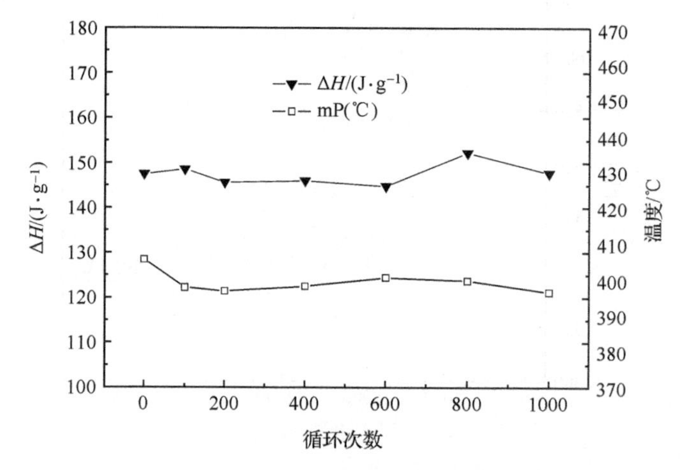

图 6-24　熔盐 SYSU-C2 熔点及熔化热变化

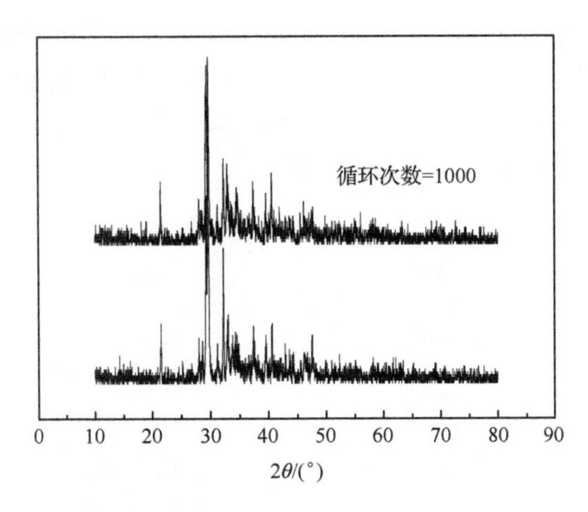

图 6-25　热循环后熔盐 SYSU-C2 的 XRD 变化

6.5.4　大容器量熔盐长期热稳定性

在太阳能制氢及太阳能热化学反应储能系统中，吸热-传热-蓄热过程是高辐射能流密度、高温交变热应力冲击的非稳态非均匀传递与反应过程，其中紧密结合的传递现象包括辐射、对流、质量、热量和动量传递，传递过程中变物性熔融盐的传输机制非常复杂。大容器量碳酸熔盐长期在高热载荷和骤冷/热交变热载荷工况下运行，研究模拟实际运行过程中大容器量熔盐的长期热稳定性具有重要意义。

2010 年 8 月，东莞理工学院建立了碳酸熔盐蓄热系统实验平台（图 6-26、

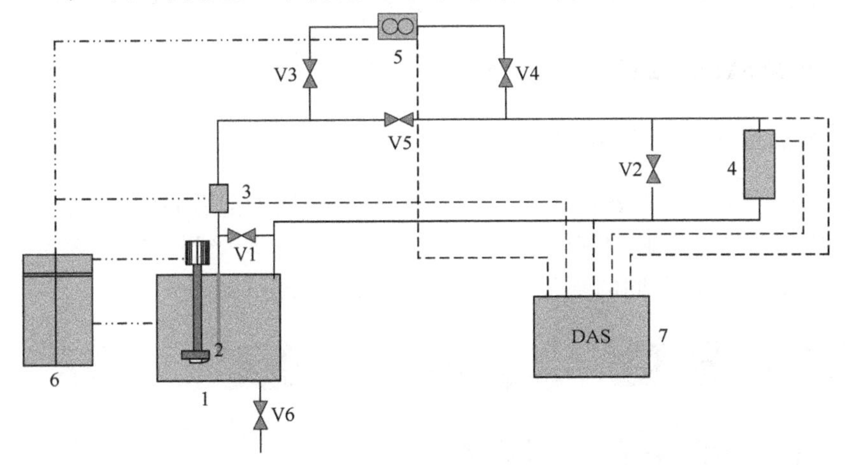

1-熔盐炉；2-熔盐泵；3-压力传感器；4-用户端；5-流量计；6-控制箱；7-数据采集系统；V_1～V_6-阀门

图 6-26　碳酸熔盐高温蓄热系统实验平台的流程图

图 6-27)[10]。该系统主要由熔盐炉、熔盐泵、用户端口、温度控制系统和数据采集系统及阀门、管道等组成。熔盐槽体材料为 310S 不锈钢,容积为 1m^3。系统运行时充装 SYSU-C2 熔盐 1.5t,其工作温度范围为 450～850℃。通过监测系统中熔盐的熔点和熔化热变化来监测熔盐稳定性。

图 6-27　碳酸熔盐高温蓄热实验平台实物图(450～850℃)(东莞理工学院)

6.5.5　熔盐 SYSU-C2 的高温腐蚀性

1. 高温腐蚀后不锈钢材料的外观变化

在 650℃温度下,不锈钢材料被熔盐 SYSU-C2 腐蚀前后的外观变化如图 6-28 所示。从图中可以看出,不锈钢片在熔盐 SYSU-C2 中均受到不同程度的腐蚀,金属光泽消失,呈现出不同的颜色,说明金属表面腐蚀层不同。

图 6-28　熔盐 SYSU-C2 腐蚀前(第二行)后(第一行)的 314、304 、310S、321 和 316L

2. 高温腐蚀后不锈钢的质量变化

采用 6.4.4 小节所述的相同方法，对 314、304、316L、321、310S 不锈钢在 650℃的熔盐中腐蚀 30h，钢片腐蚀前后质量损失如图 6-29 所示。与图 6-13 相比，相同不锈钢在熔盐 SYSU-C2 中的腐蚀率更小。从图中可以看出，熔盐 SYSU-C2 对 321 不锈钢的腐蚀性最小。

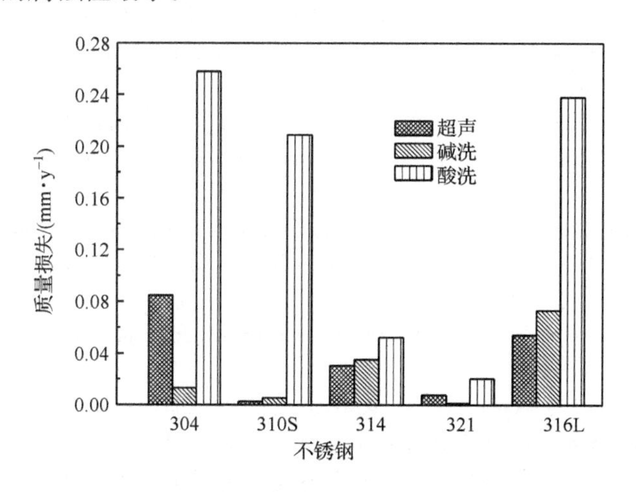

图 6-29　五种不锈钢在熔盐 SYSU-C2 中的质量变化

3. 熔盐 SYSU-C2 对 321 不锈钢的长期高温腐蚀性

采用 6.4.4 小节所述的方法，对 321 不锈钢在 650℃的熔盐 SYSU-C2 中进行长时间腐蚀实验，结果如图 6-30 所示。从图中可以看出，321 不锈钢在前 50h，腐

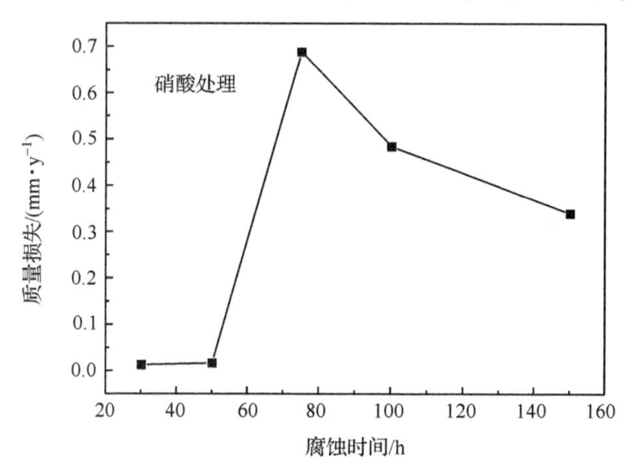

图 6-30　熔盐 SYSU-C2 对 321 不锈钢的长期腐蚀性

蚀率基本保持不变;在 50～75h,腐蚀率增长较快;在 75～150h,不锈钢腐蚀率又保持基本不变,说明在 650℃下腐蚀时存在着一个耐腐蚀保护氧化膜形成的最佳时间。

参 考 文 献

[1] 宋天佑, 徐家宁,程功臻,等. 无机化学(下册). 第二版. 北京: 高等教育出版社, 2010
[2] David R. Handbook of Chemistry and Physics. 84th Edition. Florida:CRC Press, 2004
[3] William F L. Solubilities of Inorganic and Metal-organic Compounds. 4th ed. Washington D. C. : American Chemical Society Press, 1965
[4] Janz G J, Allen C B, Bansal N P, et al. Physical properties data compilations relevant to energy storage II. molten salts: data on single and multi-component salt systems. Washington: U. S. Government Printing Office, 1981
[5] Janz G J, Tomkins R P T. Physical properties data compilations relevant to energy storage. IV. molten salts: data on additional single and multi-component salt systems. Washington: U. S. Government Printing Office, 1979
[6] Levin E M, Robbins C R, Mcmurdie H F. Phase Diagrams for Ceramists, Vols. Ⅰ-Ⅷ. Columbus, Ohio: American Ceramic Society, 1964
[7] 廖敏,魏小兰,丁静,等. 高温碳酸熔盐的制备及传热蓄热性质. 无机盐工业,2008,40(10):15-17
[8] 廖敏. 高温碳酸熔融盐材料的制备与性能研究. 广州:华南理工大学,2009
[9] 廖敏, 魏小兰, 丁静,等. LNK 碳酸熔盐热物性能研究. 太阳能学报, 2010, 31(7): 863-867
[10] 左远志,杨晓西,丁栴,等. 熔融盐中高温斜温层混合蓄热方法及装置,中国:ZL200710028077. x

第7章　氯化物熔盐的制备及性能

卤化物一般包括阳离子的氟化物、氯化物、溴化物、碘化合物。与碳酸盐和硝酸盐不同，卤化物的阴离子为简单离子，阳离子的极化作用不会导致阴离子分解，但会使卤化物由离子化合物向共价化合物过渡，在热物性方面表现出熔、沸点降低。卤离子具有还原性且还原性从氟到碘呈上升趋势，若阳离子氧化性较强，加热卤化物可能会发生阴、阳离子之间的电子转移，即发生氧化还原反应，例如，Cu^{2+}遇到I^-，即使在常温下，电子都会从I^-向Cu^{2+}转移生成CuI和I_2；又如，光照足以使AgBr中的电子从Br^-向Ag^+转移。若阳离子氧化性不强但极化作用较强，卤化物将带有很强的共价性特征，表现出低熔点和低沸点特性，例如，氯化铍在482℃即可沸腾，而同族的$MgCl_2$的沸点高达1412℃。若阳离子的氧化性和极化作用都不强，一般表现为高熔点，但加热液体卤化物时，卤化物可能以离子对的形式逸出，表现出不同的蒸气压。

在卤化物中，由于碘化物容易发生氧化还原反应，且碘化物和溴化物不如氯化物那样便宜易得，通常不被考虑用作传热蓄热熔盐。氟化物价格昂贵且具有一定的毒性，在常规应用中一般不被选择，但氟化物具有密度低和单位质量蓄热量大的特点，是太空太阳能光热发电的首选传热蓄热材料，通过特殊设计可解决毒性问题。

氯化物是相同阳离子卤化物中，最易得且价格最便宜的盐。由于氯化物来源广泛、无毒性、蓄热能力强，可以在400～1000℃范围内按不同要求制成不同低共熔点的混合盐，是高温传热蓄热材料的主要选择。考虑到不同氯化物液体蒸气压的差异性，混合氯化物熔盐工作温度上限较难确定，需要通过长期高温动态实验和静态热稳定性实验确定。另外，鉴于氯化物熔盐具有一定的腐蚀性，需要准确测定不同熔盐对不同种类钢材的腐蚀程度。在此之前首先介绍氯化物的基本性质和用于传热蓄热氯化物熔盐的选择原则。然后介绍一种氯化物熔盐的制备和热物性、热稳定性与高温腐蚀性等。

7.1　氯化物的基本性质

7.1.1　氯化物的基本化学性质

无水氯化物固体是由氯离子和金属阳离子键合而成。与碳酸盐和硝酸盐的阴离子是复杂离子不同，氯化物的阴离子为简单离子，在阳离子作用下，氯离子虽然容易变形但不分解，如果阳离子的极化作用较强，氯离子变形加剧，氯化物阴阳离子之间的距离将会减小，氯化物的离子性降低共价性增强，结果可能使氯化物的熔点和沸点降低。例如，NaCl 的熔点为 801℃，而 AgCl 的只有 455℃，原因是 Ag^+ 的极化作用较强。

工业纯级的氯化物一般由水溶液通过结晶获得。从水溶液中能够结晶生成无水盐的氯化物不多，主要是碱金属氯化物。大多数工业纯级的氯化物都含有结晶水，多数含水盐无法通过加热脱水制备无水盐，原因与含结晶水的硝酸盐类似，加热脱水同时会发生水解反应。

一般情况下，含结晶水盐的结合方式是水分子首先和阳离子以配位键的形式结合形成配阳离子，配阳离子再与阴离子以离子键的方式结合为固体盐。含结晶水氯化物受热时，除了脱水外还可能发生水解反应，最终得到的是氧化物。以 $CoCl_2 \cdot 6H_2O$ 为例，其结合方式之一为$[Co(H_2O)_6]Cl_2$，其中 Co^{2+} 与 6 个 H_2O 分子中的 6 个 O 原子以配位键的方式结合形成配阳离子$[Co(H_2O)_6]^{2+}$，配阳离子再与 Cl^- 以离子键结合形成$[Co(H_2O)_6]Cl_2$。固体被加热时，一些离子发生部分配位键断裂水分子脱离 Co^{2+}，另一些离子中与 Co^{2+} 结合的水分子在 Co^{2+} 作用下，水分子上的一个氢以 H^+ 形式脱离$[Co(H_2O)_6]^{2+}$，再与附近的 Cl^- 结合形成 HCl 并以气体方式离开，配合物转化为$[Co(OH)(H_2O)_5]Cl$，水解程度随加热温度和时间逐步加强。如果反应过程中 HCl 不断逸出，反应不再可逆，无法获得无水盐。水解反应的第一步如下

$$\mathrm{Cl^-}\left[\mathrm{Co(H_2O)_5(OH_2)}\right]^{2+}\mathrm{Cl^-} \xrightleftharpoons{\text{加热}} \left[\mathrm{Co(H_2O)_5(OH)}\right]^{+}\mathrm{Cl^-} + \mathrm{HCl}\uparrow$$

后续的水解和脱水反应将十分复杂，当加热温度足够高、反应时间足够长时，全部 Cl^- 都以 HCl 方式逸出，最终的产物将是氧化物。

如果让脱水过程在 HCl 气氛中进行，控制 HCl 的分压，也可能发生只脱水不水解的反应。以$[Mg(H_2O)_6]Cl_2$ 为例，在 HCl 气氛中加热即可获得无水盐 $MgCl_2$。不同含结晶水的氯化物，需要控制 HCl 的分压不同，有些盐即使控制氯化氢分压也无法得到无水盐。其他含结晶水的氯化物被加热时，水解的情况基本类似，只有碱土金属钙、锶、钡的氯化物加热时只脱水不水解。可见，从化学性质角度，可用作传热蓄热材料的备选盐是碱金属和部分碱土金属氯化物。

氯离子具有较强的配位能力，它可以和许多过渡金属阳离子配位形成配离子，例如，$[FeCl_6]^{3-}$、$[CrCl_6]^{3-}$ 和$[NiCl_4]^{2-}$ 等，这意味着氯化物熔盐具有一定破坏金

属表面氧化膜的能力，同时空气中的单质氧可在氯化物中溶解扩散加速氧化膜的破坏。相对而言，氯化物对金属的腐蚀性要比碳酸盐强一点。

自然界中的氯化物主要存在于盐湖、海水和固体盐矿中。浓缩海水或盐湖水可以获得工业纯的氯化物。其中产量最大的是氯化钠、氯化钾和含水氯化镁等。

7.1.2 氯化物的基本物理性质

常见碱金属和碱土金属氯化物的基本物理常数如表 7-1 所示。

表 7-1　常见碱金属和碱土金属氯化物的基本物理常数[1]

名称	化学式	摩尔质量/$(g \cdot mol^{-1})$	熔点/℃	沸点/℃	固态密度/$(kg \cdot cm^{-3})$
氯化锂	LiCl	42.39	610	1383	2040
氯化钠	NaCl	58.44	801	1465	2170
氯化钾	KCl	74.55	771		1988
氯化铷	RbCl	120.92	715	1390	2760
氯化铯	CsCl	168.36	645	1297	3988
氯化铍	$BeCl_2$	79.92	413	482	1900
氯化镁	$MgCl_2$	95.21	714	1412	2325
	$MgCl_2 \cdot 6H_2O$	203.30	～100 分解		1988
氯化钙	$CaCl_2$	110.98	775	1935	2150
	$CaCl_2 \cdot H_2O$	129.00	260 分解		2240
	$CaCl_2 \cdot 2H_2O$	147.01	175 分解		1850
	$CaCl_2 \cdot 6H_2O$	219.07	30 分解		1710
氯化锶	$Sr\ Cl_2$	158.53	874	1250	3052
	$SrCl_2 \cdot 6H_2O$	266.62	100 分解		1960
氯化钡	$BaCl_2$	208.23	962	1560	3900
	$BaCl_2 \cdot 2H_2O$	244.26	120 分解		3097

从表中可见，碱金属氯化物一般不含结晶水，而多数碱土金属氯化物则含结晶水。事实上，从水溶液中制备的碱土金属氯化物都是含结晶水的盐，其中钙、锶、钡的氯化物可以直接脱水获得无水盐，$MgCl_2 \cdot 6H_2O$ 在 HCl 气氛中脱水也能获得无水盐。

就熔点而言，碱金属氯化物从 NaCl、KCl、RbCl 到 CsCl，熔点分别为 801℃、771℃、715℃、645℃，随着阳离子半径增大而熔点逐渐降低，符合其静电作用力变化规律。反常的只有 LiCl，熔点仅为 610℃，原因是 Li^+ 半径很小，极化作用较强，使 LiCl 带有共价键性质，故熔点较低。无水碱土金属氯化物从 $BeCl_2$、$MgCl_2$、

$CaCl_2$、$SrCl_2$、$BaCl_2$，熔点分别为 413℃、714℃、775℃、874℃、962℃，随着阳离子半径增大熔点增大，不符合静电作用力变化规律，说明在碱土金属氯化物中，阳离子极化作用对熔点的影响占主导地位。随着阳离子半径增加，阳离子极化作用降低，氯化物的共价性降低离子性增强，氯化物的熔点上升。

多数氯化物都能在水中溶解，不溶解的氯化物主要有 AgCl、Hg_2Cl_2和 $PbCl_2$。表 7-2 是碱金属和碱土金属氯化物在水中溶解度随温度的变化关系。可利用表 7-2同时参考多元盐的水盐相图数据[2]，对高温劣化后含有其他杂质的混合氯化熔盐进行水溶液结晶纯化再生。

表 7-2　不同温度下常见碱金属氯化物在水中的溶解度/wt%[1]

化合物＼温度/℃	0	10	20	30	40	50	60	70	80	90	100
LiCl	40.4	42.5	45.3	46.2	47.3	48.5	49.8	51.3	53.0	55.0	56.3
NaCl	26.3	26.3	26.4	26.5	26.7	26.8	27.0	27.2	27.5	27.8	28.0
KCl	21.7	23.6	26.2	27.0	28.6	30.0	31.4	32.7	33.9	35.0	36.0
RbCl	43.6	45.7	47.5	49.3	50.9	52.3	53.7	54.9	56.1	57.1	58.1
CsCl	61.8	63.5	65.0	66.3	67.5	68.6	69.6	70.5	71.4	72.2	73.0
$MgCl_2$	34.0	34.8	35.6	36.2	36.8	37.3	38.0	38.7	39.6	40.8	42.2
$CaCl_2$	36.7	39.2	42.1	49.1	52.8	56.0	56.7	57.4	58.2	59.0	59.9
$SrCl_2$	31.9	32.9	34.4	36.4	38.9	41.9	45.4	46.8	47.7	48.7	49.9
$BaCl_2$	23.3	24.9	26.3	27.7	29.0	30.3	31.5	32.8	34.1	35.5	37.0

7.2　氯化物熔盐基础组分的筛选原则

用作传热蓄热材料的氯化物可参照表 7-1 的数据，同时依据热稳定性、低共熔点、易得性、安全性、成本低和最佳工作温度范围进行筛选。

7.2.1　氯化物的热稳定性

无水氯化物虽然不像硝酸盐和碳酸盐那样发生阴离子分解，但阳离子如果具有氧化性，则会发生阴阳离子之间的氧化还原反应，导致氯化物不稳定。相对而言，碱金属和碱土金属氯化物由于不会发生这类反应，所以高温热稳定性好。

但碱金属和碱土金属氯化物在达到沸点前，可能以离子对的方式从熔盐液体中逸出，因此有些氯化物的蒸气压比较大。不同的氯化物，其挥发程度不同，用它们制备的混合盐高温运行时，可能因为这种差异导致混合熔盐的组成发生改变，进而造成熔点等热物理参数改变，因此研究氯化物熔盐的稳定性同样重要。可以通过测定混合熔盐高温运行后的化学组成变化来监测熔盐的高温热稳定性。

碱金属和碱土金属中的钙、锶、钡的氯化物可以在高温下保持化学稳定，是传热蓄热材料的备选盐。

7.2.2 氯化物的特点

为获得共熔点较低、工作温度范围较宽的氯化物熔盐，需根据相图选择熔点较高的单组分盐进行混合。仅从熔点考虑可选择的氯化物包含锂、钠、钾、铷、铯、镁、钙、锶、钡等的氯化物。但从易得性、成本和安全性考虑，在众多碱金属和碱土金属氯化物中，铷、铯、锶的氯化物价格昂贵，氯化钡毒性很强，在传热蓄热材料制备中一般不被选择；另外，氯化锂如果在制备的混合熔盐中用量不大时可以选择；无水氯化镁在气候条件干燥地区可以选择。总体而言，最佳的单组分氯化物主要有钾、钠、钙氯化物，在用量不大或干燥环境条件下可考虑添加氯化锂和氯化镁。

7.2.3 氯化物的其他热物理性质

表 7-3 列出了碱金属和碱土金属氯化镁钙纯盐的热物理性质。

表 7-3 碱金属和部分碱土金属氯化物的热物理性质[1,3,4]

性质	LiCl	NaCl	KCl	$MgCl_2$	$CaCl_2$
熔点/℃	610	800	771	714	775
熔化热/($kJ \cdot mol^{-1}$)	19.90	28.13	26.50	43.05	28.34
298K 时固体比热容/($J \cdot mol^{-1} \cdot K^{-1}$)	48.03	50.50	51.71	71.38	72.86
1120K 时液体比热容/($J \cdot mol^{-1} \cdot K^{-1}$)	62.82	70.42	73.61	95.53	105.4
熔化时体积变化/%	26.2	26.06	22.27	30.46	0.9
* 固体导热系数/($W \cdot m^{-1} \cdot K^{-1}$)	1.510^{823K}	6.615^{300K}	6.574^{300K}	1.817^{373K}	
* 液体导热系数/($W \cdot m^{-1} \cdot K^{-1}$)	0.484^{1043K}	1.004^{1120K}	0.943^{1120K}	1.678^{1120K}	1.583^{1120K}
* 液体密度/($g \cdot cm^{-3}$)	1.430^{1050K}	1.515^{1150K}	1.465^{1150K}	1.63^{1140K}	2.040^{1150K}
* 液体黏度/cP	0.984^{1050K}	0.888^{1150K}	0.850^{1150K}	1.57^{1140K}	2.03^{1150K}
蒸气压/mm	0.912^{1050K}	12.3^{1300K}	21.5^{1300K}	26.95^{1300K}	0.050^{1130K}

注：* 特指某一温度下的数据，上标数字表示该数据所对应的温度

氯化镁和氯化钙盐熔融后形成的阳离子带有 2 个电荷，液体中阴阳离子之间的静电作用比较大，其熔盐液体的黏度比相同温度下碱金属氯化物的要大一些。与碳酸熔盐相比，氯化物熔盐的黏度整体不大，具有良好的流动性，且价格便宜，单位质量比热大，是较好的传热蓄热工质。

7.3 混合氯化物熔盐的分类

基于氯化物的基本性质和氯化物熔盐的选择依据，可以用来制备混合氯化物

熔盐的纯盐如表 7-3 所示。把表中所列纯盐按不同比例混合,即可得到共熔点各不相同的混合熔盐。由表 7-3 所列纯盐混合而成的二元和三元氯化物熔盐的组成如表 7-4 所示。

表 7-4　二元和三元氯化物的组成

二元熔盐组成	三元熔盐组成
LiCl-NaCl	LiCl-NaCl-KCl
LiCl-KCl	LiCl-NaCl-$MgCl_2$
LiCl-$MgCl_2$	LiCl-NaCl-$CaCl_2$
LiCl-$CaCl_2$	LiCl-KCl-$MgCl_2$
NaCl-KCl	LiCl-KCl-$CaCl_2$
NaCl-$MgCl_2$	LiCl-$MgCl_2$-$CaCl_2$
NaCl-$CaCl_2$	NaCl-KCl-$MgCl_2$
KCl-$MgCl_2$	NaCl-KCl-$CaCl_2$
KCl-$CaCl_2$	NaCl-$MgCl_2$-$CaCl_2$
$MgCl_2$-$CaCl_2$	KCl-$MgCl_2$-$CaCl_2$

考虑到盐的易得性、稳定性、安全性和成本,为满足太阳能超临界热发电和太阳能热化学反应器对能量品质和高蓄热效率的要求,中山大学节能技术研究中心制备了一种二元氯化物熔盐,命名为 SYSU-C3,并测定了其热物性、热稳定性和腐蚀性。

7.4　二元氯化物熔盐的制备及其高温热物性

7.4.1　二元氯化物熔盐的制备

根据图 6-3 所示二元体系相图预测的低共熔点和对应的共熔物组成,采用静态熔融法制备二元氯化物熔盐,命名为熔盐 SYSU-C3[5,6]。利用 TG-DSC 测定混合盐 SYSU-C3 的熔点、熔化热和分解温度,结果如图 6-4 所示,从图中可以得出,熔盐 SYSU-C3 的熔点为 497.7℃,与图 6-3 所示的低共熔点基本一致。该熔盐的熔化热为 86.85J · g^{-1},失重温度为 800℃。

从图 7-2 可见,在 110℃时出现明显的吸热峰,同时伴随着 TG 曲线大幅下降,说明熔盐极易吸附周围环境的水份,受热时所吸水分汽化出现脱水失重现象。继续升高温度,TG 曲线在 150℃之后转入平稳状态直到 800℃,说明熔盐没有质量损失,但 DSC 曲线在 200～497.7℃持续下降,说明固体熔盐升高温度不断吸收热

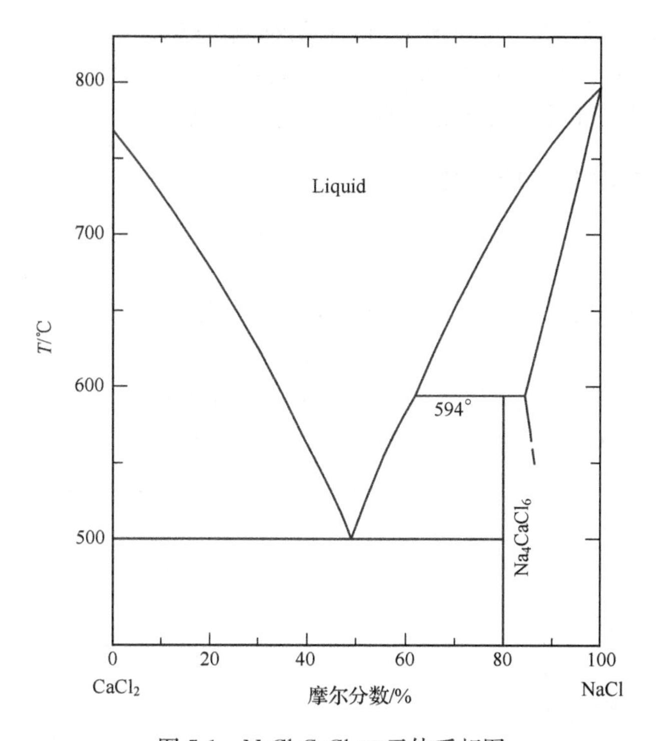

图 7-1　NaCl-$CaCl_2$ 二元体系相图

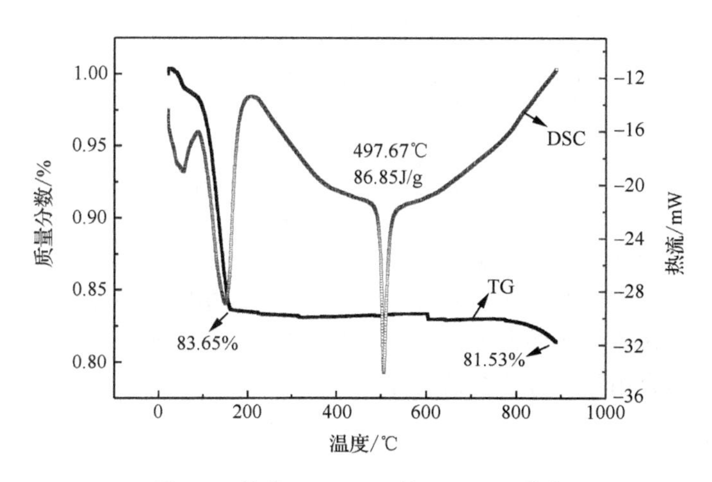

图 7-2　熔盐 SYSU-C3 的 DSC-TG 曲线

量导致热流降低，表现出固体熔盐的比热容随温度升高而变化的特征。当温度继续升高到 497.7℃时，DSC 曲线出现明显的吸热峰，说明熔盐在该温度下熔化，即熔盐的熔点为 497.7℃。混合熔盐在熔化的相变过程中吸收一定热量，计算可得熔化热为 86.85J · g^{-1}。继续升温，熔盐的 DSC 曲线随温度升高而升高，说明液相熔盐的比热容随温度升高而增大，该现象对液态熔盐用作传热介质十分有利。熔盐在大约 800℃开始出现明显的质量减少，说明混合熔融盐在 800℃以下组成稳定。氯化物熔盐失重是基础组分盐在高温下挥发造成的。

7.4.2 熔盐 SYSU-C3 的热物性

1. 比热容

采用 DSC 热分析方法测定熔盐 SYSU-C3 的比热容，结果如图 7-3 所示，其拟合式如下

$$\begin{cases} C_p = 0.748 + 9.722 \times 10^{-4} T & (800 \sim 900\text{K}) \\ C_p = -18.295 + 0.0223T & (900 \sim 1100\text{K}) \end{cases}$$

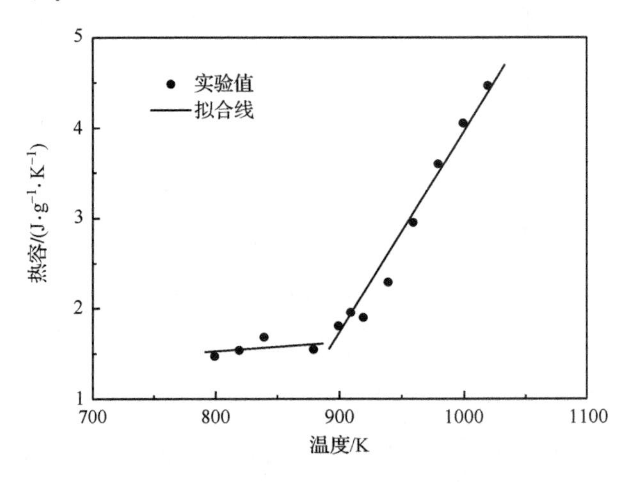

图 7-3 熔盐 SYSU-C3 的比热容测定曲线

熔盐 SYSU-C3 的液态比热容随着温度的升高而增加。根据测试结果，熔盐在 800～900K 温度下处于稳定状态，比热容随着温度的升高而增加；随着温度升高，测试得到的热流曲线变得不稳，系统误差较大。总的来说，氯化物熔盐的比热容较大，比较适合用作高温传热蓄热介质。

2. 密度

图 7-4 是熔盐 SYSU-C3 的密度随温度的变化关系。当温度升高时，熔盐 SYSU-C3密度降低，其拟合式为

$$\rho = 2.83868 - 0.00149T$$

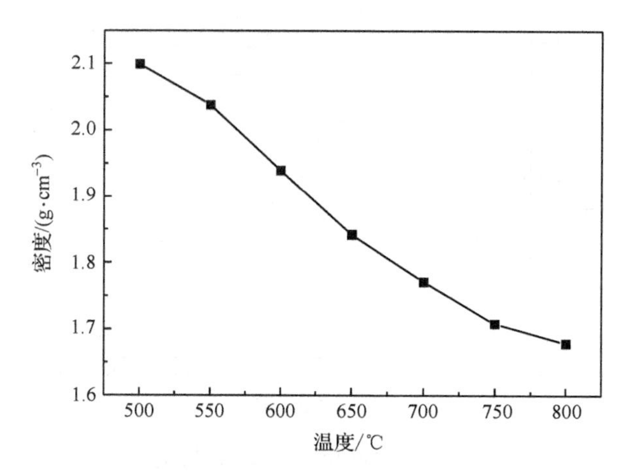

图 7-4　熔盐 SYSU-C3 的密度曲线

3. 黏度

熔盐 SYSU-C3 的黏度测定结果如图 7-5 所示，其拟合式为

$$\mu = 15.71676 - 0.03374T + 2.10849 \times 10^{-5} T^2$$

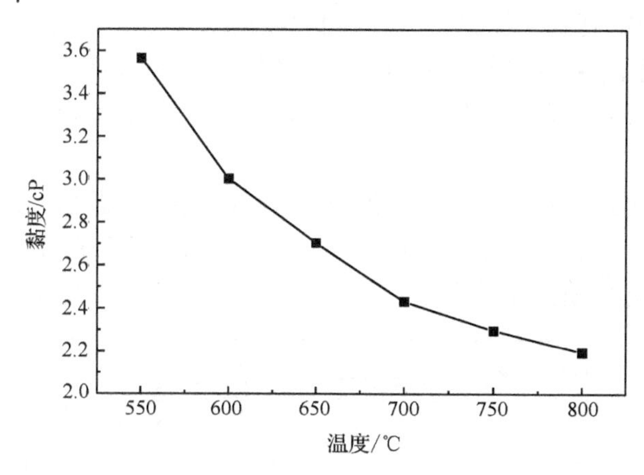

图 7-5　熔盐的黏度曲线

将熔盐 SYSU-C3 测试结果与工作温度范围相近的熔盐 SYSU-C1 和熔盐 SYSU-C2 在相同条件下测试的结果对比，如图 7-6 所示。从图中可以看出，熔盐 SYSU-C3 的黏度随温度升高逐渐降低，且都在 4.0cP 以下。一般认为，黏度小于 5cP 的熔融体，其流动性较佳[7]。与混合碳酸熔盐相比，氯化物熔盐黏度更小，能大大降低流阻，减少泵送系统能耗。

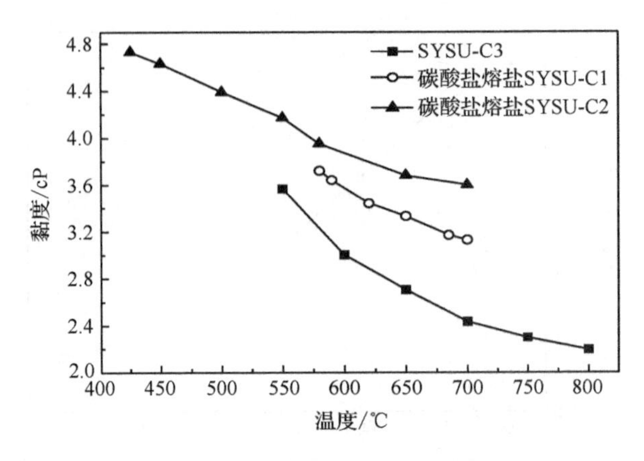

图 7-6　熔盐 SYSU-C3 的黏度

7.5　熔盐 SYSU-C3 的高温热稳定性

7.5.1　高温静态工况下的热稳定性

把熔盐在指定高温下保温，一段时间后取出冷却称重，以质量剩余率对时间作图即得到该温度下熔盐的质量损失曲线。改变温度，重复实验，可得到不同温度下的质量剩余率曲线。根据质量剩余率曲线的下降情况可判断熔盐的最高使用温度。

图 7-7 所示的是熔盐在不同高温下的质量剩余率曲线。结果表明，熔盐在 800℃下恒温 18h 后，质量损失不超过 1%，比较稳定；温度升高到 850℃以上进行恒温实验发现，质量损失非常明显，混合熔盐的组成开始变得不稳定，可能是部分

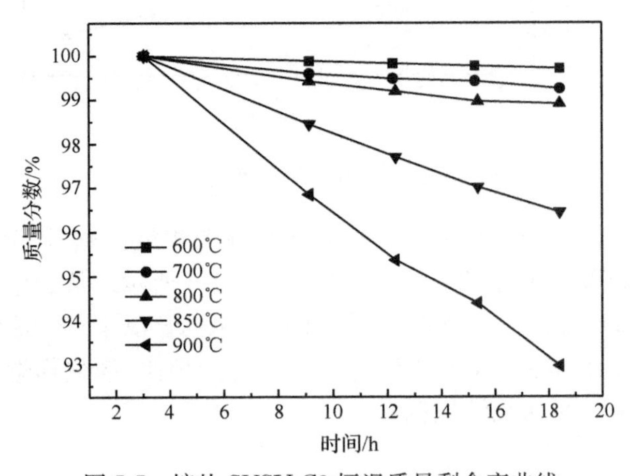

图 7-7　熔盐 SYSU-C3 恒温质量剩余率曲线

氯化物以离子对的形式蒸发,造成质量损失。

图 7-8 是该熔盐在高温 800℃下保温 50h 前、后的 DSC 曲线。与原始熔盐 DSC 曲线 a 相比,保温 50h 后的熔盐 DSC 曲线 b 所示的熔点和熔化热都有所降低,但基本保持稳定。曲线 b 在 430℃处出现了一个小的吸热峰,可能是熔盐与刚玉坩埚反应形成某种新的共熔体产生的。

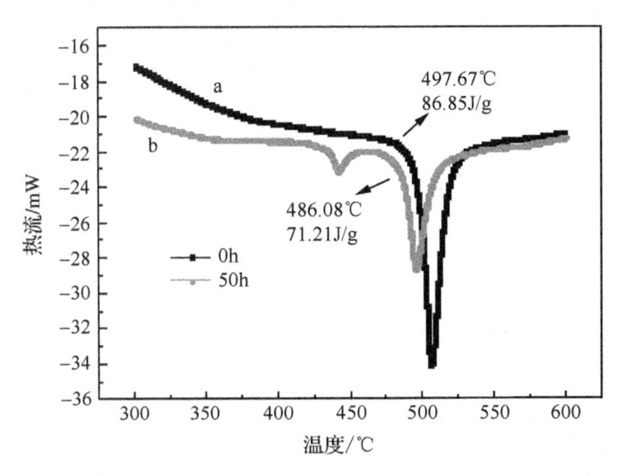

图 7-8　熔盐 SYSU-C3 的 DSC 曲线(800℃)

7.5.2　高温动态工况下的热稳定性

1. 熔盐在慢速升降温工况下的热稳定性

图 7-9 和图 7-10 是二元氯化物混合熔盐慢速步冷热循环曲线。由图可见,在循环 10 个周期之后,凝固点和熔化温度基本保持不变,凝固点温度为 497.5℃,熔

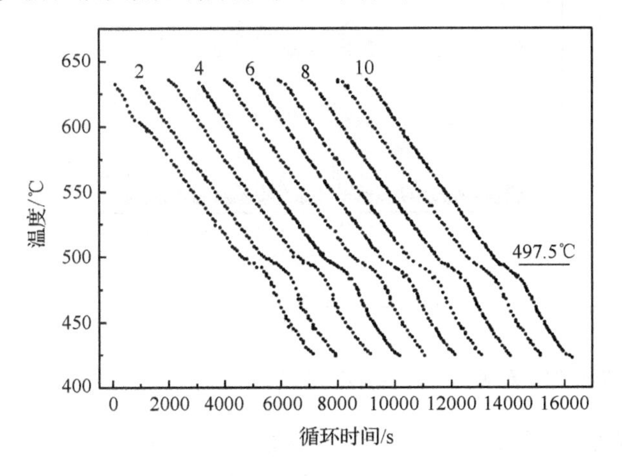

图 7-9　熔盐 SYSU-C3 的降温曲线

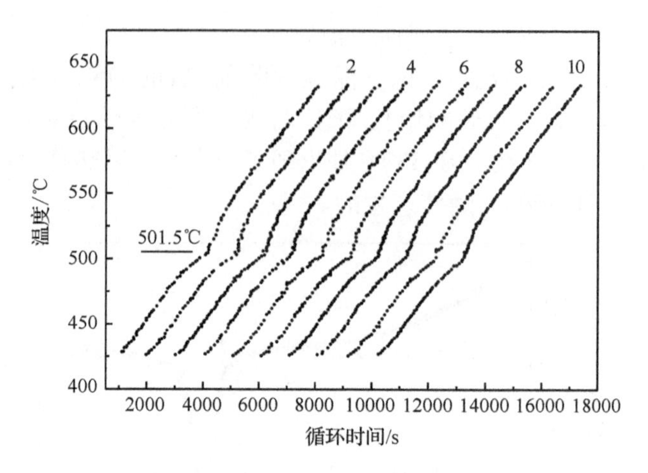

图 7-10　熔盐 SYSU-C3 的升温曲线

化温度为 501.5℃，熔盐熔化和凝固温差为 4℃，没有明显的过冷现象。

在 800℃恒温 50h 后和慢速升降温热循环前后测定熔盐的 XRD 曲线并比较它们的物相变化，结果如图 7-11 所示。从图中可见，冷热循环 10 次后熔盐(曲线 c)的 XRD 图与原始熔盐(曲线 a)的相同，没有出现新物相产生的衍射峰，说明熔盐材料在热循环中组成没有变化。熔盐在 800℃恒温 50h 后，曲线 b 箭头所指的位置出现新的衍射峰，对比粉末衍射标准图谱可知，该新的衍射峰与粉末 XRD 标准卡片给出的 $AlCl_3$ 衍射峰吻合，说明熔盐与刚玉坩埚中的氧化铝发生了反应，这与 DSC 表征中出现未知吸热峰的结果吻合。

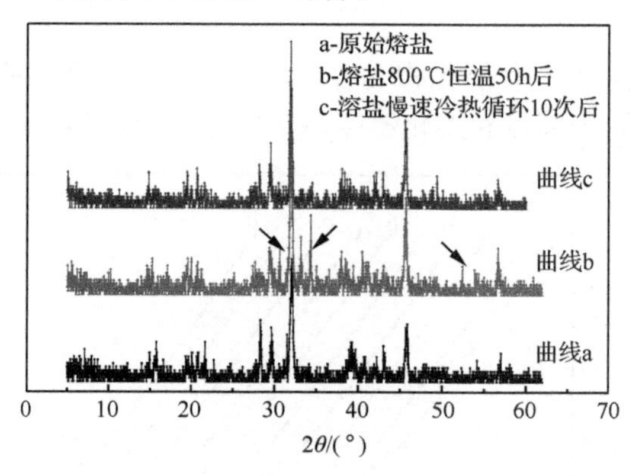

图 7-11　熔盐 SYSU-C3 的 XRD 图

2. 熔盐在骤冷/热交变工况下的热稳定性

在 700℃温度下，采用与 6.4.3 小节类似的方法进行实验，每隔 100 次取样进行 DSC 和 XRD 测定，结果如图 7-12 和图 7-13 所示。

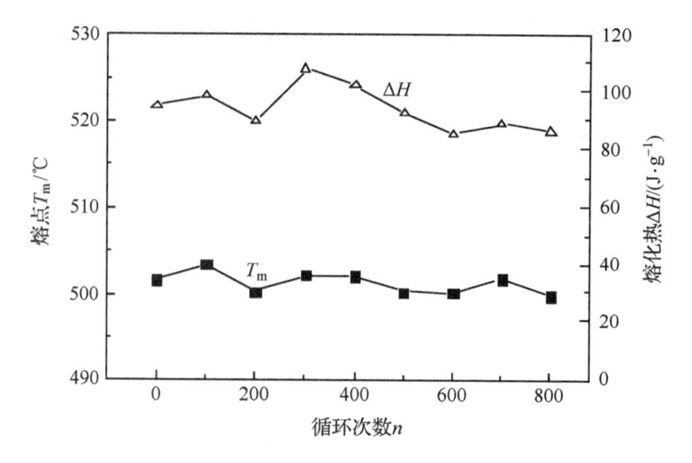

图 7-12　熔盐 SYSU-C3 的熔点及熔化热变化

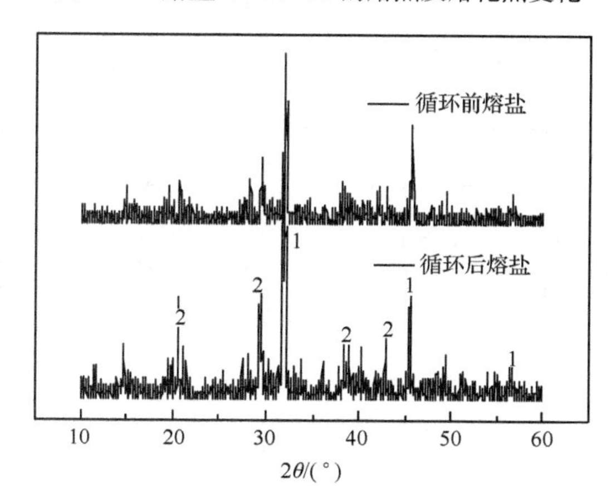

图 7-13　骤冷/热交变循环后熔盐 SYSU-C3 的 XRD 图

从图 7-12 可以知道，随着循环次数的增加，熔盐的熔点在 499.9～503.4℃变化，但是变化幅度较小。混合熔盐的熔化热在循环 300 次之前变化较大，之后曲线变化不大，说明熔盐在骤冷/热工况下保持稳定。

熔盐 SYSU-C3 经受骤冷/热交变 800 次循环后，其 XRD 图谱与原始熔盐结果对比，没有变化(图 7-13)，说明熔盐 SYSU-C3 组成未发生变化。

7.6　熔盐 SYSU-C3 的高温腐蚀性

7.6.1　高温腐蚀后不锈钢材料的质量变化

将不锈钢片分别浸没在 650℃的熔盐 SYSU-C3 中，分别按照图 7-14 所示的升降温周期进行腐蚀性实验。每隔一段时间取出称重，计算质量损失，如图 7-15 所示。

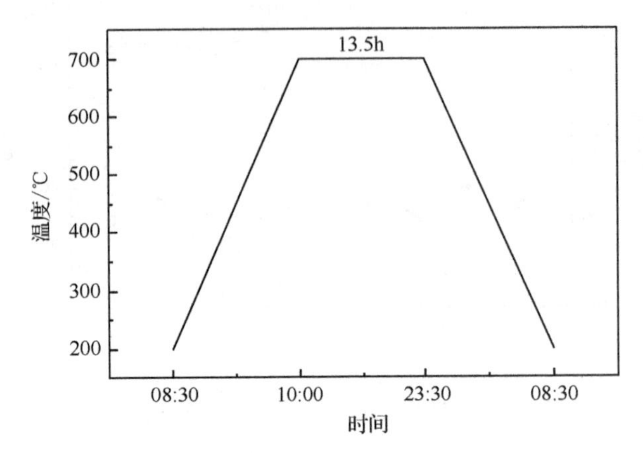

图 7-14　一个腐蚀周期的时间分布

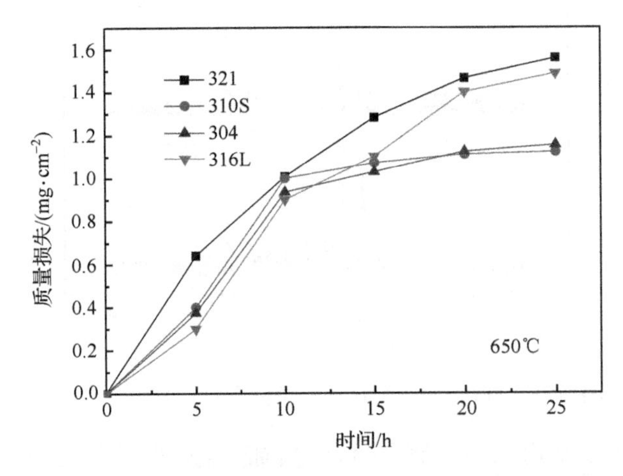

图 7-15　不锈钢在 650℃下 25h 的质量变化

由图 7-15 可见，在前 10h 不锈钢片质量损失变化较快，腐蚀程度很快都达到 $1mg \cdot cm^{-2}$以上，之后变化减缓。其中 304 和 310S 不锈钢在 15h 之后失重速率保持不变，316L 和 321 不锈钢失重速率在 20h 之后也明显地放缓；到 25h 时，321、310S、304 及 316L 不锈钢钢片的失重分别达到 $1.557mg \cdot cm^{-2}$、$1.121mg \cdot cm^{-2}$，$1.154mg \cdot cm^{-2}$和 $1.486mg \cdot cm^{-2}$，之后不锈钢片以恒定速率失重，说明钢片表面形成钝化的腐蚀层。估算 321、310S、304 及 316L 腐蚀速率分别为 $0.68mm \cdot y^{-1}$、$0.49mm \cdot y^{-1}$、$0.5mm \cdot y^{-1}$和 $0.65mm \cdot y^{-1}$。

7.6.2　腐蚀层微观形貌和组成

为了解腐蚀层的物相组成，选择腐蚀层较厚的321不锈钢进行研究。重新截取321不锈钢钢片，按照图7-14所示的升温周期进行腐蚀实验，为保证腐蚀层在进行X射线衍射物相分析中不被射线穿透，对不锈钢共持续腐蚀20个周期。然后冲洗除去残留熔盐并干燥，再对321不锈钢表面进行物相组成分析，并观察腐蚀后不锈钢的外观以及腐蚀层的微观形貌。

从外观看，钢片表面腐蚀层和基底结合紧密，腐蚀层无剥离现象，外层也没有出现明显的脱落现象。

图7-16所示的是腐蚀层的扫描电镜图，分别放大100、1000和5000倍。从放大100倍的照片可见，腐蚀产物致密平整无折痕现象；放大到1000倍可见，腐蚀层由大约5μm的颗粒熔接而成，同时存在一些2～3μm的孔洞；放大5000倍的照片中清晰直观地显示这些熔接的颗粒和孔洞底部的情况，洞底是更为致密的膜层。对图7-17中标记为1[#]和2[#]位置的熔结颗粒进行EDX元素分析，结果如图7-18

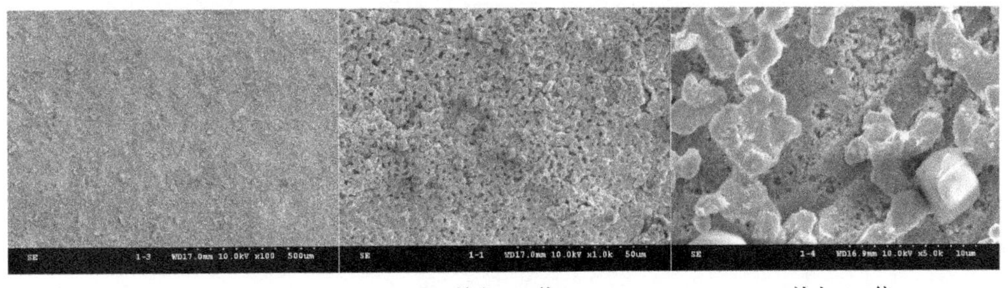

放大100倍　　放大1000倍　　放大5000倍

图7-16　高温腐蚀后321不锈钢腐蚀层的扫描电镜图

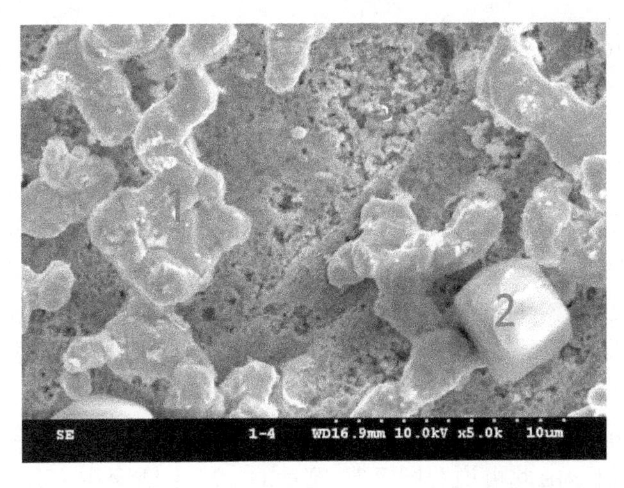

图7-17　321不锈钢腐蚀层放大5000倍的扫描电镜图

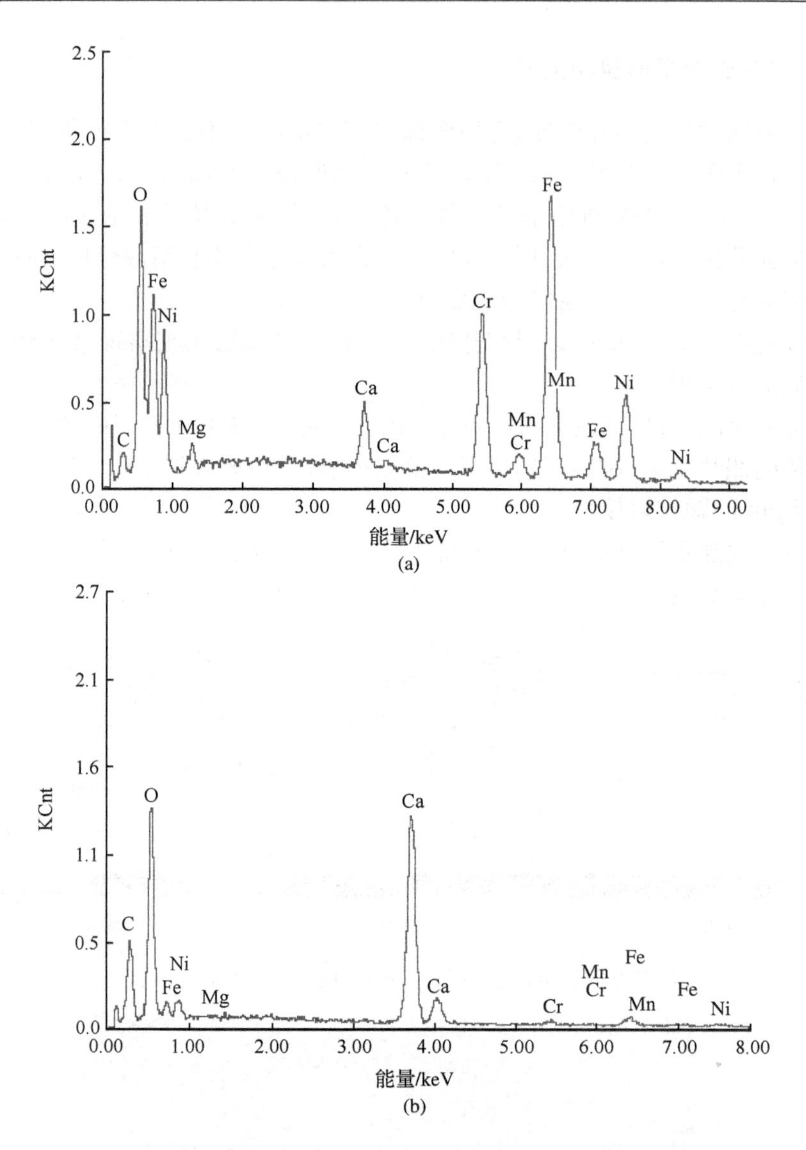

图 7-18　腐蚀层 1# 颗粒(a)和 2# 颗粒(b)的 EDX 谱图

所示。从图中可见，1# 颗粒主要由 Fe、Ni、Cr 和 O 组成，同时含有少量 Mn 和 Ca 元素；2# 颗粒主要由 Ca 和 O 元素组成，其中 C 元素可能是样品表面的油脂污染物，两个颗粒都没有检出氯元素的存在，说明氯元素没有进入腐蚀层。

图 7-19 是腐蚀层的 X 射线衍射图。从图中可见，腐蚀层主要由 FeO、Fe_2O_3、NiO、Cr_2O_3及少量 CaO 等组成。在 XRD 图上未见金属基底的衍射峰存在，间接说明图 8-16 所示 3# 位置的洞底应该是更为致密的氧化物阻挡层，该阻挡层可防止腐蚀进一步进行，由此可说明图 7-15 显示的 321 不锈钢在 25h 之后质量损失逐

渐放缓的事实。图 7-19 未见金属基底衍射的事实还说明，整个腐蚀层较厚，以至于 X 射线无法穿透。

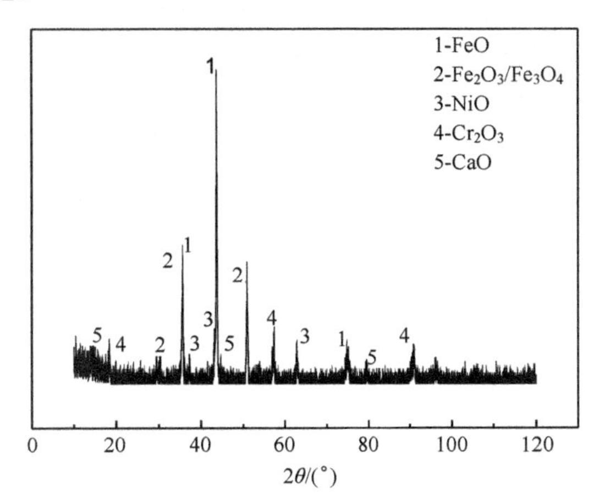

图 7-19　高温腐蚀后 321 不锈钢腐蚀层的 XRD 图

图 7-19 未见表征氯化物生成的衍射峰，说明腐蚀层中没有氯化物沉积，进而说明腐蚀层较为致密。可见，这种腐蚀并非是由氯化物沉积盐引起的活化氧化。从 Ishitsuka 的研究结果可以看到[8]，Cr_2O_3保护膜的溶解需要额外的单质氧作为氧化剂，因此单质氧的供应是否充分对腐蚀进程影响很大，即反应进度实际上更强烈地受制于单质氧在熔盐内部的溶解与扩散。尤其是一旦单质氧在氯化物熔盐中的扩散成为反应速率控制步骤的话，Cr_2O_3的溶解将比 Fe_2O_3受到更强烈的抑制。相比较而言，在盐膜层条件下，由于盐膜层比较薄，因此形成的表面层在反应过程中很快变得十分疏松，单质氧能够通过其向内快速扩散。而当材料完全置于熔盐的内部时，由于单质氧在熔盐中的溶解度和扩散系数都很小，熔盐内部氧的电极电势很低，氧的供应极不充分，结果 Cr_2O_3保护性氧化膜很稳定，使不锈钢材料的腐蚀速率能够随 Cr 含量的增加而显著降低。事实上，在垃圾焚烧工艺流程中如果添加适当的硫，让其与氧发生反应而造成低氧势环境，往往可以大大降低材料的腐蚀程度，尤其是使那些形成 Cr_2O_3型保护膜的合金的耐蚀性得以显著提高[9]。

参考文献

[1] David R. Handbook of Chemistry and Physics. 84th Edition. Florida：CRC Press，2004

[2] William F L. Solubilities of Inorganic and Metal-organic Compounds. 4th ed. Washington D. C. ：American Chemical Society Press，1965

[3] Janz G J，Allen C B，Bansal N P，et al. Physical Properties data compilations relevant to energy storage II. molten salts：data on single and multi-component salt systems. Washington：U. S. Government Printing Office，1981

[4] Janz G J，Tomkins R P T. Physical properties data compilations relevant to energy storage IV. molten

salts: data on additional single and multi-component salt systems. Washington: U. S. Government Printing Office, 1979

[5] 胡宝华，丁静，魏小兰，等．高温熔盐的热物性测试及热稳定性分析．无机盐工业，2010，42(1)：22-24

[6] 胡宝华．高温氯化物熔盐材料的制备及其性能研究．广州：中山大学，2010

[7] 傅崇说．有色冶金原理．北京：冶金工业出版社，1993

[8] Ishitsuka T, Nose K. Solubility study on protective oxide films in molten chlorides created by refuse-incineration environment. Materials and Corrosion, 2000, 51: 177-181

[9] otsuka N, Kudo T. Hot corrosion of commercial tube steel materials in a Japanese waste incinerato renvironment, High temperature corrosion of advanced materials and protective coatings. Saito Y, Onay B, Maruyama T Eds, Elsevier Science Publishers, 1992: 205-211

第8章　硝酸熔盐热物性计算

硝酸熔盐作为一种传热蓄热材料，其热物性，如黏度、导热系数和比热容，是传热蓄热系统设计和性能评价的依据。但是由于混合熔盐的熔点高，腐蚀性强，在测试过程中存在对流和辐射换热，容易粘连，受坩埚材料和保护气氛的影响较大，黏度、导热系数和比热容的测量结果不是很准确，所以对混合熔盐热物性的精确计算具有重要的理论意义和实际指导作用，目前主要通过混合规则确定混合熔盐的热物性。

8.1　混合规则

目前，对于二元熔盐混合物热物性的理论和实验研究很多，三元及以上混合熔盐热物性大部分都是从实验研究得到的，确定其热物性计算所需的理论大多从二元熔盐混合物推算得到。由类似 Arrhenius 混合规则确定的多元混合硝酸熔盐计算所需的经验公式如下

$$Y=\sum_{i=1}^{n}X_iY_i$$

式中，Y_i 是纯物质组元 i 的热物性（如黏度、导热系数和比热容），X_i 为纯物质组元 i 的摩尔分数。

8.2　热物性计算

8.2.1　黏度[1]

1. 纯物质黏度

在三元熔盐 Hitec 组成成分的三种物质黏度如图 8-1～图 8-3 所示。KNO_3因其热物性变化小而通常作为其他物质物性测试的参考和校正黏度计的标准。从图 8-1 可以看出，KNO_3熔盐黏度在 610～775K 时用各种方法测量得到的结果变化不大，重现性很好[2-22]。$NaNO_3$由于没有 KNO_3熔盐本身良好的物性特征，故图 8-2 中在用不同测量方法得出的结果由于仪器等各方面误差，出现一定的波动，最大偏差在 0.135cP 左右，但总体变化趋势还是一致的[7-25]。$NaNO_2$在测量过程中存在氧化和分解特性而使得测量条件比较苛刻，故在图 8-3 中对其研究比较少[26-29]。

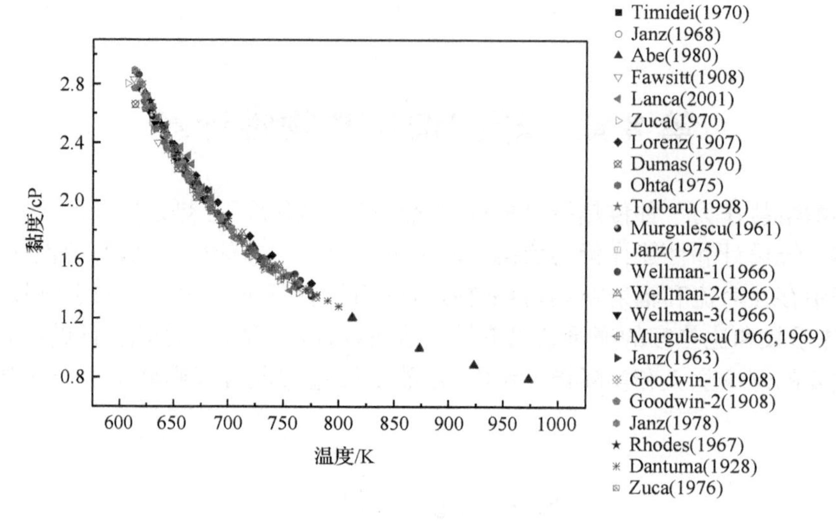

图 8-1　KNO_3黏度的测量结果

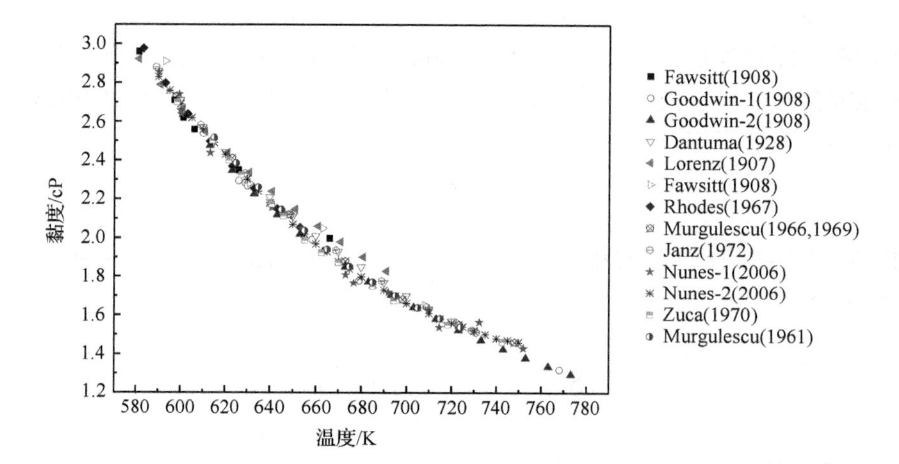

图 8-2　$NaNO_3$黏度的测量结果

通过总体比较分析，确定了三种熔盐各自黏度的计算公式：

KNO_3

$$\mu = 0.0516\exp(20791/RT)$$

$NaNO_3$

$$\mu = 22.70789 - 0.04822T + 2\times10^{-5}T^2 + 1.1724\times10^{-8}T^3$$

$NaNO_2$

$$\mu = 0.04876\exp(4680/RT)$$

式中，R 为通用气体常量，单位为 $J\cdot mol^{-1}\cdot K^{-1}$；$T$ 为绝对温度，单位为 K。

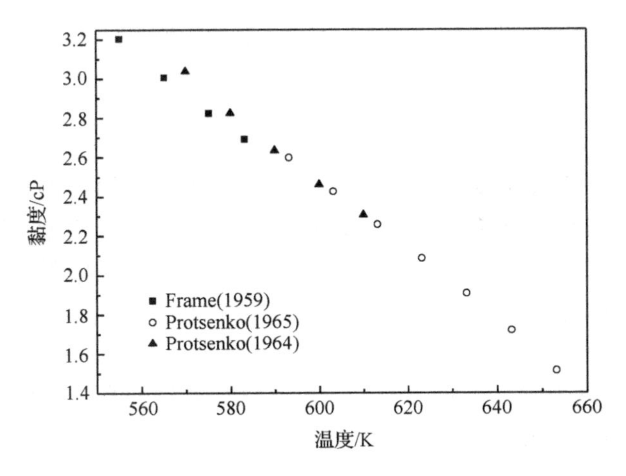

图 8-3　$NaNO_2$黏度的测量结果

2. 混合物黏度

三元硝酸熔盐黏度的实验测量和计算结果图 8-4 所示。从中可以看出，KNO_3、$NaNO_3$和 $NaNO_2$因物性重现性好，在进行简单混合后熔盐黏度重复性仍然保持很好，使用各种测量方法得出的结果变化不大[29-33]。另外，利用简单 Arrhenius 混合规则确定的经验混合公式计算得到的三元熔盐 Hitec 黏度结果与实际实验测定的结果相一致，这表明混合熔盐黏度可以从简单的混合原理得出，避免了用复杂计算方法确定混合熔盐的黏度。

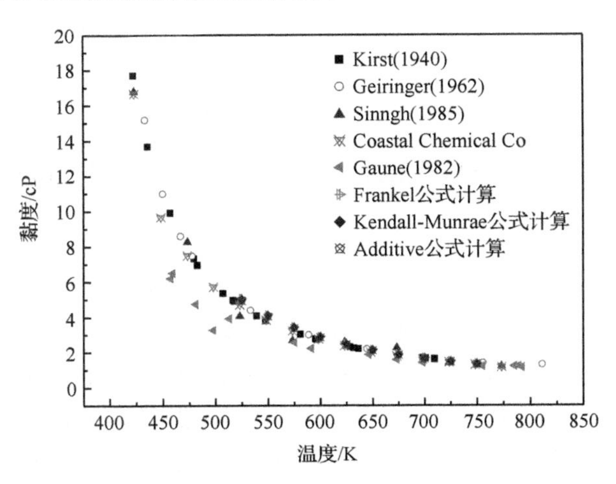

图 8-4　三元熔盐 Hitec 黏度测量和计算结果

8.2.2　导热系数[34]

1. 半经验理论

混合熔盐的导热系数通常由组成物的单组分纯物质熔盐的导热系数来确定。单组分纯物质熔盐的导热系数的理论估算通常可分为三个模型：第一种是类晶模型(quasi-crystalline substance)，热量在熔盐中以声速传递；第二种是晶格模型(lattice structure)，热传递过程中要同时考虑振动和扩散因素；第三种是对应状态原理(corresponding-states principle)。近来通常利用硬球模型(rough hard-sphere model)理论来确定纯物质熔盐导热系数。具体的半经验公式如下：

1) Bridgeman 公式

$$\lambda = \frac{3\kappa U}{l^2}$$

式中，U 为声波在纯熔盐中的传播速度，单位是 $\mathrm{m \cdot s^{-1}}$；$\kappa = 1.38 \times 10^{-23}\ \mathrm{J \cdot K^{-1}}$ 为 Boltzmann 常量；$l = \left(\frac{V}{nN_{\mathrm{A}}}\right)^{1/3}$ 为粒子之间的距离，单位是 m；V 为盐的摩尔体积，单位是 $\mathrm{m^3 \cdot mol^{-1}}$；$N_{\mathrm{A}} = 6.02 \times 10^{23}\ \mathrm{mol^{-1}}$ 为阿伏伽德罗常量；n 为每种盐化学式中的离子数。

2) Kincaid-Eyring 方程

$$\lambda = \left(\frac{0.931}{\gamma^{1/2}}\right) 3k \left(\frac{nN_{\mathrm{A}}}{V}\right)^{2/3} U$$

式中，$\gamma = C_p / C_V$。

3) Rao 方程

$$\lambda = 6.657 \times 10^{-6} \left(\frac{T_{\mathrm{m}}}{M_{\mathrm{w}} V^{4/3}}\right)^{1/2}$$

式中，T_{f} 为熔点，单位是 K；V 为盐的摩尔体积，单位是 $\mathrm{m^3 \cdot mol^{-1}}$；$M_{\mathrm{w}}$ 为盐的摩尔质量，单位是 $\mathrm{kg \cdot mol^{-1}}$

4) Gustafsson 方程

$$\lambda = \frac{6k}{2sl} \left(\frac{nN_{\mathrm{A}}}{V}\right)^{1/3} \left(\frac{2kT}{\pi m}\right)^{1/2}$$

式中，V 为盐的摩尔体积，单位为 $\mathrm{m^3 \cdot mol^{-1}}$；$T$ 为温度，单位为 K；n 为每种盐化学式中离子数目；sl 为阴阳离子半径之和与离子间距离之差，单位为 m；m 为分子质量，$m = (M_{\mathrm{a}} M_{\mathrm{c}} N_{\mathrm{A}}^{-2})^{1/2}$，单位为 kg，其中 M_{a} 为阴离子摩尔质量，M_{c} 为阳离子摩尔质量。

5）硬球模型

$$\lambda^{*}=\frac{64}{75}\left(\frac{m\pi}{\kappa^{3}T}\right)\frac{2^{1/3}}{N_{A}^{2/3}}\lambda V^{2/3}=1.936\times10^{7}\left(\frac{M_{w}}{RT}\right)^{1/2}\lambda V^{2/3}$$

式中，m 为盐的式量；κ 为 Boltzmann 常量，$\kappa=1.38\times10^{-23}$ J · K^{-1}；R 为气体常量；T 为温度，单位为 K；M_w为未离解盐的式量，单位为 kg · mol^{-1}；λ 为导热系数，单位为 W · m^{-1} · K^{-1}；V 为盐的摩尔体积，单位为 m^3 · mol^{-1}；λ^* 为对应态导热系数，$\lambda^*=a+b\xi$，$\xi=\dfrac{V-V_m}{V_s}$；V_m 为温度为熔点时液态盐的摩尔体积；V_s为熔点时固态盐的摩尔体积。

2. 混合物导热系数

三元硝酸熔盐 Hitec 导热系数的计算结果如图 8-5 所示。单组分纯物质熔盐某些物性确定时所需的计算温度虽然超出了其物性曲线的温度使用范围但仍按此曲线计算。Bridgeman 公式和 Kincaid-Eyring 方程都是利用类晶格模型得出的，Kincaid-Eyring 方程由于考虑了多原子分子的内部自由度，引入了 Eucken 修正因子，使导热系数的计算结果更加合理化。Gustafsson 方程是从晶格模型得出的，考虑了扩散和振动对导热系数的贡献，但是发现扩散对导热系数的影响很小，因而在计算时没有考虑。Rao 就是在此基础上建立了熔化时熔盐导热系数的计算模型，从中得出 $NaNO_3$ 在 580K 时导热系数为 0.4372W · m^{-1} · K^{-1}，KNO_3 在 610K 时导热系数为 0.3619W · m^{-1} · K^{-1}，$NaNO_2$ 在 555K 时导热系数为 0.5273W · m^{-1} · K^{-1}，结果比较可信。但是这些模型计算公式需要确定分子中离子间的距离和各自阴阳离子的半径，这些数据有很大的波动，使得计算结果不是很准确。硬球

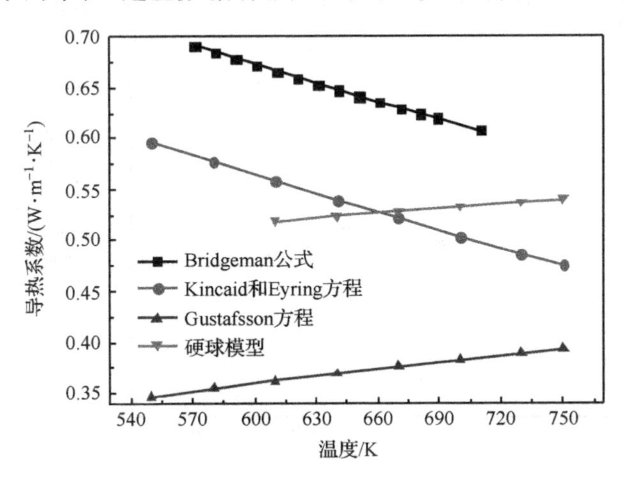

图 8-5　三元硝酸熔盐 Hitec 导热系数的计算结果

模型是没有考虑熔盐中离子电荷的影响，将熔盐看成是由最简单的离子组成。根据范德瓦耳斯模型（van der Waals model），将熔盐中的离子看成是一种硬球结构（rough hard spheres），但是这种硬球结构并不是真正意义上的硬球，故在计算导热系数时，需要参考真实的硬球结构分子物质的导热系数，通过类比，得出所需熔盐的导热系数。由于这种模型考虑了温度、压力和离子质量等因素对导热系数的影响，因而得出的结果比较准确。

三元硝酸熔盐 Hitec 导热系数的测量结果如图 8-6 所示。从图可以看出，Kazutaka、Omotani 和 Tufeu 测试熔盐 Hitec 导热系数变化较小。Kazutaka[35]采用的是光学干涉测量法（the wave-front-shearing interferometer），这种方法是利用光信号来测量热扩散系数的，比用热电偶收集信号的圆筒法和热线法准确度高，灵敏度高，对流传热的影响小，因而要求温升速率很慢，测试结果比较准确。瞬时热线法（transient hot-wire）是常用的一种非稳态测试方法，采用瞬时热线法可以避免对流造成的错误，提高测量的误差。但是普通热线法使用的是裸露的金属铂线，而熔盐是良的导电体，当放在熔盐中的铂丝通过电流时会因熔盐本身导电而使测量结果很大的误差，如 Turnbull[36]和 Berthet[37]两人测试结果所示，测量结果普遍偏小。为了解决热线法中金属丝的绝缘问题，需要将金属丝放在绝缘管中，但是这样两固体接触面间存在接触热阻而使得导热效果不好，进而影响测量结果。为此，Omotani[38]采用了液态金属玻璃探针法（liquid metal in-glass probe），这种方法是将液态金属放进耐热玻璃毛细管中，解决上述出现的接触热阻问题，但是由于常规耐热玻璃会因熔盐温度很高时本身电阻值的降低而使得测量结果不太准确。后来，Omotani[39]使用了另一种测量方法，即水银石英探针法（mercury in-quartz glass probe）。这种方法是将水银放进石英玻璃毛细管中，水银传热性能好，石英

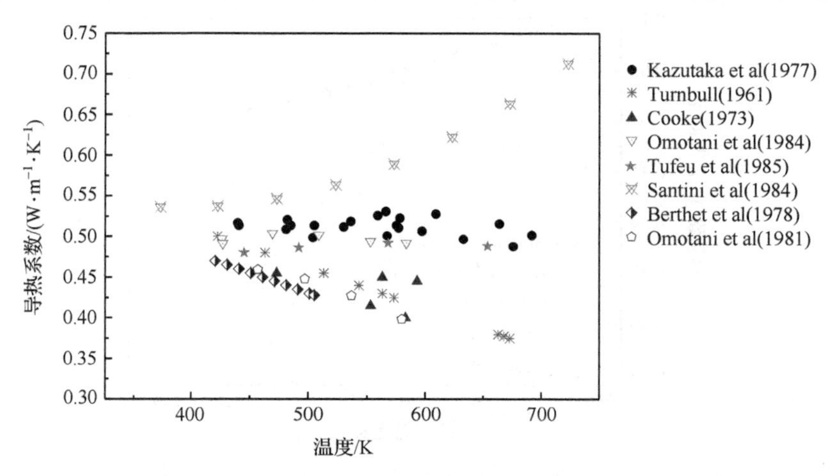

图 8-6　三元硝酸熔盐 Hitec 导热系数的测量结果

玻璃不存在电阻下降问题，因而测量结果比较准确。通常而言，稳态法测量时间长，反应不灵敏，而非稳态法测试快速，响应时间短，测量结果比稳态法准确。Santini[40]利用类似平板法测量了熔盐 Hitec 的导热系数，发现熔盐导热系数随温度变化很大，这种测试方法存在着一定的误差。Cooke[41]运用变隙法（variable gap method）测量时发现导热系数随温度升高而变小。后来，Tufeu[42]改进了圆筒法（coaxial cylindrical cell），以减少热辐射带来的测量误差，但测试结果变化不大。总之，测量结果的高低与测试方法、测量仪器等因素有关。由图 8-6 可以看出，Kincaid-Eyring 方程和硬球模型估算结果比较合理，且硬球模型得出的结果更加接近测量值。

8.2.3　比热容

1. 纯物质熔盐比热容

1）纯物质熔盐固态比热容

基团贡献法确定熔盐固态比热容通常由最简单的 Kopp 规则[43]确定，它将比热容看成是分子中各个元素比热容共同确定的。早期实验确定方法的限制和元素比热容值估算过于笼统，计算结果不是很精确。针对出现的情况，Hurst[44]考虑了不同元素对比热容值贡献值不同，进行进一步地准确计算。三元硝酸熔盐中各种元素在 298K 时热容值如表 8-1 所示。

表 8-1　298K 时原子热容贡献值（单位：$J \cdot mol^{-1} \cdot K^{-1}$）

元素	K	Na	O	N
Kopp 规则	26	26	17	26
Hurst 规则	28.78	26.19	13.42	18.74

两者在 298K 时比热容计算式如下

$$C_p = \sum \theta$$

式中，θ 为各种元素比热容值，单位为 $J \cdot mol^{-1} \cdot K^{-1}$。利用表 8-1 中的数据可以计算固体盐在 298K 时的比热容。其他温度下的比热容可以利用不同温度下比热容计算式进行计算。

在不同温度下比热容的计算式如下

$$C_p = a + b \times 10^{-3} T + c \times 10^5 T^{-2}$$

式中，

$$a = \frac{T_m \times 10^{-3} (\sum \theta + 1.125n) - 0.298 \times n \times 10^5 T_m^{-2} - 2.16n}{T_m \times 10^{-3} - 0.298}$$

$$b = \frac{6.125 \times n + n \times 10^5 T_m^{-2} - \sum \theta}{T_m \times 10^{-3} - 0.298}$$

$$c = -n$$

式中，T_m为熔盐的熔点，单位为 K；n 为熔盐分子中的原子数；θ 为 298K 时各种元素的比热容值，单位为 J · mol^{-1} · K^{-1}。

Knacke 和 Kubaschewski 通过验算得出比热容另外一种计算公式[45]

$$C_p = \sum_j n_j \Delta_{a,j} + \sum_j n_j \Delta_{b,j} \times 10^{-3} T + \sum_j n_j \Delta_{c,j} \times 10^6 T^{-2} + \sum_j n_j \Delta_{d,j} \times 10^{-6} T^2$$

式中，n_j 为阴阳离子数；$\Delta_{k,j}(k = a,b,c,d)$ 为 k,j 组分的离子比热容值；T 为绝对温度，单位是 K。

三元硝酸熔盐中各种离子比热容值如表 8-2 所示。

表 8-2　各种离子比热容贡献值[46]

组分	$\Delta_{a,j}$	$\Delta_{b,j}$	$\Delta_{c,j}$	$\Delta_{d,j}$
Na^+	14.186	9.665	0.529	4.851
NO_3^-	49.766	83.928	−0.478	−7.040
K^+	25.309	−2.284	0.218	5.174
NO_2^-	18.307	126.388	0.596	−4.044

三元熔盐 Hitec 组成成分的三种物质的固态比热容如图 8-7～图 8-9 所示。从图中可以看出，Kopp 规则由于受前期实验条件的限制，元素比热容值估计过于简单，而 Knacke 和 Kubaschewski 主要是从氧化物矿石的结果推算出的比热容计算公式，其应用在硝酸熔盐热容方面的计算还是有一定的误差。Hurst 考虑到了不同元素对比热容值贡献不同，因而计算结果比较接近实验测量值[47]。实验测量

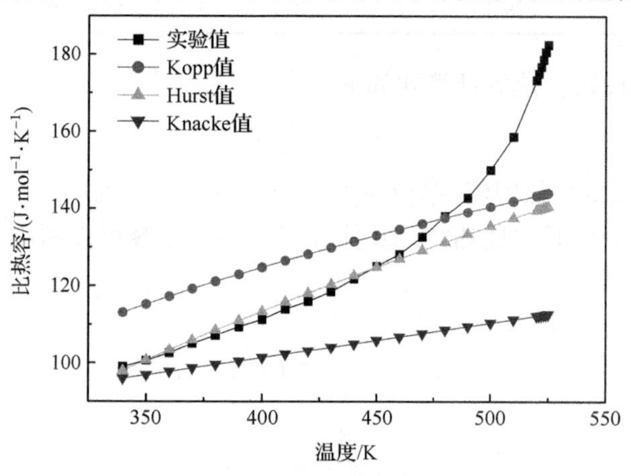

图 8-7　$NaNO_3$ 固态比热容实验和计算结果

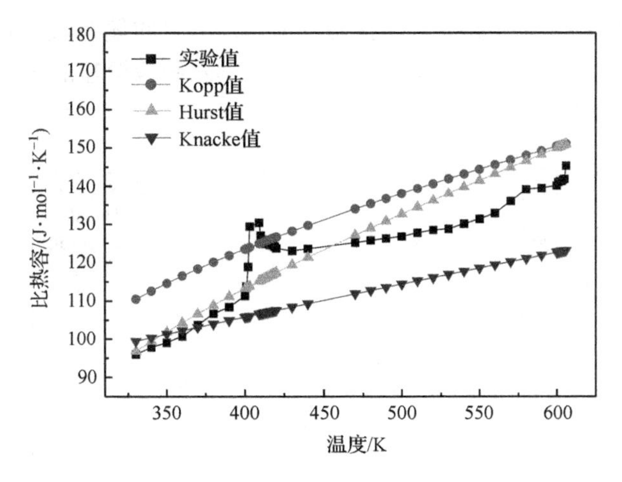

图 8-8　KNO_3 固态比热容实验和计算结果

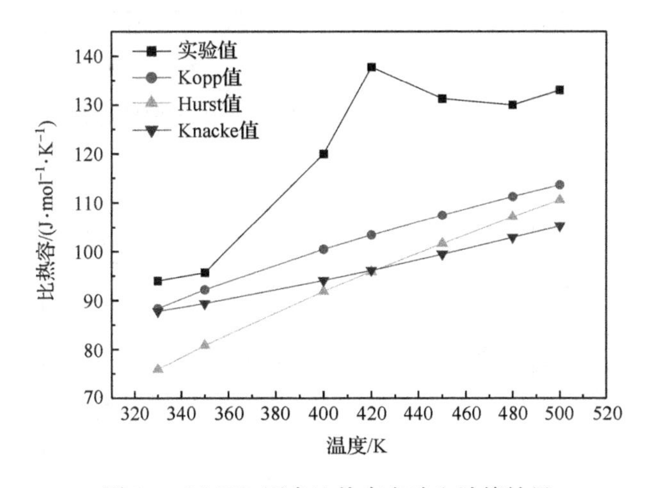

图 8-9　$NaNO_2$ 固态比热容实验和计算结果

值中出现的比热容值突变是由于晶形和相变时吸热量变大而造成的。$NaNO_2$ 在测量过程中存在氧化和分解特性而使得测量条件比较苛刻，故图 8-9 中试验测量值和计算结果有一定偏差。

2）纯物质熔盐液态比热容计算

纯物质液态比热容没有固态比热容那样有很多计算方法，本文主要从实验得出比热容数据。大量研究发现，纯物质熔盐液态比热容在高温时几乎保持不变。

2. 混合熔盐比热容

三元硝酸熔盐比热容实验和计算结果如图 8-10、图 8-11 所示。从图 8-10 可以看出，比热容的三种计算结果相差较大。三元硝酸熔盐固态比热容实验值与利用 Kopp 规则计算得到的结果比较接近，但仍有一定的偏差，这可能与 $NaNO_2$ 对外界温度比较敏感有关。从图 8-11 可以看出，三元硝酸熔盐液态比热容计算结果与实验值[47]比较接近。

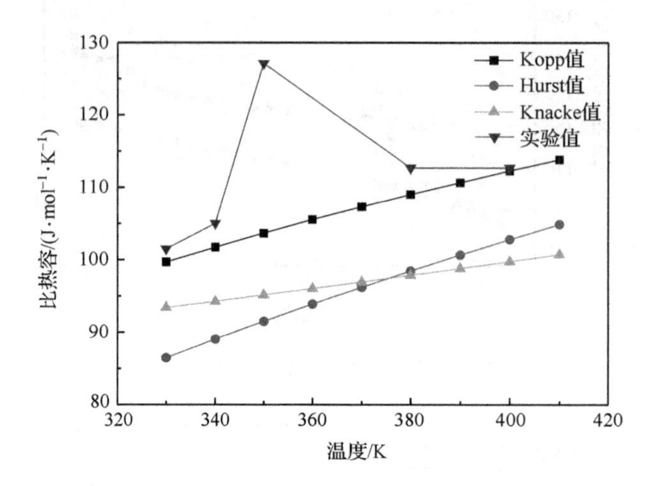

图 8-10　三元硝酸熔盐固态比热容实验和计算结果

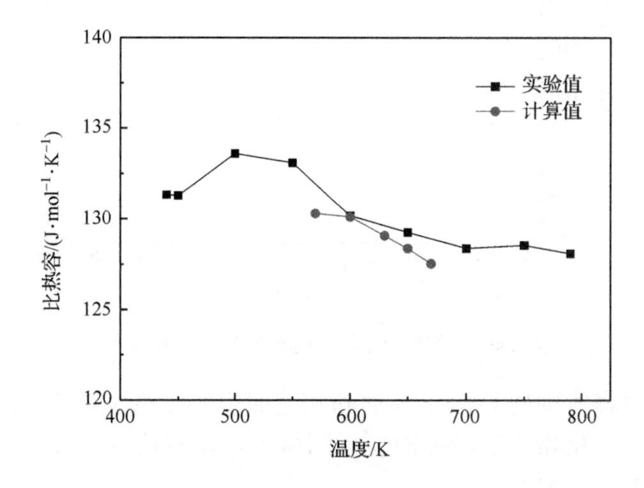

图 8-11　三元硝酸熔盐液态比热容实验和计算结果

参考文献

[1] 彭强，魏小兰，丁静，等．三元硝酸熔盐高温黏度的计算．计算机与应用化学，2009，26(4)：413-416

[2] Timidei A，Lederman G，Janz G J. Accurate molten salt viscometry. Chemical Instrumentation，1970，2(3)：309-320

[3] Janz G J, Dampier F W, Lakshminarayan G R, et al. Molten salts: volume 1, electrical conductance, density and viscosity data. Nat. Stand. Ref. Data Ser., NBS (U. S.) 15, 1968

[4] Abe Y, Kosugiyama O, Miyajima H. Determination of the viscosity of molten potassium nitrate with an oscillating cup viscometer. Journal of the Chemical Society, Faraday Transactions 1: Physical Chemistry in Condensed Phases, 1980, 76(12): 2531-2541

[5] Fawsitt C E. Viscosity determinations at high temperatures. Journal of the Chemical Society. Transactions, 1908, 93: 1299-1307

[6] Lanca M J C, Lourenco M J V, Santos F J V, et al. Viscosity of molten potassium nitrate. High Temperatures-High Pressures, 2001, 33(4): 427-434

[7] Zuca S. Viscosity of some molten nitrates. Revue Roumaine Chimie, 1970, 15(9): 1277-1286

[8] Lorenz R, Kalmus H T. Viscosity of fused salts. Zeischrift Fuew Physikalische Chemie, 1907, 59: 244

[9] Dumas D, Grjotheim K, Hogdahl B, et al. Theory of oscillating bodies and its utilization for determination of high temperature viscosities. Acta Chemica Scandinavica (1947-1973), 1970, 24(2): 510-530

[10] Ohta T, Borgen O, Brockner W, et al. High-temperature viscometer for fluid liquids, I. on line computer facilitated torsion pendulum. Berichte der Bunsen-Gesellschaft, 1975, 79(4): 335-344

[11] Tolbaru D, Borcan R, Zuca S. Viscosity measurements on molten salts with an oscillating cup viscometer. Viscosity of molten KNO_3 and NaCl. Berichte der Bunsen-Gesellschaft, 1998, 102(10): 1387-1392

[12] Murgulescu I G, Zuca S. Viscosity of some simple molten salts. Zeitschrift fuer Physikalische Chemie (Leipzig), 1961, 218: 379-391

[13] Janz G J, Tomkins R P T, Allen C B, et al. Molten salts: volume 4, part 2, chlorides and mixtures. electrical conductance, density, viscosity, and surface tension data. Journal of Physical and Chemical Reference Data, 1975, 4(4): 871-1178

[14] Wellman R E, Dewitt R, Ellis R B. Viscosity of potassium nitrate. Journal of Chemical and Engineering Data, 1966, 11(2): 156-158

[15] Murgulescu I G, Zuca S. Viscosity of binary mixtures of molten nitrates as a function of ionic radius. II. Electrochimica Acta, 1969, 14(7): 519-526

[16] Murgulescu I G, Zuca S. Viscosity of binary mixtures of fused nitrates as a function of ionic radius. Electrochimica Acta, 1966, 11(9): 1383-1389

[17] Janz G J, Saegusa F. Molten carbonates as electrolytes: viscosity and transport properties. Journal of the Electrochemical Society, 1963, 110: 452-456

[18] Goodwin H M, Mailey R D. On the density, electrical conductivity and viscosity of fused salts and their mixtures. Physical Review, 1908, 25: 469-89; 26: 28-60

[19] Janz G J, Lurie S W, Gardner G L. Viscosity of molten lithium nitrate. Journal of Chemical and Engineering Data, 1978, 23(1): 14-16

[20] Rhodes E, Smith W E, Ubbelohde A R. Relaxation processes in supercooled nitrate melts. Transactions of the Faraday Society, 1967, 63(8): 1943-1952

[21] Dantuma R S. An exact determination of the coefficient of internal friction of fused salts. Z. anorg. allgem. Chem., 1928, 175: 1-42

[22] Zuca S, Costin R. Submitted to molten salts standards program, MSDC-RP1(1976, 1978)

[23] Fawsitt C E. On the determination of viscosity at high temperatures. Proc. Roy. Soc. Lond. A., 1908, 80: 270-298

[24] Janz G J, Krebs U, Siegenthaler H, et al. Molten salts: volume 3, nitrates, nitrites and mixtures, electrical conductance, density and viscosity and surface tension data. Journal of Physical and Chemical Reference Data, 1972, 1(3): 581-746

[25] Nunes V M B, Lourenco M J V, Santos F J V, et al. Viscosity of molten sodium nitrate. International Journal of Thermophysics, 2006, 27(6): 1638-1649

[26] Frame J P, Rhodes E, Ubbelohde A R. Melting and crystal structure, tests of the association complex theory for some low melting salts. Transactions of the Faraday Society, 1959, 55(Pt. 12): 2039-2047

[27] Protsenko P I, Protsenko A V, Razumovskaya O N. Internal friction in fused nitrites of alkali metals. Zhurnal Neorganicheskoi Khimii, 1965, 10(4): 751-754

[28] Protsenko P I, Shokina O N. Viscosity of melts in the system $NaNO_2$-KNO_2. Zhurnal Neorganicheskoi Khimii, 1964, 9(1): 152-155

[29] Kirst W E, Nagle W M, Castner J B. A new heat transfer medium for high temperatures. Transactions of American Institute of Chemical Engineers, 1940, 36: 371-394

[30] Geiringer P L. Handbook of heat transfer media. Huntington, N. Y.: R. E. Krieger Pub. Co., 1962: 208-213

[31] Singh J. Heat transfer fluids and systems for process and energy applications: molten salts. New York: M. Dekker, Inc., 1985: 223-240

[32] Coastal Chemical Co., Hitec heat transfer salt. L. L. C. Brenntag Company. 1-10

[33] Gaune P G. Viscosity of potassium nitrate-sodium nitrite -sodium nitrate mixtures. Journal of Chemical and Engineering Data, 1982, 27(2): 151-153

[34] 彭强，魏小兰，丁静，等．三元硝酸熔盐导热系数的计算．无机盐工业，2009，41(2)：56-58

[35] Osamu O, lsao O, Kazutaka K. Measurement of the thermal diffusivity of HTS (a mixture of molten $NaNO_3$-KNO_3-$NaNO_2$, 7-44-49 mole %) by optical interferometry. Journal of Chemical & Engineehing Data, 1977, 22(2): 222-225

[36] Turnbull A G. The thermal conductivity of molten salts I. A transient measurement method. Australian Journal of Basic and Applied Sciences, 1961, 12: 30-41

[37] Berthet M, Peninou J J. Stockage thermique sous forme de chaleur latente a basse temperature. Colloque DGRST, Sophia Antipolis, 1978

[38] Hoshi M, Omotani T, Nagashima A. Transient method to measure the thermal conductivity of high temperature melts using a liquid-metal probe. Review of Scientific Instruments, 1981, 52(5): 755-758

[39] Omotani T, Nagashima A. Thermal conductivity of molten salts, HTS and the $LiNO_3$-$NaNO_3$ system, using a modified transient hot-wire method. Journal of Chemical & Engineering Data, 1984, 29(1): 1-3

[40] Santini R, Tadrist L, Pantaloni J, et al. Measurement of thermal conductivity of molten salts in the range 100-500℃. International Journal of Heat and Mass Transfer, 1984, 27(4): 623-626

[41] Cooke J W. Development of the variable-gap technique for measuring the thermal conductivity of fluoride salt mixtures. ORNL-4831, 1973

[42] Tufeu R, Petitet J P, Denielou L. Experimental determination of the thermal conductivity of molten pure salts and salt mixtures. International Journal of Thermojhysics, 1985, 6(4): 315-330

[43] Felder R M, Rousseau R W. Elementary Principles of Chemical Processes. 2nd ed. New York: John Wiley, 1986

[44] Hurst J E, Harrison B K. Estimation of liquid and solid heat capacities using a modified Kopp's

Rule. Chemical Engineering Communications，1992，112：21-30

[45] Knacke O，Kubaschewski O. Thermochemical Properties of Inorganic Substances. 2nd ed. Berlin：Springer-Verlag，Germany，1990

[46] Mostafa A T M，Eakman J M，Montoya M M，et al. Prediction of heat capacities of solid inorganic salts from group contributions. Industrial & Engineering Chemistry Research，1996，35(1)：343-348

[47] Janz G J，Truong G N. Melting and premelting properties of the potassium nitrate-sodium nitrite-sodium nitrate eutectic system. Journal of Chemical and Engineering Data，1983，28(2)：201-202

第 9 章　硝酸熔盐材料高温热稳定性机理

硝酸熔盐高温热稳定的本质是基础组分硝酸盐的种类和含量不发生变化，即硝酸盐不发生化学反应。表观上不发生的化学反应，用化学反应理论描述可能有两种情况：一是热力学判定不能发生的反应；二是热力学判定可以发生，但动力学上速率很慢。对于动力学速率很慢的反应，可以通过计算反应活化能，来阐述化学反应动力学机理。微观物质结构理论可以从离子极化、阴阳离子参数等微观物质结构性质对硝酸盐发生反应的可能性进行预测。微观化学反应理论可以通过建立硝酸熔盐劣化的量子力学模型，利用分子轨道理论、微扰理论等对硝酸根离子、亚硝酸根离子、氧分子的几何构型进行参数优化，根据硝酸根离子、亚硝酸根离子、氧分子的平衡几何构型，采用内禀反应坐标方法计算并预测硝酸熔盐劣化反应路径上的过渡态和中间体，预测 O_2 与 NO_2^- 碰撞反应的具体路径和氧分子振动解离方式，阐述硝酸熔盐材料高温劣化的微观机理。本章从上述几个方面对熔盐高温热稳定性机理的研究进行介绍。

9.1　热稳定性的离子极化和参数分析

影响硝酸盐热稳定性的因素很多。除了与含氧酸根阴离子的结构有关以外，主要还与阳离子的极化作用和阴离子的变形性密切相关。

9.1.1　离子极化的定性分析

对孤立的简单离子来说，离子的电荷分布基本上是球形对称的，离子本身正、负电荷中心是重合的，不存在偶极矩。但当离子置于外加电场中时，离子的原子核就会受到正电荷的排斥和负电荷的吸引；而离子中的电子则会受到正电荷的吸引和负电荷的排斥，原子核与电子发生相对位移，导致离子变形而产生诱导偶极。这个过程称为离子的极化[1,2]。

1. 离子的极化作用和变形性[2,3]

离子本身带有电荷，当电荷相反的离子相互接近时，在相反电场的影响下，可能发生极化，电子云也会发生变形。一种离子使异号离子极化而变形的作用，称为该离子的极化作用。被异号离子极化而发生离子电子云变形的性能，称为该离子的变形性或可极化。

离子极化的强弱决定于两个因素：一是离子极化力，二是离子变形性。离子极化力与离子的电荷、半径以及离子的构型等因素有关。离子的电荷越多，半径越小，离子的极化力越强；离子的变形性主要取决于离子的半径，其次是离子的电荷数和电子构型。离子的半径越大，变形性就越大。对于电子构型相同的离子来说，阴离子的电荷数越高，变形性就越大，阳离子的电荷数越多，变形性就越小。

2. 离子极化的规律[3]

一般来说，阳离子由于带正电荷，半径小且外层电子数少，极化力较强，变形性不大；而阴离子半径一般较大，外层电子数多，容易变形，极化力较弱。因此，当阳、阴离子相互作用时，主要考虑阳离子对阴离子的极化作用，而阴离子对阳离子的极化作用可以忽略。离子极化的一般规律如下：

(1) 阴离子半径相同时，阳离子的电荷越多，半径越小，阴离子越容易被极化，产生的诱导偶极越大。

(2) 阳离子的电荷相同、大小相近时，阴离子半径越大，越容易被极化，产生的诱导偶极越大。

(3) 离子的附加极化作用[3]。当阴、阳离子相互作用时，若阳离子也容易变形，除了要考虑阳离子对阴离子的极化外，还必须考虑阴离子对阳离子的极化作用。阳离子使阴离子极化变形产生诱导偶极，阴离子变形后所产生的诱导偶极会反过来诱导变形性大的阳离子，使阳离子也发生变形，阳离子所产生的诱导偶极会加强阳离子对阴离子的极化能力，使阴离子诱导偶极增大，这种效应叫做附加极化作用。

在离子晶体中，每个离子的总极化能力等于该离子固有的极化力和附加极化作用之和。

9.1.2　离子参数的定量分析

通过前面介绍的离子极化理论，得到的硝酸盐热稳定性规律如下：

1. 焓变定量标度

硝酸熔盐的热稳定性与纯盐本身阳离子的性能参数 $r^{0.5}/z$（r 为共价金属半径，z 为有效核电荷数）有关[4,5]。这个性能参数越大，硝酸熔盐热稳定性越强。这是多原子阴离子和阳离子共同静电作用的结果，如表 9-1 所示。在硝酸熔盐中，硝酸根离子周围被一群阳离子而不是单个阳离子所包围，$r^{0.5}/z$ 值大的碱金属阳离子(Na^+、K^+)比极化力强的离子(Ca^{2+}、Li^+、Ba^{2+})更能很好的屏蔽其他阴离子，起到保护的作用，同时碱金属阳离子对多原子阴离子的极化作用也较小，因此碱金属硝酸盐比较稳定。研究表明[4]，硝酸盐的热分解焓变 ΔH 与金属离子的性

能参数$r^{0.5}/z$之间的线性关系为(1cal=4.18J)

$$\Delta H(\text{kcal}) = 290(r^{0.5}/z) - 28 \tag{9.1}$$

表 9-1　阳离子性能参数表

阳离子	r/Å	z	$r^{0.5}/z$	ΔH/kJ	阳离子	r/Å	z	$r^{0.5}/z$	ΔH/kJ
Cs	1.67	1.85	0.7	731.5	Ca	0.96	2.5	0.39	355.72
Rb	1.43	1.85	0.65	670.89	Ag	1.16	3.35	0.32	270.86
K	1.31	1.85	0.62	634.52	Mg	0.63	2.5	0.32	270.86
Na	0.96	1.85	0.53	525.43	Mn	0.77	3.25	0.27	210.25
Ba	1.31	2.5	0.46	440.57	Fe	0.79	3.4	0.26	198.13
Li	0.18	0.95	0.44	416.33	Co	0.74	3.55	0.24	173.89
Cd	0.94	4	0.24	173.89	Zn	0.72	4	0.21	137.52
Cu	0.76	3.85	0.23	161.77	Al	0.45	3.15	0.21	137.52
Ni	0.68	3.7	0.22	149.64	Sn	0.74	5.3	0.16	76.91

2. 中心原子稳定势[6]

众所周知,当硝酸盐以一定升温速度加热到一定温度时,即可发生分解。

按照离子极化作用理论,无机含氧酸盐热分解反应进行的难易程度,即热分解温度的高低,主要依赖于:①阴离子中心原子对配位原子O^{2-}的极化力;②金属阳离子对邻近O^{2-}原子的极化力;③阴、阳离子间附加极化作用的大小。可以断定,金属阳离子反极化作用越强,阴离子中心原子的极化力与金属阳离子极化力之间的差值越小,则无机含氧酸盐如硝酸盐等的热稳定性越小,因而分解温度亦越低。

在此基础上,提出了以"中心原子稳定势"来探讨无机含氧酸盐分解温度与离子极化作用之间的定量关系,表征无机含氧酸盐的热稳定性,重点考察无机含氧酸盐在加热条件下原子间的键合状态。可以认为,硝酸盐在加热下,阴离子中心原子N^{+5}的极化作用和金属阳离子的反极化作用,将随着离子的振动(位移)引起的变形性增大而增强。故可以定义"中心原子稳定势"如下

$$S^* = (z^*/r)_{\text{CA}} - 1/n\left[\sum(Z/r)_{\text{M}} + a\sum(Z/r^2)_{\text{M}}\right] \tag{9.2}$$

式中,S^*为阴离子中心原子稳定势,简称原子稳定势或稳定势;Z^*是阴离子中心原子有效电荷,Z是金属阳离子形式电荷;r为金属元素共价半经;a表征金属离子变形性参数,与金属阳离子结构和加热温度高低有关;n为金属离子电荷数。

研究得到,若碱金属硝酸盐分解温度为T,则$\lg(T/\text{K})$与阴离子中心原子稳定势S^*之间呈线性关系,表达式如下

$$\lg T = 0.65S^* + 0.309 \tag{9.3}$$

对于不同硝酸盐，中心原子稳定势越大，相关硝酸盐的热稳定性越高，亦即热分解温度越高。表 9-2 显示的是 42 种硝酸盐计算出的分解温度与文献值的比较结果。由表可见，大部分偏差小于 2%，表明绝大部分硝酸盐的热分解温度计算符合“中心原子稳定势”标度的线性规律。

表 9-2　应用稳定性标度(a=0)计算的某些常见硝酸盐分解温度

M^{n+}	r/Å	Z/r	分解温度/K		偏差/K
			计算值	文献值	
Na^+	1.58	0.63	764	798	−34
K^+	2.02	0.50	1127	1123(红热)，≥943	+4
Be^+	1.25	1.60	459	448，473	+11
Mg^{2+}	1.40	1.43	592	603	−11
Ca^{2+}	1.702	1.18	861	859(热力学计算)，>834	+2
	1.736	1.152	898	859(热力学计算)，>834	+39
Sr^{2+}	1.91	1.05	1046	>1023	+23
Ba^{2+}	1.98	1.01	1111	1140(热力学计算)，<1273	−29
Fe^{2+}	1.165	1.72	384	≥373	+11
Co^{2+}	1.16	1.724	381	≥378，373	+3
Ni^{2+}	1.15	1.74	372	378	−6
	1.17	1.71	389	383	+6
Mn^{2+}	1.19	1.68	407	403，423	+4
	1.24	1.61	452	450	+2
Cu^{2+}	1.25	1.60	459	473	−14
Zn^{2+}	1.20	1.67	413.5	413，410	+0.4
Cd^{2+}	1.43	1.40	619	633	−14
Hg_2^{2+}	1.34	0.746	541	543	−2
Hg^{2+}	1.44	1.4	619	573	+46
Pd^{2+}	1.34	1.49	541	543	−2
Pb^{2+}	1.50	1.33	685	673，630	+12
	1.54	1.30	719	743	−24
Ag^+	1.53	0.65	719	717，723，713	+2
Tl^+	1.48	0.675	668	673	−5
	1.50	0.67	678	673	+5
	1.55	0.645	730	723	+7
Ga^{3+}	1.26	2.38	468	473	−5

续表

M^{n+}	r/Å	Z/r	分解温度/K		偏差/K
			计算值	文献值	
Bi^{3+}	1.49	2.01	678	红热	—
Al^{3+}	1.18	2.54	401	423	−22
	1.26	2.38	468	468	−5
Cr^{3+}	1.17	2.56	391	391	−7
	1.19	2.52	407	407	+9
Fe^{3+}	1.165	2.58	384	384	−14
	1.20	2.50	413	413	+15

注：偏差值以第一个文献值为准。

9.2 热稳定性的吉布斯自由能判据

混合硝酸熔盐的种类很多，但是目前作为传热蓄热介质商业应用的主要是二元混合硝酸盐（60% KNO_3-40% $NaNO_3$，Solar Salt）和三元混合硝酸盐（53% KNO_3-7%$NaNO_3$-40%$NaNO_2$，Hitec）两种。这两种硝酸熔盐的基本性能前文有所叙述，这里主要论述的是混合硝酸熔盐的热稳定性[7,8]。

9.2.1 所涉化学反应

通过前人大量实验研究表明，这两种硝酸熔盐在500℃以上可能会发生的热分解反应有

$$2NaNO_3(l) = 2NaNO_2(l) + O_2(g)$$

$$4NaNO_3(l) = 2Na_2O(s) + 4NO_2(g) + O_2(g)$$

$$4NaNO_3(l) = 2Na_2O(s) + 5O_2(g) + 2N_2(g)$$

$$2NaNO_3(l) = Na_2O(s) + O_2(g) + NO(g) + NO_2(g)$$

生成的 $NaNO_2$ 会进一步反应加剧硝酸熔盐的分解，可能的反应如下

$$5NaNO_2(l) = 3NaNO_3(l) + Na_2O(s) + N_2(g)$$

$$4NaNO_2(l) = 2Na_2O(s) + 2N_2(g) + 3O_2(g)$$

$$2NaNO_2(l) = Na_2O(s) + NO(g) + NO_2(g)$$

$$NaNO_2(l) + NaNO_3(l) = Na_2O(s) + 2NO_2(g)$$

对于 $NaNO_2$，当它与空气中的氧气接触时，还可能会被氧化

$$2NaNO_2(l) + O_2(g) = 2NaNO_3(l)$$

此外，$NaNO_2$ 分解生成的 NO 和 NO_2 气体，可能发生如下反应

$$2NaNO_2(l) + 2NO(g) = 2NaNO_3(l) + N_2(g)$$
$$NaNO_2(l) + NO_2(g) = NaNO_3(l) + NO(g)$$

同时,长期运行的熔盐,在接触空气中后,也可能与空气中的 H_2O 和 CO_2 发生如下的反应

$$4NaNO_3(l) + 2CO_2(g) = 2Na_2CO_3(s) + 2N_2(g) + 5O_2(g)$$
$$4NaNO_3(l) + 2H_2O(g) = 4NaOH(l) + 2N_2(g) + 5O_2(g)$$
$$Na_2O(s) + H_2O(g) = 2NaOH(l)$$
$$Na_2O(s) + CO_2(g) = Na_2CO_3(s)$$
$$2NaOH(l) + CO_2(g) = Na_2CO_3(s) + H_2O(g)$$

硝酸钾和硝酸钠高温反应性质相近,其高温发生的反应可以参照硝酸钠的高温反应机理。

这些反应多数都有可能导致硝酸熔盐组成偏离初始比例,使熔盐熔点上升,引起熔盐劣化。然而,上述反应在混合硝酸熔盐体系中是否都可以发生,是同时发生还是在不同温度段以某些反应为主,这些问题的探讨是揭示硝酸熔盐高温热稳定性性能的关键所在,可以通过材料的热力学和动力学理论并结合实验测试研究得到。

9.2.2　反应发生判据

熔盐中可能发生的反应很多,其中哪些反应最有可能发生,通常是根据热力学第二定律判定,即在孤立系统中一切过程只能沿着熵增的方向进行,或者在极限情况下熵保持不变,而任何使熵减少的过程是不可能发生的。在孤立系内一切导致熵增加的反应是能够进行的。如果某些化学反应的全部结果是使体系的熵减少,则这样的过程是不可能发生的。同样,熵判据也可以用来判定孤立系统中化学过程进行的方向。在实际中常常遇到两类化学反应,即定温-定容反应和定温-定压反应。故由熵增原理可推断过程进行方向的其他两个判据,即亥姆霍兹自由能判据和吉布斯自由能判据。一个反应的非标准摩尔反应吉布斯自由能 $\Delta_r G_m(T)$ 可表示为

$$\Delta_r G_m(T) = \Delta_r G_m^{\ominus}(T) + RT\ln Q \tag{9.4}$$

$\Delta_r G_m(T) < 0$,自发反应发生;

$\Delta_r G_m(T) = 0$,反应达到平衡;

$\Delta_r G_m(T) > 0$,反应不能发生。

式中,$\Delta_r G_m^{\ominus}(T)$ 为标准态反应吉布斯自由能,主要通过计算生成物与反应物标准态生成吉布斯自由能的差值得到,即

$$\Delta_r G_m^{\ominus}(T) = \sum_B \nu_B \Delta_f G_B^{\ominus}(T) \tag{9.5}$$

Q 为反应商，通过计算生成物与反应物浓度比值得到，即

$$Q = \prod_B (c_B/c^{\ominus})^{\nu_B} \tag{9.6}$$

$\ln Q$ 值很小的情况下，可以通过计算 $\Delta_r G_m^{\ominus}(T)$ 的值近似判断反应发生的程度。

$\Delta_r G_m^{\ominus}(T) < -40\mathrm{kJ \cdot mol^{-1}}$，自发倾向很大；

$-40\mathrm{kJ \cdot mol^{-1}} < \Delta_r G_m^{\ominus}(T) < 40\mathrm{kJ \cdot mol^{-1}}$，方向可转化；

$\Delta_r G_m^{\ominus}(T) > 40\mathrm{kJ \cdot mol^{-1}}$，反应很不利，特殊条件方可。

9.2.3 反应的标准吉布斯自由能

从热力学第二定律可知，确定反应能否发生首先要确定各种物质的标准摩尔生成吉布斯自由能 $\Delta_f G_m^{\ominus}(T)$，其值如图 9-1 和图 9-2 所示[9,10]。

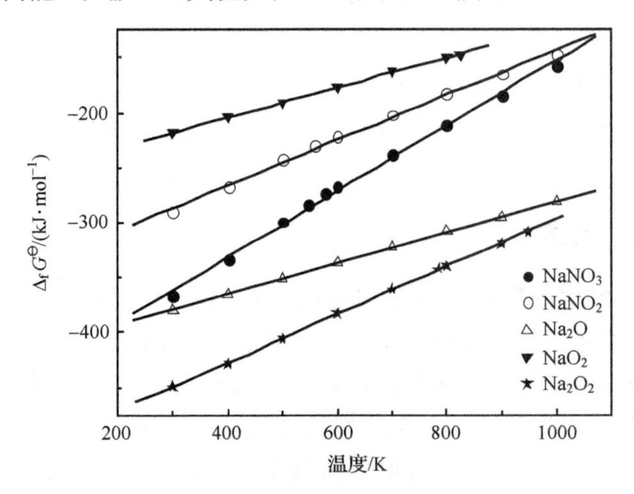

图 9-1　钠盐标准摩尔生成吉布斯自由能 $\Delta_f G_m^{\ominus}(T)$

根据各种实验研究结果，KNO_3、$NaNO_2$、$NaNO_3$、KNO_2 等各种硝酸熔盐在空气中可能发生的反应如表 9-3 所示。由于生成的气体量不是很大，浓度对反应程度的影响很小，故可以通过计算标准摩尔反应吉布斯自由能 $\Delta_r G_m^{\ominus}(T)$ 来初步判断可能发生的反应。表 9-3 所示的是温度在 600～1000K 时通过标准摩尔生成吉布斯自由能 $\Delta_f G_m^{\ominus}(T)$ 计算得到各种反应的标准摩尔反应吉布斯自由能 $\Delta_r G_m^{\ominus}(T)$。由标准摩尔反应吉布斯自由能 $\Delta_r G_m^{\ominus}(T)$ 判断标准，可以初步判断反应式(1)、(3)、(5)、(6)、(9)、(10)、(12)、(14)、(15)、(18)是可能发生的反应。

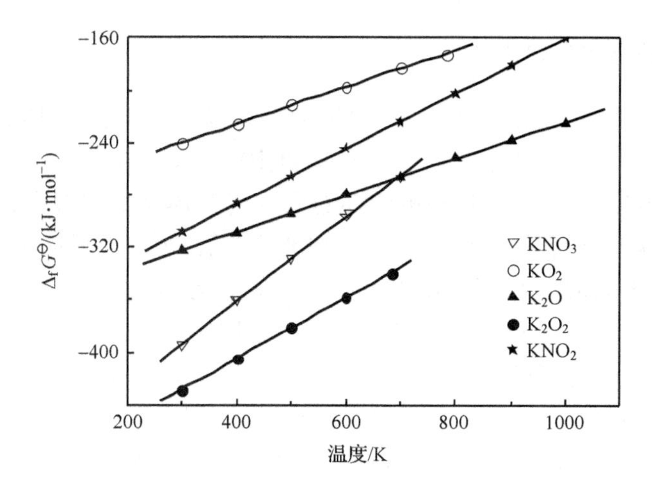

图 9-2　钾盐标准摩尔生成吉布斯自由能 $\Delta_f G_m^\ominus(T)$

表 9-3　各种反应的标准摩尔反应吉布斯自由能 $\Delta_r G_m^\ominus(T)$/(单位：$\mathrm{kJ \cdot mol^{-1}}$)

反应式	反应温度				
	600K	700K	800K	900K	1000K
(1)$2NaNO_3(l)=2NaNO_2(l)+O_2(g)$	91.17	73.18	55.682	38.63	21.95
(2)$4NaNO_3(l)=2Na_2O(s)+4NO_2(g)+O_2(g)$	730.842	615.432	558.878	504.496	453.264
(3)$2NaNO_3(l)=Na_2O(s)+5/2O_2(g)+N_2(g)$	197.21	154.63	113.61	73.91	35.32
(4)$2NaNO_3(l)=Na_2O(s)+O_2(g)+NO(g)+NO_2(g)$	350.22	312.73	276.83	242.23	208.75
(5)$5NaNO_2(l)=3NaNO_3(l)+Na_2O(s)+N_2(g)$	−30.73	−28.31	−25.59	−22.66	−19.56
(6)$2NaNO_2(l)=Na_2O(s)+N_2(g)+3/2O_2(g)$	106.04	81.45	57.93	35.28	13.37
(7)$2NaNO_2(l)=Na_2O(s)+NO(g)+NO_2(g)$	259.04	239.56	221.14	203.61	186.80
(8)$NaNO_2(l)+NaNO_3(l)=Na_2O(s)+2NO_2(g)$	292.00	271.13	251.60	233.17	215.66
(9)$2NaNO_2(l)+O_2(g)=2NaNO_3(l)$	−91.17	−73.18	−55.68	−38.63	−21.95
(10)$2KNO_3(l)=2KNO_2(l)+O_2(g)$	54.17	43.97	33.77	23.57	13.38
(11)$4KNO_3(l)=2K_2O(s)+4NO_2(g)+O_2(g)$	908.41	833.81	758.95	683.80	608.35
(12)$2KNO_3(l)=K_2O(s)+5/2O_2(g)+N_2(g)$	313.83	263.81	213.65	163.33	112.86
(13)$2KNO_3(l)=K_2O(s)+O_2(g)+NO(g)+NO_2(g)$	466.84	421.92	376.86	331.65	286.29
(14)$5KNO_2(l)=3KNO_3(l)+K_2O(s)+N_2(g)$	42.75	43.67	44.59	45.51	46.43
(15)$2KNO_2(l)=K_2O(s)+N_2(g)+3/2O_2(g)$	205.25	175.57	145.89	116.21	86.53
(16)$2KNO_2(l)=K_2O(s)+NO(g)+NO_2(g)$	358.26	333.68	309.11	284.54	259.96
(17)$KNO_2(l)+KNO_3(l)=K_2O(s)+2NO_2(g)$	399.79	372.63	345.49	318.35	291.21
(18)$2KNO_2(l)+O_2(g)=2KNO_3(l)$	−108.34	−87.94	−67.54	−47.14	−26.74

9.2.4 反应的吉布斯自由能

图 9-3 所示的是根据式(9.4)～式(9.6)计算得到各种熔盐可能发生的反应在不同压力条件下的非标准摩尔反应吉布斯自由能 $\Delta_r G_m(T)$。在压力一定的情况下，对于有气体参与的反应，反应的方向总会朝着气体减少的方向进行；参与反应的气体分压力越小越容易发生反应。如图 9-3 所示，在参与反应的气体分压力小且生成气体越少的情况下，能够自发发生反应的温度就越低。因常温下空气主要由 80%的 N_2 和 20%的 O_2 组成，当式(9.6)中用到的 N_2 和 O_2 的压力浓度分别为 80kPa 和 20kPa 时，计算结果如图 9-3 中虚线和表 9-4 所示。由图 9-3(a)和(b)可以发现在空气中反应式(1)和(3)开始发生反应的温度分别为 1022.57K 和 913.26K，这与 Freeman[11]研究发现 $NaNO_3$ 在 873K 开始分解，在 1029K 以上热分解速率加快的结论一致。由图 9-3(d)可以得到在空气中反应式(6)开始发生反应的温度为 943K；据图 9-3(c)和(e)得到反应式(5)和反应式(9)是放热反应，在温度很低的情况下属于自发反应，当温度达到 2995.87K、1022.57K 高温时反应停止。同时，Freeman[11]研究发现在温度达到 893K 时 $NaNO_2$ 氧化才变得明显，由图 9-3(e)可以发现此时非标准摩尔反应吉布斯自由能值大约为$-26\text{kJ}\cdot\text{mol}^{-1}$，反应可以进行；随着温度的升高，反应式(9)的反应程度加深，反应式(5)自发性很小，质量继续增重，但是反应式(6)随后开始发生，在 1053K 时反应式(9)不能进行反应，反应式(5)和反应式(6)发生反应，质量降低明显，与确定的反应式(6)开始发生反应的温度为 943K 的结论相近。

根据图 9-3(f)和(g)可以发现在空气中反应式(10)和反应式(12)开始发生反应的温度分别为 1038.08K 和 1145.42K，这与文献[12]给定的 KNO_3 开始分解的温度在 923K 以上是一致的；据图 9-3(h)和(j)得到反应式(14)和(18)是放热反应，当温度分别达到 853.06K 和 1061.44K 高温时反应停止，在温度很低的情况下反应式(14)自发性程度比反应式(18)可能性大，这与文献[12]研究发现在温度达到 873K 时 KNO_2 氧化才变得明显的结果近似；随着温度的升高，反应式(15)反应程度加强，根据图 9-3(i)可以发现在空气中反应式(15)开始发生反应的温度分别为 1202.70K，此时，反应式(14)和反应式(18)很难进行反应，质量降低明显，这与文献[12]给定的 KNO_2 开始分解的温度在 1073K 以上的结论是一致的。

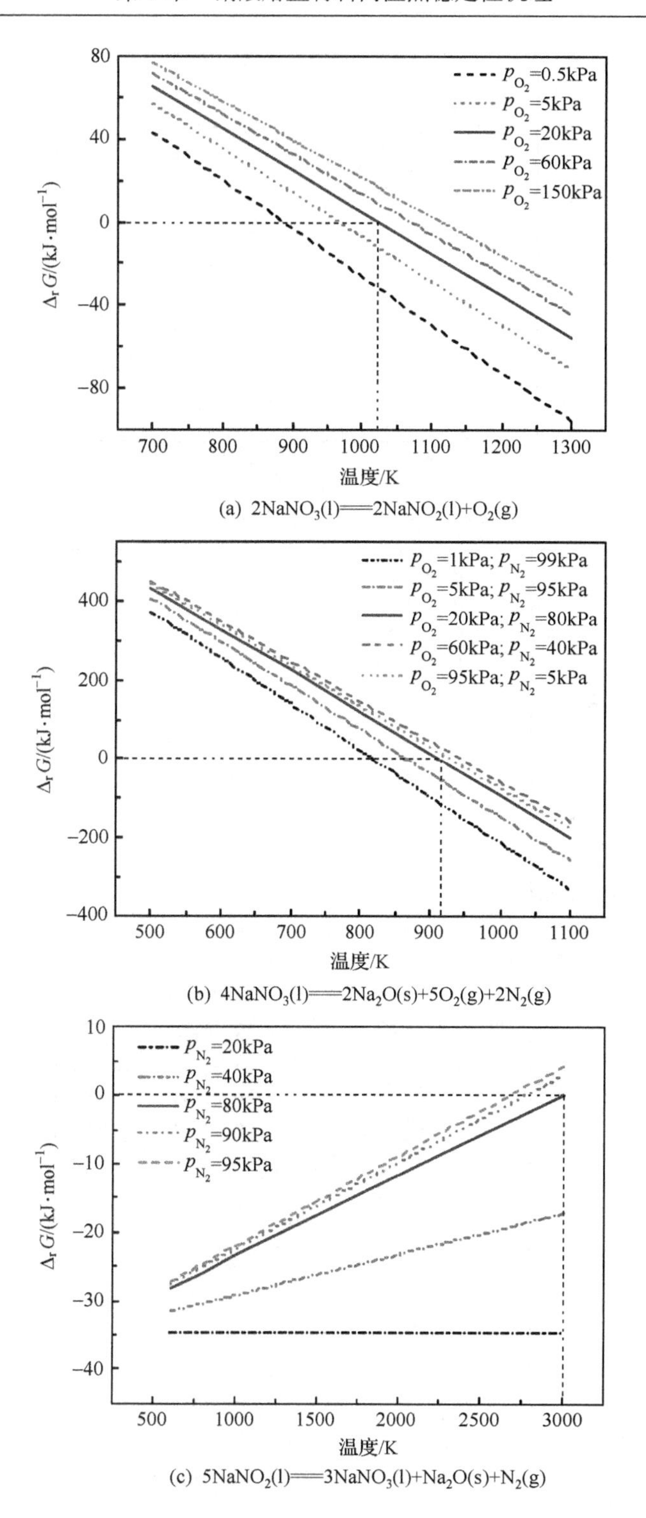

(a) $2NaNO_3(l) = 2NaNO_2(l) + O_2(g)$

(b) $4NaNO_3(l) = 2Na_2O(s) + 5O_2(g) + 2N_2(g)$

(c) $5NaNO_2(l) = 3NaNO_3(l) + Na_2O(s) + N_2(g)$

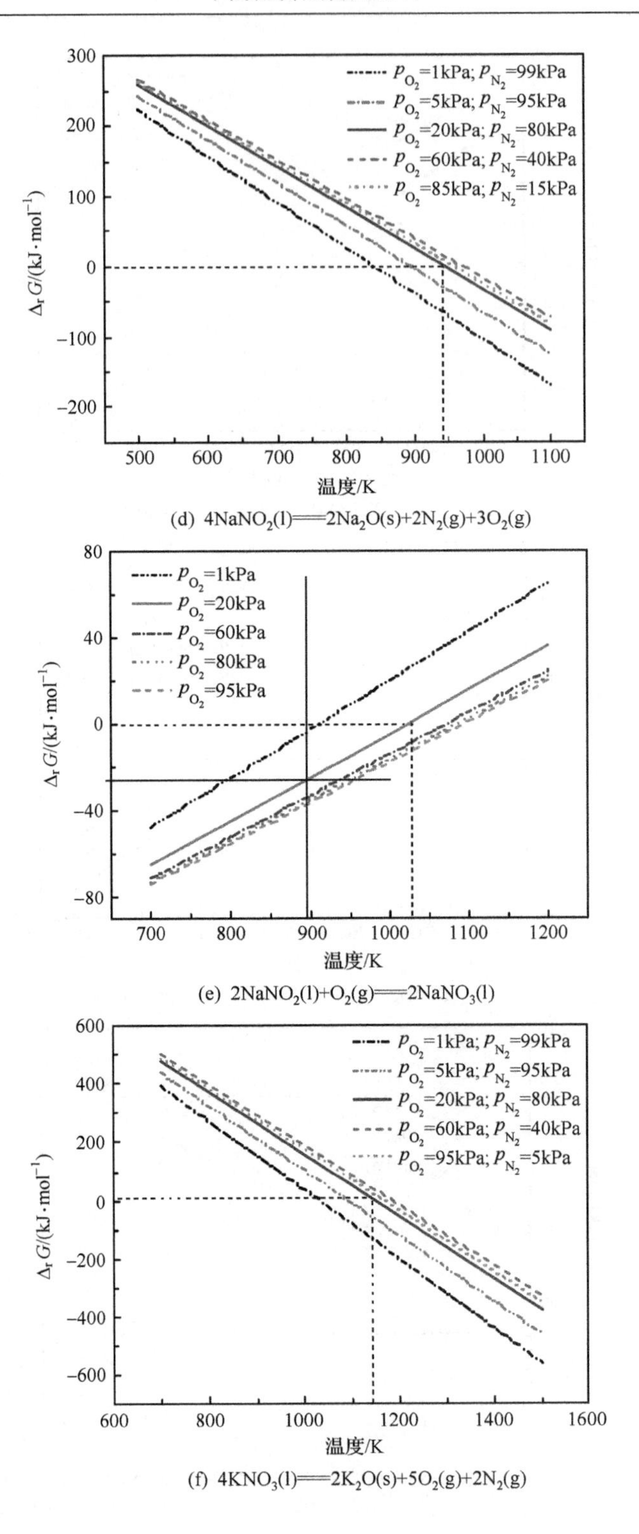

(d) $4NaNO_2(l) = 2Na_2O(s)+2N_2(g)+3O_2(g)$

(e) $2NaNO_2(l)+O_2(g) = 2NaNO_3(l)$

(f) $4KNO_3(l) = 2K_2O(s)+5O_2(g)+2N_2(g)$

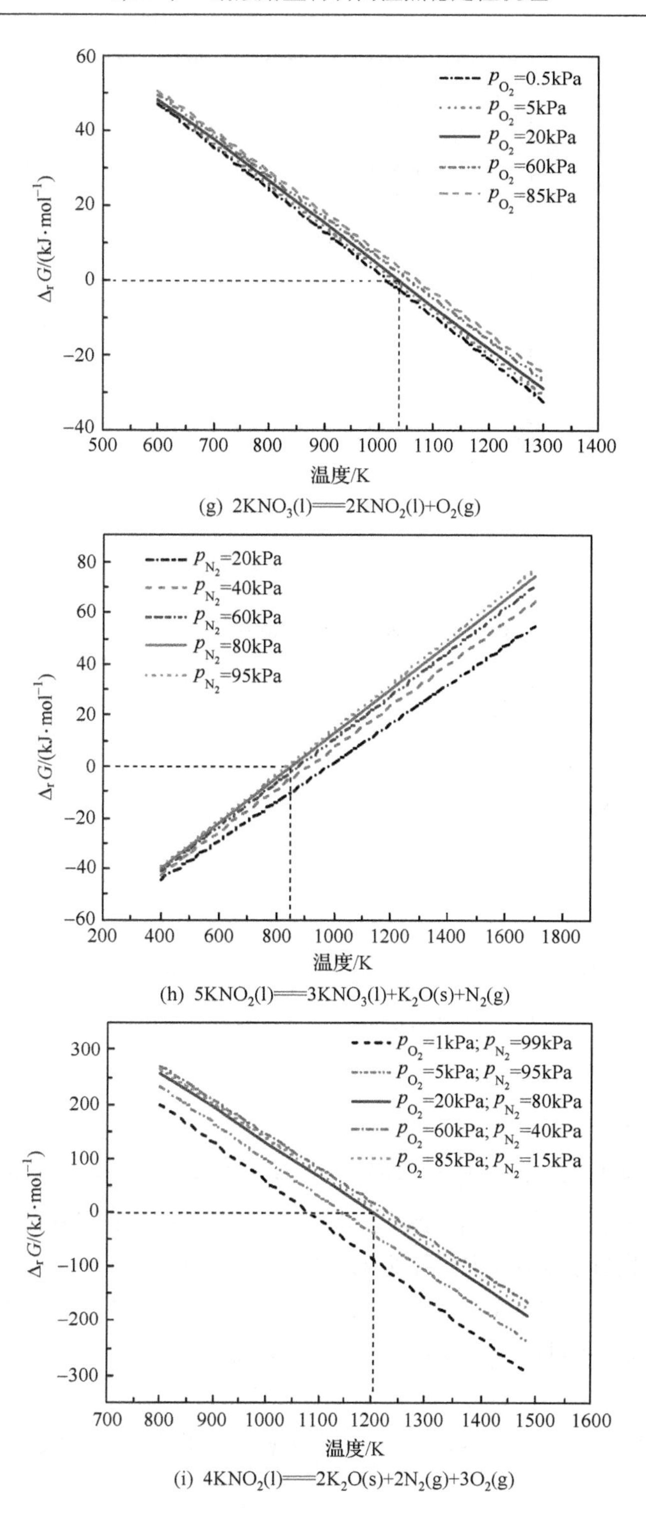

(g) $2KNO_3(l)═══2KNO_2(l)+O_2(g)$

(h) $5KNO_2(l)═══3KNO_3(l)+K_2O(s)+N_2(g)$

(i) $4KNO_2(l)═══2K_2O(s)+2N_2(g)+3O_2(g)$

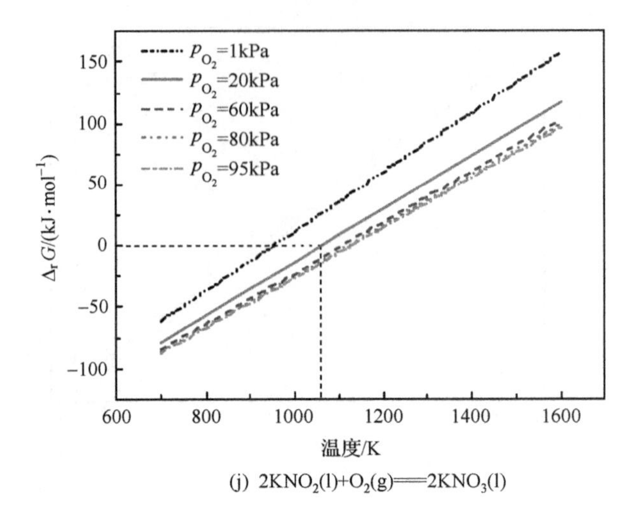

(j) $2KNO_2(l)+O_2(g)$══$2KNO_3(l)$

图 9-3 各种反应非标准摩尔反应吉布斯自由能 $\Delta_r G_m(T)$

表 9-4 自发反应的特征温度(1atm)

反应式	自发反应的温度/K	停止自发反应的温度/K
(1) $2NaNO_3(l)$══$2NaNO_2(l)+O_2(g)$	1022.57	—
(3) $2NaNO_3(l)$══$Na_2O(s)+5/2O_2(g)+N_2(g)$	913.26	—
(5) $5NaNO_2(l)$══$3NaNO_3(l)+Na_2O(s)+N_2(g)$	—	2995.87
(6) $2NaNO_2(l)$══$Na_2O(s)+N_2(g)+3/2O_2(g)$	943	—
(9) $2NaNO_2(l)+O_2(g)$══$2NaNO_3(l)$	—	1022.57
(10) $2KNO_3(l)$══$2KNO_2(l)+O_2(g)$	1038.08	—
(12) $2KNO_3(l)$══$K_2O(s)+5/2O_2(g)+N_2(g)$	1145.42	—
(14) $5KNO_2(l)$══$3KNO_3(l)+K_2O(s)+N_2(g)$	—	853.06
(15) $2KNO_2(l)$══$K_2O(s)+N_2(g)+3/2O_2(g)$	1202.70	—
(18) $2KNO_2(l)+O_2(g)$══$2KNO_3(l)$	—	1061.44

利用熔盐热力学反应的原理,计算各种硝酸熔盐可能发生反应的非标准摩尔反应吉布斯自由能 $\Delta_r G_m(T)$。结果发现,三元硝酸熔盐在 823K 以下空气中大部分熔盐反应很难自发发生,主要发生的反应为:

$$5NaNO_2(l) == 3NaNO_3(l) + Na_2O(s) + N_2(g)$$

$$2NaNO_2(l) + O_2(g) == 2NaNO_3(l)$$

同时,可能发生的其他反应为 $5KNO_2(l)$══$3KNO_3(l)+K_2O(s)+N_2(g)$,$2KNO_2(l)+O_2(g)$══$2KNO_3(l)$。因 KNO_2 实际很难生成,故这两个反应很难发生。

9.3　熔盐劣化速率

9.3.1　熔盐劣化实验数据分析[13]

化学反应动力学是定量描述化学反应随时间变化即化学反应速率的基础理论，表达了反应速率及其影响参数之间的函数关系。它是从化学动力学的原始实验数据出发，经过分析获得某些反应动力学参数，用这些参数可以表征反应体系的速率特征。在均相（气体或液体）中进行化学反应时，一般有受到反应物浓度、绝对压力、温度等因素的影响，这些化学动力学参数是探讨反应机理的有效数据。

因氧气的浓度保持不变，故反应式(5)、(9)、(14)和(18)中亚硝酸盐的分解和氧化反应都是一级反应，且很好地满足 Avrami-Erofe'ef 方程关系

$$[-\ln(1-X)]^{1/n}=kt \tag{9.7}$$

式中，X 为某一时刻 t 时亚硝酸盐转化为硝酸盐的比率；k 为反应的表观速率常数。当作出 $\ln[-\ln(1-X)]$ 和 $\ln t$ 的图像时，其斜率就是反应的级数 n，可以通过反应级数初步判断可能发生的反应。

从前面的研究可以发现，硝酸熔盐中可能发生的反应都存在着亚硝酸盐和硝酸盐间的转化，故只要研究多元熔盐中亚硝酸盐和硝酸盐之间的转化反应级数就可以确定熔盐中可能发生的反应。实验获得混合熔盐在 723K，773K 和 823K 时亚硝酸盐转化为硝酸盐的比率如图 9-4 所示。从中可以得到，三元硝酸熔盐（53% KNO_3-40% $NaNO_2$-7% $NaNO_3$）在 723K 下经过 30h 后亚硝酸盐转化为硝酸盐的比率为 16.05%，823K 时其转化率为 35.8%。

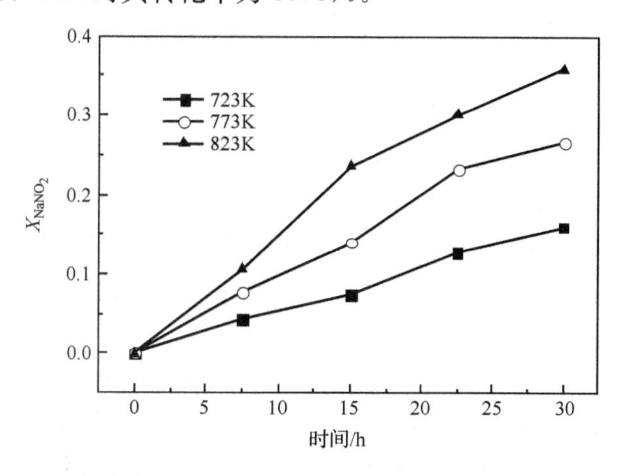

图 9-4　不同温度时亚硝酸根转化率随时间的变化

9.3.2　熔盐劣化速率方程[13]

亚硝酸盐转化为硝酸盐的比率与反应时间的关系如图 9-5 所示。由图可知三元硝酸熔盐在 723K、773K 和 823K 时 ln(-ln(1-X))相对 ln$t$ 的关系,得到斜率都为 1,即 $n=1$,故熔盐劣化速率方程为

$$-\ln(1-X)=kt \tag{9.8}$$

其表明发生的反应为一级反应,反应式(5)和(9)中氧气的扩散和亚硝酸盐的分解反应都是线性关系。

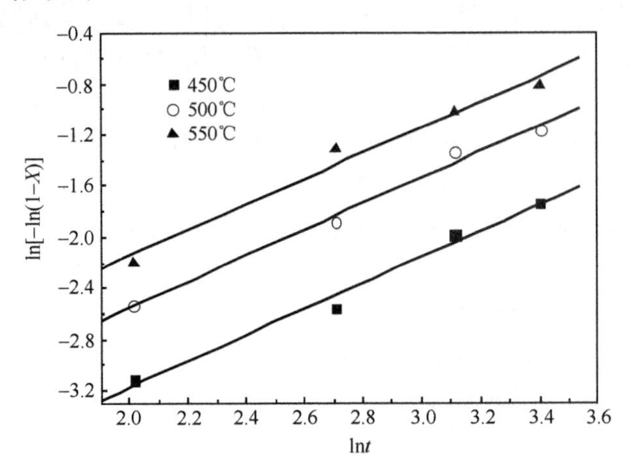

图 9-5　亚硝酸根 Avrami's 方程关系图

9.4　熔盐劣化的反应路径计算

高温下,三元硝酸熔盐以离子 Na^+、K^+、NO_3^- 和 NO_2^- 离子形式存在。其中碱金属阳离子 Na^+ 和 K^+ 十分稳定,阴离子 NO_3^- 和 NO_2^- 的稳定性决定混合熔盐蓄热性能优劣,熔体中 NO_3^- 和 NO_2^- 相对含量改变导致熔盐组成偏离三元硝酸熔盐的初始比例,使混合熔盐熔点上升。通过前面热力学的研究,NO_2^- 的分解及氧化反应是改变熔盐初始比例的主要原因。本节我们将探讨 NO_2^- 发生氧化反应的机理[14]

$$2NaNO_2(l)+O_2(g)=\!=\!=2NaNO_3(l)$$

20 世纪末,有人使用量子力学从头算方法对 NO_2^- 结构进行计算[15-20],1982 年,Howell 等利用 HF/6-31G 水平计算 $NO_2^-(H_2O)_n$ 团簇结构[21],1983 年 Goddard等使用 SCF 方法 Huzinaga-Dunning 基组优化了离子对 Na^+-NO_2^- 的几何结构[22],这些研究对我们研究 NO_2^- 的氧化反应提供了理论依据。2007 年 Grif-

fiths 等使用密度泛函理论计算了 NO_2^- 的氧化反应[23]，指出该反应途径中存在中间体，但是没有进行更深入的研究。到目前为止关于高温下 NO_2^- 的氧化反应一直没有人进行系统深入的研究。

本节分别在 HF、B3LYP、MP2 及 QCISD 计算方法和 6-31G、6-31+G(d)、6-311G、6-311+G(d)、6-311++G(d,p) 基组水平对上述反应势能面上的部分驻点即反应物和产物构型的几何结构参数进行了全优化，在对比不同计算基组的优化构型影响的基础上，通过振动频率分析确认是稳定结构还是过渡态，并获得零点能校正值。对所有的过渡态构型都进行了内禀反应坐标 IRC 计算[24]，以确证各过渡态与相应反应物和产物的相关性，由此获得反应的最小能量路径。所有的计算均利用 Gaussian 03[25]完成。本节旨在对高温下 NO_2^- 的氧化反应的全程进行比较系统的理论研究，并对实验中出现的一些现象给出理论解释，这对深入研究熔融盐高温反应，弄清三元硝酸熔盐高温劣化的根本原因，寻找提高熔盐使用温度的途径，将具有一定的指导意义。

9.4.1　NO_3^-、NO_2^-、O_2结构参数优化

分子的几何构型是研究其化学键和性质的基本出发点，我们在上述理论方法的水平上，计算 NO_2^- 氧化反应的反应物和产物存在构型得到的几何参数列于表 9-5 中，几何优化初始构型中分子键长和键角与实验值[26,27]相同，分子结构图和原子编号示于图 9-6，其中键长单位为 Å，键角单位为度(°)。

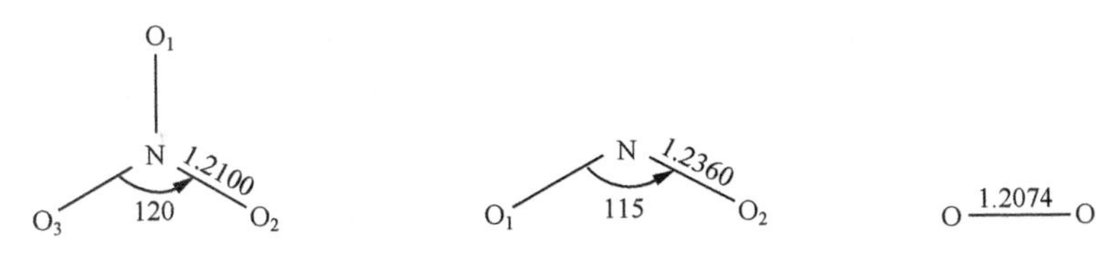

图 9-6　NO_3^-、NO_2^- 和 O_2的初始分子结构图

从表 9-5a 可以看出，在 HF/6-311+G(d)水平上计算得到 NO_3^-、NO_2^- 和 O_2的键长最接近实验值，键 O-O 和实验值相差 0.0534nm，NO_3^- 中氮氧键和实验值相差 0.0116nm，NO_2^- 中氮氧键和实验值相差 0.0168nm，NO_3^- 氮氧键之间的键角没有变化，实验值和计算值是一致的。但是不管哪种水平计算得到的 NO_2^- 氮氧键之间的键角都增加了两度以上，其中在 HF/6-311G 水平上得到的计算值最接近实验值，与实验值相差 2.01°。表 9-5b 说明在 B3LYP/6-311++G(d,p)水平上计算得到的 NO_3^-、NO_2^- 和 O_2的键长最接近实验值，键 O-O 和实验值相差 0.002nm，NO_3^- 中氮氧键和实验值只相差 0.0117nm，NO_2^- 中氮氧键和实验值只相差 0.0218nm，NO_3^- 氮氧键之间的键角没有变化，实验值和计算值是一致的；但是在 B3LYP/6-311G 水平上得到的 NO_2^- 氮氧键之间的键角最接近实验值，相差 0.73°。

表 9-5a　NO_3^-、NO_2^- 和 O_2 的主要键长(Å)和键角(°)

组分	常数	HF					实验值
		6-31G	6-31+G(d)	6-311G	6-311+G(d)	6-311++G(d,p)	
O_2	O—O	1.1933	1.1651	1.1935	1.1540	1.1540	1.2074
NO_3^-	N—O1	1.2578	1.2269	1.2589	1.2216	1.2218	1.2100
	N—O2	1.2578	1.2269	1.2589	1.2216	1.2218	1.2100
	N—O3	1.2578	1.2269	1.2589	1.2216	1.2218	1.2100
	∠O1NO2	120.00	120.00	120.00	120.00	120.00	120.00
	∠O2NO3	120.00	120.00	120.00	120.00	120.00	120.00
	∠O3NO1	120.00	120.00	120.00	120.00	120.00	120.00
NO_2^-	N—O1	1.2563	1.2254	1.2578	1.2192	1.2192	1.2360
	N—O2	1.2563	1.2254	1.2578	1.2192	1.2192	1.2360
	∠O1NO2	117.03	117.27	117.01	117.42	117.42	115.00

表 9-5b　NO_3^-、NO_2^- 和 O_2 的主要键长(Å) 和键角(°)

组分	常数	B3LYP					实验值
		6-31G	6-31+G(d)	6-311G	6-311+G(d)	6-311++G(d,p)	
O_2	O—O	1.258	1.2151	1.2582	1.2054	1.2054	1.2074
NO_3^-	N—O1	1.298	1.2652	1.3004	1.2601	1.2600	1.2100
	N—O2	1.298	1.2652	1.3004	1.2601	1.2600	1.2100
	N—O3	1.298	1.2652	1.3004	1.2601	1.2600	1.2100
	∠O1NO2	120.0	120.00	120.00	120.00	120.00	120.00
	∠O2NO3	120.0	120.00	120.00	120.00	120.00	120.00
	∠O3NO1	120.0	120.00	120.00	120.00	120.00	120.00
NO_2^-	N—O1	1.307	1.2642	1.3091	1.2578	1.2578	1.2360
	N—O2	1.307	1.2642	1.3091	1.2578	1.2578	1.2360
	∠O1NO2	115.75	116.52	115.73	116.74	116.74	115.00

由表 9-5c 可以看出，在 MP2/6-311++G(d,p)和 MP2/6-311+G(d)水平上计算得到的 NO_3^-、NO_2^- 和 O_2 的键长最接近实验值，键 O—O 和实验值相差 0.0413nm，NO_3^- 中氮氧键和实验值相差 0.0516nm，NO_2^- 中氮氧键和实验值相差 0.0282nm，NO_3^- 氮氧键之间的键角没有变化，实验值和计算值是一致的，在 MP2/6-31G 水平上得到的 NO_2^- 氮氧键之间的键角最接近实验值，它和实验值只相差了 0.43°。表 9-5d 中的数据说明，在 QCISD/6-311++G(d,p)和 QCISD/6-311+G(d)水平上计算得到的 NO_3^-、NO_2^- 和 O_2 的键长最接近实验值，键 O-O 和实验值相

差 0.0044nm，NO_3^- 中氮氧键和实验值相差 0.0452nm，NO_2^- 中氮氧键和实验值相差 0.0207nm，NO_3^- 氮氧键之间的键角没有变化，实验值和计算值是一致的，在 QCISD/6-31G 水平上得到的 NO_2^- 氮氧键之间的键角最接近实验值，只相差 0.89°。

表 9-5c　NO_3^-、NO_2^- 和 O_2 的主要键长(Å)和键角(°)

组分	常数	MP2					实验值
		6-31G	6-31+G(d)	6-311G	6-311+G(d)	6-311++G(d,p)	
O_2	O—O	1.343	1.2743	1.4211	1.2487	1.2487	1.2074
NO_3^-	N—O1	1.314	1.2730	1.3114	1.2616	1.2616	1.2100
	N—O2	1.314	1.2730	1.3114	1.2616	1.2616	1.2100
	N—O3	1.314	1.2730	1.3114	1.2616	1.2616	1.2100
	∠O1NO2	120.0	120.00	120.00	120.00	120.00	120.00
	∠O2NO3	120.0	120.00	120.00	120.00	120.00	120.00
	∠O3NO1	120.0	120.00	120.00	120.00	120.00	120.00
NO_2^-	N—O1	1.328	1.2782	1.3253	1.2642	1.2642	1.2360
	N—O2	1.328	1.2782	1.3253	1.2642	1.2642	1.2360
	∠O1NO2	115.43	115.96	115.46	116.31	116.31	115.00

表 9-5d　NO_3^-、NO_2^- 和 O_2 的主要键长(Å)和键角(°)

组分	常数	QCISD					实验值
		6-31G	6-31+G(d)	6-311G	6-311+G(d)	6-311++G(d,p)	
O_2	O—O	1.295	1.2323	1.2835	1.2118	1.2118	1.2074
NO_3^-	N—O1	1.310	1.2664	1.3079	1.2552	1.2552	1.2100
	N—O2	1.310	1.2664	1.3079	1.2552	1.2552	1.2100
	N—O3	1.310	1.2664	1.3079	1.2552	1.2552	1.2100
	∠O1NO2	120.0	120.00	120.00	120.00	120.00	120.00
	∠O2NO3	120.0	120.00	120.00	120.00	120.00	120.00
	∠O3NO1	120.0	120.00	120.00	120.00	120.00	120.00
NO_2^-	N—O1	1.323	1.2700	1.3191	1.2567	1.2567	1.2360
	N—O2	1.323	1.2700	1.3191	1.2567	1.2567	1.2360
	∠O1NO2	115.89	116.34	115.93	116.61	116.61	115.00

表 9-6 比较了各计算结果的优劣，由于 MP2/6-311++G(d,p)和 MP2/6-311+G(d)水平得到的计算值是完全相同的，我们优先选取了精度较高的理论水平计算得到的结果，QCISD/6-311++G(d,p)和 QCISD/6-311+G(d)水平也做相同的处

理。表 9-6 显示的数值表明，计算键 O—O 时使用 B3LYP/6-311++G(d,p)水平能得到理想的结果，但计算 NO_3^-、NO_2^- 中键 N—O 键长采用 HF/6-311+G(d)效果更佳，而计算键 NO_2^- 中键 N—O 之间的夹角使用 MP2/6-31G 结果更接近实验值。使用 QCISD/6-311++G(d,p)水平计算得到的∠O1NO2 同实验值相比，差值在 2%以内，NO_3^-，NO_2^- 的键 N—O 键长同实验值比较，差值都在 1%之内，由它得到的键 O—O 键长也是非常接近实验值的，差值在 0.1%之内，这种方法兼具了前三种方法的优点，在计算能量时，精度也要比这三种方法的准确性高。因此，采用 QCISD/6-311++G(d,p)水平计算研究关于 NO_2^- 的氧化反应是可靠的，在以下的讨论中，如果没有特别说明，所有的数据都是在该方法水平得到的，且优化结果如图 9-7 所示。

表 9-6　NO_3^-、NO_2^- 和 O_2 的主要键长(Å)、键角(°)的计算值和实验值的差值

组分	参数	HF		B3LYP		MP2		QCISD	
		6-311G	6-311+G(d)	6-311G	6-311+G(d,p)	6-31G	6-311+G(d,p)	6-31G	6-311+G(d,p)
O_2	O—O	−0.0139	0.0534	0.0508	0.002	0.1354	0.0413	0.0882	0.0044
NO_3^-	N—O1	0.0489	0.0116	0.0904	0.05	0.1037	0.0516	0.1008	0.0452
	N—O2	0.0489	0.0116	0.0904	0.05	0.1037	0.0516	0.1008	0.0452
	N—O3	0.0489	0.0116	0.0904	0.05	0.1037	0.0516	0.1008	0.0452
NO_2^-	N—O1	0.0218	0.0168	0.0731	0.0218	0.0924	0.282	0.0871	0.0207
	N—O2	0.0218	0.0168	0.0731	0.0218	0.0924	0.282	0.0871	0.0207
	∠O1NO2	2.01	2.42	0.73	1.74	0.43	1.31	0.89	1.61

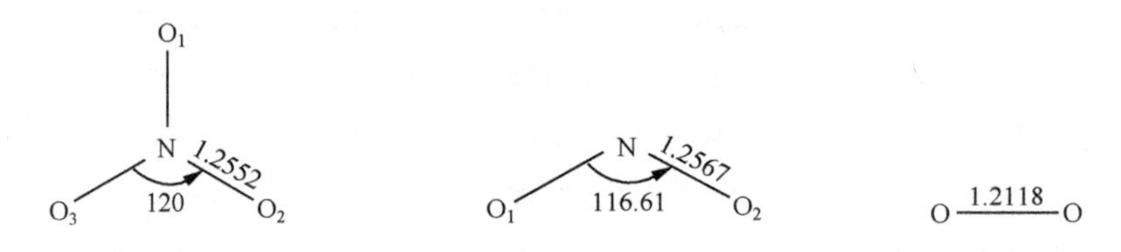

图 9-7　NO_3^-、NO_2^- 和 O_2 的优化构型

表 9-7 中 $E=E_{QCISD}+E_{ZPE}$，能量是本文重要的计算值，为了验证其正确性，我们选取 NO_3^-、NO_2^- 的能量跟文献[28]中的能量做比较，ΔE 的数值表明两者非常接近，在 QCISD/6-311++G(d,p)水平计算得到能量是很准确的。

表 9-7　NO_3^-、NO_2^- 和 O_2 的总能量 E_{QCISD}

种类	E_{QCISD}/hartree	E 文献值/hartree	ΔE/hartree
NO_3^-	−279.79008	−279.80913	0.01905
NO_2^-	−204.73366	−204.74444	0.01084
O_2	−149.98009	—	—

注：1hartree=627.51kcal · mol^{-1}=2625.50kJ · mol^{-1}[29]

9.4.2　反应路径的确认

经过对亚硝酸根离子氧化反应的研究，在数十次结构假设和计算尝试后，认为该反应的反应路径为

$$2NO_2^-(l) + O_2(g) \longrightarrow [NO_4^-] + NO_2^- \longrightarrow O_2NO_2^- + NO_2^- \longrightarrow 2NO_3^-(l)$$

通过对反应途径上各驻点的优化我们得到一个中间体和一个过渡态，首先 O_2 和 NO_2^- 结合形成中间体[NO_4^-]，随后键 N-O 逐渐形成，同时键 O-O 逐渐弱化形成过渡态 $O_2NO_2^-$，由过渡态结果产生的[O]同 NO_2^- 快速形成 NO_3^-。通过对 $O_2NO_2^-$ 进行振动分析，结果表明该过渡态具有唯一的虚频，根据它所对应的振动模式及 IRC 计算结果，可以看出，$O_2NO_2^-$ 是反应路径上的正确过渡态。

图 9-8 和图 9-9 列出了过渡态 $O_2NO_2^-$ 和中间体[NO_4^-]的几何构型和结构参数。随着中间体的 O-O 键的不断伸长，N-O 键不断缩短，新的 N-O 键生成。

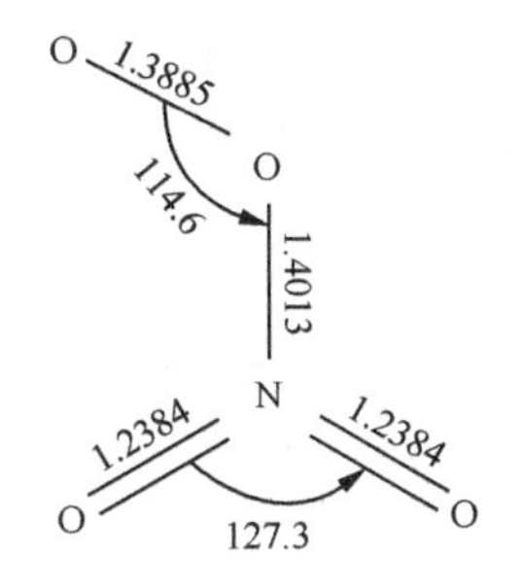

图 9-8　中间体[NO_4^-]的优化构型

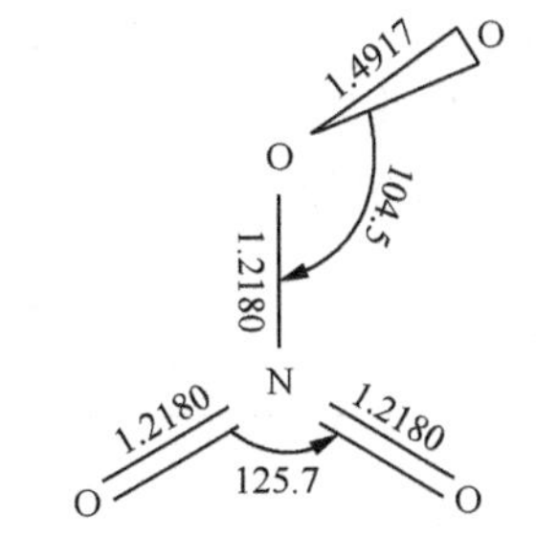

图 9-9　过渡态 $O_2NO_2^-$ 的优化构型

表 9-8 列出了部分驻点的计算频率，过渡态 $O_2NO_2^-$ 有唯一的虚频为 149i，根据过渡态判据理论，$O_2NO_2^-$ 的确是反应势能面上的一阶鞍点，是真实的过渡态，如图 9-10 和图 9-11 所示。

表 9-8　过渡态 $O_2NO_2^-$ 和中间体[NO_4^-]的振动频率

种类	频率/cm^{-1}								
$O_2NO_2^-$	1605	1318	906	816	714	573	557	245	149i
[NO_4^-]	1585	1259	965	783	668	664	504	332	219

图 9-10　过渡态 $O_2NO_2^-$ 的振动方式

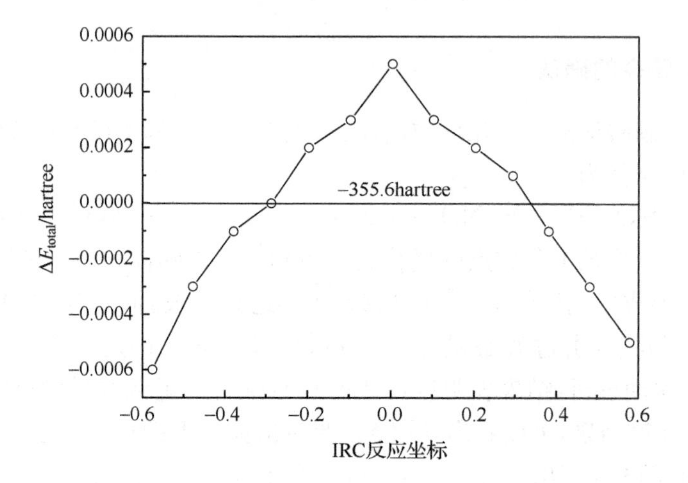

图 9-11　过渡态 $O_2NO_2^-$ 的 IRC 曲线

从表 9-9 可以看出过渡态 $O_2NO_2^-$ 和中间体[NO_4^-]的分子总能量是非常接近的(相差 94.0kJ · mol^{-1}),从中间体到过渡态经过很高的能级差,反应速率并不快,这与实验相符。

表 9-9　过渡态 $O_2NO_2^-$ 和中间体[NO_4^-]的总能量 E_{QCISD}

种类	E_{QCISD}/hartree
$O_2NO_2^-$	−354.70468
[NO_4^-]	−354.74050

由表 9-10 和图 9-12 可见,在该反应通道中,反应物首先以弱相互作用结合,形成中间体,能量为−354.74050hartree。该中间体形成过程反应活化势垒为零,并且能够释放 70.6kJ · mol^{-1}的能量,所以反应物很容易通过弱相互作用结合成为复合中间体。然后氧分子中两个氧原子距离逐渐增大,而其中一个氧原子跟氮原子距离逐渐缩短,生成具有氧迁移的过渡态,形成此过渡态需要通过 94.0kJ · mol^{-1}的势垒,而后氮氧键形成,氧氧键越来越弱,直到硝酸根形成。这个反应属于放热反应,反应最终放热为 348.8kJ · mol^{-1}。

表 9-10　NO_2^- 氧化反应势能面上各驻点的总能量 E 及相对能量 ΔE

种类	E/hartree	ΔE/hartree	ΔE/kJ・mol^{-1}
$2NO_2^- + O_2$	−559.44729	0	0
$[NO_4^-] + NO_2^-$	−559.47416	−0.02687	−70.55
$O_2NO_2^- + NO_2^-$	−559.43834	0.00895	23.50
$2NO_3^-$	−559.58016	−0.13287	−348.85

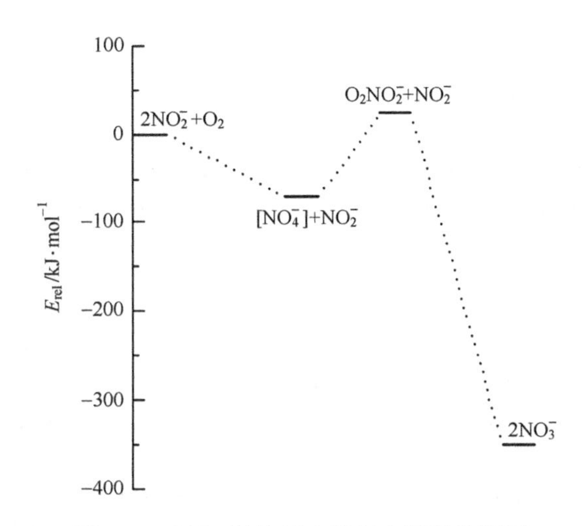

图 9-12　NO_2^- 氧化反应的反应通道势能面

对上述反应机理的研究表明，氧气分子与亚硝酸根离子沿着合适的角度碰撞是有效碰撞，碰撞后会形成复合物中间体，复合中间体会发生氧原子转移最终生成硝酸根离子。由于复合中间体的氧原子转移需要克服的势垒高达 94.0kJ・mol^{-1}，亚硝酸盐与氧气反应比较慢。因此，尽管从表 9-3 显示，在 327℃亚硝酸盐与氧气反应的 $\Delta_r G_m^\ominus$ 为 −91.17kJ・mol^{-1}，表现为热力学不稳定，但该反应在 450℃以下仍处于动力学稳定状态，这就是根据三元熔盐 Hitec 的热稳定确定最佳工作温度范围的理论依据。

参 考 文 献

[1] Fajans K. Structure and deformation of electron sheaths and their significance for the optical and chemical properties of inorganic compounds. Naturwissenschaften，1923，11：165-172

[2] 司学芝．无机化学．郑州：郑州大学出版社，2007：214-217

[3] 竺际舜．无机化学．北京：科学出版社，2008：72-76

[4] Stern K H. The effect of cations on the thermal decomposition of salts with oxyanions：A semi-empirical correlation. Journal of Chemical Education，1969，46：645-649

[5] Allred A L，Rochow E G. A scale of electronegativity based on electrostatic force. Journal of Inorganic and Nuclear Chemistry，1958，5(4)：264-268

[6] 戴长文．离子极化和硝酸盐热稳定性势标度．郑州大学学报(理学版)，1985，2：67-72

[7] 龙兵，魏小兰，丁静，等．三元硝酸熔盐高温劣化的热力学计算．太阳能学报，2011，32(2)：252-256

[8] 彭强，丁静，魏小兰，等．硝酸熔盐稳定性热力学研究．中国工程热物理年会，上海，2010

[9] Chase M W Jr. NIST-JANAF Thermochemical Tables. 4th ed. Washington D. C.：American Chemical Society，1998

[10] Ye D L，Hu J H. Practical Handbook of Thermodynamic Data on Inorganic Substances. 2nd ed. Beijing：Metallurgy Industry Publishing，2002

[11] Freeman E S. The kinetics of the thermal decomposition of sodium nitrate and of the reaction between sodium nitrite and oxygen. Journal of Physical Chemistry，1956，60：1487-1493

[12] Stern K H. High temperature properties and decomposition of inorganic salts，part 3. nitrates and nitrites. Journal of Physical and Chemical Reference Data，1972，1(3)：762-764

[13] 彭强，杨晓西，丁静，等．三元硝酸熔盐高温热稳定性实验研究与机理分析．化工学报，2013.

[14] Wei X L，Peng Q，Ding J，et al. Theoretical study on thermal stability of molten salt for solar thermal power. Applied Thermal Engineering，2013，54(1)：140-144

[15] Pferffer G V，Allen L C. Electronic structure and geometry of NO_2^+ and NO_2^-. Journal of Chemical Physics，1969，51(1)：190-202

[16] Pearson P K，Schaefer H F，Richardson J H，et al. Three isomers of the nitrite ion. Journal of the American Chemical Society，1974，96(21)：6778-6779

[17] Andersen E，Simons J. A calculation of the electron detachment energy of nitrite(-1). Journal of Chemical Physics，1977，66(6)：2427-2430

[18] Benioff P A. Ab initio calculations of the vertical electronic spectra of nitrogen dioxide，nitrogen dioxide (+)，and nitrogen dioxide(−). Journal of Chemical Physics，1978，68(8)：3405-3412

[19] Handy N C，Goddard J D，Schaefer H F. Generalization of the direct configuration interaction method to the Hartree-Fock interacting space for doublets，quartets and open-shell singlets. Applications to nitrogen oxide (NO_2) and nitrite ion. Journal of Chemical Physics，1979，71(1)：426-435

[20] Banerjee A，Shepard R，Simons J. Monte Carlo simulation of small hydrate clusters of nitrite ion. Journal of Chemical Physics，1980，73(4)：1814-1826

[21] Howell J M，Sapse A M，Singman E，et al. Ab initio self-consistent field calculations of NO_2-$(H_2O)_n$ and NO_3-$(H_2O)_n$ clusters. Journal of Physical Chemistry，1982，86(13)：2345-2349

[22] Goddard J D，Klein M L. Structure of the nitrite ion. Physical Review A，1983，28(2)：1141-1143

[23] Griffiths T R，Volkovich V A，Carper W R. CEMSO(catalyst enhanced molten salt oxidation) for complete and continuous pyrochemical reprocessing of spent nuclear fuel：an overview of a viable new technology for next generation nuclear reactors. ECS Transactions，2007，3(35)：467-482

[24] Gonzalez C，Schlegel H B. An improved algorithm for reaction path following. Journal of Chemical Physics，1989，90(4)：2154-2161

[25] Frisch M J，Trucks G W，Schlegel H B，et al. Gaussian 03，Revision B. O1. Pittsburgh，PA：Gaussian Inc.，2003

[26] 古国榜，李朴，等．无机化学．北京：化学工业出版社，2007：257-260

[27] Boxe C S，Colussi A J，Hoffmann M R. Kinetics of NO and NO_2 evolution from illuminated frozen nitrate solutions. Journal of Physical Chemistry，2006，110(10)：3578-3583

[28] Kenneth B W. Acidity of nitrous and nitric acids. Inorganic Chemistry，1988，27(21)：3694-3697

[29] 胡红智，马思渝，等．计算化学实验．北京：北京师范大学出版社，2007：9-10

第 10 章　硝酸熔盐材料的环境效应

空气中过量的氮氧化物是造成光化学烟雾和酸雨的潜在污染物，氮氧化物的含量是大气污染监测的重要指标之一。世界卫生组织和各国环境监管部门都有各自的指标范围。氮是植物生长的最主要营养元素之一，可被植物吸收的含氮物质主要有氨态的铵盐和硝态的硝酸盐。氨态氮可被植物直接利用，硝态氮被吸收后需经过一系列生化还原过程从硝态转化为亚硝态，最后转化为氨态氮被利用。适量的硝态氮在合适的条件下可完全完成上述转化，使硝态氮成为肥料[1]。如果硝态氮的上述转化不充分，将会导致硝酸盐大量累积于植物体内，这种累积对植物无害，对取食的人和动物有害，这时硝酸盐便成了污染物。土壤中来不及被植物吸收的硝态氮被雨淋溶解后进入水体，适量时可促进水生植物生长，过量会使水体富营养化，导致水体污染。因此，土壤和水体中硝酸盐的含量是重要的环境污染控制指标，要被严格地限制在合理范围内。

近年来随着太阳能热发电技术的兴起，硝酸熔盐作为传热蓄热介质被大量采用。根据碱金属硝酸盐高温分解特性可以判断，在指定合理温度范围内，硝酸熔盐性能优异安全可靠。然而，硝酸盐的分解特性也表明硝酸熔盐在传热蓄热过程中存在向大气排放氮氧化物的潜在可能。准确获悉硝酸熔盐在传热蓄热过程中是否排放氮氧化物以及排放程度如何，是硝酸熔盐大规模使用之前必须解决的问题，目前还没有看到这方面的系统报道。本课题组进行了初步研究发现，硝酸熔盐在不同温度下确有排放。另外，硝酸熔盐在传热蓄热过程中，如果遇到地震和洪水等自然灾害以及工程事故等突发事件，都有可能造成熔盐的泄漏，尽管熔盐泄露遇冷后即刻凝结成固体且大块体熔盐可方便地回收，然而，散落于土壤中较小的熔盐颗粒会混入土壤，雨淋或水浸不仅会污染土壤，而且还会因渗漏污染地下水环境，这种污染与目前存在的常规污染有明显的区别，即硝酸盐浓度在一段时间内会很高。因此对硝酸熔盐在传热蓄热中的污染特性监测以及防治研究显得非常重要。

10.1　氮污染的环境监测和排放标准

10.1.1　水体中氮污染物监测标准

水体中氮含量超标，不仅使水环境质量恶化，还对人类以及动、植物有严重危害作用[2]。各国对水体中氮含量都有严格的控制标准，不同用途和不同存在状态的水，氮含量的控制标准不同。根据存在状态，把水分为地下水和地表水；根据用途，把水分为饮用水、饮用水源地水和其他水。对于地下水和地表水，根据水域环境功能和质量又分为五个等级，表 10-1 和表 10-2 分别是各等级地下水和地表水允许氮含量的国家标准。

表 10-1 各等级地下水允许氮含量的国家标准(GB/T14848-93)

类别	Ⅰ类	Ⅱ类	Ⅲ类	Ⅳ类	Ⅴ类
硝酸盐(以 N 计)/($mg \cdot L^{-1}$)	≤2.0	≤5.0	≤20	≤30	>30
亚硝酸盐(以 N 计)/($mg \cdot L^{-1}$)	≤0.001	≤0.01	≤0.02	≤0.1	>0.1
氨氮(以 N 计)/($mg \cdot L^{-1}$)	≤0.02	≤0.02	≤0.2	≤0.5	>0.5

表 10-2 各等级地表水允许氮含量的国家标准(GB3838-2002)

类别	Ⅰ类	Ⅱ类	Ⅲ类	Ⅳ类	Ⅴ类	用途
氨氮(以 N 计)/($mg \cdot L^{-1}$)	0.15	0.5	1.0	1.5	2.0	地表水环境质量标准基本项目标准限值
总氮(以 N 计)/($mg \cdot L^{-1}$)	0.2	0.5	1.0	1.5	2.0	地表水环境质量标准基本项目标准限值
硝酸盐(以 N 计)/($mg \cdot L^{-1}$)			10			集中式生活饮用水地表水源地补充项目

1985 年我国《生活饮用水卫生标准》(GB5749-85)中规定，硝酸盐氮含量不得超过 $20mg \cdot L^{-1}$，2006 年把这个标准(GB5749-2006)提高到 $10mg \cdot L^{-1}$。饮用水源地水质标准(CJ3020-93)规定，一级水氨氮含量不高于 $0.5\ mg \cdot L^{-1}$，硝酸盐氮含量不高于 $10\ mg \cdot L^{-1}$；二级水氨氮含量不高于 $1.0\ mg \cdot L^{-1}$，硝酸盐氮含量不高于 $20\ mg \cdot L^{-1}$。表 10-3 是世界卫生组织和部分国家的关于饮用水中硝酸盐氮含量的控制标准。

表 10-3 饮用水允许硝态氮含量标准(单位：$mg \cdot L^{-1}$)

国际组织与国别	硝酸盐(以 N 计)	亚硝酸盐(以 N 计)
世界卫生组织	≤11.3	0.913
我国生活饮用水标准(GB5749-2006)	≤10.0	
美国国家环境保护局(EPA)(96/10 数据)	≤10.0	≤1.0

尽管国家对水体氮含量有严格限制，但我国水体氮含量超标情况不容乐观，有关水体氮含量超标情况将在 10.2.1 小节介绍。

我国《土壤环境质量标准》(GB15618-1995)中，尚未对土壤中氮含量的标准提出具体要求，但土壤的氮污染直接关系到水体污染。水体氮含量能间接反映水体周围土壤的氮污染情况。

10.1.2 大气 NO_x 污染物排放标准

空气中 NO_x 与碳氢化合物在光照下有形成光化学烟雾的潜在危险，同时也是造成酸雨的因素之一。各国对空气中 NO_x 含量有严格的控制标准。表10-4是我国大气污染物综合排放标准规定的几个行业允许的 NO_x 排放标准。

表10-4　我国大气污染物综合排放标准规定的 NO_x 限值(GB16297-1996)

污染物	最高允许排放浓度/(mg·m^{-3})	最高允许排放速率/(kg·h^{-1})			无组织排放监控浓度限值	
		排气筒/m	二级	三级	监控点	浓度/(mg·m^{-3})
NO_x	1400 (硝酸、氮肥和火炸药生产) 240(硝酸使用和其他)	15	0.77	1.2	周界外浓度最高点	0.12
		20	1.3	2.0		
		30	4.4	6.6		
		40	7.5	11		
		50	12	18		
		60	16	25		
		70	23	35		
		80	31	47		
		90	40	61		
		100	52	78		

10.2　硝酸盐和 NO_x 污染及其危害

越来越多的研究表明,土壤及水环境中的硝酸盐污染呈上升趋势。环境对硝酸盐的消耗速率不及输入速率。人类向大气中排放的 NO_x,也随着工业发展呈快速上升趋势。

10.2.1　水体和土壤中硝态氮的来源、污染程度和主要危害

氮是植物的生命元素之一,是粮食、蔬菜生长和产量提高的物质基础。植物所吸收的氮包括氨态氮和硝态氮。氨态氮被植物吸收后可直接被利用并转化为叶绿素、氨基酸和蛋白质等有机含氮化合物以维持植物生命。植物吸收硝态氮后,需在体内经过硝酸还原酶催化,还原成亚硝态氮再还原成铵,被用来合成有机含氮化合物,后经一系列生化合成,最终转化为构成自己躯体和维持生存的叶绿素、蛋白质、核酸等物质,这原是一种正常的自然作用。但是植物对硝酸盐的还原往往受许多内在和外在条件限制,过量吸收硝酸盐或其他内外在条件不合适,都会导致从硝态氮到氨态氮的转化不充分和不彻底,最终致使大量硝酸盐和亚硝酸盐积累于植物体内。这种积累无害于植物,却危害取食的人类和动物[3]。因此,土壤和水体中硝态氮含量过多会造成污染危害[4,5]。

土壤中的硝态氮主要来源于农业氮肥的过量施用、硝酸熔盐在突发自然灾害中的泄露、工业废水的排放等。其中,农业施肥是低浓度污染的主要来源之一,偶

发自然灾害造成的硝酸熔盐泄露可能导致高浓度污染。

由于土壤对硝态氮的固着能力小，进入土壤的硝态氮随雨水极易流失，溶解于雨水中的硝态氮通过渗透进入更深层的土壤及地下水中。氮素流失造成农田土壤贫瘠，需要反复施肥，这会加重硝态氮对土壤和地下水的污染。方玉东等[6]在统计我国农田氮素收支时指出，我国农田氮素投入总量为 31.57×10^6t，农田氮素支出总量为 31.57×10^6t，农田氮素盈余总量为 2.65×10^6t。这些盈余氮素小部分固着在土壤中，为下一季植物生长提供养分，但绝大部分都流失于地下水，并迁移进入其他水域，造成水体污染。相对大田作物，蔬菜作物的根系不甚发达，对养分的固着力更差，因此对氮素需求量高的蔬菜田中的氮素污染则更为严重。

国内许多地区存在较为严重的硝态氮污染。20 世纪 70 年代我国北方的一个农业氮素资源普查显示，14 个县 69 个地下水和饮用水中，富含氮的水井占调查井的 1/3 左右，部分水样硝态氮含量已达到 100～500mg·L^{-1}[7]。近年来，熊正琴[8]对江苏吴县 40 眼井的硝态氮进行调查发现，氮含量超标率为 28%。吕殿青[9]等对陕西 167 口水井的调查后发现，氮含量超标率为 25%。刘宏斌[10]等对北京市平原农区地下水硝态氮污染情况进行调查，结果表明，地下水位在 70～100m 的农灌水硝态氮超标率为 24.1%，近郊饮用水超标率为 38.7%，远郊为 3.0%，污染十分严重。

另据报道[11-14]，硝态氮也成为美国地下水第一大污染物，部分地区的硝态氮以每年 0.8mg·L^{-1}的速率增长。美国部分州有大于 20%的井水，其硝态氮含量超过 10mg·L^{-1}。研究认为，美国地下水硝态氮污染，其中 65%来源于农用氮肥，21%来源于动物粪便。

经微生物作用，硝酸盐在动物体内极易被还原成亚硝酸盐，进而代谢合成亚硝氨类致癌物质，危害人体健康。环境卫生学的调查表明[15]，某些地区人群消化道癌症，与当地食物中的硝酸盐、亚硝酸盐和亚硝酸胺的存在着某些联系。人类摄入亚硝胺的主要途径是，通过食物和饮水，摄入它的前驱体硝酸盐、亚硝酸盐和胺类物质，再于体内合成亚硝胺。胃液的 pH=3，很适合亚硝胺的形成。而亚硝胺的反应速率与亚硝酸盐的浓度平方以及氢离子的浓度成正比。因此，当亚硝酸盐浓度较高且在酸性环境中，这种有害的反应速率将会较快。所以为了保护人畜健康，需要大幅度减少前驱体硝酸盐的摄入总量。

过量的亚硝酸盐可使动物直接中毒缺氧，患上高铁血红蛋白症，严重者可致死。亚硝酸盐还可间接与次级胺结合形成毒性更强的亚硝胺，亚硝胺具有强的致癌作用。另外，水中的亚硝酸态氮含量超过 1mg·L^{-1}时，会使水生动物的血液结合氧的能力降低；超过 3mg·L^{-1}时，可在 24～96h 内使金鱼、鳊龟死亡。亚硝酸盐和胺结合生成的亚硝胺，对水生动物也有致癌和致畸作用。

水体中氨态氮对水生动物也产生危害。低浓度的氨态氮会妨碍鱼鳃的氧传递，当其浓度达到 0.5mg · L^{-1}时，就能对水生动物尤其是鱼类造成毒害作用。水体中的氨态氮还会被水中的溶解氧氧化，这种作用又称为硝化作用。氨态氮的硝化作用会大量消耗水体中的溶解氧，严重时会使鱼类等水生生物窒息死亡。

水中氮、磷等营养物质的富集称为水体富营养化。富营养化的水体可能会使某些藻类过渡繁殖，降低水体透明度，影响底层水生植物的光合作用。严重时会使底层水生植物死亡腐烂，腐烂过程散发恶臭，同时消耗大量的溶解氧使鱼虾缺氧窒息。许多藻类还能分泌和释放有毒有害物质，不仅危害动植物，而且对人类健康产生严重影响。藻类死亡分解腐烂也会释放毒素，消耗水中大量溶解氧，最终使水质严重恶化。据环保部门监测显示，氮在水体中的富集是水质富营养化的重要因素，因此要对水中氮含量提出严格控制标准。

近年来有研究表明[16]，适量的硝酸盐及亚硝酸盐不会对人体造成前述严重的危害，甚至对人体具有一定益处。亚硝酸盐本身是一种非常强的血管扩张剂，它在体内能起到通畅血管改善血流的作用，具有降血压，防止血管硬化心肌梗塞等功效。同时，亚硝酸盐还可以提高机体免疫功能，防止发炎感染，如胃肠发炎溃疡、龋齿、皮肤感染等。同时人体本身组织器官即可代谢合成硝酸盐，有控制经口摄入硝酸盐含量的实验表明，人体排泄的硝酸盐可达到经口摄入的 5 倍之多。

10.2.2　大气中 NO_x 的主要来源、污染程度和危害

大气中的 NO_x 包括 NO 和 NO_2，主要来源于人类活动的三个方面：工业排放、生活排放和交通排放。

工业排放主要是由工业生产中使用化石燃料、硝酸熔盐，如硝酸、炸药生产及太阳能热发电等产生的污染。生活排放是指居民及服务行业等因生活需要燃烧化石燃料产生的 NO_x。交通污染主要来自于机动车等交通工具在行使过程中排放的 NO_x，同时交通污染也包含在交通运输过程中某些原料的泄漏[17]。

近年来，我国 NO_x 的排放量随着能源消费和机动车持有量的快速增长而快速增加。据估计，2000～2005 年我国 NO_x 排放量的年增长率高达 10%，2005 年全国 NO_x 排放总量超过 1900 万吨。我国从 2006 年开始统计 NO_x 排放量。根据中华人民共和国环境保护部统计资料显示[18]，2010 年，NO_x 排放量为 1852.4 万吨，比上年增加 9.4%。其中，工业 NO_x 排放量为 1465.6 万吨，比上年增加 14.1%，占全国 NO_x 氮氧化物排放量的 79.1%；生活 NO_x 排放量为 386.8 万吨，比上年减少 5.2%，占全国 NO_x 排放量的 20.9%；交通 NO_x 排放量为 290.6 万吨，占全国 NO_x 排放量的 15.7%。2011 年[19] NO_x 的排放首次被列入“十二五”约束性指标体系。表 10-5 是近年来我国氮氧化物排放量的统计数据，其中把生活排放和交通排放合计为生活排放。

表 10-5 近年来我国 NO_x 的排放量

年份	工业/万吨	生活/万吨	合计/万吨
2006	1136	387.8	1523.8
2007	1261.3	382	1643.4
2008	1250.5	374	1624.5
2009	1284.8	407.9	1692.7
2010	1465.6	386.8	1852.4

从表 10-5 可见，我国 NO_x 排放量逐年上升，其中工业 NO_x 排放的上升量占主要地位，控制工业 NO_x 排放是首要目标。

NO 和 NO_2 都是有毒气体。NO 非常容易与动物血液中的血色素(Hb)结合，造成血液缺氧而引起中枢神经麻痹，它与血色素的亲和力很强，约为 CO 的数百倍至一千倍。NO_2 的毒性主要表现为，与动物血液中的血色素结合，造成血液缺氧，引起中枢神经麻痹。NO_2 还对呼吸器官黏膜有强烈的刺激作用。并会造成肺气肿，严重时可导致死亡。大气中 NO 和 NO_2 含量虽然没有达到使人畜出现明显不适症状的程度，但 NO 很容易被空气中的氧气氧化为 NO_2。NO_2 与空气中的碳氢化合物相遇并经阳光照射时，可能产生有毒的光化学烟雾，造成严重的大气污染。空气中的碳氢化合物主要来源于机动车燃烧不完全产生的尾气[20]。另外，NO_2 溶于雨水会生成硝酸和 NO，强酸性硝酸是造成酸雨的因素之一。

10.3 硝酸盐和 NO_x 污染的治理

10.3.1 水体和土壤中硝酸盐污染的治理

由于硝酸盐在水中的溶解度大，化学稳定性好，难以形成沉淀或被吸附，因此水处理的传统技术，如石灰软化和过滤等工艺，难以除去水中硝态氮。硝态氮污染修复技术的研究目前主要集中在农药化肥的使用和垃圾填满处理方面，大面积修复硝态氮在世界范围内仍是难题。水体和土壤污染修复方法包括原位修复法和异位修复法。原位修复法是指在污染地就地处理的修复方法；异位修复法是指把已污染水体或土壤迁移到其他地方集中处理后再回填的修复方法。异位修复法由于其成本太高，一般适用于处理污染严重且集中的水体或土壤。污染修复处理技术包括物理处理法、化学处理法、生物处理法和生物膜电极处理法等，其中生物处理法是常用的处理手段，包括生物脱氮和碳素反硝化细菌生物脱氮等。各种方法具体如下所述。

1. 物理处理法

物理处理法主要有蒸馏法、电渗析、反渗透等[21,22]。电渗析是一种较新的膜处理方法，硝酸盐超标的原水通过交替阴阳离子的选择性透过，在直流电场中，NO_3^-穿越电渗膜的孔与水分离，进入高浓度盐水一侧，从而使原水中超标的NO_3^-得以去除[23,24]。反渗透是另一种膜法水处理技术，它是利用压力使原水通过半透膜，只有水分子能穿过半透膜，其他溶质分子则被截留[25,26]。蒸馏法是一种非常耗时的水处理方法，它将水变为水蒸气，再将蒸汽冷凝收集作为处理水，从而去除硝酸盐。

物理处理法去除硝酸盐所需费用高，效率低，且蒸馏、电渗析和反渗透不具有选择性，去除硝酸根离子的同时，也可能一并去除了其他离子。实际上，物理处理法是硝酸盐的转移，而不是彻底去除，处理的对象也仅限于水体。而对于土壤的修复还需淋溶并收集淋溶液再处理，该方法无法直接修复土壤，在应用上受到一定限制。

2. 化学处理法

常用的化学处理法有离子交换法和化学还原法。离子交换法[27]是一个物理化学过程，利用阴离子交换树脂中的氯化物或碳酸盐与硝酸根离子交换，去除水中的硝酸盐。化学还原法[28]利用一定的还原剂还原水中的硝酸盐，使之转化为氮气，从而达到去除的目的。化学还原法根据采用的还原剂不同，可以分为活泼金属还原法和催化还原法。前者以 Fe、Al、Zn 等金属单质为还原剂；后者以氢气、甲酸或甲醇为还原剂，辅之以催化剂，以促成反应的发生。

离子交换法具有较成熟的经验，可以选择性地去除硝酸根，但离子交换方法需要用高浓度盐或酸进行再生，从而产生含有高浓度的硝酸盐、硫酸盐等废水，后处理困难。

催化还原法采用氢气为还原剂，由于不会造成二次污染，是比较有应用前景的方法。与生物处理方法相比，催化还原法去除硝酸盐的反应速率快，能适应不同反应条件。如何保持催化剂活性和控制还原反应的选择性，以防止生成亚硝酸盐或氨，是催化还原法的技术难点[29,30]。

化学处理法只适用于水体中硝态氮的处理，不适应于对污染土壤的处理。

3. 生物处理法

生物处理法利用两种方式降低土壤或水体的硝态氮含量，达到硝酸盐污染修复的目的。一种是利用某些微生物将硝态氮转化为氮气脱氮，这种方法又称为生物脱氮或生物反硝化法；另一种是利用植物和某些微生物吸收硝酸盐合成含氮有机物维持其生命的方式降低硝酸盐含量，这种方法又称为生物硝化法。

能够从自然界吸收无机物来合成有机物以维持自身生命活动的生物称为自养生物。植物和许多细菌，如放线菌和霉菌等都属于自养生物。它们吸收其周围的无机硝态氮，在体内通过被称为同化性硝酸还原作用的“$NO_3^- \rightarrow NO_2^- \rightarrow NH_4^+ \rightarrow$有机态氮”过程，把硝酸盐作为营养成分吸收利用，客观上减少土壤和水体中硝酸盐的含量，实现脱氮的目的。这种把硝酸盐转化为有机氮的过程，被称为生物硝化作用。在这个过程中，硝酸盐是自养生物的肥料，但如果其体内同化性吸收还原作用不完全不彻底，则导致硝酸盐和亚硝酸盐在自养生物体内积累。如果被动物取食进入食品链，这便是本章开篇所述的污染；如果这些自养生物仅作为景观和生态植物，仍然起脱氮作用。

那些从外界吸收现成有机物同时利用硝酸根或亚硝酸根进行呼吸以维持自身生命活动的生物称为异养生物。少部分细菌吸收有机物，同时利用 NO_3^- 和 NO_2^- 代替 O_2 作为呼吸作用的最终电子受体，氧化所吸收的有机物获取能量维持生命，客观上可将 NO_3^- 通过“$NO_3^- \rightarrow NO_2^- \rightarrow N_2\uparrow$”过程，把硝态氮还原成氮气（$N_2$）排出，从而降低土壤和水体中的硝酸盐含量，达到脱氮的目的。这种把硝酸盐还原为氮气排出而不是转化为有机氮的作用，被称为生物反硝化作用。能够进行反硝化作用的少数细菌，被称为反硝化菌。反硝化菌的呼吸作用无需氧气参加，这种细菌又被称为厌氧菌。由于在反硝化过程中，需要有机物参加反应，因此有机物的多少直接影响反硝化作用的速度。在实际应用中，土壤中并不只含有硝态氮和亚硝态氮，还混有氨氮，消除氨氮的过程需要溶解氧的参与，所以在实际脱氮操作时，还需控制溶解氧的含量。

可见，反硝化菌可用来对硝态氮污染的土壤和水体进行脱氮修复处理。根据脱氮修复处理的场地不同，这种反硝化脱氮法分为原位生物脱氮法和异位反应器生物脱氮法两种。原位生物脱氮法是指将被污染的场所作为脱氮反应的场地直接进行脱氮修复。该方法运行费用低，操作简便。然而，如果不人为刻意添加有机物，自然生物脱氮速率很慢，难以有效去除土壤及地下水中的硝酸盐。当人为刻意添加有机物进行修复时，由于很难将有机物均匀分布于污染场所，反硝化生物脱氮效果难以控制。异位反应器生物脱氮是利用人工的生物反应器强化生物脱氮的方法。在反应器生物脱氮过程中，有机物添加容易控制，使脱氮具有高效低能耗的特点。该技术主要有固定床生物脱氮、流化床生物脱氮、Denitropur 生物脱氮工艺以及荷兰开发的硫/石灰石生物脱氮工艺。其中流化床反应器优于固定床反应器，它可以防止堵塞、沟流，且具有较高的硝酸盐去除速率。尽管反应器生物脱氮具有高效低耗的特点，但初投资成本高，工艺流程复杂，且处理后的水必须经过杀菌消毒处理后才能使用，因此该技术不适应于大面积的水体和土壤污染的修复。

在生物脱氮法基础上开发的湿地脱氮法[31]，即在污染流域下游建造人工湿地，硝酸盐在向湿地流动过程中，被反硝化细菌除去，或被湿地植物和自养微生物硝化法除去的方法。在反硝化菌脱氮过程中，湿地中溶解氧和有机碳源含量对提高反硝化法脱氮效率十分重要。而在硝化法中，一般采用每年每公顷湿地植物吸收总氮(N)的千克数，来衡量湿地植物对总氮的吸收能力，单位为 $kg \cdot hm^{-2} \cdot y^{-1}$。Brix[32]研究报道，分布于0～1.5m浅水处或生长于潮湿岸边的，根或根茎生长在水底泥中，茎、叶挺出水面的挺水植物，其总氮吸收能力约为1000～2500$kg \cdot hm^{-2} \cdot y^{-1}$。Wittgren 和 Maehlum[33]总结了不同类植物的吸收量，范围为107～434$kg \cdot hm^{-2} \cdot y^{-1}$。Drizo[34]等研究显示，芦苇地上植物吸收量为640$kg \cdot hm^{-2} \cdot y^{-1}$。Koottatep 和 Polprasert[35]的研究显示，水烛香蒲在热带环境中最大的吸收量可达2690～2740$kg \cdot hm^{-2} \cdot y^{-1}$。无论是湿地反硝化菌脱氮，还是湿地生物自养硝化脱氮，它们在应急处理高浓度硝态氮污染方面，都难以应用。

4. 生物膜电极法

生物膜电极法是采用固定化技术将微生物固定在电极表面，形成一层生物膜，然后在电极上通入一定的电流，在阴极产生的氢气被固着在阴极上的反硝化细菌高效利用以还原硝态氮。碳阳极的氧化产物有利于中和 OH^-，降低pH，增强厌氧环境，有利于生物脱氮。生物膜电极法充分结合了电化学法和生物法的优势，同单纯的生物法相比，生物膜电极法的优点主要在于既可以利用电极作为细菌的载体，又可以利用电场微电流电解释放的氢气。目前此项技术处于实验室阶段，pH、温度、C/N、电流强度等因素，是影响反硝化效率的主要因素[36]。

在实际应用中，离子交换法、生物脱氮法和反渗透法是水体污染修复的常用方法。

离子交换技术和反渗透技术适用于处理溶解性有机物含量较低的地下水。有机物的存在会污染离子交换树脂或反渗透膜。当水中总溶解性固体(total dissolved solids，简称TDS)小于500$mg \cdot L^{-1}$，SO_4^{2-} 浓度小于300$mg \cdot L^{-1}$时，可选用离子交换工艺；当水中TDS大于1000$mg \cdot L^{-1}$时，可选用反渗透法。对于离子交换技术，最主要的问题是如何处理废再生剂，其中含有大量的 NO_3^-、SO_4^{2-} 和NaCl；此外，离子交换的出水易引起管道腐蚀。尽管如此，离子交换技术以其简单、耐久、有效，而且成本相对较低，被认为是一实用化的工艺。

生物脱氮技术在欧洲得到较多的研究与应用。自养生物的脱氮速率较低，它们每天每立方米仅能反应0.5～1.3kg的硝态氮(用0.5～1.3kgNO_3^--N$\cdot m^{-3} \cdot d^{-1}$表示)。异养生物具有较高的比体积脱氮速率，它们每天每立方米能脱除0.4～24kgNO_3^--N$\cdot m^{-3} \cdot d^{-1}$。异养生物在脱氮的同时还能去除水中的微量有机污染物，如三氯乙烯、四氯化碳等，因此异养生物脱氮技术应用更为广泛。

离子交换、生物脱氮和反渗透法去除硝酸盐的优缺点如表 10-6 所示。从表中可知，进水水质，如微量有机污染物、SO_4^{2-} 等，对离子交换工艺的影响较大，而对生物脱氮的影响较小，因而生物脱氮工艺适用于地表水，而离子交换工艺更适用于地下水。反渗透工艺能耗较大，运行费用高。反渗透膜对无机盐的选择性高，处理后的水基本上不含无机盐，因此，只需处理一部分水，然后将经处理的水与未经处理的水混合。反渗透工艺的优点是管理简单，尤其适用于小型处理厂。但反渗透工艺对污染水的浓缩作用会导致硅石、碳酸钙、硫酸钙在渗透膜上结垢，影响处理过程的正常运行。

表 10-6　离子交换、生物脱氮和反渗透法去除硝酸盐的比较

工艺	离子交换	生物脱氮	反渗透
启动期	几分钟	>3 周	几分钟
自动控制	易	难	易
低温影响	不重要	>2～6 周	不重要
废物处理	废再生液	需处理废菌体	需要处理 TDS 浓缩液
后续处理	出水的腐蚀性	出水中存在微生物及残留有机物	无
运行	稳定	需要密切监测	稳定
对进水水质的敏感度	对 SO_4^{2-}、有机物、C 敏感	对溶解氧敏感	对有机物和 TDS 敏感

10.3.2　大气中 NO_x 污染的治理

对于大气中 NO_x 的污染治理必须从排放源头做起。在排放前端增加气体处理装置，把 NO_x 转化为 N_2 或吸收固定，降低排入大气中 NO_x 的量，达到治理的目的。常见前端处理方法包括还原法、液体吸收法和固体吸收法。

1. 还原法

还原法利用还原剂在一定温度下将 NO_x 还原为 N_2 和其他不含氮的组分。根据是否使用催化剂，还原法可分为选择性催化还原法和选择性非催化还原法。

选择性催化还原法（SCR）是利用还原剂，在一定温度和催化剂条件下，使 NO_x 转化为 N_2 和 H_2O。根据还原剂不同，选择不同的催化剂。采用 NH_3 作还原剂时，选择金属氧化物作催化剂；采用 CO 和碳氢化合物作还原剂时，选择贵金属作催化剂[37]。

选择性非催化还原法（SNCR）是指无催化剂作用下，在适合反应的温度窗口（900～1100℃）下，喷入还原剂将烟气中的 NO_x 还原成 N_2 和 H_2O[37]。还原剂主要与烟气中的 NO_x 发生反应，具有一定的选择性。喷入的还原剂一般为氨或尿素等。

采用氨作还原剂时,发生如下反应

$$6NO + 4NH_3 = 5N_2 + 6H_2O$$

采用尿素[$(NH_2)_2CO$]作还原剂时,发生下列反应

$$(NH_2)_2CO = 2NH_2 + CO$$

$$NH_2 + NO = N_2 + H_2O$$

$$2CO + 2NO = N_2 + 2CO_2$$

目前的趋势是采用尿素代替 NH_3 作为还原剂。烟气中的 O_2 也会与尿素[$(NH_2)_2CO$]作用,消耗还原剂。

$$2(NH_2)_2CO + 3O_2 = 2N_2 + 2CO_2 + 4H_2O$$

在 SCNR 法还原 NO_x 的过程中,采用不同原料气作为还原剂,要求的预热温度也不同,需严格控制预热温度。采用含氮还原剂,当温度过高时,还原剂会直接被 O_2 氧化成 NO_x;当温度过低时,反应不完全,会产生氨气逸出。

2. *液体吸收法*

液体吸收法是用水或酸、碱、盐的水溶液来吸收废气中的 NO_x,使废气得以净化的方法。

碱液吸收法:比较各种碱液的吸收效果,以 NaOH 作为吸收液的效果最好,但考虑到价格、来源、操作难易以及吸收效率等因素,工业上应用最多的吸收液是 Na_2CO_3。

仲辛醇吸收法:此法采用仲辛醇作为吸收液来处理 NO_x 尾气。它不但能有效地吸收 NO_x,且自身被氧化成一系列的中间产物,该中间产物可氧化得到重要的化工原料已酸。吸收过程中,NO_x 有一小部分被还原成 NH_3,大部分被还原成 N_2。

磷酸三丁酯(TBP) 吸收法:此法先将 NO_x 中 NO 全部转化为 NO_2 后在喷淋吸收塔内进行逆流吸收,以 TBP 为吸收剂,在吸收 NO_x 后形成配合物 TBP · NO_x,其吸收率高达 98%以上,配合物 TBP · NO_x 与芳香醇(α-醇酸醋) 反应能回收得到 TBP,回收率高达 99.2%,且 NO_x 几乎全部被还原成氮气,不会产生二次污染。

尿素溶液吸收法:应用尿素作为 NO_x 的吸收剂,此法运行费用低,吸收效果好,不产生二次污染[38]。

还原吸收法:该法用含二价铁的螯合物的碳酸钠溶液洗涤烟气。其主要反应为

$$Na_2CO_3 + SO_2 = Na_2SO_3 + CO_2$$

$$NO + Fe \cdot EDTA = Fe \cdot EDTA \cdot NO$$

$$Na_2SO_3 + Fe \cdot EDTA \cdot NO = Fe \cdot EDTA + Na_2SO_4 + 1/2N_2$$

3. 固体吸收法

固体吸附法是一种采用吸附剂吸附 NO_x 以防其污染的方法，目前常用的吸附剂有分子筛、活性炭、硅胶等。

分子筛吸附法：常用作吸附剂的分子筛有氢型丝光沸石、氢型皂沸石等。以氢型丝光沸石 $Na_2Al_2Si_{10}O_{24} \cdot 7H_2O$ 为例，该物质对 NO_x 有较高的吸附能力，在有氧条件下，能够将 NO 氧化为 NO_2 加以吸附。利用分子筛作吸附剂来净化 NO_x 是吸附法中最有前途的一种方法，国外已有工业装置用于处理硝酸尾气，可将 NO_x 浓度由1500～3000ppm，降低到了50ppm，回收的硝酸量可达工厂生产量的 2.5%。

活性炭吸附法：此法对 NO_x 的吸附过程吸附剂伴有化学反应发生。NO_x 被吸附到活性炭表面后，活性炭对 NO_x 有还原作用，反应式如下

$$C + 2NO = N_2 + CO_2$$

$$2C + 2NO_2 = 2CO_2 + N_2$$

活性炭对低浓度 NO_x 有很高的吸附能力，其吸附量超过分子筛和硅胶。但缺点在于对 NO_x 的吸附容量小且解吸再生麻烦，活性炭在 300℃以上有自燃的可能，处理不当又会造成二次污染，故实际应用有困难[37]。

10.4　硝酸熔盐高温工况下 NO_x 排放的监测及控制

近年来随着太阳能热发电技术的兴起，硝酸熔盐作为传热蓄热介质的用量将逐年增加。硝酸熔盐在使用过程中一旦与环境发生物质交换，必然对环境产生影响。这种影响可能是向大气中排放 NO_x，也可能是熔盐发生泄漏污染土壤和水体。研究熔融盐使用过程中的环境效应，是太阳能规模化利用技术和工业节能技术应用必须要解决的问题。

硝酸熔盐传热蓄热过程中对大气环境影响较大的可能是向大气中排放 NO 和 NO_2，统称为 NO_x。在实际应用中，考虑到硝酸熔盐吸热过程可能会发生局部过热情况，使得熔融盐快速分解，高温蓄热过程中也会使得熔融盐缓慢分解，排放 NO_x。

硝酸熔盐在吸热-传热-蓄热过程中，如果发生地震、洪水或生产事故造成熔盐泄露，其污染情况与施用化肥和垃圾填埋等不同，熔盐泄露造成土壤和水体的污染程度不再是毫克级别而是高浓度，了解高浓度熔盐在土壤中的淋溶迁移规律是熔盐安全应用的保障。

10.4.1　熔盐升温过程 NO_x 排放的在线监测

在太阳能热发电中，常用的熔盐是二元硝酸熔盐（$NaNO_3$-KNO_3）和三元硝酸

熔盐($NaNO_3$-$NaNO_2$-KNO_3)。这两种熔盐的熔点不同,稳定性不同,因此使用温度范围也各不相同。又由于二者组成不同,它们在传热蓄热过程中释放的 NO_x 量可能存在差异。考虑到熔盐的工作状况可能是传热过程的变温状态,或蓄热过程的基本恒温状态,不同工况的 NO_x 排放量可能有异,本小节介绍升温过程 NO_x 排放的在线监测结果。

1. 二元硝酸熔盐升温过程 NO_x 排放的在线监测

1) 加热温度对 NO_x 排放的影响

二元硝酸熔盐(60wt% $NaNO_3$-40wt% KNO_3)在流量为 800mL • min^{-1} 的氮气氛环境下,分别加热到 500℃、550℃、600℃、650℃过程中 NO_x 的排放情况如图 10-1和图 10-2 所示。

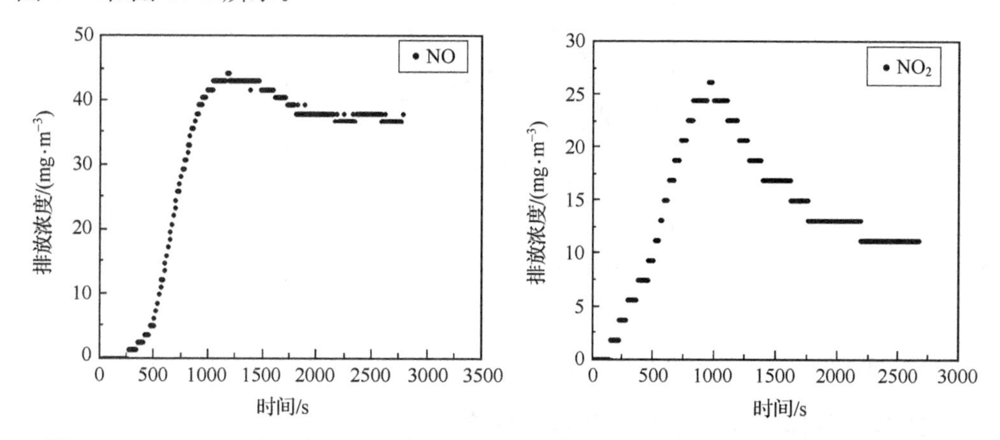

图 10-1　100g 二元硝酸熔盐升温到 500℃的过程中(氮气)NO_x 排放量随时间的变化曲线

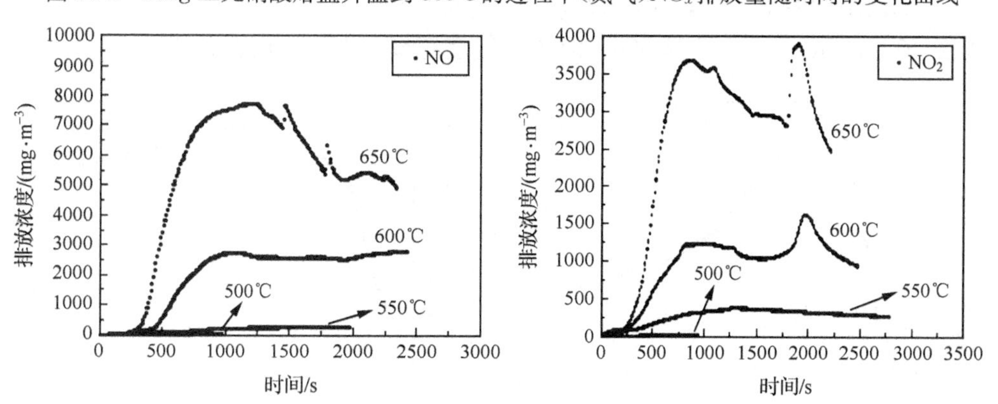

图 10-2　100g 二元硝酸熔盐在不同的加热温度时 NO_x 排放量随时间分布对比图

由图 10-1 可知,二元熔盐升温到 500℃的过程中,NO 和 NO_2 排放浓度在前 1000s 内快速增大,1000s 后趋于平稳;NO 排放浓度高于 NO_2 排放浓度。

由图 10-2 可知，当加热温度为 500℃时，NO 排放浓度约为 43.0mg · m^{-3}，NO_2排放浓度为 26.4mg · m^{-3}；当加热温度为 550℃时，NO 排放浓度的约为 2761.4mg · m^{-3}，NO_2排放浓度约为 377.1mg · m^{-3}；当加热温度为 600℃时，NO 排放浓度约为 2827.3mg · m^{-3}，NO_2排放浓度约为 1697.1mg · m^{-3}；当加热温度为 650℃时，NO 和 NO_2排放浓度很大，出现较大的波动。由上述可知，二元硝酸熔盐在 500℃时比较稳定；550℃以上时，随着温度的升高，混合熔盐分解速率加快，热稳定性变差，NO_x 排放量明显增高，其排放过程反应机理复杂，有待深入研究。

此外，在有氮气保护反应过程中，氧含量会出现短暂的上升，如图 10-3 所示。

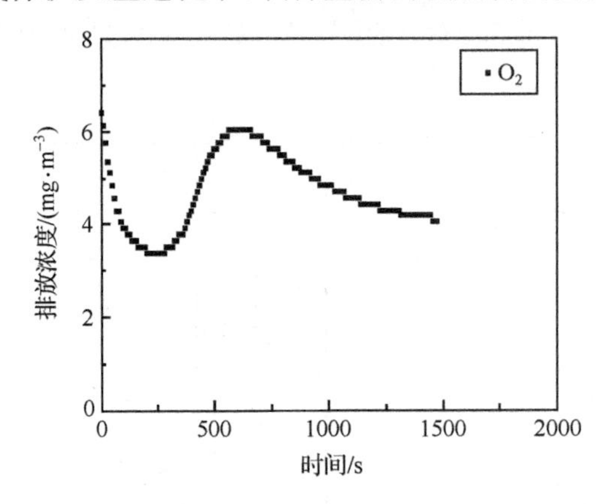

图 10-3　100g 二元硝酸熔盐升温到 600℃过程中氧排放量随时间的分布图

2) 通入气体的种类对 NO_x 排放的影响

二元硝酸熔盐在干燥的空气环境下，当温度升高到 500℃时，NO_x 的排放情况如图 10-4 所示。图 10-5 是 500℃时不同气氛环境下 NO_x 排放情况的比较。

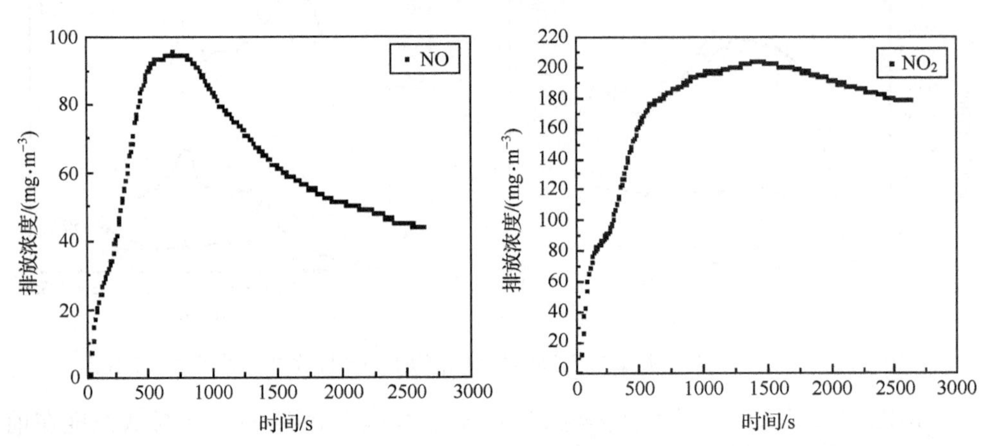

图 10-4　50g 二元硝酸熔盐升温到 500℃的过程中(干燥空气)NO_x 排放量随时间的变化曲线

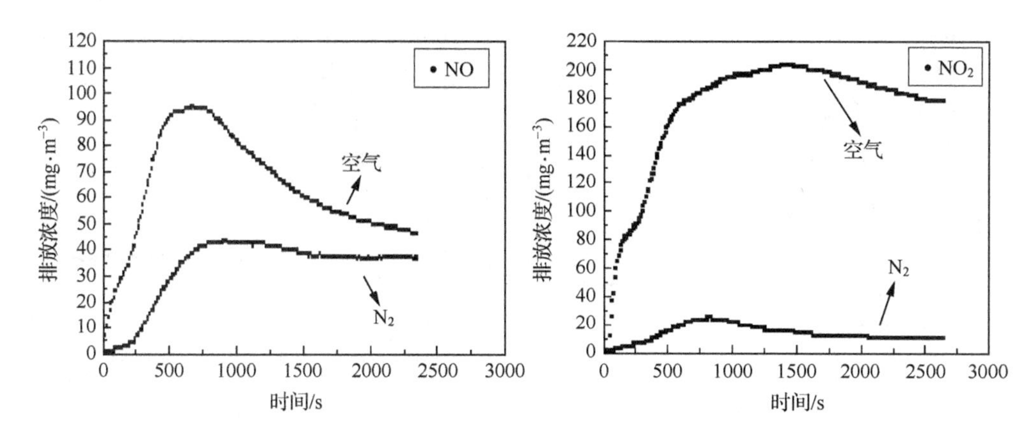

图 10-5　50g 二元硝酸熔盐升温到 500℃的过程中不同气氛环境下的 NO_x 排放比较

由图 10-4 和图 10-5 可知，二元硝酸熔盐在氮气环境中使用时，当加热温度到 500℃时，NO 排放浓度约为 43.0mg · m^{-3}，比在干燥空气环境下使用时的排放浓度 98.3mg · m^{-3}低；NO_2 排放浓度仅为 26.4mg · m^{-3}，是干燥空气环境下使用时排放浓度 207.4mg · m^{-3}的约 1/10。可见，二元硝酸熔盐在氮气气氛环境下使用时可明显降低 NO_x 排放量。

考虑受到干燥空气中氧气的影响，一氧化氮有相当一部分与氧气结合生成二氧化氮，有可能出现如下反应 $2NO+O_2 \longrightarrow 2NO_2$，故 NO_2 的排放量相较在氮气氛环境时相对升高。

2. 三元硝酸熔盐升温过程 NO_x 瞬态排放监测

1）加热温度对 NO_x 排放的影响

三元硝酸熔盐($NaNO_3$-$NaNO_2$-KNO_3)在流量为 800mL · min^{-1} 的氮气保护下且加热温度分别为 350℃，400℃，450℃，500℃时所产生的 NO_x 含量如图 10-6 和图 10-7 所示。

由图 10-6 可知，三元熔盐升温到 500℃过程中，NO 和 NO_2 排放浓度在前 1000s 内快速增大，1000s 后趋于平稳；NO 排放浓度高于 NO_2 排放浓度。

由图 10-7 可知，当加热温度为 350℃时，NO 排放浓度约为 86.1mg · m^{-3}，NO_2 排放浓度约为 7.6mg · m^{-3}；当加热温度为 400℃时，NO 排放浓度约为 172.1mg · m^{-3}，NO_2 排放浓度约为 66.0mg · m^{-3}；当加热温度为 450℃时，NO 排放浓度约为 307.3mg · m^{-3}，NO_2 排放浓度约为 94.3mg · m^{-3}；当加热温度为 500℃时，NO 排放浓度约为 405.6mg · m^{-3}，NO_2 排放浓度约为 150.8mg · m^{-3}。由此可见，三元硝酸熔盐在 350℃时比较稳定，400℃以上时，随着温度的升高，混合熔盐分解速率加快，热稳定性变差，NO_x 排放量明显增高。其排放过程反应机

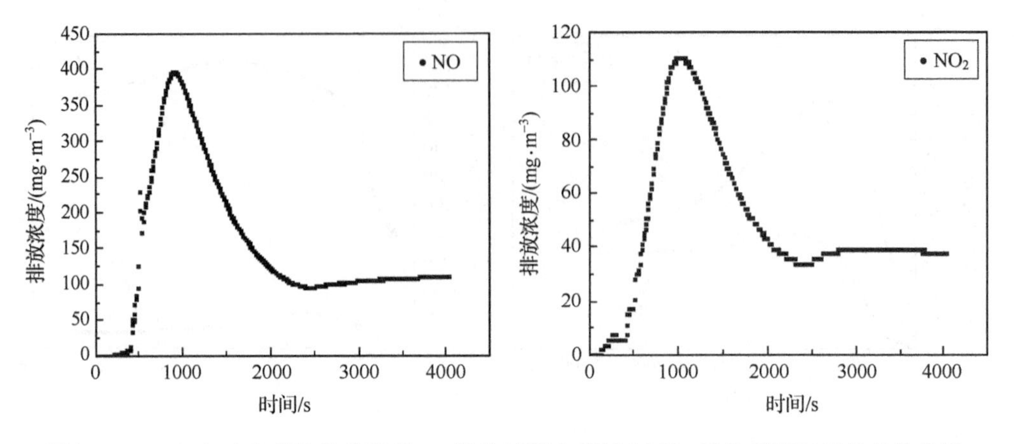

图 10-6 100g 三元硝酸熔盐升温到 500℃的过程中(氮气)NO_x 排放量随时间的变化曲线

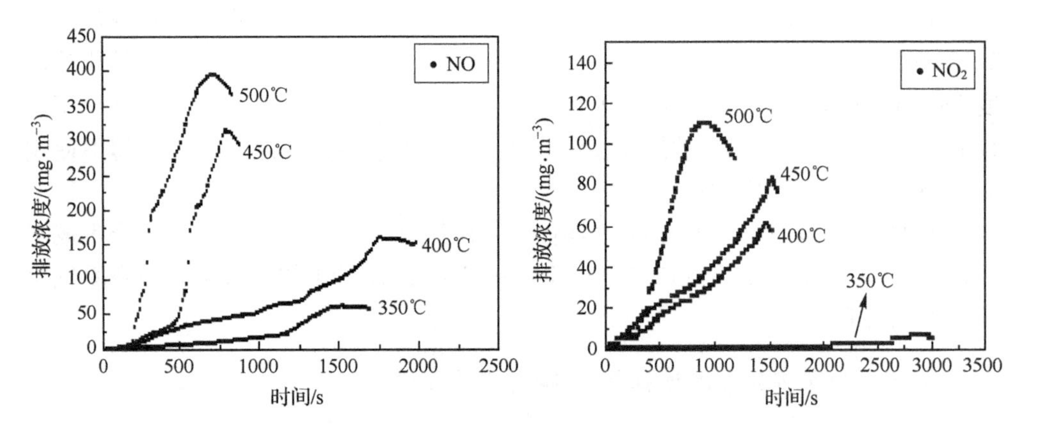

图 10-7 100g 三元硝酸熔盐在不同的加热温度时 NO_x 排放量随时间的分布对比图

理复杂,有待深入研究。

此外,在氮气保护反应过程中,氧含量会出现短暂的上升,如图 10-8 所示。

2) 通入气体的种类对 NO_x 排放的影响

三元硝酸熔盐在干燥空气保护下且加热温度为 450℃时所产生的 NO_x 含量如图 10-9 和图 10-10 所示。

由图 10-9 和图 10-10 可知,三元硝酸熔盐在氮气环境使用时,当加热温度到 450℃时,NO 排放浓度约为 344.2mg · m^{-3},比在干燥空气环境下使用时的排放浓度 270.4mg · m^{-3}高;NO_2 排放浓度仅为 94.3mg · m^{-3},而干燥空气环境下使用时排放浓度为 169.7mg · m^{-3}。由上述可知,三元硝酸熔盐在通入干燥空气与用氮气保护相比,NO_x 含量中 NO 相对减少,NO_2 相对增多,而且反应速率也相对有所提高。

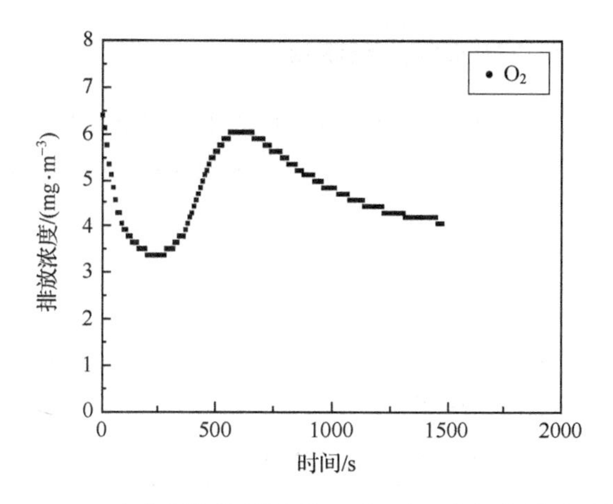

图 10-8　100g 三元硝酸熔盐升温到 500℃过程中氧含量随时间分布图

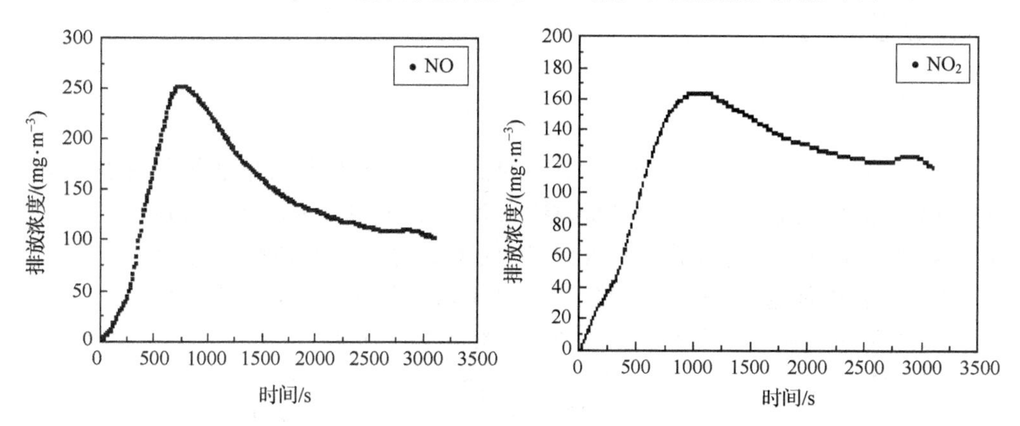

图 10-9　50g 二元硝酸熔盐升温到 450℃的过程中(干燥空气)NO_x 排放量随时间的变化曲线

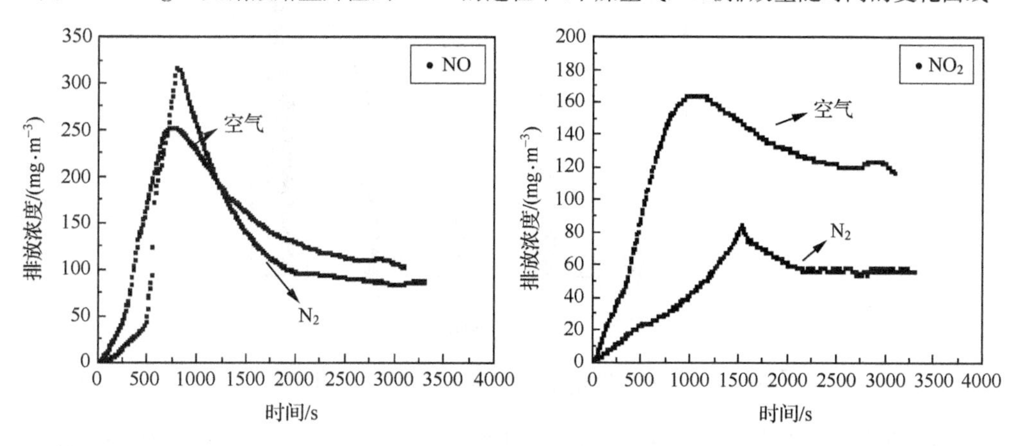

图 10-10　50g 三元硝酸熔盐升温到 450℃的过程中不同气氛环境下的 NO_x 排放比较

10.4.2　熔盐恒温过程 NO_x 累积排放监测

10.4.1 小节介绍了熔盐升温过程中 NO_x 排放情况，本小节介绍了静态恒温工况下 NO_x 累积排放情况，参照国家标准(HJ/T 43-1999)“固定污染源排气中氮氧化物测定方法”进行在线监测。

1. 空气中 NO_x 背景的测定

鉴于测定过程的特殊性，需扣除监测过程空气中 NO_x 的影响。在相同实验条件下分别连续吸收 1h、2h、3h、4h 和 5h 的空气，所得 NO_x 的量如表 10-7 所示。

表 10-7　空气中 NO_x 量的测定

时间/h	1	2	3	4	5
实际含量/μg	1.35	2.45	6.05	6.20	6.60

2. 熔盐本身的 NO_x 排放量

NO_x 本身排放量是指在测定过程中排除金属容器材料对熔盐热分解的影响，完全由纯熔盐在指定温度因分解而导致的 NO_x 排放量。为此，测定过程中要求选择与熔盐完全不反应的容器。分析纯二元硝酸熔盐和三元硝酸熔盐在空气气氛环境、惰性容器中保温 300℃和 350℃下 1h、2h、3h、4h、5h 的 NO_x 累积排放量，扣除相同吸收条件下空气中所含 NO_x 的量，则熔盐本身 NO_x 排放量如图 10-11 所示。

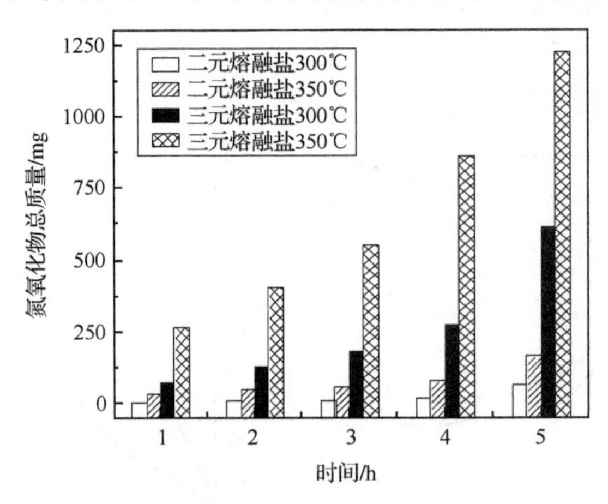

图 10-11　不同温度不同种类硝酸熔盐的氮氧化物释放量

由图 10-11 可得到如下结论：第一，即使在 300℃、350℃下两种硝酸熔盐都会排放少量 NO_x，但排放量不大，按 350℃下最大排放量的换算，其每小时平均排放浓度也仅为 55.4mg · m^{-3}，远低于国家大气污染物综合排放标准[39]规定的氮氧化物最高允许排放浓度限值 1400mg · m^{-3}；第二，不论是二元还是三元硝酸熔盐，随保温时间增长，其 NO_x 累积排放量逐渐增加，且这种趋势呈非线性变化，这可能与硝酸熔盐分解的复杂性有关；第三，在相同温度下，三元硝酸熔盐 NO_x 的排放量明显大于二元融盐，这可能与三元硝酸熔盐中富含亚硝酸盐有关。

对以上累积排放数据，参照大气污染物综合排放标准[39]，结合空气流量 80mL · min^{-1}，计算得到不同种类熔盐在不同温度下 NO_x 的平均 1h 排放量(简称平均浓度)，结果见图 10-12 和图 10-13。

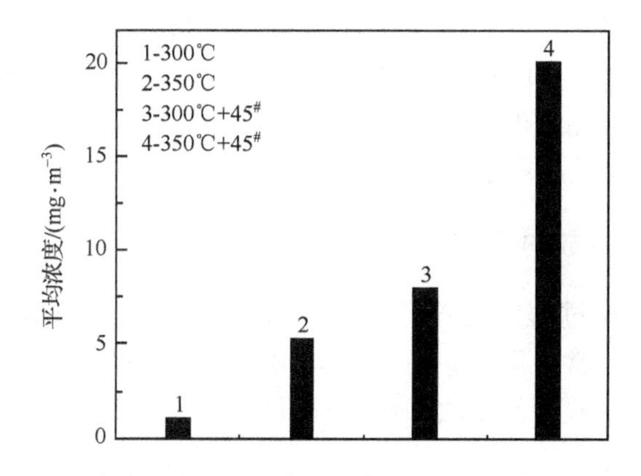

图 10-12　二元硝酸熔盐不同温度下接触 45# 碳钢前后 NO_x 的平均浓度

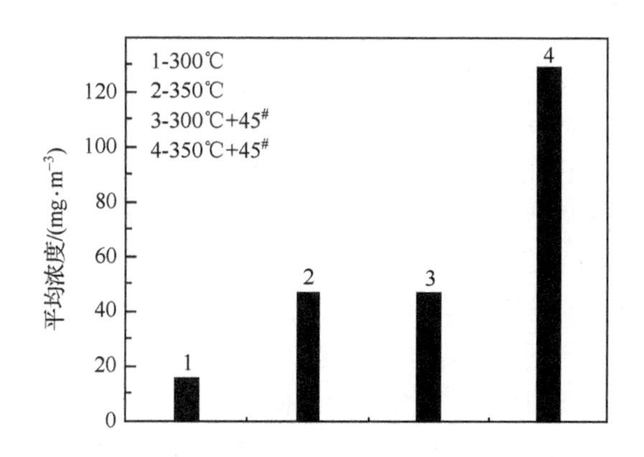

图 10-13　三元硝酸熔盐不同温度下接触 45# 碳钢后前后 NO_x 的平均浓度

3. 45# 碳钢对硝酸熔盐 NO_x 排放量的影响

将表面积相同的 45# 碳钢长方体完全浸入熔盐液面之下，重复实验，扣除空气中 NO_x 的影响，得到硝酸熔盐接触 45# 碳钢后不同温度下的平均浓度，结果见图 10-12和图 10-13。

由图 10-12 和图 10-13 可知，相同温度同种熔盐，接触 45# 碳钢后 NO_x 的 1h 平均排放浓度明显增大。300℃下，二元硝酸熔盐本身平均排放浓度仅有1.1mg · m^{-3}，接触 45# 碳钢后增大到 8.0mg · m^{-3}；相同温度下，三元硝酸熔盐本身平均排放浓度为 16.1mg · m^{-3}，接触 45# 碳钢后增大到 46.7mg · m^{-3}；350℃的情况类似，二元硝酸熔盐本身平均排放浓度仅有 5.3mg · m^{-3}，接触 45# 碳钢后 NO_x 排放浓度增大到 20.1mg · m^{-3}；三元硝酸熔盐本身平均排放浓度为 46.8mg · m^{-3}，接触 45# 碳钢后增大到 129mg · m^{-3}。可见，熔盐接触 45# 碳钢后，NO_x 平均排放浓度成倍增大，这可能与金属铁接触硝酸熔盐后发生表面氧化反应有关。比较图 10-12 和图 10-13 可知，三元硝酸熔盐接触 45# 碳钢后，其 NO_x 平均排放浓度仍然远高于二元硝酸熔盐。但即使三元硝酸熔盐 350℃时接触 45# 碳钢后，其最大平均排放浓度 129mg · m^{-3} 仍然远小于国家大气污染物综合排放标准[39]规定的最高允许排放限值 1400mg · m^{-3}。

10.4.3 熔盐 NO_x 排放的控制[40]

硝酸熔盐在使用过程中会产生尾气 NO_x，污染环境，故需要对 NO_x 进行治理。目前工业生产中常采用稀硝酸吸收法、碱液吸收法和氧化吸收法等液体吸收方法进行气体分离吸收。与干法相比，湿法具有工艺及设备简单，操作费用低廉等优点。

1. *稀硝酸吸收法*

水可以与 NO_2 反应生成硝酸和 NO

$$3NO_2 + H_2O = 2HNO_3 + NO$$

NO 不与水反应，它在水中的溶解度也很低，但 NO 在稀硝酸中的溶解度比在水中大的多，故可用硝酸吸收 NO_x 废气。NO 在 12%以上的硝酸中的溶解度比在水中大 100 倍，因此对 NO 含量较高的气源的脱除效果较好，该法可用于硝酸尾气的处理。为了降低硝酸尾气中氮氧化物的浓度，可以通过提高吸收压力，降低吸收温度，采用富氧氧化，控制余氧浓度等方法来提高 NO_x 的脱除效率。对于稀硝酸吸收法，提高吸收压力是最有效的办法，具体吸收反应如下

$$3NO_2 + H_2O = HNO_2 + HNO_3$$

$$2NO + HNO_3 + H_2O = 3HNO_2$$

2. *碱液吸收法*

碱液吸收法的原理是利用碱性溶液来中和所生成的硝酸和亚硝酸，使之变为硝酸盐和亚硝酸盐，碱性溶液可以是钠、钾、镁、铵等离子的氢氧化物或弱酸盐溶液，常用的碱液吸收氮氧化物的反应活性比较如下

$KOH > NaOH > Ca(OH)_2 > Na_2CO_3 > K_2CO_3 > Ba(OH)_2 > NaHCO_3 > KHCO_3$

KOH吸收液虽然反应活性值最高，但价格较贵货源少，所以使用得较少。在实际中广泛应用的主要是NaOH、Na_2CO_3和氨水等溶液。

(1) 烧碱法：用NaOH溶液来吸收NO_2及NO，主要反应式为

$$2NaOH + 2NO_2 = NaNO_3 + NaNO_2 + H_2O$$

$$2NaOH + NO_2 + NO = 2NaNO_2 + H_2O$$

只要废气中所含的NO_x中的NO_2/NO的物质的量之比大于或等于1时，NO均可被有效吸收。

(2) 纯碱法：采用纯碱溶液吸收NO_2及NO，其反应式为

$$Na_2CO_3 + 2NO_2 = NaNO_3 + NaNO_2 + CO_2$$

$$Na_2CO_3 + NO_2 + NO = 2NaNO_2 + CO_2$$

因为纯碱的价格比烧碱便宜，故有逐步取代烧碱法的趋势。但纯碱法的吸收效果不如烧碱法理想。

(3) 氨法：此法是用氨水喷洒含NO_x的废气，或者是向废气中通入气态氨，使NO_x转变为硝酸铵与亚硝酸铵，其反应式为

$$2NH_3 + 2NO_2 = NH_4NO_3 + N_2 + H_2O$$

$$2NH_3 + 2NO + 1/2O_2 = NH_4NO_2 + N_2 + H_2O$$

$$2NH_3 + 2NO_2 + 1/2O_2 = NH_4NO_3 + 2NO + H_2O$$

当用氨水吸收NO_x时，生成物为含有亚硝酸铵和硝酸铵的溶液，可作为肥料使用，但是挥发的氨在气相与氮氧化物和水蒸气还可反应生成气相铵盐，这些铵盐是0.1～10μm气溶胶微粒，不易被水或碱液捕集。逃逸的铵盐形成白烟，吸收液形成的NH_4NO_2也不稳定，当浓度较高，超过一定温度或溶液pH不合适时会发生剧烈分解甚至爆炸，因而限制了氨水吸收法的应用。

3. 氧化吸收法

NO除生成络合物外，无论在水中或碱液中都几乎不被吸收，在低浓度下，NO的氧化速度是非常缓慢的，因此NO的氧化速度是吸收法脱除氮氧化物总速度的决定因素。为了加速NO的氧化可以采用催化氧化和氧化剂直接氧化，氧化剂有气相氧化剂和液相氧化剂两种，气相氧化剂有O_2、O_3、Cl_2和ClO_2等，液相氧化剂有HNO_3，$KMnO_4$、$NaClO_2$、NaClO、H_2O_2、$K_2Br_2O_7$、$KBrO_3$、Na_3CrO_4、$(NH_4)_2CrO_7$等，此外还有利用紫外线氧化的。

通常使用的氧化剂有酸性或碱性高锰酸钾溶液，处理低浓度的氮氧化物时，其吸收效率远比使用尿素溶液高，另外还有次氯酸钠水溶液等一类强氧化剂，NO的氧化常与碱液吸收法配合使用。即用催化氧化或氧化剂将尾气中的NO氧化后用碱液回收NO_x，它的实际应用取决于氧化剂的成本。碱性高锰酸钾溶液湿法脱氮

中主要的化学反应方程式为

$$KMnO_4 + NO = KNO_3 + MnO_2 \downarrow$$

$$KMnO_4 + 3NO_2 + 2KOH = 3KNO_3 + H_2O + MnO_2 \downarrow$$

从 10.4.1 和 10.4.2 两小节的监测结果可知，硝酸熔盐高温排放的 NO 量远大于 NO_2，因此可采用氧化-碱液联名吸收法，回收率可达 80%，NO_x 排放符合 GB16297-1996 标准。

10.5 高浓度硝酸盐在土壤中的迁移特性

硝酸熔盐对土壤的污染是通过水溶解实现的，散落于土壤中的硝酸盐遇水溶解，浓度较低时被植物吸收，浓度较高时导致植物根系坏死。溶解于水中的硝酸盐顺水流进入水体，使得水体中硝酸根含量增大，造成水体污染。可见硝酸熔盐对土壤和水体污染是密不可分的。如前所述，硝酸熔盐在传热蓄热系统中，存在熔盐泄漏的潜在危险，如地震、洪水或重大的生产安全事故等。这种污染与目前因施肥和污水灌溉造成污染的最大区别在于硝酸盐浓度高得多。了解高浓度硝酸熔盐淋溶迁移情况，对预测因熔盐泄露造成的污染状况十分重要。

鉴于土壤成分的复杂性，首先对不同微结构颗粒堆积物进行高浓度熔盐迁移状况模拟。由一维土柱实验获得的穿透曲线有绝对浓度-时间曲线和相对浓度-时间曲线两种表示方法。绝对浓度-时间曲线是以硝酸根实际浓度值为纵坐标对时间作图获得的曲线；相对浓度-时间曲线以硝酸根实际浓度与初始溶液浓度的比值为纵坐标对时间获得的曲线。

考虑不同地域土壤成分各异，同一地域土壤成分并非单一，土壤中通常含有沙砾、多孔硅酸盐和多孔硅铝酸盐等单元微颗粒。由于微颗粒内部结构不同，硝酸盐溶液在不同微颗粒堆积的土柱中迁移的状况也不同，需分别研究。其中，最简单的是石英砂，单元颗粒为实心颗粒且表面作用力较弱，堆积土柱的空隙仅为颗粒间隙造成，孔径分布单一，硝酸盐溶液在此堆积体迁移速率较快且迁移情况比较简单；最复杂的应该是带有介微孔微结构的硅铝酸盐，单元颗粒内部存在介孔和微孔且表面带有电荷，表面作用力大，堆积体空隙孔径分布复杂，硝酸盐溶液在此堆积体内迁移速率较慢迁移规律复杂。作为研究的开始和比较的基础，首先选石英砂堆积体进行。选择不同粒度的石英砂，研究毫微米量级单一孔径尺寸对高浓度硝酸盐迁移的影响，为研究高浓度硝酸盐在多级孔堆积体中的迁移情况，以及迁移在不同尺寸的孔隙中的耦合状况或不同表面性质对迁移的影响提供数据基础。

分别将 $600g \cdot L^{-1}$、$25g \cdot L^{-1}$、$16g \cdot L^{-1}$三种不同浓度的硝酸盐溶液以相同速度流入装有 4# 石英砂土柱中获得的穿透曲线如图 10-14 所示。用 3# 石英砂代替 4# 石英砂，重复实验，得到的穿透曲线如图 10-15 所示。

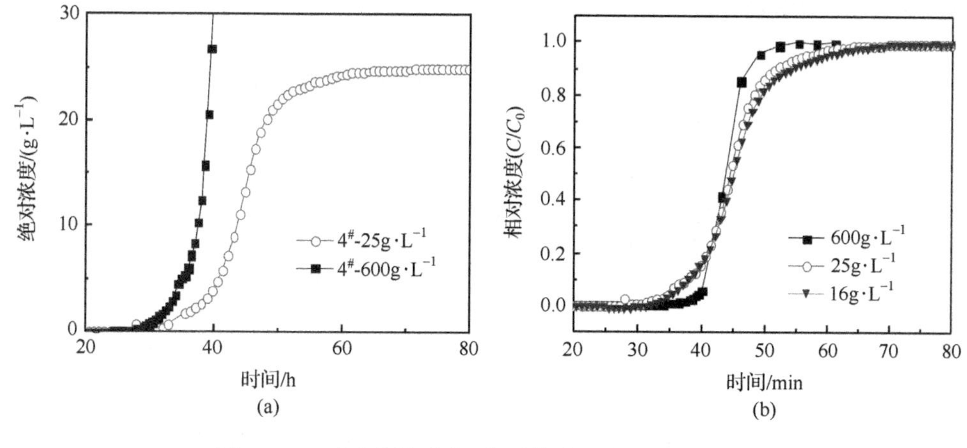

图 10-14　硝酸盐溶液在 4$^{\#}$ 石英砂柱中的穿透曲线

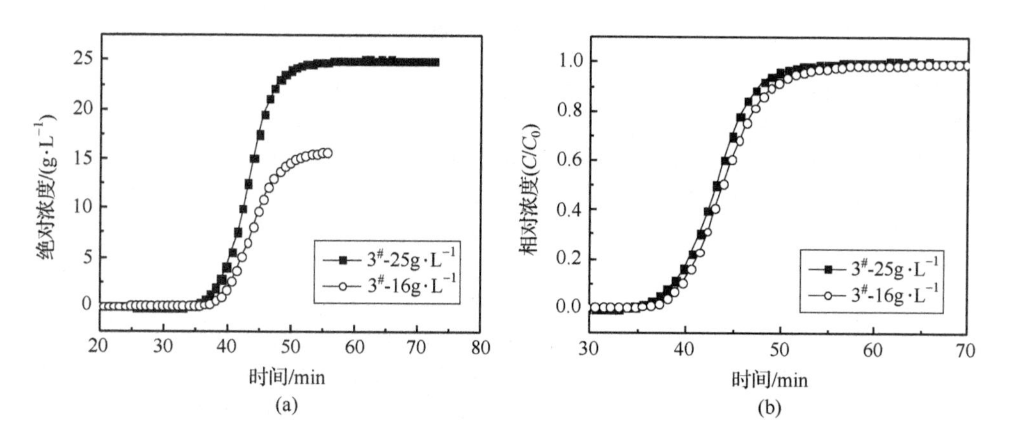

图 10-15　硝酸盐溶液在 3$^{\#}$ 石英砂柱中的穿透曲线

从图 10-15 可以看出，以相同速度，当溶质在相同粒径的介质中发生迁移时，高浓度的扩散速度较快，但是其相对浓度扩散速率并不高，远低于较低浓度的相对扩散率。以相对浓度表示硝酸根的穿透曲线，在高浓度时，需要的穿透时间反而少，这是由于在前期，浓度迁移主要靠浓度差扩散为主，高浓度溶液由于其浓度差大，扩散量大，但扩散相对于总体浓度依然是小部分；反之浓度低时，虽然扩散总量不及高浓度多，但由于其原溶液浓度低，反而相对浓度较高。这表明，高浓度硝酸盐污染土壤时，可能污染更为集中，实际污染的范围仍较大。

由图 10-16 可见，当将同一浓度的硝酸盐以相同的渗流速度流入 1$^{\#}$、2$^{\#}$、3$^{\#}$、4$^{\#}$ 由大到小的不同颗粒度的石英砂柱时，颗粒越小，颗粒间孔隙尺寸越小，孔隙率越大，越容易产生弥散现象。表现在初始浓度较早上升，结束浓度有拖尾现象，如 4$^{\#}$ 石英砂的穿透曲线。随着颗粒度的增大，其弥散现象减弱。这与流体在多孔介质中的迁移理论是一致的。

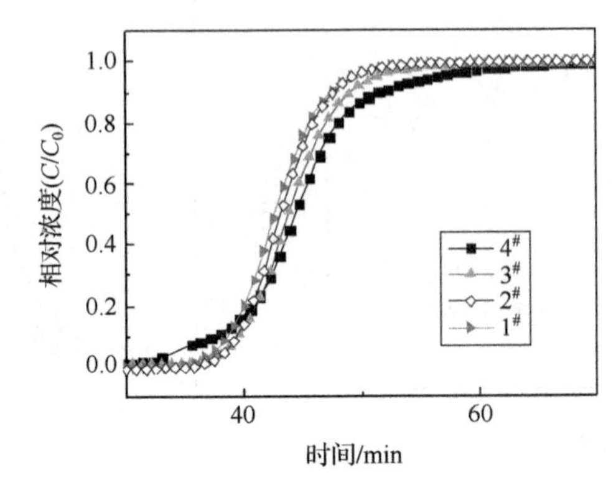

图 10-16　高浓度硝酸盐溶液在不同粒径石英砂柱中的穿透曲线

参 考 文 献

[1] 李会合，王正银，李宝珍．蔬菜营养与硝酸盐的关系．应用生态学报，2004，15(9)：1667-1672

[2] 吴未红．电极-生物膜法在废水反硝化脱氮处理中的研究与应用．长沙：湖南大学，2005

[3] 王朝辉，田霄鸿，李生秀．硝态氮累积对蔬菜水分、有机氮的影响．中国环境科学，2000，20(6)：481-485

[4] 刘宏斌，等．北京平原农区地下水硝态氮污染状况及其影响因素研究．土壤学报，2006，43(3)：405-413

[5] 熊淑萍，等．不同肥料类型对土壤硝态氮时空变异的影响．干旱地区农业研究，2007，25(6)：171-176

[6] 方玉东，等．基于 GIS 技术的中国农田氮素养分收支平衡研究．农业工程学报，2007，23(7)：35-41

[7] 刘晓晨，孙占祥．地下水硝态氮污染现状及研究进展．辽宁农业科学，2008，(5)：41-45

[8] 熊正琴，等．太湖地区湖、河和井水中氮污染状况的研究．农村生态环境，2002，18(2)：29-33

[9] 吕殿青，同延安，孙本华．氮肥使用对环境污染影响的研究．植物营养与肥料学报，1998，4(1)：8-15

[10] 刘宏斌，张云贵，李志宏，等．北京市平原农区深层地下水硝态氮污染状况研究．土壤学报，2005，42(3)：411-418

[11] Williams A E，Lund L J，Johnson J A，et al. Natural and anthropogenic nitrate contamination of groundwater in a rural community，California. Enoironmental Science & Technology，1998，32(1)：32-39

[12] Keeney D R. Sources of nitrate to groundwater. Critical Reviews in Environmental Control，1986，16(3)：257-304

[13] Canter L W. Nitrates in Groundwater. Florida：CRC Press，1997

[14] Nolan B T，Ruddy B C，Hitt K J，et al. Risk of nitrate in groundwater of the United States-A notional Perspective. Environmental Science and Technology，1997，31(8)：2229-2236

[15] 孙春梅．蔬菜中硝酸盐污染对健康的危害与控制污染途径．吉林蔬菜，2010，(6)：87-88

[16] Gilchrist M，Winyard P G，Benjamin N. Dietary nitrate-good or bad? Nitric Oxide，2010，22：104-109

[17] 郝吉明，田贺忠．中国氮氧化物排放现状、趋势及控制对策建议．全国燃煤二氧化硫、氮氧化物污染治理技术研讨会，2004

[18] http：//zls. mep. gov. cn/hjtj/nb/2010tjnb/201201/t20120118_222725. htm

[19] 国民经济和社会发展第十二个五年计划纲要，http：//www. gov. cn/2011h/content，1825838. htm，2011

[20] 程义斌，金银龙，刘迎春．汽车尾气对人体健康的危害．卫生研究，2003，32(5)：504-507

[21] Martin C J, Kartinen O E, Condon J. Examination of processes for multiple contaminant removal from ground water. Desalination, 1995, 102: 35-45
[22] Wesley T D, Charlees B D, David P F, et al. Removing nitrate from ground water. Engineering and Management, 1997, 12: 20-24
[23] Wisinewski C, Persin F, Cherif T. Denitriflcation of drinking water by the association of an electrodialysis process and a membrane bioreactor: feasibility and application. Desalination, 2001, 139: 199-205
[24] Elmidaoui A, Elhannouni F, Mebkouchi S M A, et al. Pollution of nitrate in Moroccan ground water: removal by electrodialysis. Desalination, 2001, 136: 325-332
[25] Roveri C, Genon G, Giacosa D, et al. Groundwater nitrate removal: Comparison between reverse osmosis and heterotrophic bacterial process. Water Supply, 2000, 18:400-404
[26] Burke J E, Miehley M, Truesdally J, et al. Usefulness of networking in membrane plant design and operation. Desalination, 1995, 102:77-80
[27] 刘玉林，何杰，谢同风，等．阴离子交换树脂法去除饮用水中硝酸盐的改进研究．净水技术，2002，22：30-32
[28] 罗泽娇，王焰新．地下水脱氮技术研究进展．环境保护，2004，(4)：22-26
[29] 刘炜，张俊丰，童志权．选择性催化还原法(SCR)脱硝研究进展．工业安全与环保，2005，31(1)：25-28
[30] 宣小平，等．选择性催化还原法脱硝研究进展．煤炭转化，2002，25(3)：26-31
[31] 方云英．不同水生植物吸收去除水体氮效果及机理研究．杭州：浙江大学，2006
[32] Brix H. Function of macrophytes in constructed wetlands. Water Science and Technology, 1994, 29(4): 71-78
[33] Wlttgren H B, Maehlam T. Wastewater treatment wetlands in cold climates. Water Science and Technology, 35(5):45-53
[34] Drizo A, Frost C A, Smith K A, et al. Phosphate and ammonium removals by eoustrueted wetlands with horizontal subsurface flow, using shale as a substrate. Water Science and Technology, 1997, 35(5): 95-102
[35] Koottatep T, Polprasert C. Role of plant uptake on nitrogen removal in eonslrueted wetlands loeated in the tropics. Water Science and Technology, 1997, 36(12): 1-8
[36] 李勇，朱又春，张乐华．电极-生物膜法反硝化脱氮研究进展．环境科学与技术，2003，26(5)：58-60
[37] 贾毅峰，兰雯．浅谈氮氧化物的污染与治理技术．广西轻工业，2007，23(9)：98-99
[38] 胡和兵，等．氮氧化物的污染与治理方法．环境保护科学，2006. 32(4)：5-9
[39] GB16297-1996，中华人民共和国国家标准大气污染物综合排放标准．北京：中国环境科学出版社，1996
[40] 任晓莉．常压湿法治理化学工业中氮氧化物废气的研究．天津：天津大学，2006

第 11 章 熔盐材料使用中的若干问题

作为一类中高温传热蓄热材料，由于熔盐材料的特性，对熔盐材料的生产、储存、运输和循环再生利用，以及传热蓄热系统的设计、运行与控制有独特的要求。同时，由于在高温条件下操作，故存在高温安全问题。尤其是硝酸熔盐材料具有高的凝固点，在吸热-传热-蓄热回路系统中使用时，需考虑若干问题。本章主要介绍硝酸熔盐的安全使用问题及循环再生利用方法。

11.1 熔盐凝结与快速解凝

熔盐凝固点较高，使用时容易在回路中出现凝结现象，造成堵塞，导致熔盐系统事故发生，故需要对熔盐凝结防止措施、凝结位置的确定和快速解凝方法进行研究。

11.1.1 防止熔盐凝结的措施

1. 回路系统的常规保温[1,2]

常规保温是绝热的一种方式，一般是为了防止热量散失而在管道和设备外面加上的保温结构。熔盐回路保温的目的是为了减少熔盐在管路中的热损失，从而节约能源，保证熔盐温度高于凝固点，防止熔盐在回路中凝固。

常规保温材料的基本选择要求是质量轻、导热系数小，在使用温度下不变形、不变质，还要有一定的强度，不腐蚀金属，可燃成分少，吸水率低，抗水蒸气渗透性强，易加工成型，且成本低廉、无毒。对其技术性能的要求如下：①在平均温度下的导热系数值不得大于 0.12W・m^{-1}・K^{-1}，最大不超过 0.23W・m^{-1}・K^{-1}；②密度不应大于 400kg・m^{-3}；③除软质、散状材料外，硬质成型制品的抗压强度不应小于 300kPa，半硬质的保温材料压缩 10%时，其抗压强度不应小于 200kPa。

目前常用的保温材料有石棉、膨胀珍珠岩、膨胀蛭石、岩棉、矿渣棉、玻璃纤维及玻璃棉、微孔硅酸钙、泡沫混凝土、聚氨酯硬质泡沫塑料等，在熔盐炉系统中常用硅酸钙、玻璃纤维、泡沫玻璃等。上述保温材料的性能如表 11-1 所示[1]。

表 11-1　常用保温材料性能

材料名称	密度/(kg·m^{-3})	导热系数/(W·m^{-1}·K^{-1})	使用温度/℃
碳酸镁石棉粉	180	0.09～0.12	—
碳酸镁石棉砖	280～360	0.11～0.13	300
酚醛树脂石棉板	150～250	0.041～0.052	300
石棉水泥板	1800	0.52	300
石棉水泥隔热板	500	0.16	300
矿棉、岩棉	110～200	0.031～0.065	600～820
长纤维矿棉	70～120	0.041～0.049	600
沥青矿棉毡	100～160	0.033～0.052	≤250
沥青矿棉半硬板	200～250	0.047～0.052	200
水玻璃矿棉板	450	0.08	400
菱苦土矿棉板	732	0.14	500
酚醛树脂矿棉板	<500,<200	≤0.047	<300
石膏矿棉板	718	0.123	500
膨胀蛭石及其制品	80～200	0.047～0.07	−20～100
水泥蛭石板	400～550	0.07～0.14	<1000
水玻璃蛭石板	300～400	0.079～0.084	<900
沥青蛭石板	350～400	0.081～0.105	−20～90
膨胀珍珠岩及其制品	40～300	0.019～0.065	−196～800
水泥膨胀珍珠岩制品	300～400	0.058～0.087	≤600
水玻璃膨胀珍珠岩制品	200～300	0.056～0.065	650
沥青膨胀珍珠岩制品	400～500	0.07～0.08	—
锅炉炉渣	1000	0.25	—
普通玻璃棉	80～100	0.052	≤300
超细玻璃棉	20	0.035	≤300
沥青玻璃棉毡	100	0.041	≤250
酚醛玻璃棉板	120～150	0.041	≤300
酚醛超细玻璃棉毡	30～40	0.035	≤400
聚苯乙烯泡沫塑料	20～50	0.035～0.047	−80～75
硬聚氯乙烯泡沫塑料	≤45	0.043	−35～80
软聚氯乙烯泡沫塑料	≤27	0.052	−60～60
聚氨酯泡沫塑料	30～46	0.023～0.047	−50～160
脲醛泡沫塑料	≤15	0.03～0.041	≥60

续表

材料名称	密度/(kg · m^{-3})	导热系数/(W · m^{-1} · K^{-1})	使用温度/℃
轻木	200	0.042～0.061	—
软木砖	180～240	0.041～0.081	−60～150
水泥泡沫混凝土	350～400	0.111～0.116	—
加气混凝土	400～600	0.147～0.198	—
稻壳	250	0.21	—
牛毛毡	150	0.035～0.058	
甘蔗板	180～230	0.07	

保温层的厚度一般可以根据保温材料、热导率、流体温度及管径来确定[3]。也可以参照表 11-2 进行选择[4]。

表 11-2　一般管道保温厚度的选择

保温材料的热导率/(W · m^{-1} · K^{-1})	流体温度/℃	不同管道直径的保温层厚度/mm				
		<50	60～100	125～200	225～300	325～400
0.087	100	40	50	60	70	70
0.093	200	50	60	70	80	80
0.105	300	60	70	80	90	90
0.116	400	70	80	90	100	100

2. 管路伴热

伴热是除保温外新增的热量补给，在系统冷启动时对系统管道、阀门、设备等回路进行预热，确保启动时熔盐顺利通过所流经的管路；系统运行时维持回路温度在最低工作温度以上，确保熔盐不产生凝固堵塞。目前，应用较多的是蒸气伴热和电伴热两种。

1) 蒸气伴热[5]

为了防止易凝结物质在管道输送过程中凝固或黏度增大，可采用蒸气伴管加热，以维持被加热物料的原有温度。蒸气伴管常以 0.3～1.0MPa 的饱和蒸气作为加热介质，伴管直径一般为 15～76mm，但常用直径为 18～25mm。

输送凝固点低于 50℃的物料，可采用压力为 0.3MPa 的蒸气伴管保温；输送凝固点高于 50℃的物料，可采用压力为 0.3～1.0MPa 的单根或多根伴管保温；输送凝固点等于或高于 150℃的物料，应采用蒸气夹套管加热。夹套管保温层厚度的计算，按夹套中蒸气温度进行。带蒸气伴管的物料管道，常采面软质保温材料，将其一并包裹保温，如超细玻璃棉毡，矿渣棉席等。为提高加热效果，在伴管与物料管间应形成加热空间，使热空气易于产生对流传热。设计中采用铁丝网作骨架，使之构成加热空间。

2）电伴热[6]

电伴热作为一种有效的管道保温及防冻方案一直被广泛应用。其工作原理是通过伴热媒体散发一定的热量，通过直接或间接的热交换补充被伴热管道的损失，以达到升温、保温或防冻的正常工作要求。

电伴热是用电热的能量来补充被伴热体在工艺流程中所散失的热量，从而维持流动介质最合理的工艺温度，它是一种高新技术产品。电伴热是沿管道长度方向上的均匀放热，它不同于在一个点或小面积上热负荷高度集中的电伴热；电伴热温度梯度小，热稳定时间较长，适合长期使用，其所需的热量（电功率）远低于电加热。电伴热具有热效率高，节约能源，设计简单，施工安装方便，无污染，使用寿命长，能实现遥控和自动控制等优点。

表 11-3 是几种常见的伴热方式[7]。从表中可以看出，电热带和 MI 电缆这两种方法较适用于局部伴热和短距离伴热，如对阀门、阀件、旁通、短节和站内短管道等的加热。对于中、长距离的管道伴热，由于单根伴热电缆功率较小、电源供电点较多，一旦发生问题，维修较困难，要将所有的保温层去掉才能更换其电缆。而集肤效应伴热适用于中长距离各种口径管道的伴热，它的优点是伴热功率大、电源供电点少（单电源最大伴热长度为 24km），传热效果好，维修方便。因此在各种管道集输中得到了非常广泛的应用。

表 11-3　几种伴热方法比较

特点	集肤效应伴热	电热带伴热	MI 电缆伴热	蒸气伴热	自控温伴热带
伴热距离	长	短	短	短	短
电源供电点	少	多	多	—	多
伴热功率	大	小	小	—	小
传热效果	好	一般	一般	一般	一般
伴热管敷设	直接焊接	捆扎	捆扎	捆扎	捆扎
自动化控制	方便	控制点多	控制点多	无法实现	控制点多
维修	方便	难度大	难度大	方便	难度大
局部伴热	不好	好	好	好	好
安全可靠性	好	一般	一般	好	一般
施工费用	较高	较高	较高	低	较高
运行费用	低	低	低	高	低
维修费用	低	高	高	低	高
管理	方便	方便	方便	方便	方便
使用寿命	20～30 年	3～10 年	5～15 年	3～8 年	3～8 年
地下管线	好	不适用	不适用	不适用	不适用

11.1.2　熔盐管道快速解凝方法[8]

1. 判断方法

当熔盐泵启动后，熔盐进入管道系统，管道中各测温点的温度会随着熔盐温度的升高而不断升高。如果某条管道测温点的温度不上升或刚开始温度上升，随后温度不变，再过一段时间温度下降，则应先检查测温仪表是否异常。如果测温仪表正常，则可判断此段熔盐管道堵塞。

2. 处理方法

发现熔盐管道堵塞时，要立即使熔盐泵停止工作。对于蒸气伴热的管道，应送高压蒸气伴热，分段拆除堵塞管道的保温设施，分段钻孔吹低压蒸气进行溶解，直至此段管道全部疏通，再将钻孔补焊，最后恢复保温，再次开车后要检查焊点是否泄漏。对于电伴热的管道，应加大伴热带的加热功率，提高伴热温度。对于堵塞较严重的，需要拆出发生堵塞的管道，引入大功率加热器采用低电压大电流的方法或采用喷灯、氢氧焰等手段以提高熔盐的熔化速度。记住千万不要用更高温的熔盐冲刷管道来解决熔盐管道凝固的问题，因为那样会造成更严重的熔盐管道堵塞。

低电压大电流电加热器一般采用一个大电流的变压器和一个调压器相连。根据电加热器功率公式 $P=U^2/R=I^2R=UI$，功率不变时，电压大，则电流小，或电压小，则电流大。根据公式，若选小电流，则应选大电阻。又根据电阻值公式 $R=\rho \cdot L/S$，要保证电阻丝的表面负荷，丝径不能太小，要合适，则大电阻要求其长度相对要长。这样电热元件要占有很大的空间，对实验设备结构未必合适。反过来用大电流的话，电阻为小电阻，长度较短，容易安装，便于实验，加热快且易于控制。同时，低电压对人体安全，加上变压器可以对地隔离，减少人体触电的可能。但是低电压大电流容易导致功率损耗。如金刚石制品烧结压机（图 11-1）中就用到了

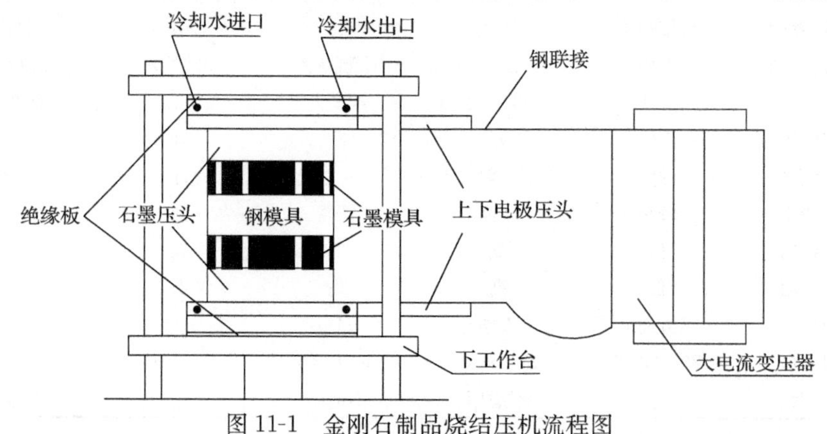

图 11-1　金刚石制品烧结压机流程图

干式自然冷却的大电流变压器[9]，一次侧电压为单相380V，电流根据功率不同在100～200A，二次侧根据工艺要求可有5V，6V，7V三档抽头供使用，电流根据输出功率不同，其范围在5000～16000A。表11-4所示的是常见低电压大电流变压器的技术参数[10]。

表11-4　低电压大电流变压器的技术参数

型号	额定容量/(kV·A)	一次电压/V	二次电压/V			二次电流/A			总重/kg
			双并	并	串	双并	并	串	
DDG-5/0.5	5	220		5	10		1000	500	90
DDG-6/0.5	6			6	12		1000	500	90
DDG_2-10/0.5	10			4	8		2500	1250	85
DDG_2-15/0.5	15	380	12	24	48	1250	625	312	150
DDG_2-20/0.5	20		6	12	24	3333	1667	833	130
DDG-20/0.5	20	650		48	96		417	208	180
DDG_2-30/0.5	30		7	14	28	4286	2143	1072	180
DDG_2-50/0.5	50		9	18	36	5556	2778	1389	250

11.2　硝酸熔盐材料的劣化与更新

11.2.1　熔盐劣化

熔盐使用后会出现劣化，特别是其中的亚硝酸盐类。热载体的劣化主要表现在化合物发生分解、氧化，使内部亚硝酸盐类含量降低，化合物熔点上升。劣化后理化数据也会发生变化，对加热、运行有多方面的影响。亚硝酸盐类热载体劣化程度的测定可采取定期分析亚硝酸盐类浓度、测定熔点、碳酸盐类含量及含水量等办法。随着劣化程度的加剧，混合物溶点上升，但可通过补充亚硝酸盐来降低熔点，使载热体得到再生。一般熔点上升150℃时就必须补充，如果熔盐加热系统加热能力裕度不足，则更应提前补充。另外，若熔盐与空气接触，会氧化并产生大量碳酸盐，并且在系统中沉淀，容易导致堵塞，这时必须更换全部热载体[11]。

目前，熔盐定期检测的项目有[12]：

(1) 亚硝酸盐类浓度分析，可利用离子交换柱色谱法，高锰酸钾法，重氮化显色法等定量分析亚硝酸的浓度，从而推测劣化的程度。

(2) 熔点(毛细管柱法)，测定样品的熔点改变程度，推定亚硝酸盐的含量，进而判断劣化的程度。

(3) 干燥损失量，测定熔盐的含水量。

(4) 碳酸盐类含量(离子交换柱色谱法,氯化钡沉淀法),可为判定熔盐氧化劣化程度的指标。

(5) 其他的分析、实验不溶解物的分析,氯含量的分析。

具体分析方法可以参照前面第5章内容。

11.2.2 熔盐再生

目前,熔盐再生的方法一般是首先分析熔盐中亚硝酸钠含量,查出熔盐的熔点,当熔点低于加热蒸气温度10℃左右时,熔盐需要再生。这是从设备安全和经济性两个方面进行考虑的。熔盐再生有两种方案,即完全再生和部分再生[13]。

1. 完全再生

如果熔盐系统的加热蒸气压力较低(低于1.0MPa),需要采用完全再生方案。完全再生就是将组分改变的熔盐恢复到原始状态,使熔盐达到初始性能,即熔点降到142℃。具体操作是取出部分组分改变的熔盐,加入由生产厂家提供的专用再生剂(46.3% $NaNO_2$ +53.7% KNO_3)。

若熔盐中亚硝酸钠的质量分数降至37%,则其熔点为148℃,需要更换32%的熔盐后熔点才能降到142℃,即实现完全再生。更换熔盐的比例示于表11-5。

表11-5 不同亚硝酸钠含量的熔盐更换比例

亚硝酸钠的质量分数/%	37	33.5	31	28.5	26	24
熔盐熔点/℃	148	153	158	163	168	173
熔盐更换比例/%	32	51	59	65	69	72

2. 部分再生

如果熔盐系统的加热蒸气压力较高(高于1.0MPa),从节约费用考虑,可采用部分再生方案。具体操作是通过加入专用再生剂,适当降低熔盐熔点,以能使用为准,但未恢复到原始状态。

当熔盐中亚硝酸钠的质量分数为37%时,其熔点为148℃,若要将熔盐熔点降低到146℃,就需更换7%的熔盐。再生后熔盐熔点有所下降,并未达到142℃的初始性能。可根据熔盐组分改变的程度和再生要求而选择不同的更换比例(表11-6)。

表11-6 不同再生熔点的熔盐更换比例

亚硝酸钠质量分数/%	37	33.5	31	28.5	26	24
再生前熔点/℃	148	153	158	163	168	173
再生后熔点/℃	146	150	155	157	159	161
熔盐更换比例/%	7	13	17	21	25	27

11.3 失效硝酸熔盐的再生循环利用

熔盐使用很多年后，因受到空气中氧气氧化的影响，其组分会有很大的改变，将产生一定量的氢氧化钠和碳酸盐等杂质，可能会堵塞系统管路，造成熔盐系统设备腐蚀严重。考虑到设备安全，此时熔盐必须全部更新[13]。

再生的熔盐可以循环使用，而对于抽出并放在收集箱中的熔盐必须进行处理和再生。尽管硝酸熔盐凝固后可以回收，但是大部分熔盐都极易溶于水，一旦放在收集箱中的熔盐发生泄露就会造成水体、土壤污染，处理费用更高，故需要废盐处理和再生。

废盐处理方法如下：对于硝酸盐类熔盐的处理，首先缓慢、少量、多批地向大量水容器中投入，使盐类溶解。然后此水溶液徐徐倒入氨基磺酸水溶液中，待冷却后，加少许过量纯碱放置一段时间，完全沉淀后其上清液用6N盐酸中和。按照工业废物排放的有关规定，分别处理上面清液和沉淀物，特别注意废水排放时，不要造成水质污染[12]。

具体再生方式如下：冷却粉碎熔盐，在溶解度数据的指导下溶于水，加适当浓度的酸调pH，使Na_2O和碳酸盐再生为可溶性硝酸盐，并让其他氧化物杂质沉淀。针对其中的部分亚硝酸盐，可以用氯进行漂白氧化。然后过滤，用热电厂余热蒸发滤液、浓缩结晶即可再生[14]。

盛放熔盐的容器可以作为工业废物处理，不过要尽可能详细、明了地向专门收集处理者讲明容器所盛物的特性，处理时注意的要点。盛过熔盐的容器，用多量的水清洗后，再做废弃处理[12]。

参考文献

[1] 于培旺，常大年．管道安装施工技术．北京：化学工业出版社，2007：372-373
[2] 建设部干部学院主编．通风工．武汉：华中科技大学出版社，2009：11-12
[3] 亓玉栋，徐文忠，陈炳志．保温材料的选择与厚度确定．山东科技大学学报（自然科学版），2001，20：280-281
[4] 侯文顺．化工设计概论．北京：化学工业出版社，1999：86-87
[5] 中国石化集团上海工程有限公司编．化工工艺设计手册（下）化工系统设计．北京：化学工业出版社，2003：103-105
[6] 朱仲军．电伴热系统在原油处理站的应用．江汉石油职工大学学报，2006，19(2)：70-72
[7] 杨红民．集肤效应电伴热技术在港口输油管道工程中的应用．中国港湾建设，2003，124(3)：46-48
[8] 张志江．熔盐管线堵塞的预防及处理措施．氯碱工业，2012，48(2)：19-21
[9] 杨秋明，陈亦工，张力．金刚石制品烧结压机的几种加热方式．金刚石与磨料磨具工程，1995，4(88)：10-13

[10] 郑承平．农电手册．北京：水利电力出版社，1989：459-460
[11] 马建兵，李德峰．熔盐热载体的特点及使用中的若干问题．工业锅炉，2002，(6)：15-16
[12] 〔日〕综研化学株式会社．载热体手册．北京：中国科学技术出版社，1996
[13] 高秀学．三聚氰胺工艺中熔盐的再生及更换．化学推进剂与高分子材料，2004，2(3)：46-48
[14] 李秀平．KOH 生产中熔盐的安全使用．氯碱工业，2007，(11)：31-34

第 12 章　熔盐材料在能量转换与储存中的应用

熔盐以其蒸气压低、热容量大、导热性能好、工作温度范围宽和成本低等优点，在太阳能规模化热利用、工业节能、能量传输与转换、材料加工等领域得到了广泛应用。

12.1　太阳能规模化热利用技术中的应用

12.1.1　太阳能热发电

由于太阳能具有间隙性和不能稳定供应的缺陷，不能满足工业化大规模连续供能的要求，必须发展高效传热蓄热技术，有效地解决太阳能的转化、储存与输运问题。美国 MESS/CatB 和 Solar Two，意大利 EURELIOS，日本 SUNSHINE，西班牙 CESA-1 和 Solar Tres，PS20，法国 THEMIS 等塔式太阳能高温热发电站都采用混合熔盐技术进行吸热、传热和蓄热。在国外已运行的太阳能热发电站中，大规模(蓄热时间达到 7.5h 以上)蓄热系统投资占电站总投资比例可达 10%～30%，蓄热系统的工作温度直接决定了发电系统的热电转化效率，因此，降低蓄热系统造价和提高蓄热材料性能是实现高效低成本规模化太阳能热发电技术的关键。表 12-1 列出了几座具有典型蓄热系统的商业化太阳能热发电站[1]。以熔盐和导热油为工质的双罐直接式、间接式系统已经得到了大规模的商业化应用，高温混凝土蓄热系统和熔盐单罐斜温层蓄热系统尚处于研发示范阶段。稳定性好、价格低廉、熔点合适的熔盐将是今后传热蓄热工质的发展重点。

表 12-1　具有典型蓄热系统的商业化太阳能热发电站

电站名称	聚光类型	蓄热材料	工作温度/℃		蓄热装置	蓄热量/MWh
			下限	上限		
SEGS I	槽式	导热油	240	307	双罐直接	120
Andasol-1	槽式	熔盐	293	393	双罐间接	1010
Andasol-2	槽式	熔盐	293	393	双罐间接	1010
Andasol-3	槽式	熔盐	293	393	双罐间接	1010
Andasol-4	槽式	熔盐	293	393	双罐间接	1010
Extresol-1	槽式	熔盐	293	393	双罐间接	1010

续表

电站名称	聚光类型	蓄热材料	工作温度/℃		蓄热装置	蓄热量/MWh
			下限	上限		
Extresol-2	槽式	熔盐	293	393	双罐间接	1010
Extresol-3	槽式	熔盐	293	393	双罐间接	1010
Manchasol-1	槽式	熔盐	293	393	双罐间接	375
Manchasol-2	槽式	熔盐	293	393	双罐间接	375
Archimede	槽式	熔盐	290	550	双罐直接	100
Gemasolar	塔式	熔盐	288	565	双罐直接	740

图 12-1[2]是一个 100MW 太阳能热发电各过程——光的聚集、热量吸收传递、热量蓄存与交换、热功转换等环节的能量损失构成图。由图 12-1 可见，聚光集热及热功转换过程是系统效率损失最大的部分，占到总损失的 88%，因此提高太阳能热发电效率关键在于提高聚光集热及热功转换过程的效率。国内外的研究也大都集中于这两个过程及非稳态条件下的系统热力学循环特性。

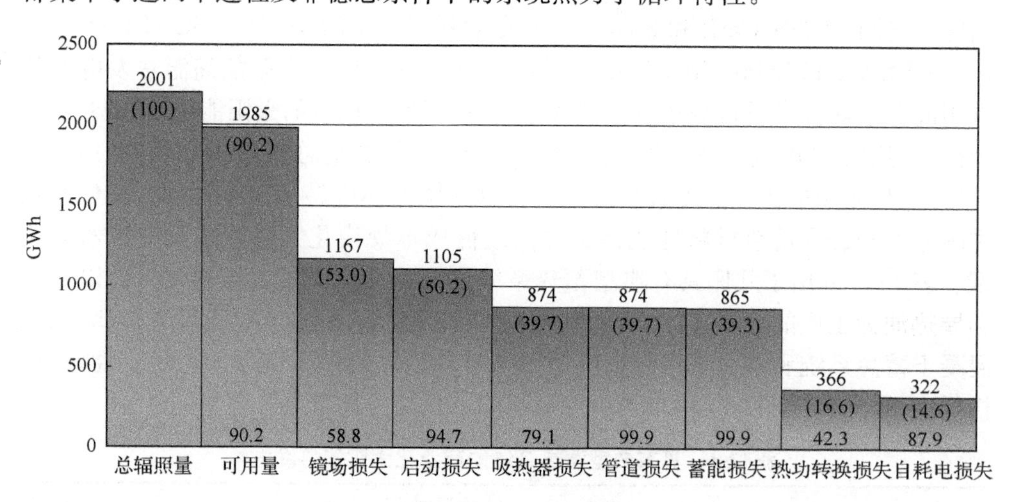

图 12-1 100MW 太阳能热发电系统发电量及效率(Black-Veatch，2009)

在熔盐传热蓄热太阳能热发电站研究方面[1]，Solar Two 是世界上第一个同时利用熔盐作为传热和蓄热介质的太阳能热发电站，为熔盐在塔式太阳能热发电站的应用提供了很好的实验数据和依据，也为熔盐这一新的传热蓄热介质在太阳能热发电领域的应用奠定了良好的基础。利用熔盐作为传热蓄热工质并首次实现 24h 发电的 Gemasolar 塔式太阳能热发电站已于 2011 年 9 月底成功进入商业运行，开始并网发电。Gemasolar 电站由西班牙 Terresol Energy 公司和美国 Solar Reserve 公司联合建设，装机容量为 17MW，带有 15h 的熔盐蓄热系统。Gemasolar 电站位于西班牙 Seville 省的 Fuentes de Andalucia 附近，Torresol Energy 公司是由西班牙工程公司 SENER(60%)和 Abu Dhabi-based Masdar(40%)组建的合资企业，专门负责太阳能热发电站的建设和运营。同时，美国的 Solar Reserve 公司在 2010 年 7 月获得了内华达州公用事业委员会的支持，在内华达州 Tonopah 附近的 Nye County 建设 110MW 的 Crescent Dunes 塔式太阳能热发电站，此电站也采用熔盐作为传热和蓄热工质，蓄热能力为 10h。

12.1.2　太阳能制氢[3,4]

利用太阳能的热化学反应循环制取氢气就是利用聚焦型太阳能集热器将太阳能聚集起来产生高温，推动由水为原料的热化学反应来制取氢气的过程。聚焦型太阳能集热器主要有槽型集热器，塔型集热器和碟型集热器。

由聚焦型集热器收集到的太阳能可以用来直接分解水，产生氢和氧，但所需温度很高，要达到 2500K，对使用材料的要求较高。另外，直接分解水制氢循环的产物是水蒸气、氢气和氧气的混合物，在高温下这些混合物可能会重新结合又生成水，或是发生爆炸，这就需要对氢和氧进行及时的分离。

近几年发展较快的太阳能热化学循环技术，跨过了氢和氧的分离这一步，使利用太阳能热化学反应制氢更为可行。其中蒸气甲烷重整主要由以下两个气相催化化学反应组成

$$CH_4 + H_2O = CO + 3H_2 \quad (\Delta H_{298K} = +206kJ \cdot mol^{-1})$$

$$CO + H_2O = CO_2 + H_2 \quad (\Delta H_{298K} = -41kJ \cdot mol^{-1})$$

在这些反应中，甲烷既做反应物又为外部设备提供动力源(如蒸气产生，重整熔炉，净化和辅助系统)，所以甲烷消耗量和产生的 CO_2 排放量较多。如果热量由额外非化石且不含碳的能源提供，温室气体排放降低，化石能源需求量也会减少。所以可以利用集中式太阳能热工厂(CSP plant)为甲烷蒸气催化制氢提供外部热量，这个与前面所述的太阳能热发电不同之处是太阳能热发电中是利用热量推动蒸汽轮机发电，催化重整中利用太阳能热量为甲烷蒸气反应提供外部热源，两者都可以用到 $NaNO_3$-KNO_3 作为传热蓄热介质。

利用集中式太阳能作为甲烷蒸气重整的外部能源，不同于常规的蒸气催化重整。如图 12-2 和图 12-3 所示，其基本的催化熔炉被更加紧凑的管式热交换器替代，熔盐在壳程中对流流动。预热到 500℃的 CH_4/H_2O 混合气体通过充满催化剂的管程中。从热罐中出来的熔盐进口温度为 550℃，冷却到 530℃，与内管中混合物显热交换热量。从图 12-2 可知，蒸气重整炉的内部温度在 800～1000℃，催化重整所需的温度较高，而目前传热所用的熔盐使用温度不高，故所需的辅助能源消耗很多。

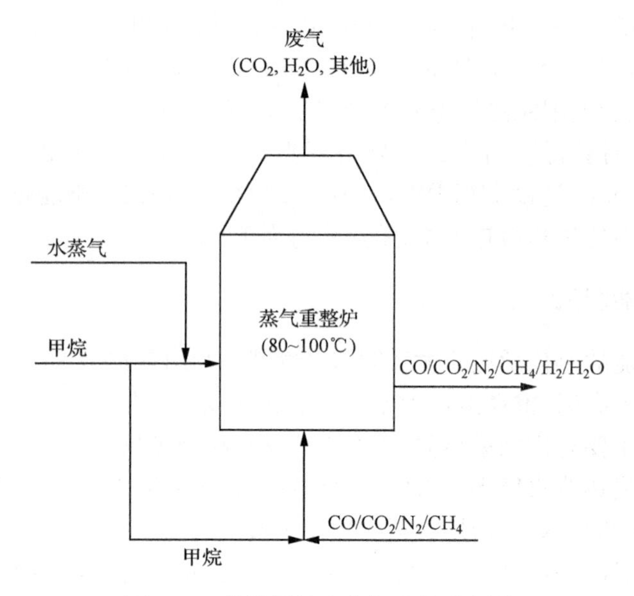

图 12-2　常规甲烷水蒸气重整反应图

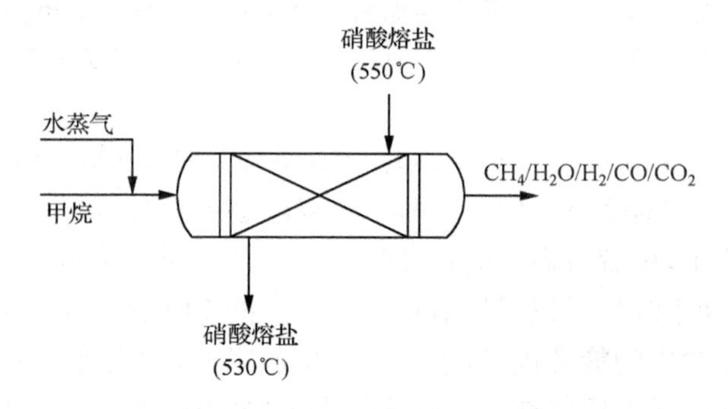

图 12-3　熔盐供热甲烷水蒸气重整反应图

采用金属氧化物作中间物的太阳能热化学反应制氢方式，输入系统的原料是水，产物是氢和氧，不产生 CO 和 CO_2。氢作为新能源，它在产氢过程和使用过程都没有污染，是真正的清洁能源。可用于太阳能热化学循环制氢的金属氧化物有 ZnO、FeO、TiO、CoO 等，反应温度大约在 1000K 左右，大大低于直接分解水的温度，且效率可以达到 30%，是很有潜力的制氢技术。

12.1.3　太阳能热化学储能

热化学能[5]是指化学物质经历化学反应时所释放出来的能量。它通常以热或者其他形式释放，是一种长时间甚至是永久性的贮存太阳能的方法。目前可供选择并正在研究的太阳能热化学储能方法有：金属氢化物储存；化学热泵储存；在光催化剂作用下，H_2O 被分解，产生氢气，进行高密度蓄热；利用某些无机氧化物之水合热储存。表 12-2 所示的是目前有应用前景的几种热化学储能体系的性能比较[6]。

表 12-2　几种高温热化学储能体系的性能比较

储能体系	代表物	反应条件	可逆性	反应速率	反应物的储存	腐蚀性	可燃性
无机氢氧化物热分解	$Ca(OH)_2/CaO + H_2O$	反应容易实现，无需催化剂	一般	快	容易	强	不可燃
碳酸化合物分解	$CaCO_3/CaO + CO_2$	需高压高温，无需催化剂	一般	一般	CO_2不易储存	一般	不可燃
金属氢化物的热分解	$Mg_2FeH_6 + MgH_2/Mg + Fe + H_2$	需压力变化，无需催化剂	好	一般	H_2不易储存	弱	H_2可燃
NH_3的热分解	$NH_3/N_2 + H_2$	反应条件非常苛刻，需催化剂	好	一般	N_2和H_2不易储存	无	H_2可燃

12.1.4　空间太阳能热发电

在航天领域中[7]，大量的仪器设备需要电能来维持驱动，特别是当航天器运行到太阳阴影区时，就需要储存的热能发电来维持驱动。以前用到的主要是太阳能光伏电池，但是其运行的寿命短，需经常更新，这样增加了运行期间的总成本，而太阳能热动力发电具有能量转换效率高、质量和迎风面积小的优点，并且很容易地扩充至兆瓦级。

表 12-3 列出了一些适合空间太阳能热动力发电系统的相变材料及其物理性质，包括氟盐及其共晶物和金属及其合金等[7]。其中 LiF 及 LiF 混合物是目前高温熔盐相变采用较多的材料。通过不同熔点的氟盐的混合，可以得到不同相变温度的蓄热介质，从而在很宽广的温度范围内满足空间太阳能热动力发电的需要，氟盐和金属容器材料的相容性也比较好。因此，目前动力发电装置的吸热器普遍采用 LiF 以及 $LiF\text{-}CaF_2$共晶物作为相变材料。美国自由号空间站的 CBC 装置选用了摩尔分数分别为 80.5%和 19.5%的 $LiF\text{-}CaF_2$共晶物作为蓄热介质，LiF 可作为循环峰值温度较高的动力发电装置。

表 12-3　可用于空间动力发电的几种相变材料及其物性参数

材料	溶解温度/K	熔化热/($kJ \cdot kg^{-1}$)	密度(相变点)/($kg \cdot m^{-3}$)		相变体积收缩率/%	比热容(相变点)/($J \cdot kg^{-1} \cdot K^{-1}$)		导热系数(相变点)/($W \cdot m^{-1} \cdot K^{-1}$)	
			固态	液态		固态	液态	固态	液态
NaF	1268	800	2420	1950	19	1514	1669	4.35	1.23
LiF	1121	1040	2340	1810	23	2350	2450	6.2	1.7
80.5LiF-19.5CaF_2	1040	790	2680	2100	21.6	1841	1970	5.9	1.7
67LiF-32MgF_2	1008	550	2630	2300	12			2.51	1.99
NaF-24MgF_2	1103	655							
NaF-32CaF_2	1083	540							
57Si-43Mg	1233	1212							
69Si-31Ca	1296	1111							
NiSi-$NiSi_2$	1239	640							
Ge	1211	510	5260	5010		381	396	41	42

但是氟盐也有两个严重的缺点[7]：一是由固相转变为液相时有较大的体积收缩，如 LiF 高达 23%；二是热导率低。这两个缺点导致阴影区内出现“热松脱”(thermal racheting)和“热斑”(thermal spots)现象。由于经过阴影期后容器内存在空穴，进入日照期后空穴处的容器外壁温度升高很快，形成局部高温区，即所谓的“热斑”。热斑在高温处造成应力集中，而且熔盐熔化/凝固的交替进行，使得该处产生交变应力，很容易导致容器材料的热疲劳。而在没有空穴的部位，进入日照期后，与容器外壁相接触的熔盐熔化，体积膨胀。如果这部分熔化的液体被周围的固态熔盐和容器外壁包围而无法自由流动，就会挤压容器外壁，使其产生变形甚至破坏，即“热松脱”现象，使得容器壁面出现局部的过高压力和局部过高温度，并由于较大温度梯度而出现较大热应力。显然，以上两种现象对熔盐容器的长期运行是不利的。

图 12-4 为空间太阳能闭式 Brayton 循环(CBC)发电系统原理图[8]。系统工作过程如下：旋转抛物面型太阳光反射器将太阳光反射并聚焦，聚焦后的太阳光进入吸热/蓄热器腔体，一部分能量通过换热管传热，直接加热循环工质，其余热量被蓄热介质储存用于阴影期的工质换热需求；吸热后的循环工质在涡轮内膨胀做功，推动涡轮旋转，从而带动发电机发电和压缩机工作；膨胀做功后的循环工质经过换热器与由压缩机出来的高压工质进行换热，释放热量，再经过工质冷却系统进一步排热降温，进入压缩机压缩，经过回热器预热，再次进入吸热/蓄热器，完成一个循环过程。

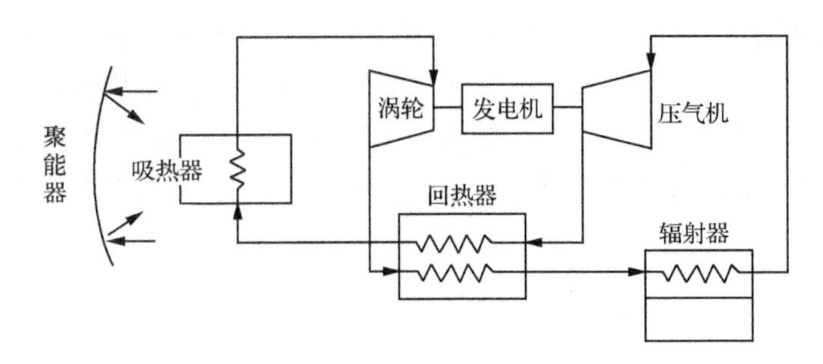

图 12-4　空间太阳能 CBC 发电系统原理图

12.2　能量转换与储存中的应用

12.2.1　作为蓄热材料在工业余热回收中的应用

在石油、化工等行业，熔盐通常在循环系统或者槽型的非循环系统中[9]用作传热蓄热介质为化工过程提供或带走反应热量，熔盐在系统中的应用方式如图 12-5～图 12-7 所示。其中，图 12-5 所示的是熔盐预热系统，其主要目的就是把熔盐先进行预热处理。熔盐被蒸气盘管慢慢加热到尽可能高的温度；再开启外部加热器，保持较低的负载，熔盐通过熔盐泵，强制对流通过外部加热器；熔盐管道旁路阀门打开，以保证熔盐能直接回到熔盐罐。同时，其他管道和相关的用户系统用蒸气保温加热器预热，当熔盐温度达到所需温度时，旁路阀门关闭，熔盐通过整个循环回路循环流动。

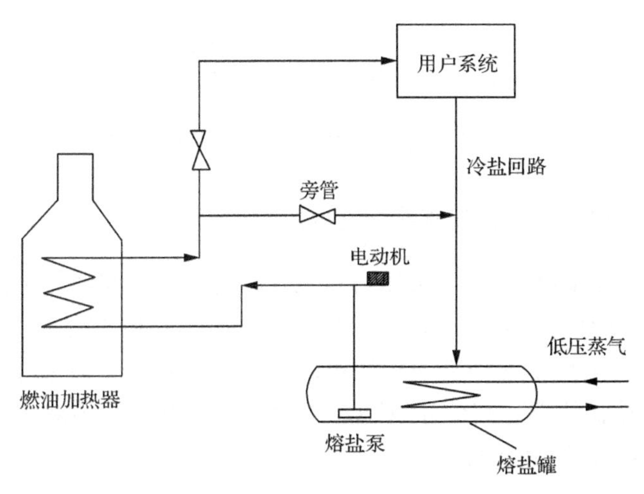

图 12-5　熔盐预热系统图

图 12-6 所示的是熔盐冷却系统图,其主要目的是用来冷却工业中各种放热反应。图 12-7 所示的是熔盐非循环系统。在非循环系统中,传热流体是对流流动通过放在熔盐中的盘管,而不是熔盐循环到用户系统。这个系统非常紧凑,避免昂贵熔盐泵的使用。同时,燃油管道加热器提供热源,通过自然对流与传热流体进行热量交换。

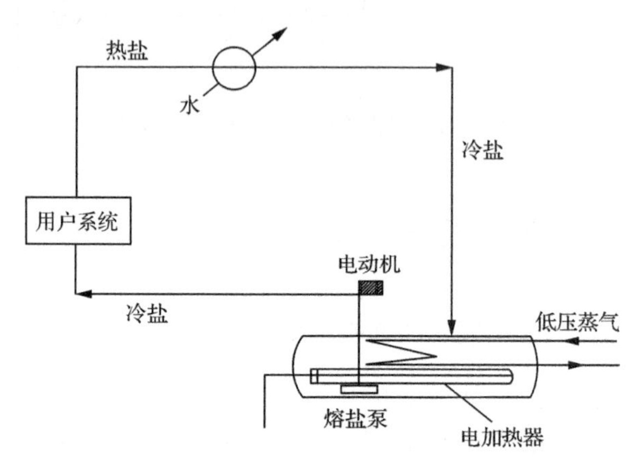

图 12-6　熔盐冷却系统图

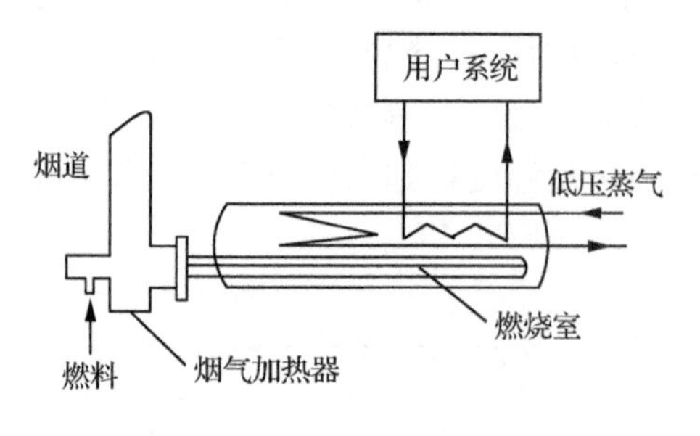

图 12-7　熔盐非循环系统图

12.2.2　作为冷却剂或燃料在核能中的应用

在原子能工业中,均相反应堆用熔盐混合物为燃料溶剂和传热介质,有许多优点,它的操作温度有可变的范围,燃料的加入比较容易,核裂变的产物可以连续地移出等。表 12-4 列出了各种第四代核反应堆的特点比较。在核工业中使用最多的是 LiF-BeF_2熔盐体系。其他如熔融盐增殖炉、核融合炉、核融合分裂复合炉、T 生产炉、加速器等都用到熔盐。

表 12-4　第四代反应堆的特点比较[10]

反应堆	缩写	中子谱	冷却剂	出口温度/℃	燃料循环
超临界水冷堆	SCWR	热/快	水	510～625	一次通过/闭式
高温气冷堆	VHTR	热	氦	900～1000	一次通过
熔盐堆	MSR	超热	氟化物盐	700～800	闭式
钠冷快堆	SFR	快	钠	550	闭式
铅冷快堆	LFR	快	铅	480～800	闭式
气冷快堆	GFR	快	氦	850	闭式

熔盐核反应堆可分为熔盐慢中子核反应堆及熔盐快中子核反应堆两类[11,12]。熔盐慢中子核反应堆早在 1954 年的飞机用核反应堆(ARE)的短期验证试验中曾获得初步的结果。该核反应堆的功率为 2.5MW/T,堆出口熔盐温度为 860℃,采用 NaF-ZrF_4-UF_4熔盐燃料,氧化铍为慢化剂,Inconel 600 合金为金属结构与管道材料。随后,美国在 1957 年开始研究熔盐系统用作动力堆的可行性实验,于 1969 年建成了 7.3MW/T 功率的熔盐核反应堆实验装置(MSRE)并试车成功。核燃料熔盐流体为 LiF-BeF_2-ThF_4-UF_4。堆芯设有钍增殖层,石墨为慢化剂,HastelloyN 合金为金属结构与管道材料,二次冷却剂盐为 NaF-$NaBF_4$。20 世纪 70 年代,美国进行电功率为 1000MW 的大型熔盐堆的工程概念设计,燃料熔盐为 LiF-BeF_2-ThF_4-UF_4,慢化剂为石墨,一次燃料熔盐最高温度为 705℃。第四代核反应熔盐堆系统原理图如图 12-8 所示。

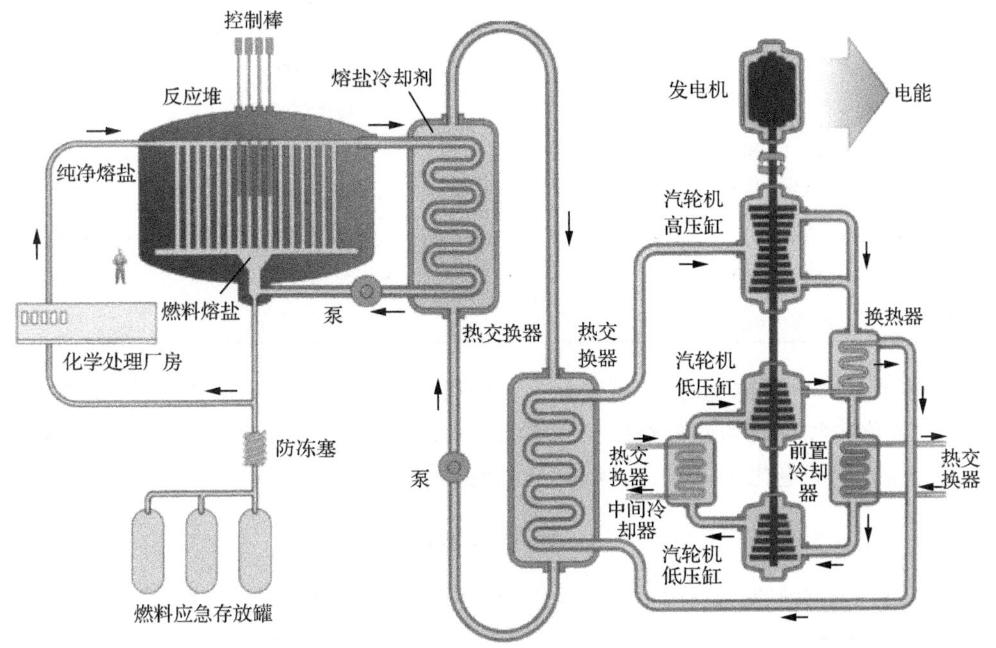

图 12-8　熔盐堆工作原理图

12.2.3　作为冷却剂在淬火加工中的应用

熔盐通常作为淬火剂，用在金属合金热处理方面。传统淬火介质[13]一般采用油淬火，使用温度为30～160℃，使用中要严格控制淬火油温度不超过其闪点以防油着火。淬火过程易产生油蒸气并存在油老化和分解的问题。为了延缓油的老化、减少分解及损耗，通常需将淬火油密封并通有保护气，鉴于油的特性，在淬火温度超过160℃时不宜使用。

淬冷温度超过160℃时，就显现出了使用熔盐作为冷却介质的优点。淬火用熔盐一般是硝酸盐和亚硝酸盐按一定比例配成的混合盐，使用温度160～500℃。盐被加热后有很好的流动性、化学稳定性、不老化等特点。在160～250℃使用安全性极高，不存在着火问题。熔盐较油的黏度小、冷却均匀。如表12-5所示，在马氏体等温分级淬火时，使用(50%～60%)KNO_3＋(37%～50%)$NaNO_2$＋(0～10%)$NaNO_3$溶盐，添加1.25%水的熔盐，使用温度在205℃，具有与油同样的冷速。熔盐淬火可实现马氏体分级淬火、马氏体＋贝氏体分级淬火及贝氏体淬火。另外，零件熔盐淬火清洗后，进行盐水分离，被带出的盐可循环利用。等温淬火不仅省略一次回火再加热过程，且使零件具有很好的韧性。

表12-5　热处理中各种硝酸熔盐配方[14]

配方(质量分数)	用途	使用温度/℃
10%KNO_3＋20%$NaNO_2$＋70%H_2O	碳钢、低合金钢淬火	＜50
100%KNO_3	高速钢回火	400～600
100%$NaNO_3$	高速钢回火	400～600
55%KNO_3＋45%$NaNO_3$	分级淬火、等温淬火	240～550
55%KNO_3＋45%$NaNO_2$	分级淬火、等温淬火	230～550
53%KNO_3＋40%$NaNO_2$＋7%$NaNO_3$另加(2%～3%)H_2O	碳钢、低合金钢淬火	120～200
50%KNO_3＋50%$NaNO_3$	高合金钢淬火、回火	230～550
20%KNO_3＋70%$NaNO_3$＋10%$NaNO_2$	发蓝淬火剂	

除了上面所讲的应用外，熔盐可以作为反应介质制备多组分复合型氧化物、磷酸盐、硫化物和有机物的分解以及固体废物的氧化和煤气化，还可以应用于高温电催化、催化剂的电化学强化、热腐蚀、高温电化学抗腐等方面。

参 考 文 献

[1] 吴玉庭，任楠，刘斌，等．熔融盐传热蓄热及其在太阳能热发电中的应用．新材料产业，2012，(7)：20-26
[2] Black-Veatch. Solar thermal feasibility analysis. US-CAS 15th Workshop in CSP，Beijing，2009
[3] 倪萌，Leung M K H，Sumathy K. 太阳能制氢技术．可再生能源，2004，(3)：29-31

[4] 彭强，丁静，魏小兰，等．硝酸熔盐在能源利用中的研究进展．现代化工，2009，29(6)：17-22
[5] 包浩生．自然资源简明词典．北京：中国科学技术出版社，1993：298
[6] 廖葵．氨基热化学储能式太阳能热发电系统的应用基础研究．广州：华南理工大学，2008
[7] 崔海亭，袁修干，侯欣宾．高温熔盐相变蓄热材料．太阳能，2003，20(1)：27-28
[8] 崔海亭，袁修干，邢玉明，等．空间站太阳能热动力发电系统研究进展．中国空间科学技术，2002，(6)：34-42
[9] Singh J. Heat transfer fluids and systems for process and energy applications：molten salts. New York：M. Dekker，Inc.，1985：223-240
[10] 左嘉旭，张春明．熔盐堆的安全性介绍．核安全，2011，3：73-78
[11] 许维钧，马春来，沙仁礼，等．核工业中的腐蚀与防护．北京：化学工业出版社，1993：146-149
[12] 叶奇蓁，李晓明，等．中国电气工程大典. 第 6 卷：核能发电工程．北京：中国电力出版社，2009：1142-1145
[13] 朱星．硝盐等温淬火设备的设计与发展．热处理技术与装备，2006，27(2)：40-43
[14] 赵步青．硝盐在热处理中的应用．机械工人，2000，(11)：57

附　　录

一、生活饮用水水质标准(35项)
(摘自《生活饮用水卫生标准》GB5749-85)

生活饮用水水质,不应超过下表所规定的限量

项目		标准
感官性状和一般化学指标(15项)	色	色度不超过15度,并不得呈现其他异色
	浑浊度	不超过3度,特殊情况不超过5度
	臭和味	不得有异臭、异味
	肉眼可见物	不得含有
	pH	6.5～8.5
	总硬度(以碳酸钙计)	450mg/L
	铁	0.3mg/L
	锰	0.1mg/L
	铜	1.0mg/L
	锌	1.0mg/L
	挥发酚类(以苯酚计)	0.002mg/L
	阴离子合成洗涤剂	0.3mg/L
	硫酸盐	250mg/L
	氯化物	250mg/L
	溶解性总固体	1000mg/L
毒理学指标(15项)	氟化物	1.0mg/L
	氰化物	0.05mg/L
	砷	0.05mg/L
	硒	0.01mg/L
	汞	0.001mg/L
	镉	0.01mg/L
	铬(六价)	0.05mg/L

续表

项目		标准
毒理学指标（15项）	铅	0.05mg/L
	银	0.05mg/L
	硝酸盐(以氮计)	20mg/L
	氯仿*	60 μg/L
	四氯化碳*	3 μg/L
	苯并(a)芘*	0.01 μg/L
	滴滴涕*	1 μg/L
	六六六*	5 μg/L
细菌学指标（3项）	细菌总数	100 个/mL
	总大肠菌群	3 个/L
	游离余氯	在与水接触 30min 后不应低于 0.3mg/L。集中式给水除出厂水应符合上述要求外，管网末梢水不应低于 0.05mg/L。
放射性指标（2项）	总 α 放射性	0.1Bq/L
	总 β 放射性	1Bq/L

二、水质常规指标及限值表(摘自《生活饮用水卫生标准》GB5749-2006)

指标	限值
1. 微生物指标[①]	
总大肠菌群/(MPN/100mL 或 CFU/100mL)	不得检出
耐热大肠菌群/(MPN/100mL 或 CFU/100mL)	不得检出
大肠埃希氏菌/(MPN/100mL 或 CFU/100mL)	不得检出
菌落总数/(CFU/mL)	100
2. 毒理指标	
砷/(mg/L)	0.01
镉/(mg/L)	0.005
铬/(六价,mg/L)	0.05
铅/(mg/L)	0.01
汞/(mg/L)	0.001

续表

指标	限值
硒/(mg/L)	0.01
氰化物/(mg/L)	0.05
氟化物/(mg/L)	1.0
硝酸盐/(以N计,mg/L)	10 地下水源限制时为20
三氯甲烷/(mg/L)	0.06
四氯化碳/(mg/L)	0.002
溴酸盐/(使用臭氧时,mg/L)	0.01
甲醛/(使用臭氧时,mg/L)	0.9
亚氯酸盐/(使用二氧化氯消毒时,mg/L)	0.7
氯酸盐/(使用复合二氧化氯消毒时,mg/L)	0.7
3. 感官性状和一般化学指标	
色度/(铂钴色度单位)	15
浑浊度(NTU-散射浊度单位)	1 水源与净水技术条件限制时为3
臭和味	无异臭、异味
肉眼可见物	无
pH	不小于6.5且不大于8.5
铝/(mg/L)	0.2
铁/(mg/L)	0.3
锰/(mg/L)	0.1
铜/(mg/L)	1.0
锌/(mg/L)	1.0
氯化物/(mg/L)	250
硫酸盐/(mg/L)	250
溶解性总固体/(mg/L)	1000
总硬度/(以$CaCO_3$计,mg/L)	450
耗氧量/(COD_{Mn}法,以O_2计,mg/L)	3 水源限制,原水耗氧量>6mg/L时为5
挥发酚类/(以苯酚计,mg/L)	0.002
阴离子合成洗涤剂/(mg/L)	0.3
4. 放射性指标②	指导值
总α放射性/(Bq/L)	0.5
总β放射性/(Bq/L)	1

注:① MPN表示最可能数;CFU表示菌落形成单位。当水样检出总大肠菌群时,应进一步检验大肠埃希氏菌或耐热大肠菌群;水样未检出总大肠菌群,不必检验大肠埃希氏菌或耐热大肠菌群。

② 放射性指标超过指导值,应进行核素分析和评价,判定能否饮用。

三、饮用水中消毒剂常规指标及要求表（摘自《生活饮用水卫生标准》GB5749-2006）

消毒剂名称	与水接触时间	出厂水中限值	出厂水中余量	管网末梢水中余量
氯气及游离氯制剂/（游离氯，mg/L）	至少 30min	4	≥0.3	≥0.05
一氯胺/（总氯，mg/L）	至少 120min	3	≥0.5	≥0.05
臭氧/（O_3，mg/L）	至少 12min	0.3		0.02 如加氯，总氯≥0.05
二氧化氯/（ClO_2，mg/L）	至少 30min	0.8	≥0.1	≥0.02

四、水质非常规指标及限值表（摘自《生活饮用水卫生标准》GB5749-2006）

指标	限值
1. 微生物指标	
贾第鞭毛虫/（个/10L）	<1
隐孢子虫/（个/10L）	<1
2. 毒理指标	
锑/（mg/L）	0.005
钡/（mg/L）	0.7
铍/（mg/L）	0.002
硼/（mg/L）	0.5
钼/（mg/L）	0.07
镍/（mg/L）	0.02
银/（mg/L）	0.05
铊/（mg/L）	0.0001
氯化氰/（以 CN^- 计，mg/L）	0.07
一氯二溴甲烷/（mg/L）	0.1
二氯一溴甲烷/（mg/L）	0.06
二氯乙酸/（mg/L）	0.05
1，2-二氯乙烷/（mg/L）	0.03
二氯甲烷/（mg/L）	0.02

续表

指标	限值
三卤甲烷(三氯甲烷、一氯二溴甲烷、二氯一溴甲烷、三溴甲烷的总和)	该类化合物中各种化合物的实测浓度与其各自限值的比值之和不超过 1
1,1,1-三氯乙烷/(mg/L)	2
三氯乙酸/(mg/L)	0.1
三氯乙醛/(mg/L)	0.01
2,4,6-三氯酚/(mg/L)	0.2
三溴甲烷/(mg/L)	0.1
七氯/(mg/L)	0.0004
马拉硫磷/(mg/L)	0.25
五氯酚/(mg/L)	0.009
六六六/(总量,mg/L)	0.005
六氯苯/(mg/L)	0.001
乐果/(mg/L)	0.08
对硫磷/(mg/L)	0.003
灭草松/(mg/L)	0.3
甲基对硫磷/(mg/L)	0.02
百菌清/(mg/L)	0.01
呋喃丹/(mg/L)	0.007
林丹/(mg/L)	0.002
毒死蜱/(mg/L)	0.03
草甘膦/(mg/L)	0.7
敌敌畏/(mg/L)	0.001
莠去津/(mg/L)	0.002
溴氰菊酯/(mg/L)	0.02
2,4-滴/(mg/L)	0.03
滴滴涕/(mg/L)	0.001
乙苯/(mg/L)	0.3
二甲苯/(mg/L)	0.5
1,1-二氯乙烯/(mg/L)	0.03
1,2-二氯乙烯/(mg/L)	0.05
1,2-二氯苯/(mg/L)	1
1,4-二氯苯/(mg/L)	0.3

续表

指标	限值
三氯乙烯/(mg/L)	0.07
三氯苯/(总量,mg/L)	0.02
六氯丁二烯/(mg/L)	0.0006
丙烯酰胺/(mg/L)	0.0005
四氯乙烯/(mg/L)	0.04
甲苯/(mg/L)	0.7
邻苯二甲酸二/(2-乙基己基)酯(mg/L)	0.008
环氧氯丙烷/(mg/L)	0.0004
苯/(mg/L)	0.01
苯乙烯/(mg/L)	0.02
苯并(a)芘/(mg/L)	0.00001
氯乙烯/(mg/L)	0.005
氯苯/(mg/L)	0.3
微囊藻毒素-LR/(mg/L)	0.001
3. 感官性状和一般化学指标	
氨氮/(以 N 计,mg/L)	0.5
硫化物/(mg/L)	0.02
钠/(mg/L)	200

五、农村小型集中式供水和分散式供水部分水质指标及限值表(摘自《生活饮用水卫生标准》GB5749-2006)

指标	限值
1. 微生物指标	
菌落总数/(CFU/mL)	500
2. 毒理指标	
砷/(mg/L)	0.05
氟化物/(mg/L)	1.2
硝酸盐/(以 N 计,mg/L)	20
3. 感官性状和一般化学指标	
色度(铂钴色度单位)	20

续表

指标	限值
浑浊度(NTU-散射浊度单位)	3,水源与净水技术条件限制时为5
pH	不小于6.5且不大于9.5
溶解性总固体/(mg/L)	1500
总硬度/(以 $CaCO_3$ 计,mg/L)	550
耗氧量/(COD_{Mn} 法,以 O_2 计,mg/L)	5
铁/(mg/L)	0.5
锰/(mg/L)	0.3
氯化物/(mg/L)	300
硫酸盐/(mg/L)	300

六、生活饮用水水质参考指标及限值表(摘自《生活饮用水卫生标准》GB5749-2006 附录 A)

指标	限值
肠球菌/(CFU/100mL)	0
产气荚膜梭状芽孢杆菌/(CFU/100mL)	0
二(2-乙基己基)己二酸酯/(mg/L)	0.4
二溴乙烯/(mg /L)	0.00005
二噁英/(2,3,7,8-TCDD,mg/L)	0.00000003
土臭素/(二甲基萘烷醇,mg /L)	0.00001
五氯丙烷/(mg/L)	0.03
双酚 A/(mg/L)	0.01
丙烯腈/(mg/L)	0.1
丙烯酸/(mg/L)	0.5
丙烯醛/(mg/L)	0.1
四乙基铅/(mg /L)	0.0001
戊二醛/(mg/L)	0.07
甲基异莰醇-2/(mg /L)	0.00001
石油类/(总量,mg/L)	0.3
石棉/(>10μm,万/L)	700
亚硝酸盐/(mg/L)	1

续表

指标	限值
多环芳烃/(总量,mg /L)	0.002
多氯联苯/(总量,mg /L)	0.0005
邻苯二甲酸二乙酯/(mg/L)	0.3
邻苯二甲酸二丁酯/(mg/L)	0.003
环烷酸/(mg/L)	1.0
苯甲醚/(mg/L)	0.05
总有机碳/(TOC,mg/L)	5
萘酚-β/(mg/L)	0.4
黄原酸丁酯/(mg /L)	0.001
氯化乙基汞/(mg /L)	0.0001
硝基苯/(mg/L)	0.017
镭 226 和镭 228/(pCi/L)	5
氡/(pCi/L)	300

七、现有污染源大气污染物排放限值表(摘自《大气污染物综合排放标准》GB16297-1996)

<table>
<tr><th rowspan="2">序号</th><th rowspan="2">污染物</th><th rowspan="2">最高允许排放浓度/(mg/m^3)</th><th colspan="4">最高允许排放速率(kg/h)</th><th colspan="2">无组织排放监控浓度限值</th></tr>
<tr><th>排气筒/m</th><th>一级</th><th>二级</th><th>三级</th><th>监控点</th><th>浓度/(mg/m^3)</th></tr>
<tr><td rowspan="10">1</td><td rowspan="10">二氧化硫</td><td rowspan="5">1200
(硫,二氧化硫,硫酸和其他含硫化合物生产)</td><td>15</td><td>1.6</td><td>3.0</td><td>4.1</td><td rowspan="10">* 无组织排放源上风向设参照点下风向设监控点</td><td rowspan="10">0.50
(监控点与参照点浓度差值)</td></tr>
<tr><td>20</td><td>2.6</td><td>5.1</td><td>7.7</td></tr>
<tr><td>30</td><td>8.8</td><td>17</td><td>26</td></tr>
<tr><td>40</td><td>15</td><td>30</td><td>45</td></tr>
<tr><td>50</td><td>23</td><td>45</td><td>69</td></tr>
<tr><td rowspan="5">700
(硫,二氧化硫,硫酸和其他含硫化合物使用)</td><td>60</td><td>33</td><td>64</td><td>98</td></tr>
<tr><td>70</td><td>47</td><td>91</td><td>140</td></tr>
<tr><td>80</td><td>63</td><td>120</td><td>190</td></tr>
<tr><td>90</td><td>82</td><td>160</td><td>240</td></tr>
<tr><td>100</td><td>100</td><td>200</td><td>310</td></tr>
</table>

续表

序号	污染物	最高允许排放浓度/(mg/m^3)	最高允许排放速率(kg/h)				无组织排放监控浓度限值	
			排气筒/m	一级	二级	三级	监控点	浓度/(mg/m^3)
2	氮氧化物	1700（硝酸氮肥和火炸药生产）	15	0.47	0.91	1.4	无组织排放源上风向设参照点下风设监控点	0.15（监控点与参照点浓度差值）
			20	0.77	1.5	2.3		
			30	2.6	5.1	7.7		
		420（硝酸使用和其他）	40	4.6	8.9	14		
			50	7.0	14	21		
			60	9.9	19	29		
			70	14	27	41		
			80	19	37	56		
			90	24	47	72		
			100	31	61	92		
3	颗粒物	22（碳黑尘染料尘）	15	禁排	0.60	0.87	* 周界外浓度最高点	肉眼不可见
			20		1.0	1.5		
			30		4.0	5.9		
			40		6.8	10		
		80 **（玻璃棉尘石英粉尘矿渣棉尘）	15	禁排	2.2	3.1	无组织排放源上风向设参照点下风向设监控点	2.0（监控点与参照点浓度差值）
			20		3.7	5.3		
			30		14	21		
			40		25	37		
		150（其他）	15	2.1	4.1	5.9	无组织排放源上风向设参照点下风向设监控点	5.0（监控点与参照点浓度差值）
			20	3.5	6.9	10		
			30	14	27	40		
			40	24	46	69		
			50	36	70	110		
			60	51	100	150		
4	氯化氢	150	15	禁排	0.30	0.46	周界外浓度最高点	0.25
			20		0.51	0.77		
			30		1.7	2.6		
			40		3.0	4.5		
			50		4.5	6.9		
			60		6.4	9.8		
			70		9.1	14		
			80		12	19		

续表

序号	污染物	最高允许排放浓度/(mg/m³)	最高允许排放速率(kg/h)				无组织排放监控浓度限值	
			排气筒/m	一级	二级	三级	监控点	浓度/(mg/m³)
5	铬酸雾	0.080	15	禁排	0.009	0.014	周界外浓度最高点	0.0075
			20		0.015	0.023		
			30		0.051	0.078		
			40		0.089	0.13		
			50		0.14	0.21		
			60		0.19	0.29		
6	硫酸雾	1000(火炸药厂)	15	禁排	1.8	2.8	周界外浓度最高点	1.5
			20		3.1	4.6		
		70(其他)	30		10	16		
			40		18	27		
			50		27	41		
			60		39	59		
			70		55	83		
			80		74	110		
7	氟化物	100(普钙工业)	15	禁排	0.12	0.18	无组织排放源上风向设参照点下风向设监控点	20(g/m³)(监控点与参照点浓度差值)
			20		0.20	0.31		
		11(其他)	30		0.69	1.0		
			40		1.2	1.8		
			50		1.8	2.7		
			60		2.6	3.9		
			70		3.6	5.5		
			80		4.9	7.5		
8	*氯气	85	25	禁排	0.60	0.90	周界外浓度最高点	0.50
			30		1.0	1.5		
			40		3.4	5.2		
			50		5.9	9.0		
			60		9.1	14		
			70		13	20		
			80		18	28		

八、新污染源大气污染物排放限值表(摘自《大气污染物综合排放标准》GB16297-1996)

序号	污染物	最高允许排放浓度/(mg/m³)	最高允许排放速率/(kg/h)			无组织排放监控浓度限值	
			排气筒/(m)	二级	三级	监控点	浓度/(mg/m³)
1	二氧化硫	960 (硫二氧化硫硫酸和其他含硫化合物生产)	15	2.6	3.5	*周界外浓度最高点	0.40
			20	4.3	6.6		
			30	15	22		
			40	25	38		
		550 (硫二氧化硫硫酸和其他含硫化合物使用)	50	39	58		
			60	55	83		
			70	77	120		
			80	110	160		
			90	130	200		
			100	170	270		
2	氮氧化物	1400 (硝酸氮肥和火炸药生产)	15	0.77	1.2	周界外浓度最高点	0.12
			20	1.3	2.0		
			30	4.4	6.6		
			40	7.5	11		
		240 (硝酸使用和其他)	50	12	18		
			60	16	25		
			70	23	35		
			80	31	47		
			90	40	61		
			100	52	78		
3	颗粒物	18 (碳黑尘染料尘)	15	0.15	0.74	周界外浓度最高点	肉眼不可见
			20	0.85	1.3		
			30	3.4	5.0		
			40	5.8	8.5		
		60* (玻璃棉尘石英粉尘矿渣棉尘)	15	1.9	2.6	周界外浓度最高点	1.0
			20	3.1	4.5		
			30	12	18		
			40	21	31		
		120 (其他)	15	3.5	5.0	周界外浓度最高点	1.0
			20	5.9	8.5		
			30	23	34		
			40	39	59		
			50	60	94		
			60	85	130		

续表

序号	污染物	最高允许排放浓度/(mg/m³)	最高允许排放速率/(kg/h)			无组织排放监控浓度限值	
			排气筒/(m)	二级	三级	监控点	浓度/(mg/m³)
4	氯化氢	100	15	0.26	0.39	周界外浓度最高点	0.20
			20	0.43	0.65		
			30	1.4	2.2		
			40	2.6	3.8		
			50	3.8	5.9		
			60	5.4	8.3		
			70	7.7	12		
			80	10	16		
5	铬酸雾	0.070	15	0.008	0.012	周界外浓度最高点	0.0060
			20	0.013	0.020		
			30	0.043	0.066		
			40	0.076	0.12		
			50	0.12	0.18		
			60	0.16	0.25		
6	硫酸雾	430（火炸药厂）	15	1.5	2.4	周界外浓度最高点	1.2
			20	2.6	3.9		
		45（其他）	30	8.8	13		
			40	15	23		
			50	23	35		
			60	33	50		
			70	46	70		
			80	63	95		
7	氟化物	90（普钙工业）	15	0.10	0.15	周界外浓度最高点	20/(g/m³)
			20	0.17	0.26		
		9.0（其他）	30	0.59	0.88		
			40	1.0	1.5		
			50	1.5	2.3		
			60	2.2	3.3		
			70	3.1	4.7		
			80	4.2	6.3		

续表

序号	污染物	最高允许排放浓度/(mg/m³)	最高允许排放速率/(kg/h)			无组织排放监控浓度限值	
			排气筒/(m)	二级	三级	监控点	浓度/(mg/m³)
8	*氯气	65	25	0.52	0.78	周界外浓度最高点	0.40
			30	0.87	1.3		
			40	2.9	4.4		
			50	5.0	7.6		
			60	7.7	12		
			70	11	17		
			80	15	23		

注：① 周界外浓度最高点一般应设置于无组织排放源下风向的单位周界外 10m 范围内，若预计无组织排放的最大落地浓度点越出 10m 范围，可将监控点移至该预计浓度最高点，详见附录 C。下同。

② 均指含游离二氧化硅超过 10%以上的各种尘。

③ 排放氯气的排气筒不得低于 25m。

④ 排放氰化氢的排气筒不得低于 25m。

⑤ 排放光气的排气筒不得低于 25m。

九、生活饮用水水源水质分为两级，两级标准的限值表（摘自《生活饮用水水源水质标准》CJ3020-93）

项目	标准限值	
	一级	二级
色	色度不超过 15 度，并不得呈现其他异色	不应有明显的其他异色
浑浊度/(度)	≤3	
嗅和味	不得有异臭、异味	不应有明显的异臭、异味
pH	6.5～8.5	6.5～8.5
总硬度(以碳酸钙计)/(mg/L)	≤350	≤450
溶解铁/(mg/L)	≤0.3	≤0.5
锰/(mg/L)	≤0.1	≤0.1
铜/(mg/L)	≤1.0	≤1.0
锌/(mg/L)	≤1.0	≤1.0
挥发酚(以苯酚计)/(mg/L)	≤0.002	≤0.004
阴离子合成洗涤剂/(mg/L)	≤0.3	≤0.3
硫酸盐/(mg/L)	<250	<250
氯化物/(mg/L)	<250	<250

续表

项目	标准限值	
	一级	二级
溶解性总固体/(mg/L)	<1000	<1000
氟化物/(mg/L)	≤1.0	≤1.0
氰化物/(mg/L)	≤0.05	≤0.05
砷/(mg/L)	≤0.05	≤0.05
硒/(mg/L)	≤0.01	≤0.01
汞/(mg/L)	≤0.001	≤0.001
镉/(mg/L)	≤0.01	≤0.01
铬(六价)/(mg/L)	≤0.05	≤0.05
铅/(mg/L)	≤0.05	≤0.07
银/(mg/L)	≤0.05	≤0.05
铍/(mg/L)	≤0.0002	≤0.0002
氨氮(以氮计)/(mg/L)	≤0.5	≤1.0
硝酸盐(以氮计)/(mg/L)	≤10	≤20
耗氧量($KMnO_4$法)/(mg/L)	≤3	≤6
苯并(α)芘/(μg/L)	≤0.01	≤0.01
滴滴涕/(μg/L)	≤1	≤1
六六六/(μg/L)	≤5	≤5
百菌清/(mg/L)	≤0.01	≤0.01
总大肠菌群/(个/L)	≤1000	≤10000
总α放射性/(bq/L)	≤0.1	≤0.1
总β放射性/(bq/L)	≤1	≤1

十、土壤环境质量标准值表(摘自《土壤环境质量标准》GB15618-1995)

项目＼级别	一级	二级			三级
土壤 pH	自然背景	<6.5	6.5～7.5	>7.5	>6.5
镉≤	0.20	0.30	0.30	0.60	1.0
汞≤	0.15	0.30	0.50	1.0	1.5

续表

项目＼级别	一级	二级			三级
砷水田≤	15	30	25	20	30
旱地≤	15	40	30	25	40
铜农田等≤	35	50	100	100	400
果园≤	—	150	200	200	400
铅≤	35	250	300	350	500
铬水田≤	90	250	300	350	400
旱地≤	90	150	200	250	300
锌≤	100	200	250	300	500
镍≤	40	40	50	60	200
六六六≤	0.05		0.50		1.0
滴滴涕≤	0.05		0.50		1.0

注：① 重金属(铬主要是三价)和砷均按元素量计，适用于阳离子交换量＞5cmol(＋)/kg 的土壤，若≤5cmol(＋)/kg，其标准值为表内数值的半数。

② 六六六为四种异构体总量，滴滴涕为四种衍生物总量。

③ 水旱轮作地的土壤环境质量标准，砷采用水田值，铬采用旱地值。

索　　引

E

F

G

H

J

K

L

M

N

P

Q

R

S

T

W

X

Y

Z